药物创制范例简析

郭宗儒　编著

U0219039

中国协和医科大学出版社

图书在版编目（CIP）数据

药物创制范例简析／郭宗儒编著. —北京：中国协和医科大学出版社，2018. 10
ISBN 978 - 7 - 5679 - 1172 - 7

Ⅰ. ①药… Ⅱ. ①郭… Ⅲ. ①药物 - 研制 Ⅳ. ①TQ46

中国版本图书馆 CIP 数据核字（2018）第 203094 号

药物创制范例简析

编　　著：郭宗儒
责任编辑：戴小欢

出版发行　**中国协和医科大学出版社**
　　　　　（北京东单三条九号　邮编 100730　电话 65260431）
网　　址：www. pumcp. com
经　　销：新华书店总店北京发行所
印　　刷：北京朝阳印刷厂有限责任公司

开　　本：710×1000　1/16 开
印　　张：27. 25
字　　数：450 千字
版　　次：2018 年 9 月第 1 版
印　　次：2018 年 9 月第 1 次印刷
定　　价：68. 00 元

ISBN 978 - 7 - 5679 - 1172 - 7

（凡购本书,如有缺页、倒页、脱页及其他质量问题,由本社发行部调换）

内 容 简 介

　　构建药物分子的化学结构是新药创制的核心。本书以上市药物为范例，从药物化学视角阐述研发的成功路径，诠释药物化学的原理、规则、技术和方法在新药创制中的应用。

　　本书所讨论的内容都是自 2014 年以来在《药学学报》的专栏上分期发表过的，发表之前，经过了国内专家审评和编辑部的编审。书中除艾瑞昔布项目是作者指导并参与研发外，其余条目皆出自于文献和专利，在叙事中还间或加入作者的一些分析和判断。

　　本书可供从事新药创制的科技人员、相关专业的教师和研究生参考阅读。

新药创制是复杂的智力活动，涉及科学研究、技术创造、产品开发和疗效评价等多个维度的内容。由于人体的复杂性和疾病的千差万别，每一个新药的研发都是独特的，有自身的研发轨迹，具有不可复制性。在这当中，构建化学结构是最重要的环节，因为药物的分子结构承载并涵盖了药物的所有属性：疗效、安全性、药代动力学和生物药剂学等。本书以药物化学视角，对代表性药物的研发过程加以剖析和解读，通过阐述一些药物实例的成功之路，加深对新药创制的理念、策略、途径、原理和方法的理解和运用。

1　理念

1.1　全部属性寓于分子结构之中

药物的属性可区分为两类：生物学属性和药学属性。生物学属性主要体现于安全性和有效性，若深化细分，又包括良好的药效，适宜的药代，尽可能低的不良反应；药学属性包含稳定性、可控性和易得性等。生物学和药学属性都寓于分子结构之中，化学结构包含了药效、药代、安全性和生物药剂学等全部性质，因而构建分子结构是创制化学药物的核心环节。研制的成败优劣，其决定因素取决于是否是精准的化学结构。

新药创制作为多维度的科学技术活动，其难度在于，药物与其他产品不同，它的优劣直接关乎人的生命与健康，治病需救人。人体结构与功能复杂多变，内在相互制约，判断药物的安全有效性过程漫长：由体外过渡到体内，由实验动物转换到人体，有许多未知因素和盲区，成功的概率是很低的。从构建结构的困难性分析，人们不可能穷尽化合物的全部生物学和药学数据，在有限的信息中难以预料和把握全息性质，加之组成分子的原子和基团间发生相互影响，为优化某一性质而作的结构变换，会影响已优化好的其他性质，分子的完整统一性引起"牵一发而动全身"，常常顾此失彼，难以达到极致。因而许多成功的药物往往经过了反复的结构变迁，而对于属性间的相互通融，常取中庸之道。

1.2 药物创制的知识价值链

以表型或以靶标为核心的药物创制，虽然出发点和活性评价方式有所不同，但经历的过程是一样的：发现苗头化合物（hit），由苗头转化为先导化合物（hit-to-lead），先导物优化（optimization），候选化合物的确定（candidate），临床前的生物学和药学研究，向药监部门申报临床研究并获得批准，实施临床 Ⅰ 、Ⅱ 和 Ⅲ 期试验研究，向药监部门申报和获得批准上市。

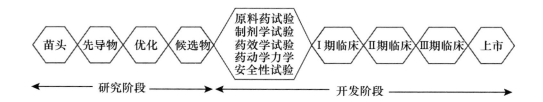

上述各个环节构成了串行的知识价值链（其中临床前研究为并行试验）。从技术和投入的层面分析，每个环节都是对前面环节的继续和价值增量，后面的环节包含了前面各阶段的研发成果，所以新药研发越接近后期，其价值含量越高；没有前途的项目或路径，越早中止，损失越小。另外，研发链上各个环节的价值贡献度和占用时间是不同的，根据国外对首创性药物的统计，先导物的发现和优化以至确定候选物，大约占总价值链的30%，时程6～7年。

确定候选物对后面的环节有着决定性影响，因为候选物结构一旦确定，则决定了药学、药效、药代和安全的性质以及临床效果，开发的前景和命运已成定数。这30%的价值贡献度决定了此后70%的命运，所以优化先导物并确定候选物对于新药创制的成败至关重要。

2　药物分子的宏观性质和微观结构

作为外源性化学物质，药物被机体视作外来异物，机体对多样性的外来物质形成了具有共性的处置方式，对于细胞过膜性、组织器官分布性、酶的代谢转化、排泄途径、与血浆蛋白的结合性等过程遵循着一定的规律，即机体对药物以其整体分子形象和性质加以处置，按照药物的宏观性质作时间与空间、物理和化学的处理。一般而言，不拘泥于分子的细微结构。药物的宏观性质包括分子尺寸、溶解性、分配性、静电性（电荷与极性）、刚性和柔性、形成氢键的能力和极性表面积等。基于机体对这些内容的规律性处置，可通过结构修饰与优化，来调整分子的物化性质和药代行为。所以，药物创制在这个层面上是从宏观整体性上调节物化和药代性质。

药物对机体的作用源于与体内靶标发生物理或化学结合（正靶作用，targeting），通过直接作用、级联反应或网络调控，导致生理功能的改变，产生所希冀的药理效应，就是药效学；而脱靶作用（off-targeting）则结合于不希望的靶标，产生毒副作用或不良反应。所以，有益的药效或是不良反应，都是药物与某（些）特定靶标的结合，是药物分子的个性行为与表现。这种个性行为，在微观的原子和基团水平上，是药物分子中的某些原子或基团与靶标的某些原子、基团或片段的结合，每个药物的正靶或脱靶作用都是药物分子特定的个性行为。从微观上考察药物与受体的作用，双方只是有限原子或基团发生结合，并非全部原子参与。

将药物分子抽象为宏观性质与微观结构的集合，是为了揭示药物的结构与功效之间的关系，深化对药物作用的认识；更重要的是，可以帮助人们分辨出哪些是呈现药效所必需的因素，哪些决定了药物的物理化学和药代性质，有意识地安排和调整宏观性质与微观结构之间的关系，以达到最佳的配置状态，有助于分子设计与优化。

3　靶标的可药性和化合物的成药性

机体内生物大分子（蛋白质、核酸、脂质和糖类等）众多，能成为药物靶标的是小概率事件。确证靶标的可药性（druggability）是个概念验证，贯穿于研发的始终，新药即使上市后，在"真实世界"的应用中，亦为更广泛地作概念验证。药物的成药性（drug-like）是指候选化合物在药学、药代和安全性质上有成功的前景。许多有活性的化合物不能转化成药，就在于其分子结构未能包容对属性的全部要求。药理作用的强度和选择性是药物的核心价值，广泛的成药性内容支撑着核心价值，类似于载体辅佐和保障药理活性的展现，核心与载体统一在药物的结构之中。

4　首创性和跟随性药物

基于靶标的新颖性可将创新药物分为两类，即首创性药物和跟随性药物。虽然都具有创新性，但起步点和涉及的技术范围却有所不同。

首创性药物（pioneering drug）是同类第一药物（first in class），其首创性在于靶标是全新的，创制过程往往回溯到化学生物学的靶标发现（discovery）与确证（validation），核心在于发现并确证靶标与疾病的因果关系。靶标蛋白的异常（缺失或增多，钝化或激活）与疾病的相关性不等于有因果关系，确证靶标为病理过程之因，诞生的药物是结成有治疗价值之果，是个复杂和反复验证的过程，从项目启动到药物上市后的应用，靶标确证贯穿始终，因而首创性药物风险巨大，也因此回报亦丰。

跟随性药物（follow-on drug）是指研制药物的作用靶标是已经确证的，是继首创药物之后的再创造。由于前人已发现和确证了靶标，所以省去了这一阶段的生物学研究。研发跟随性药物的目标应优胜于或至少不劣于首创药物，否则存在临床和市场风险，因为临床对同类药物的差异要求高，特点不明显的跟进性药物（me-too drug）生存空间窄小。跟随性药物是模拟性创新，关键是能否站到巨人肩膀上的攀登，青出于蓝而胜于蓝。

没有后继跟进的优质药物可称作唯一药物（me-only drug），比较少见。经典药物阿司匹林，一百多年来经久不衰，没有同类产品问世，或许是因其结构与作用机制达到了极致。糖尿病治疗药二甲双胍也有"唯一"的特点。

5 分子的多样性、互补性和相似性

分子的多样性、互补性和相似性是构建和优化药物分子结构的策略与方法的基础。首创性药物的苗头或先导物多是经随机或虚拟筛选化合物库获得的。大容量的多样性结构的化合物库可提高命中率，天然活性物质和结构新颖的合成化合物确保结构的新颖性，提供全新结构的苗头分子和先导物；结构多样的大容量化合物库常是获取苗头和先导物的来源；先导化合物的结构修饰与优化，也以分子的多样性为前提。

药物与受体的分子识别和相互作用，是引发药理活性的原动力，分子识别是由药物与受体之间存在的互补性所驱动，互补性包括形状的适配、电性的互补和力场的契合等。酶与底物或抑制剂、受体与配体的相互作用，以及蛋白 - 蛋白相互作用，都是由双方形状、电性和化学基团的互补性所驱使。新药研究中常用基于受体结构的分子设计（SBDD），基于片段的药物发现（FBDD），分子对接和虚拟筛选等都是以互补性为理论根据的。

相似性原理是根据相似的化学结构具有相似、相近或相关的生物活性，因而相似性是基于配体结构进行分子设计的依据，也是先导物优化的基础。药物分子设计的许多原理，如电子等排、骨架迁越、优势结构、药效团、过渡态类似物、肽模拟物、定量构效关系、同位素置换物等都是以相似性为基础的。

6 本书的要点

本书编纂的 40 个药物发现案例，是以设计与构建药物的化学结构为主线来阐述成功药物研发的轨迹。通过对不同的疾病、作用靶标与环节为目标，从不同来源发现苗头化合物或先导化合物（天然次生代谢产物、多肽、配体或底物、普筛），针对各自的状态与目标，阐述苗头→先导物→优化→候选物→上市过程中的分子结构的变迁。在由活性化合物转化成药物所走过的特定轨迹，每个药物具有不可复制性。回顾不同途径和风格的创制过程，加深对新药研发的理念、策略、途径和方法认识和活用，领悟成功的药物是怎样将药物化学的原理串联应用的。

本书取材于公开发表的文章或专利，未曾访问药物的原研者，以致对研发中的曲折、弯路、细节和轶事不得而知。阐述的成功之路只聚焦于药物化学，涉及的生物学内容也只是为结构设计与变换之需要。对临床研究和作用也只是一笔带过。所列的药物制备的流程图，未做深入的考察与研究。

本书的内容是在近几年以专栏《新药发现与研究实例简析》在《药学学报》刊登过的，内容和文字都是经药学专家审阅和《药学学报》编辑部精心编辑的。对此，表示深切的感谢。今编纂成册，得到学报编辑部郑爱莲、郭焕芳等编审的鼎力协助。笔者囿于有限的学识与资料，加之对生物学一知半解，临床的门外汉，因而在叙事中难免有不当之处，敬请识者指正。

笔者自 1958 年供职于中国医学科学院药物研究所，今恰逢建所 60 周年，谨以此献给我毕生工作过的地方。

郭宗儒

2018-08-22

目 录

I

以天然活性物质为先导物的药物研制

1. 青蒿素类抗疟药的研制

【导读要点】

20 世纪 70 年代，我国发现了青蒿素，继之发明了青蒿琥酯、蒿甲醚和二氢青蒿素等药物。这对全球范围的疟疾治疗，是一个划时代的变革与贡献，挽救了数以百万计患者的生命与健康。在特殊的历史时期以举国体制研制新药，这就决定了其难以复制的研发模式。在大海捞针式的筛选试验中，屠呦呦等从传统医药典籍中受到启发，首先发现分离出青蒿素并确定了它的抗疟活性，功不可没，开创了青蒿素药物治疗的新领域，因此她获得了 2015 年诺贝尔医学奖，当之无愧。接续的研究与开发，在结构确证、化学合成、结构优化、工艺研究和临床研究等各个环节，我国科学家同样做出了卓越贡献，成就了由青蒿素演化成临床新药——青蒿琥酯、二氢青蒿素和蒿甲醚，并在全球范围应用，在抗疟药物中占据着中心地位。本文拟从化学和药物化学视角，阐述从青蒿到发现青蒿素，从青蒿素的发现到发明蒿甲醚和青蒿琥酯等药物的简要历程。

1. 青蒿素的研究背景

1.1 举国体制研究抗疟药物

20 世纪 60 年代，美国发动侵略越南战争，当地疟疾肆虐，疟原虫对已有药物产生耐药，使战斗力严重减弱。中国应越南要求提供有效抗疟药物，我国政府决定在全国范围内研究新型抗疟药，遂于 1967 年 5 月 23 日成立了研究协作组，简称 "523 任务"，涵盖 60 多个研究单位，500 多位研究人员。在由启动研究到临床实验和应用的整个研发过程，统一由 "523 任务" 调度，并非固定在一个研究单位中（张文虎. 创新中的社会关系：围绕青蒿素的几个争论. 自然辩证法通讯. 2009,

31：32-39）。

1.2 从中药和民间药寻找药物或先导物

在"523任务"的诸多研究项目中，有一个课题是"民间防治疟疾有效药物疗法的重点调查研究"，这个研究小组获得了许多苗头，例如从植物鹰爪分离出有效抗疟单体鹰爪甲素，从陵水暗罗中分离出暗罗素的金属化合物，对常山乙碱的结构改造，以及青蒿素等。

1.3 青蒿和青蒿素的发现

1969年中国中医研究院中药研究所加入"中医中药专业组"。研究人员对中医药古籍中进行了数百种中草药单、复方搜集与筛选，余亚纲和顾国明发现青蒿呈现高频率（唐宋元明的医籍、本草和民间都曾提到有治疟作用）。通过广泛实验筛选，聚焦到青蒿的乙醇提取物，对疟原虫抑制率达到60%～80%，虽然其活性的重复性差，但为后来研究提供了有价值的参考（李国桥等. 青蒿素类抗疟药. 北京：科学出版社，2015：3）。

屠呦呦从东晋葛洪《肘后备急方》阐述青蒿的用法得到了启发，"青蒿一握，以水二升渍，绞取汁，尽服之"，冷榨服用"绞汁"，悟出可能不宜高温加热的道理，并考虑到有效成分可能在亲脂部分，遂改用乙醚提取，于1971年10月在去除了酸性成分的中性提取物中，分离得到的白色固体对鼠疟原虫的抑制率达100%。由绞汁联想低温提取，但由水浸的冷榨液（通常含有水溶性成分）怎样推论是脂溶性成分，文献中无从考证。不过选择乙醚为萃取剂，无疑是发现青蒿素、开辟青蒿素类药物治疗的关键一步。

用乙醚从黄花蒿分离出的倍半萜化合物除青蒿素（1, artemisinin）外，还鉴定了其他成分，有青蒿酸（2, arteannuic acid）、青蒿甲素（3, arteannuin A）、青蒿乙素（4, arteannuin B）、青蒿丙素（5, arteannuin C）和紫穗槐烯（6, amorphane）等。这些倍半萜除2是酸性化合物外，都是中性成分，色谱柱分离单体后确证了结构，但没有或只有很弱的抗疟活性（屠呦呦，倪慕云，钟裕容等. 中药青蒿化学成分的研究. 药学学报，1981，16：366-370）。

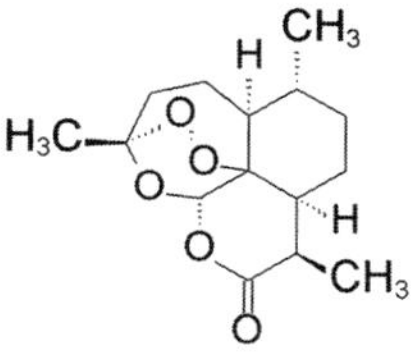

2. 确定青蒿素的化学结构

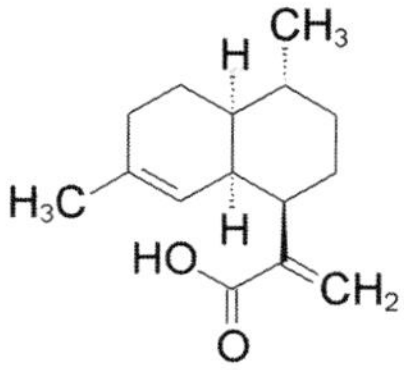

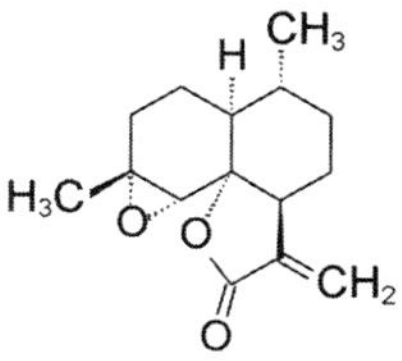

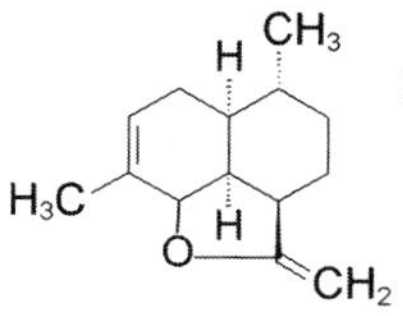

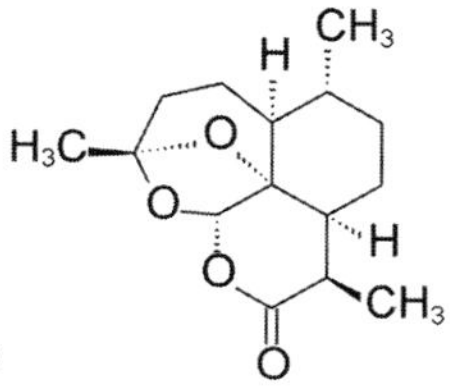

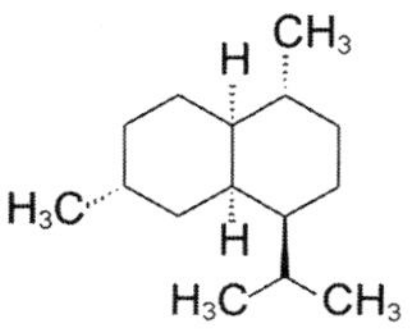

2.1 青蒿素的一般性质

青蒿素为白色针状结晶，熔点 151～153℃，元素分析和质谱表明分子式为 $C_{15}H_{22}O_5$，不溶于水，溶于丙酮、乙醇、乙醚、石油醚和碱性水溶液中，NaOH 溶液滴定可消耗 1 摩尔当量。定性分析可氧化 $FeCl_2$ 或 NaI，呈现颜色反应，与三苯膦定量测定生成等摩尔量的氧化产物，提示青蒿素含有氧化性功能基。

2.2 谱学行为

紫外光谱未显示有芳环的共轭体系，红外光谱显示有 δ 内酯型的羰基峰，^{13}C 核磁共振谱表明有 15 个 C 原子信号，伯仲叔季碳分别为 3、4、5 和 3 个。其中一个季碳以羰基存在，另两个峰在低场 79.5 和 105 ppm，提示氧原子连于其上。在高场处的 5 个叔碳为二重峰。^1H 核磁谱在 5.68 ppm 处有单峰，表明具有 -O-CH-O- 片段。从倍半萜的生源推测含有共用 4 个氧原子的缩酮、缩醛和内酯结构，但难以归属第 5 个氧原子。

彼时（1975 年）中国医学科学院药物研究所的 523 组于德泉报告了另一抗疟活性成分鹰爪甲素的结构，是含有过氧键的化学成分（梁晓天，于德泉，吴伟良等. 鹰爪甲素的化学结构. 化学学报, 1979, 37: 215-230), 这对测定青蒿素结构以巨大启示, 结合定性分析的氧化性, 联想青蒿素结构中也含有一个过氧键。推测有以下 3 种可能 (1, 7, 8)。

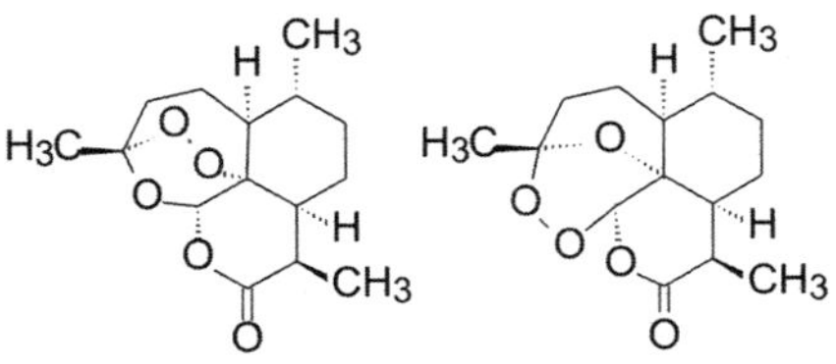

1　　　　　**7**　　　　　**8**

确定该过氧键所处的位置, 是中国科学院生物物理研究所的 523 组经 X-射线晶体衍射分析, 进而经旋光色散 (ORD) 分析, 最终确定了青蒿素的化学结构和绝对构型 (中国科学院生物物理所抗疟药青蒿素协作组. 青蒿素晶体结构及其绝对构型. 中国科学, 1979, (11): 1114-1128; 刘静明, 倪慕云, 樊菊芬等. 青蒿素 (arteannuin) 的结构和反应. 化学学报, 1979, 37: 129-142; 青蒿素结构研究协作组. 一种新型的倍半萜内酯——青蒿素. 科学通报, 1977, 22: 142)。

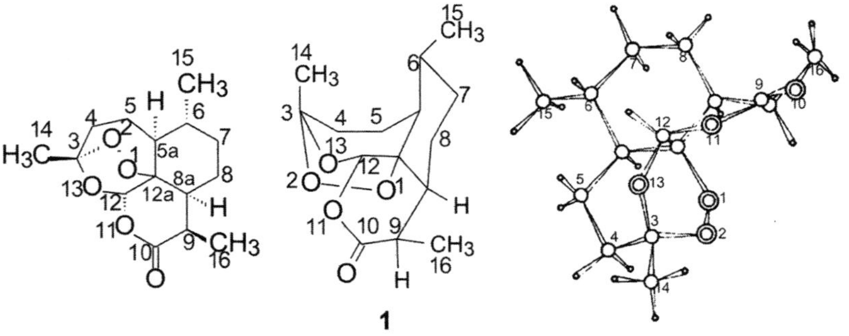

1

2.3　化学反应对青蒿素结构的佐证

青蒿素在 Pd/CaCO$_3$ 催化下氢化, 将过氧键还原成醚键, 生成的产物命名为还原青蒿素, 推测反应机制如图 1, 还原青蒿素的结构与天然存在的青蒿丙素 (5) 结构相同。

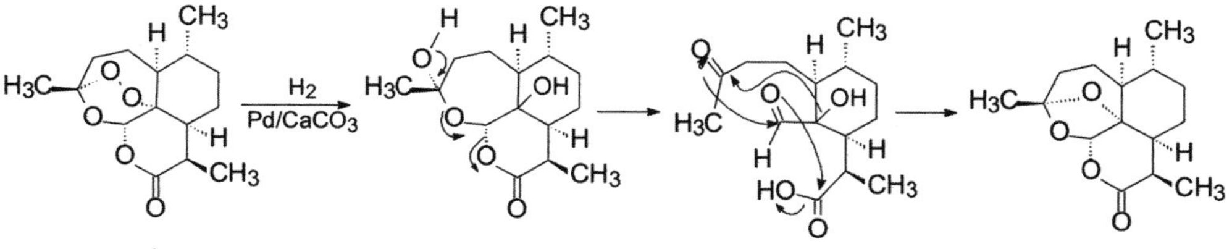

1　　5

图 1　还原青蒿素的生成机制

低温下青蒿素与 $NaBH_4$ 反应，将 C_{10} 的羰基还原成以半缩醛形式存在的羟基化合物（9），称作二氢青蒿素。但在 Lewis 酸存在下，用 $NaBH_4$ 处理，C_{10} 羰基还原成亚甲基化合物（10）；在乙酸－硫酸作用下，发生失碳和重排，生成化合物 11。

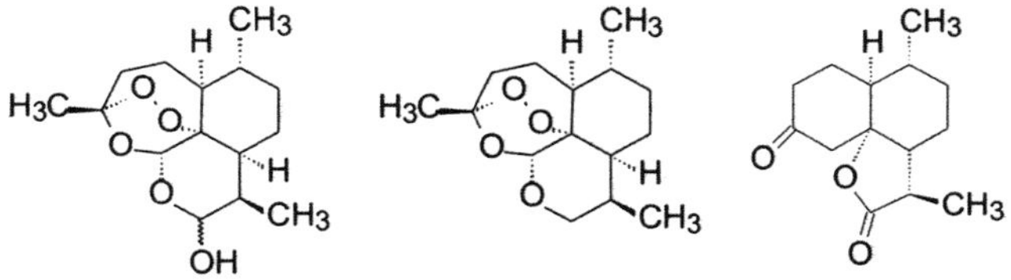

9　　10　　11

生成 11 的反应历程如图 2 所示。

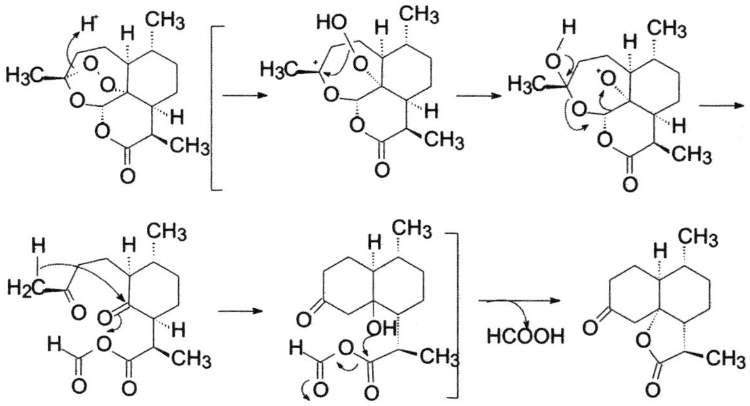

图 2　酸催化青蒿素失碳重排反应

2.4 青蒿素的全合成——结构的确证

我国首先实现青蒿素全合成的是上海有机化学研究所许杏祥等由青蒿酸（2）为起始物完成的。基于生源原理，2 应是青蒿素的生物合成前体，黄花蒿中 2 的含量较高也是个佐证。图 3 是合成路线的简要过程。

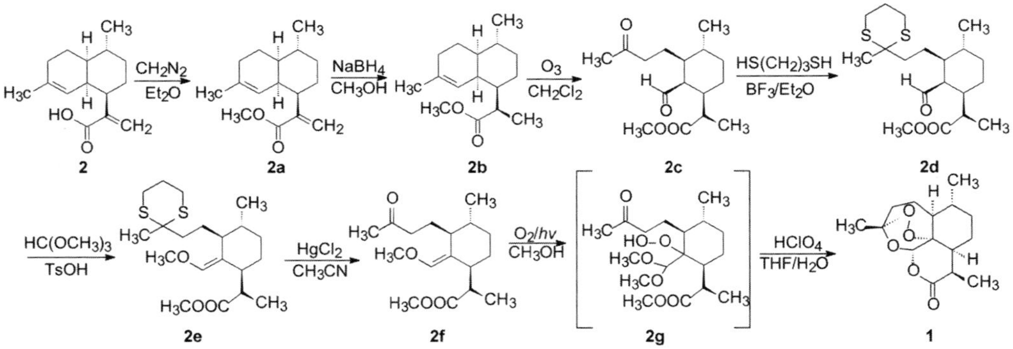

图 3　由青蒿酸为原料合成青蒿素的路线

青蒿酸 2 经酯化得 2a，硼氢化钠将环外双键还原成 2b，臭氧氧化开环，得到单环的醛酮物 2c，酮基选择性用丙二硫醇保护，得 2d，2d 的醛基用原甲酸三甲酯处理得到烯醇醚 2e，去除硫醚保护基的 2f，经 O_2 光氧化得到关键中间体缩醛过氧化物 2g，酸水解 2g，发生级联的关环反应，形成过氧桥环、环醚和内酯环，生成青蒿素 1（Xu XX, Zhu J, Huang DZ, et al. Studies on structure and syntheses of artennuin and related compound. 10. The stereocontrolled synthesis of artennuin and deoxyartennuin from artennuic acid. Acta Chim Sin（化学学报），1983, 41: 574-576）。与此同时，Schmid 和 Hofheinz 以不同的合成方法也完成了青蒿素的全合成（Schmid G, Holheinz W. Total synthesis of Quinghaosu. J Am Chem Soc, 1983, 105: 624-625）。以后又陆续报道了不同的合成路线和改进方法。青蒿素全合成的成功，是对化学结构的最终确证，也为实现工业化生产开辟了道路。

3. 青蒿素的临床研究——疗效的确定

3.1 最初的临床试验

屠呦呦研究组用乙醚提取的中性成分进行了动物安全性实验和健康志愿者试

服后，在海南和北京进行了 30 例患者的治疗，虽然治愈率不高，但证实有明确的抗疟作用。中性成分中含有屠呦呦研究组后来提纯的青蒿素（当时称作青蒿素Ⅱ）。这意味着从物质基础到临床作用开创了青蒿素治疗疟疾的道路。

3.2　青蒿素的规模制备和临床疗效的确证

在醚提取物和初步疗效的启示下，云南药物研究所罗泽渊等和山东中医药研究所魏振兴等用汽油或乙醚提取当地的黄花蒿，得到了纯度高的青蒿素，显著提高了抗疟效价。特别是罗泽渊等发明的"溶剂汽油法"，为提供临床研究和大规模生产奠定了技术和物质基础。

广州中医学院"523 组"李国桥等在云南开展脑型疟防治研究，与提供临床用药的罗泽渊合作，进行了青蒿素的抗疟临床研究。他们给患者口服青蒿素（原称黄蒿素），发现恶性疟原虫纤细环状体停止发育并迅速减少的现象，认定青蒿素对恶性疟原虫的速杀作用远超奎宁和氯喹。治疗收治的 18 例患者，其中有 1 例脑型恶性疟、2 例黄疸型恶性疟和 11 例非重症恶性疟，4 例间日疟，全部迅速临床治愈，标志着首先临床证实青蒿素治疗恶性疟的疗效及其速效、低毒的特点，是对青蒿素临床应用价值的重要发现（张剑方. 迟到的报告——五二三项目与青蒿素研发纪实. 广州：羊城晚报出版社，2006）。

4.　以青蒿素为先导物的结构优化

青蒿素为倍半萜，结构中 5 个氧原子交织形成环醚、过氧环醚、环状缩醛、环状缩酮和内酯。由于分子中缺乏助溶基团，因而水溶性低，而且脂溶性也不强。虽然中国药监部门于 1985 年批准其为新药上市，但生物利用度和生物药剂学性质差，限制了青蒿素的临床应用。因而以青蒿素为先导物作结构优化是发展青蒿素类药物的必然趋势。由于青蒿素抗疟的作用机制研究相对滞后，结构优化是以表型变化和分析构效关系进行的。

4.1　过氧键的存在和特异的骨架支撑是重要的结构因素

用化学方法确定青蒿素结构，将过氧键转变成醚键、生成的还原青蒿素（5），经活性评价，完全失去了抗疟作用，参考有抗疟活性的鹰爪甲素也含有过氧键，推论过氧键应是必需的药效团；不过经筛选更多的过氧化合物，并非含过氧结构的分子都有活性，提示支撑过氧结构的分子骨架也有特异性贡献。因而青蒿素的优化以保存过氧键和分子骨架为前提，设计合成其衍生物。

4.2 我国研制的青蒿素类药物——蒿甲醚

在证明结构的化学反应中，用 $NaBH_4$ 还原青蒿素的酯羰基，得到半缩醛化合物二氢青蒿素（9），抗疟活性强于青蒿素一倍，提示变换内酯基团可保持并提高活性。为了提高化合物的抗疟活性和稳定性，李英等从化合物 9 出发合成二氢青蒿素的 3 类衍生物。

4.2.1 C_{10} 醚类化合物 二氢青蒿素在 BF_3- 乙醚催化下与醇反应生成缩醛醚（通式12），产物为一对差向异构体（α、β- 异构体），是稳定的化合物，主产物为 β 构型。醚化合物分离成 α 和 β 单体对鼠疟（*Plasmodium berghei*）抗氯喹原虫株作活性评价，以青蒿素为阳性对照，测定抑制 90% 原虫的所需剂量（SD_{90}）。表 1 列出了有代表性的 C_{10} 含醚基化合物的活性。

表 1 C_{10} 醚类化合物的结构及其活性

化合物	R(C_{10} 构型）	SD_{90}(mg/kg)	化合物	R(C_{10} 构型）	SD_{90}(mg/kg)
9	H	3.65	17b	OCH$_3$ (β)	4.10
13a	CH$_3$(α)	1.16	18	Ph (β)	3.42
13b	CH$_3$(β)	1.16	19a	(α)	6.40
14	Et(β)	1.95	19b	(β)	4.70
15	n-Pr(β)	1.70	20	i-Pen(β)	5.60
16	i-Pr(β)	2.24	21	OH (β)	>44
17a	OCH$_3$ (α)	2.28	1	青蒿素	6.20

表 1 的数据提示，二氢青蒿素（9）的活性大约强于青蒿素 1 倍，甲醚化合物（13）的抗疟活性强于二氢青蒿素 2 倍。醚基的 R 烷基增大，活性降低；羟乙基醚

化合物 21 没有活性。β 差向体的活性一般略高于相应的 α 差向体。R 为 CH_3 的化合物 13 活性高于其他烷基取代，13 称作蒿甲醚。

4.2.2 C_{10} 酯类化合物 二氢青蒿素 9 在吡啶介质中与酸酐、酰氯或氯代甲酸酯反应得到 C_{10} 酯类化合物（通式 22），生成的羧酸酯为单一的 α 差向体。与氯代甲酸酯反应得到 C_{10} 碳酸酯以 α 差向体为主，温度稍高，产生少量 β 体。

R=CH_3, C_2H_5
n-Pr, i-Pr
Ph, Ph-CH_3(p)
Ph-OCH_3(p)
CH_2-Ph
CH=CHPh

OCC_2H_5,
OPr-n, OPr-i
OBu-n, OBu-i
OPh

22

表 2　二氢青蒿素的单酯和碳酸酯化合物的活性

化合物	R(C_{10} 构型)	SD$_{90}$(mg/kg)	化合物	R(C_{10} 构型)	SD$_{90}$(mg/kg)
23	CH$_3$(α)	1.20	29a	OEt(α)	0.63
24	Et(α)	0.66	29b	OEt($\alpha+\beta$)	0.57
25	n-Pr(α)	0.65	30a	OPr(α)	0.50
26	Ph(α)	0.95	30b	OPr(β)	1.32
27	Ph-CH$_3$(p)(α)	1.73	31	OPh($\alpha+\beta$)	0.63
28	Ph(α)	0.74	9	H	3.65

表 2 列出了二氢青蒿素的单酯和碳酸酯化合物的活性。这些酯类的活性一般都比较高，并得到了如下的活性次序：碳酸酯＞羧酸酯＞醚化合物＞二氢青蒿素＞青蒿素（李英，虞佩林，陈一心等. 青蒿素类似物的研究. Ⅰ. 还原青蒿素醚类、羧酸酯类和碳酸酯类衍生物的合成. 药学学报，1981，16：429-439；顾浩明，吕宝芬，瞿志祥. 青蒿素衍生物对伯氏疟原虫抗氯喹株的抗疟活性. 中国药理学报，1980，1：48-50）。

32

此外虞佩林等合成了 9 的取代苯甲酸酯化物，除化合物 32 的活性强于青蒿素 10 倍外，其余含硝基或卤素的衍生物活性一般（虞佩林，陈一心，李英等. 青蒿素类似物的研究. Ⅳ. 含卤素、氮、硫等杂原子的青蒿素衍生物的合成. 药学学报，1985，20：357-365；China Cooperative Research Group on Qinghaosu and Its

Derivatives as Antimalarials. The chemistry and synthesis of Qinghaosu derivatives. J Tradit Chin Med(Eng Ed), 1982, 2: 9-16)。

4.2.3　双醚类化合物　陈一心等用二元醇连接二氢青蒿素，设计合成了双二醚（通式33），目标物的 C_{10} 构型为 α，β 或 β，β 连接。活性评价表明均弱于单甲醚（即蒿甲醚）[陈一心，虞佩林，李英等. 青蒿素类似物浓度研究. Ⅶ. 双（二氢青蒿素）醚和双（二氢脱氧青蒿素）醚类化合物的合成. 药学学报，1985，20：270-273]。

33

4.2.4　蒿甲醚——候选化合物的确定　上述二氢青蒿素的醚、羧酸酯和碳酸酯类衍生物中分别挑选出活性较高的13（β差向体）、24（α差向体）和29（α差向体）3个化合物对伯氏疟原虫感染小鼠的治疗实验作进一步评价，表3列出了这3个化合物与青蒿素和二氢青蒿素的活性数据。

表3　优选的化合物的抗疟作用比较

化合物	SD_{50}[a](mg/kg)	$SD9_{90}$[b](mg/kg)	CD_{50}[c](mg/kg)	CD_{100}[d](mg/kg)
13（蒿甲醚）	0.60	1.00	1.22	1.80
24（丙酸酯）	–	0.50	0.47	0.82
29（碳酸乙酯）	0.32	0.66	0.76	0.91
1（青蒿素）	–	6.2	–	25
9（二氢青蒿素）	–	3.7	–	–

　　a：抑制50%疟原虫所需的剂量；b：抑制90%疟原虫所需的剂量；c：小鼠每日给药，5天后50%疟原虫转阴的最低剂量；d：小鼠每日给药，5天后全部疟原虫转阴的最低剂量

表3提示这3个化合物对感染小鼠都有良好的治疗作用。进而评价对疟原虫感染食蟹猴的疗效，和对小鼠、大鼠、家兔、犬和猴的安全性试验，结合化合物的物化性质，确定蒿甲醚（artemether）为候选化合物，进入系统的临床前研究（顾浩明，刘明章，吕宝芬等. 蒿甲醚在动物的抗疟作用和毒性. 中国药理学报，1981，2：138-144）。1978年开始临床研究，并于1987年蒿甲醚以油针剂在我国批准为新药上市。

4.3 青蒿琥酯

为了提高青蒿素的水溶性，便于注射用药，桂林制药厂刘旭以二氢青蒿素为原料合成了10多个C_{10}羧酸酯，其中琥珀酸单酯（代号804）经红外、核磁、质谱和X-射线单晶衍射确定了结构，其钠盐可溶于水，适于注射给药。（刘旭. 青蒿素衍生物的研究. 药学通报，1980，15：39；濮金龙，陈荣光，蔡金玲. 青蒿素衍生物的结构测定. 广西药学会第二届年会学术讨论资料，P82，1979年10月，转引自"青蒿琥酯的研究与开发. 刘旭主编"，桂林：漓江出版社，2010：52-53）。

临床前研究表明，青蒿琥酯（34, artesunate）有强效抗疟作用，对于抗氯喹的鼠疟有杀灭作用，青蒿琥酯钠对小鼠的LD_{50}为1 003mg/kg，家兔和犬的静脉注射亚急性毒性试验，对体重、食欲、血象、肝肾功能和心脑电图未显示明显影响。其钠盐（静脉滴注前用碳酸氢钠溶液溶解）静脉注射后，在体内立即转化为二氢青蒿素。大鼠体内的血浆半衰期为15.6min。犬的

34

血浆半衰期为10～45min。口服与静注青蒿琥酯后，消除半衰期分别为41.35min和33.96min。绝对生物利用度为40%。经临床研究，证明对间日疟、恶性疟和脑型疟均有效。1987年国家批准为新药上市（杨启超，甘俊，李培青等. 青蒿素衍生物——青蒿酯的抗疟活性与毒性. 广西药学院学报，1981，（4）：1-6，转引自"青蒿琥酯的研究与开发. 刘旭主编"，桂林：漓江出版社，2010：56-63）。

4.4 发挥速效强效弥补短效的药物组合——复方制剂

蒿甲醚和青蒿琥酯虽然可以高效和速效抑制多种疟原虫感染，但在血浆中被迅速清除，半衰期短，以致患者体内的疟原虫不能完全清除而复燃。为此蒿甲醚、青蒿琥酯或二氢青蒿素常与其他长效的抗疟药合用，即所谓的基于青蒿素固定剂

量的组合疗法（ACT）。有代表性的固定配伍制剂有：

①复方蒿甲醚片，是蒿甲醚（13）与本芴醇（35, lumefatrine）的固定制剂。本芴醇是我国学者邓蓉仙等发明的抗疟药，有长效的特点（邓蓉仙，余礼碧，张洪北等. 抗疟药的研究 α-（烷氨基甲基）- 卤代 -4- 芴甲醇类化合物的合成. 药学学报，1981，16：920–924）。1984 年由邓蓉仙、宁殿玺等研制组建的复方蒿甲醚片每片含蒿甲醚 20mg、本芴醇 120 mg（李国桥等. 青蒿素类抗疟药 . 北京：科学出版社，2015：18）。经临床研究后，于 1992 年批准生产，英文商品名 Coartem，每日服用 1 次，2002 年 WHO 将 Coartem 列入第 12 版《基本药品目录》。2009 年 FDA 批准在美国上市。

②青蒿琥酯（34）与阿莫地喹（36, amodiaquine）的固定制剂，称作青蒿琥酯阿莫地喹片，每片含青蒿琥酯 100mg、阿莫地喹 270mg，商品名 Coarsucum，每日两次，于 2007 年上市。

③二氢青蒿素（9）与哌喹（37, piperaquine）的固定制剂，含二氢青蒿素和哌喹分别为 20mg 和 160mg，或 40mg 和 320mg 两种规格，商品名 Eurartesim。

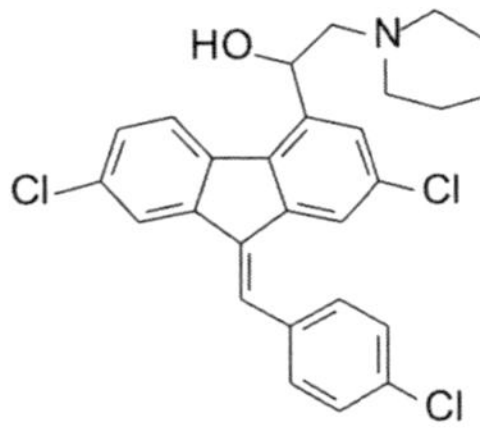

35 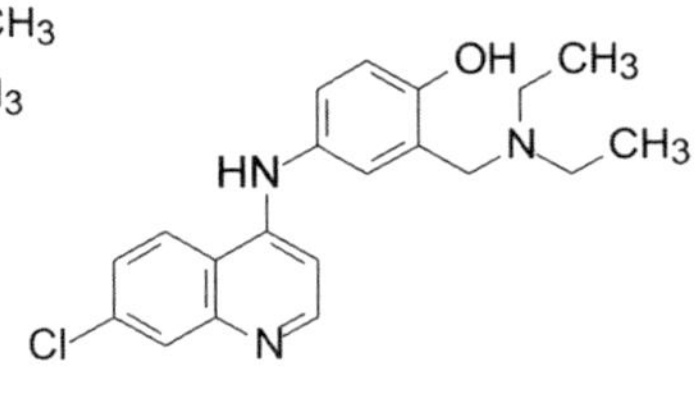　　　　　　　　　　　　　　**36**

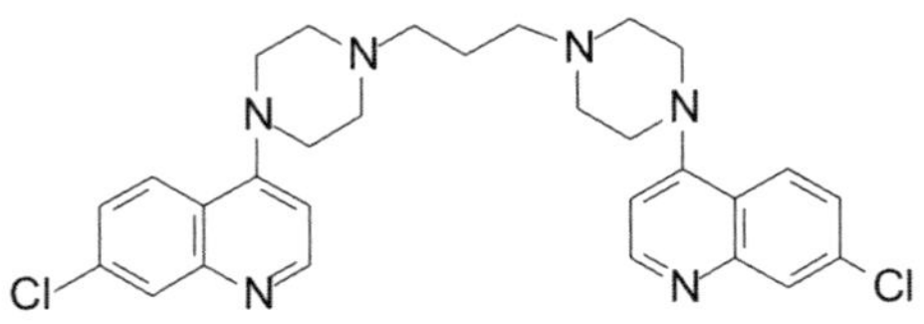

37

4.5　青蒿素类药物的作用机制

青蒿素类药物的抗疟作用是通过影响疟原虫的膜系结构和线粒体，核膜和内网质出现肿胀和排列紊乱，阻断原虫摄取营养而导致氨基酸饥饿，同时迅速形成自噬泡并不断排出体外，原虫损失胞质而死。从化学和生化机制分析，认为是通

过血红蛋白的 Fe^{2+} 介导，发生过氧键的裂解，产生自由基而起作用。原虫裂殖子进入红细胞，小滋养体的血红蛋白酶催化血红蛋白释放出血红素和 Fe^{2+}，青蒿素在 Fe^{2+} 催化下过氧键裂解，生成氧和碳自由基，这些活性中间体抑制了消化液泡的生物膜和半胱氨酸蛋白酶。图 4 是青蒿素（及其相关药物）在铁离子催化下经自由基两种途径的反应历程，生成的产物用方框标示（Robert A, Dechy-Cabaret O, Cazelles J, et al. From mechanistic studies on artemisinin derivatives to new modular antimalarial drugs. Acc Chem Res, 2002, 35: 167−174）。

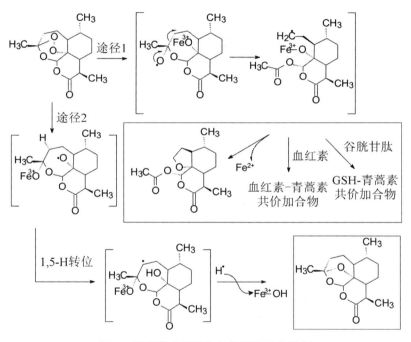

图 4　青蒿素（类药物）作用的生化机制

另有报道青蒿素的作用靶标是抑制了疟原虫钙 ATP 蛋白 6（PfATP6），PfATP6 是 SERCA 类型的酶蛋白，它通过消耗 ATP 来调节疟原虫胞质内钙离子浓度，保持钙水平的稳态。青蒿素类药物抑制 PfATP6，从而引发疟原虫胞质内钙离子浓度上升，起到杀灭疟原虫作用。研究表明疟原虫通过 PfATP6 基因突变而出现青蒿素耐药现象也为以上机制提供了佐证（Dondorp AM, Yeung S, White L, et al. Artemisinin resistance: current ststus and scenarios for containment. Nat Rev Microbiol, 2010, 8: 272−280）。

5. 其他青蒿素类抗疟药物的研究

5.1 蒿乙醚

14

蒿乙醚（14, artemotil，又称 arteether），是二氢青蒿素 C_{10}-β- 乙醚，由荷兰 Brocacef 公司研发，于 2000 年上市（Brossi A, Venugopalan B, Dominguez Gerpe L, et al. Arteether a new anti-malarial drug: synthesis and anti-malarial properties. J Med Chem, 1988, 31: 645-650）。蒿乙醚以麻油制剂用于肌内注射，治疗恶性疟原虫感染患者。3 ~ 12 小时达到血浆峰浓度，血浆半衰期为 1 ~ 2 天，在肝脏经 CYP3A4 氧化脱乙基成二氢青蒿素。二氢青蒿素经葡醛酸苷化，经胆汁排出。作为跟进性药物的蒿乙醚，其疗效未显现优于蒿甲醚。

5.2 青蒿酮

拜耳公司与香港科技大学合作研发青蒿素类药物，目标是改善既有药物的药代动力学。蒿甲醚、蒿乙醚和青蒿琥酯等药物在血浆中迅速水解，生成二氢青蒿素，后者经葡醛酸苷化而被清除，导致药效时间短。此外，二氢青蒿素还有一定的神经毒性。为了延长作用时间，减少二氢青蒿素的生成，合成了有代表性的化合物 38 ~ 45，评价了抗疟活性，表 4 列出了这些化合物的物化性质和抗疟活性（Haynes RK, Fugmann B, Stetter J, et al. Artemisone-a high active antimalarial drug of the artemisinin class. Angew Chem Int Ed, 2006, 45: 2082-2088）。

表 4　化合物 38 ~ 45 的结构、物化性质和抗疟活性

化合物	溶解度 (mg/L)	log P 正辛醇 / 缓冲液 pH 7.4	P. berghei ED$_{90}$[a](mg/kg)		P. berghei 青蒿琥酯指数[b]		P. yoelii ED$_{90}$[a](mg/kg)		P. yoelii 青蒿琥酯指数
			皮下	经口	皮下	经口	皮下	经口	皮下
青蒿琥酯	565	2.77	7.2	7.1	1.0	1.0	22.0	−	1.0
38	8	5.62	0.8	3.5	9.0	2.0	0.85	3.0	25.9
39	< 2	4.78	0.6	2.8	12.0	2.5	0.52	2.0	42.3

续表

化合物	溶解度 (mg/L)	log P 正辛醇/缓冲液 pH 7.4	P. berghei ED$_{90}$[a](mg/kg)		P. berghei 青蒿琥酯指数[b]		P. yoelii ED$_{90}$[a](mg/kg)		P. yoelii 青蒿琥酯指数
			皮下	经口	皮下	经口	皮下	经口	皮下
40	89	2.49	1.5	3.1	4.8	2.3	3.9	5.0	5.6
41	< 1	5.59	1.16	5.0	6.2	1.4	1.08	–	20.4
42	< 1	6.15	3.8	4.6	1.9	1.7	3.0	–	7.3
青蒿琥酯[c]	565	2.77	4.6	9.3	1.0	1.0	42.0	–	1.0
43	28.4	3.05	0.18	1.3	25.6	7.15	1.25	1.84	33.6
44	< 2	4.97	0.51	1.9	9.0	4.9	0.61	2.0	81.0
青蒿琥酯[c]	565	2.77	12.0	–	1.0	–	50.0	–	1.0
45	1251	2.63	9.0	–	1.3	–	10.0	–	5.0
青蒿素	63	2.94	–	–	–	–	–	–	–
蒿甲醚	117	3.98	–	–	–	–	–	–	–

a：*P. berghei* 和 *P. yoelii* 感染小鼠后当天皮下注射或灌胃给药，第 4 天测定外周血中的原虫计数，计算 ED$_{90}$。b：ED$_{90}$（青蒿琥酯）/ED$_{90}$（受试化合物），数值越高表示活性越强。c：对照药青蒿琥酯的活性在不同的实验中有变异。

表 4 数据提示，化合物 38、39、41、43 和 44 的活性很强，但体外培养显示有神经毒性，而且溶解性较差。41 和 42 引起小鼠不协调的步态。而 40 有良好的物化和药理性质，进而大动物实验证实其安全和有效，遂命名为青蒿酮（artemisone）进入临床研究，现处于临床 II 期。

6. 结语

青蒿素的发现和相关药物的发明，开创了治疗疟疾的崭新领域。我国科学家发明的青蒿素类的单药和复方制剂，成为国际上治疗恶性疟的标准药物，已拯救了数以百万计患者的生命。青蒿素的发现者屠呦呦因此获得了2015年诺贝尔医学或生理学奖。

青蒿素类药物被世界认可和获得巨大成功，是当年全国"523任务"组织了近千名化学、生药学、药物化学、药理学、毒理学、药剂学、临床医学、工艺研究和工业部门等科学技术人员的劳动成果，也与负责523任务的组织和行政管理（如张剑方、周克鼎等）的辛勤工作分不开的。而在特定环境、物力和技术装备极其匮乏的条件下完成药物的研发，则更显得不易。这种特殊的组织和实施模式在当今未必有示范和再现性，而且在知识产权保护和市场销售的份额上也留下了诸多遗憾，但无论如何这个对人类有重大贡献的研发历程，应当有个客观的科学评述。

限于公开的原始资料的不足，本文只是从药物化学的视角简要地叙述了青蒿素类药物的发现发明过程。所幸当年的主要贡献者分别撰写的著作，再现了当时的全息过程与场景，读者可以深入研究。重要的专著有：①李国桥，李英，李泽琳，曾美怡等编著. 青蒿素类抗疟药. 科学出版社，2015年，北京. ②刘旭主编. 青蒿琥酯的研究与开发. 漓江出版社，2010年，桂林. ③屠呦呦编著. 青蒿和青蒿素类药物. 化学工业出版社，2006年，北京. ④张剑方著. 迟到的报告——五二三项目与青蒿素研发纪实. 羊城晚报出版社，2006年，广州。具有特定结构骨架的青蒿素类药物，尚有巨大的研究空间：其作用靶标和抗疟机制有待深入揭示；改善药代和寻找针对耐受青蒿素原虫的新一代药物尚须继续努力。此外青蒿素的作用杂泛性也为研发其他治疗领域的药物提供了线索（Crespo-Ortiz MP, Wei MQ. Antitumor activity of artemisinin and its derivatives: from a well-known antimalarial agent to a potential anticancer drug. J Biomed Biotechnol, 2012: Article ID 247597; Wang JX, Tang W, Zuo JP. The anti-inflammatory and imunosuppressive activity of artemisinin derivatives. Int J Pharm Res, 2007, 4: 336-340；李洪军，汪伟，梁幼生. 双氢青蒿素抗寄生虫作用研究进展. 中国血吸虫病防治杂志，2011，23：460-464）。

合成路线

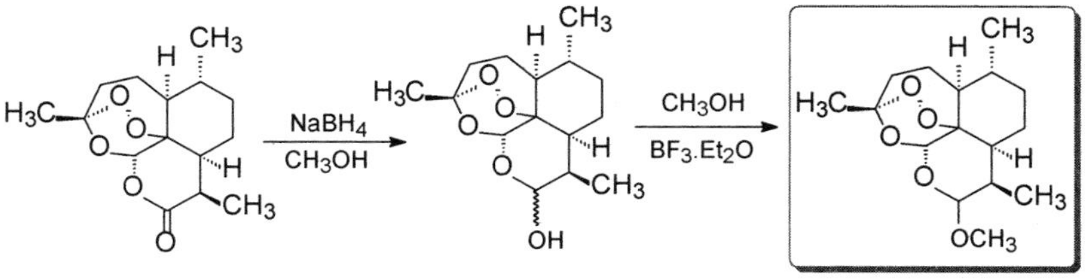

蒿甲醚

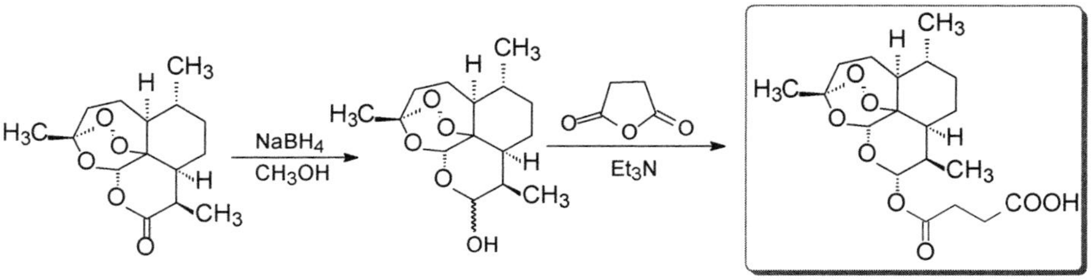

青蒿琥酯

2. 从冬虫夏草到免疫调节药物芬戈莫德

【导读要点】

芬戈莫德是以真菌的次生代谢产物为先导物研发免疫调节剂的成功实例，于 2010 年上市，治疗多发性硬化病。冬虫夏草是由于昆虫真菌感染所生成，具有增强免疫的功效，从中发现了天然活性物质。比对 ISP-1 与鞘氨醇结构的相似性，推测并证实 ISP-1 的作用靶标是鞘氨醇 -1- 磷酸（S1P）受体。在受体结构未知的情况下，用药物化学方法和构效分析成功地指导了优化过程，去除 ISP-1 中不必要的基团和手性中心是结构优化的策略。以电子等排和药效团原理指导后继药物的研发，赋予了结构新颖性和选择性作用。

1. 天然活性物质多球壳菌素的发现

免疫抑制剂环孢素 A 和 FK506 分别是真菌 *Tolypocladium inflatum* 和细菌 *Streptomyces tsukubaensis* 的代谢产物，最初作为抗真菌药，后来证明具有免疫抑制作用，广泛用于临床。20 世纪 90 年代初，藤田等研究真菌代谢产物时，发现环状肽（cyclic depsipeptide）是有活性的抗生素，由于该环肽曾从 *Isaria sinclairii*（辛克莱棒束孢）得到，故转向研究 *Isaria sinclairii*，它是原产中国和东亚的辛克莱虫草（*Cordyceps sinclairii*）的真菌，而辛克莱虫草与冬虫夏草（*Cordyceps sinensis Sacc*）很相近，因而从冬虫夏草中研究新的活性成分。

藤田等用两种模型评价提取物的免疫抑制作用：体外方法测定对 T 细胞抑制活性 IC_{50} 值，体内实验用小鼠之间植皮模型评价化合物的免疫抑制活性。他们在辛克莱棒束孢中发现了一个活性成分 ISP-1（1），体外活性强于环孢素 A 5～10 倍，体内试验活性强于环孢素 A10 倍（Fujita T, Hirose R, Yoneta M, et al. Fungal metabolites. Part 11. A potent immunosuppressive activity found in Isaria sinclairii metabolite J Antibiot, 1994, 47: 208-215）。

分析 ISP-1 的化学结构，证明是已知的化合物多球壳菌素（myriocin）和 thermozymocidin，是从其他真菌中提取的抗真菌成分，该化合物毒性比环孢素 A 大 100 倍，溶解度也低（Fujita T, Matsumoto N, Uchida S, et al. Potent immuno-suppressants 2-alkyl-2-aminopropane-1, 3-diols. J Med Chem, 1996, 39: 4451-4459）。

1

2

2. 作用靶标与生物活性

ISP-1 来自于真菌，也具有抗真菌活性，其化学结构类似于鞘氨醇（2, sphingosine），鞘氨醇是 1- 磷酸鞘氨醇（sphingosine-1-phosphate, S1P）的前体。S1P 是一种具有重要生理功能的溶血磷脂，作为第一信使与各种免疫细胞膜上相应的 G 蛋白偶联受体相互作用，发挥不同的免疫作用。S1P 受体调节剂与多种细胞表面受体结合，具有促进淋巴细胞归巢、抑制淋巴细胞外流，诱导淋巴细胞凋亡，并能影响树突状细胞及调节 T 细胞功能等。由于 1 与 2 的结构相似，推论 1 可能有免疫抑制作用。实验表明 1 可抑制白介素 -2（IL-2）依赖的小鼠细胞毒性 T 细胞系，以及对小鼠异源混合淋巴细胞反应中淋巴细胞增殖有抑制活性。进而证明 1 的作用靶标是 S1P 受体。

3. 优化和简化结构

天然化合物 1 作为先导化合物，与 2 的分子尺寸和形状相似，2 与受体结合的活性形式是末端羟基形成磷酸酯（含有两个负电荷），推测酸性基团、氨基和羟基可能是必要的功能基团。1 的功能性结构比较复杂，含有 3 个羟基、氨基、羧基和酮基各 1 个，2 个手性中心和 1 个反式双键。1 的结构改造策略是，消除不必要的基团和立体因素，保留必需的结构因素。简化的路径如下：

3.1 酮基和双键

研究表明，去除 14- 位酮基的化合物（3）和消除 6- 位反式双键的化合物（4）对抑制 T 细胞的增殖活性影响不大，因而不是必需的结构因素，可以去除（Fujita T, Hirose R, Hamamichi N, et al. 2-Substituted aminoethanol: Minimum essential immunosuppessive activity ISP-1(Myriocin). Bioorg Med Chem Lett, 1995, 5: 1857–1860）。

3.2 羟基的作用

为了考察 4- 位羟基的作用，合成了 4- 去羟基 ISP-1 化合物（5），以及 4- 去

羟基 -3- 羟基的差向异构体（6），这两个化合物也是 ISP-1 产生菌的微量代谢产物，具有与 ISP-1 相似的活性，说明 4- 位羟基不是必需的，3- 位羟基空间取向的对于活性没有重要影响（Sasaki S, Hashimoto R, Kiuchi M, et al. Fungal metabolites. Part 14. Novel potent immunosuppressants, Mycestericins, produced by *Mycelia sterilia*. J Antibiotics(Japan)1994, 47: 420-433 ）。

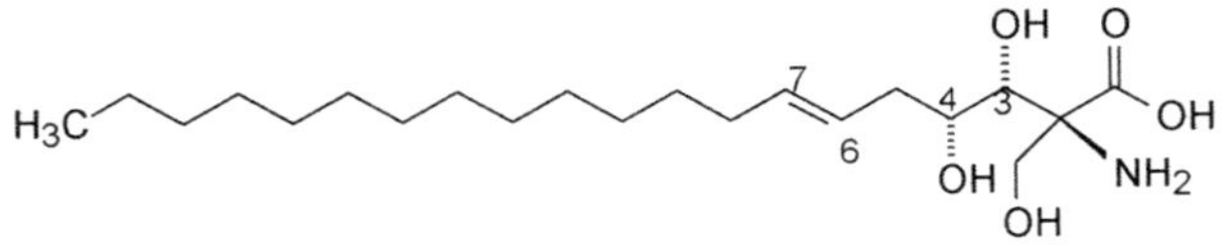

3

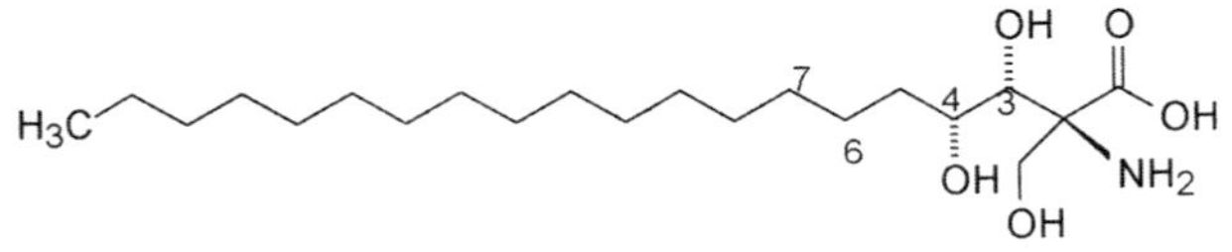

4

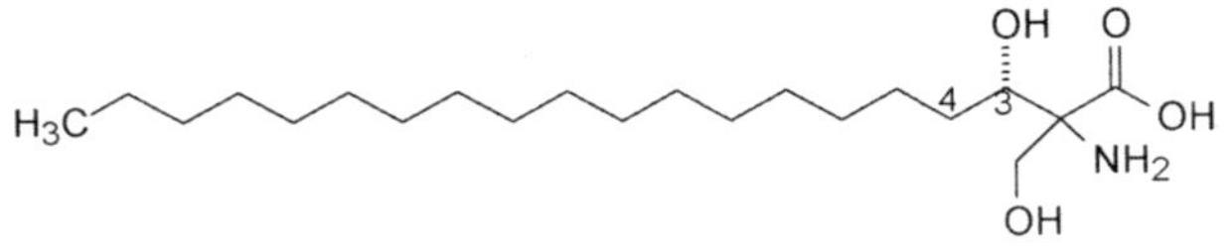

5

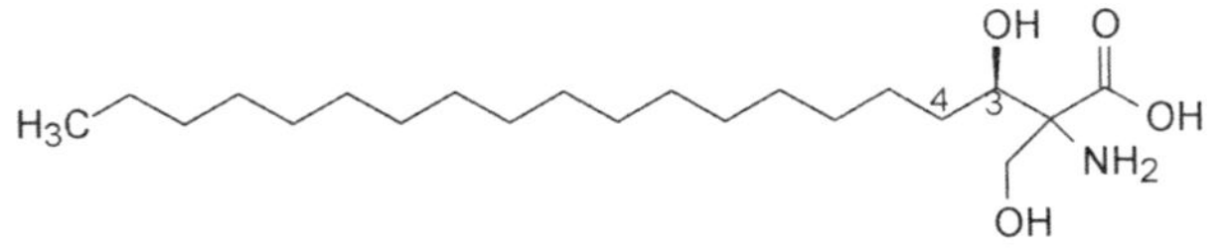

6

3.3　去手性化和考察烷基链长度

基于以上构效关系，并且模拟鞘氨醇的末端结构，设计合成了无手性中心的化合物 2- 烷基 -2- 氨基 -1, 3- 丙二醇，考察不同长度的 2- 烷基链对活性的影响，结果列于表 1。

表 1 2- 烷基取代化合物的活性和与先导物 1 和环孢素 A 的比较

$$R \!-\!\!\!\!\begin{array}{c} -OH \\ -NH_2 \\ -OH \end{array}$$

化合物	R	IC$_{50}$(nmol/L)	化合物	R	IC$_{50}$(nmol/L)
7	n-C$_8$H$_{17}$	3 700	13	n-C$_{16}$H$_{33}$	10
8	n-C$_{10}$H$_{21}$	440	14	n-C$_{18}$H$_{37}$	12
9	n-C$_{12}$H$_{25}$	270	15	n-C$_{20}$H$_{41}$	190
10	n-C$_{13}$H$_{27}$	12	16	n-C$_{22}$H$_{45}$	1 600
11	n-C$_{14}$H$_{29}$	5.9	1	ISP-I	3
12	n-C$_{15}$H$_{31}$	2.9	环孢素 A		14

合成的这些化合物都没有手性碳原子。从正辛基到正二十二烷基的活性呈现由升到降的抛物线形变化，由 C$_8$ 开始随碳原子的增加活性增强，到 C$_{15}$ 达到最高活性，然后随碳链增长而活性下降。其中，C$_{14}$ ~ C$_{16}$（化合物 11 ~ 13）活性均强于环孢素 A。化合物 12 活性最强（n-C$_{15}$H$_{31}$），与 ISP-1 相同，而 n-C$_{18}$H$_{37}$（14）的长度相同于先导物，活性却低。化合物 12 对小鼠皮肤移植实验效果优于环孢素 A，毒性比先导物 ISP-1 低 10 倍（Fujita T, Yoneta M, Hirose R, et al. Simple compounds, 2-alkyl, 2-amino-1, 3-propanediols have potent immunosuppressive activity. Bioorg Med Chem Lett, 1995, 5: 847–852）。

11

12

13

3.4 烷基链进一步变换：FTY-720 的诞生

较长的烷基链因柔性过强，会有许多低能量构象，这对于提高活性构象的概率是不利的因素，为此，链中加入构象限制因素，例如用苯环代替一部分饱和碳链，会有利于药效、药代、安全性和物理化学性质。虽然 12 的活性强于 11，但 11 的毒性低于 12，因而将 11 作为新一轮先导物，并设定一个苯环代替 4 个亚甲基，设计合成了通式为 17 的化合物，使碳原子的总数（$m+n$）$= 10$，考察苯基在烷基链中的最佳位置。化合物的结构与活性列于表 2。

表 2 通式为 10 的化合物结构和活性

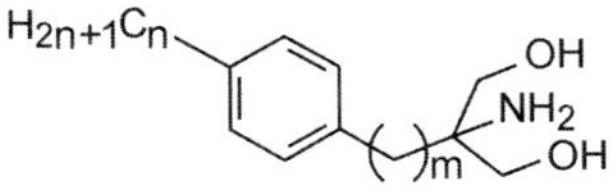

17

化合物	m	n	IC$_{50}$(nmol/L)	化合物	m	n	IC$_{50}$(nmol/L)
18	m = 0	n = 10	13	22	m = 4	n = 6	19
19	m = 1	n = 9	70	23	m = 6	n = 4	100
20	m = 2	n = 8	6.1	24	m = 8	n = 2	32
21	m = 3	n = 7	350	25	m = 10	n = 0	54

这些化合物都有较高的活性，其中 $m = 2$，$n = 8$ 的化合物 20 活性最强，与 11（IC$_{50}$ = 5.9nmol/L）相当，将苯环向两边移动一个碳原子如 $m = 1$，$n = 9$(19) 或 $m = 3$，$n = 7$(21) 活性显著降低。20 的代号为 FTY-720，后来命名为芬戈莫德（fingolimod）。

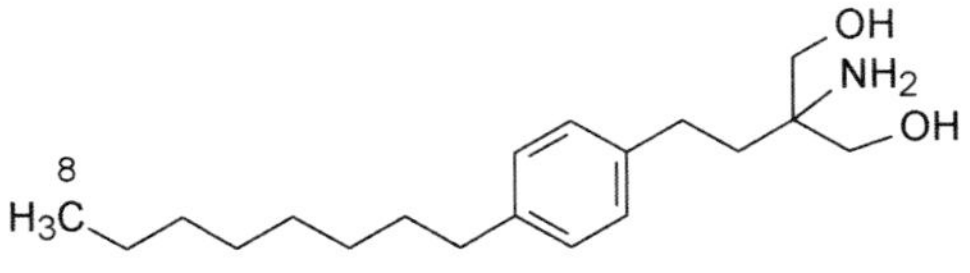

芬戈莫德

其中一个有趣的现象是碳的偶数或奇数对活性的影响，通式为 20 的化合物，极性端与苯环之间的碳原子数为偶数时，比相邻的奇数碳化合物活性高。

化合物 20 与 11 的体外活性虽然相近，但小鼠植皮的体内实验表明 20 的活性大约是 11 的 3 倍。由于 20 的作用环节与抑制白介素 -2 生成的环孢素 A 或 FK506 不同，因而成为新作用机制的免疫调节剂（Adachi K, Kohara T, Nakao N, et al. Design, synthesis, and structure-activity relationships of 2-substituted 2-amino-2, 3-propanediols: discovery of novel immunosuppressant, FTY 720. Bioorg Med Chem Lett, 1995, 5: 853-856）。

芬戈莫德是前药，口服吸收后在肝脏被鞘氨醇激酶 2 磷酸化而起效，在体内的半衰期 5～6 天，因而宜于口服用药。体内代谢是被 CYP 氧化，羟基成羧基，自尿中排除（Kovarik JM, Hartmann S, Bartlett S, et al. Oral-intravenous crossover study of fingolimod pharmacokinetics. Biopharm Drug Dispos, 2007, 28: 97-104）。经临床研究，每日口服 0.5～1.5mg，治疗多发性硬化病，可降低或缓解硬化病的发病率。该药物由诺华公司研制，已于 2010 年经美国 FDA 批准上市。

芬戈莫德作为鞘氨醇 -1- 磷酸（S1P）受体调节剂，在体内经鞘氨醇激酶 2 催化磷酸化后，与淋巴细胞表面的 S1P 受体结合，改变淋巴细胞的迁移，促使细胞进入淋巴组织，阻止其离开淋巴组织进入移植器官中，从而减少自身反应性淋巴细胞再次进入循环的概率，防止这些细胞浸润中枢神经系统，并达到免疫抑制的效果。

4. 后续药物的研发

芬戈莫德是个前药，须在体内经鞘氨醇激酶催化，生成 S- 芬戈莫德单磷酸酯（26）活化形式而起效，S- 构型磷酸酯的活性强于 R- 构型 5～10 倍，而合成的芬戈莫德磷酸酯是消旋化合物，现处于 Ⅱ 期临床研究（Mandala S, Hajdu R, Bergstrom J, et al. Alteration of lymphocyte trafficking by sphingosine-1-phosphate receptor agonists. Science, 2002, 296: 346-349.）。

辛波莫德（27, siponimod）是诺华公司研制的新一代 S1P1 受体激动剂，虽然结构骨架与芬戈莫德不同，但分子尺寸和药效团特征非常相似。27 的 $EC_{50} = 0.4$nmol/L，对不希望作用的 S1P3 受体的 $EC_{50} = 5$μmol/L，选择性非常高。猴的口服利用度 $F = 71\%$，血浆半衰期 $t_{1/2} = 19$h。现处于 Ⅲ 期临床研究阶段（Pan S,

et, al. ACS Med Chem Lett, 2013, 4: 333）。诺华的另一个 S1P1 受体激动剂 KRP203
（28）现处于Ⅱ期临床研究。Actelion 公司研发的 Ponesimod（29）为手性前药，处
于Ⅱ期临床研究（Bolli MH, et al. J Med Chem, 2010, 53: 4198）。日本第一三共制药
公司研发的 CS-0777（30）处于Ⅰ期临床研究（Nishi T, et al. ACS Med Chem Lett,
2011, 2: 368）。

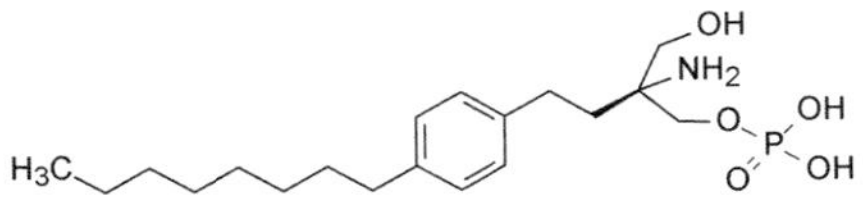

26

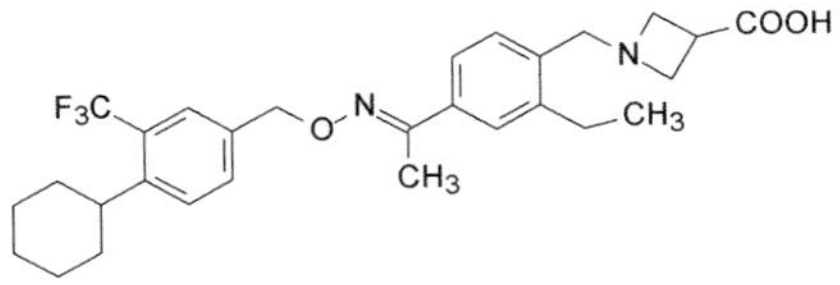

27

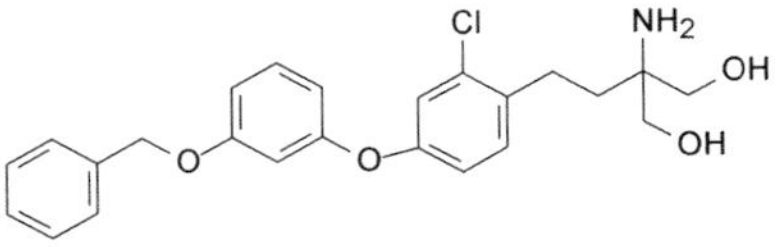

28

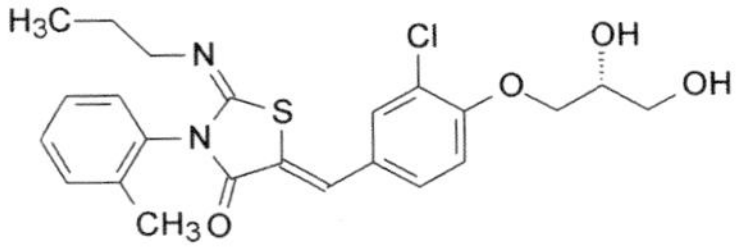

29

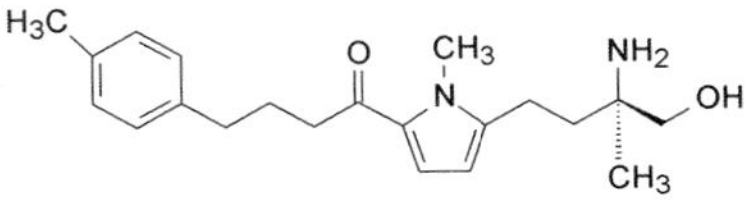

30

合成路线

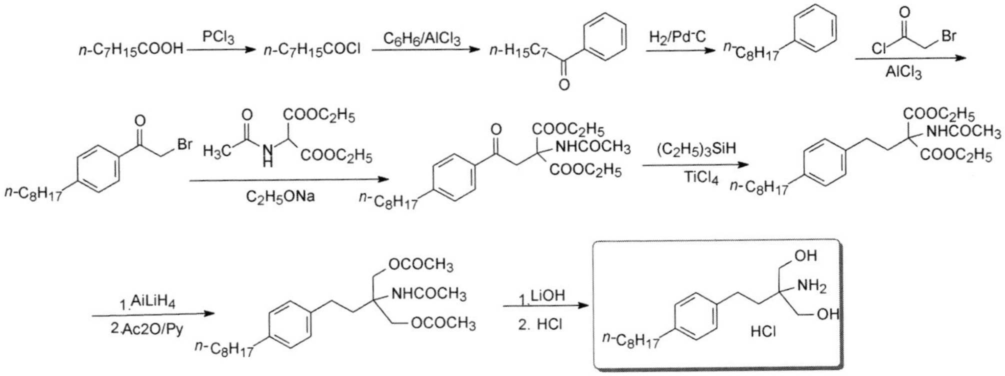

芬戈莫德

3. 源自根皮苷的降血糖药坎格列净

【导读要点】

坎格列净是以抑制钠葡萄糖共转运蛋白为靶标、阻止肾小管重吸收葡萄糖的首创性降血糖药物，治疗 2 型糖尿病。这是一个由天然活性物质成功研发药物的范例。根皮苷是个历史悠久的药理学工具药，基于药物化学的理念和方法，通过结构变换，提高活性强度和对 SGLT2 的选择性作用，同时增加代谢和化学稳定性。从研发的脉络清晰地看到保持糖（或类糖）片段是确保识别 SGLT2 的药效团，适宜的亲水－亲脂的分配性质保障化合物的成药性。将 *O*- 苷键换作 *C*- 苷键提高了稳定性，是成功的关键。后续上市的两个"列净"药物以及众多处于临床研究的活性化合物，结构大同小异，说明研制者的设计思路的共同性和不同的模拟创新技巧。

坎格列净（canagliflozin）是以 2 型钠葡萄糖共转运蛋白（SGLT2）为靶标的第一个口服降血糖药，通过可逆的选择性抑制肾小管对血糖的重吸收，促进血糖在尿液中的排遗，降低体内血糖水平，因而作用机制有别于已有降血糖药物。坎格列净是以天然活性产物为先导物研制成功的范例。

1. 靶标特点

生理学研究表明，循环血中的葡萄糖在肾小球中滤过，然后在肾脏近曲小管处重吸收，重吸收作用是由两个蛋白介导：1 型和 2 型钠葡萄糖共转运蛋白（SGLT1 和 SGLT2）。SGLT1 是高选择性低容量的转运蛋白，主要在小肠上表达；SGLT2 是低选择性高容量的转运蛋白，主要表达于肾近曲小管的 S1 和 S2 区段上。SGLT2 基因突变可导致持续的肾性糖尿。选择性地抑制 SGLT2 而不抑制 SGLT1，可成为不影响胃肠道吸收葡萄糖、不干预胰岛素系统的治疗 2 型糖尿病的新途径。

2. 天然产物的初始改造

根皮苷（1，phlorizin）是以二氢查尔酮为苷元的葡萄糖苷，含于许多果实中，已知有 150 年的历史（Rossetti L, et al. J Clin Invest, 1987, 79: 1510）。根皮苷具有抑制 SGLT2 和 SGLT1 的双重活性（Toggenburger G, et al. Biochim Biophys Acta, 1982, 688: 557），因选择性不高和在肠道迅速水解去糖成为根皮素（phloretin）而失效，根皮苷本身不能药用，常作为药理工具药，却是个良好的先导化合物。

根皮苷结构改造的目标是：①对 SGLT2 有高选择性抑制作用；②口服有效；③消除糖苷容易水解失活的代谢不稳定性；④化学结构具有新颖性。

初步的结构变换揭示出如下的构效关系：①糖基和两个苯环之间的连接基是必需的；② A 环的酚羟基可烷基化（如甲氧基，化合物 2）仍保持活性。A 环换成苯并呋喃环，B 环引入甲基得到的化合物 3（T-1095）提高了选择性作用，同等剂量下灌胃小鼠，尿中葡萄糖排泄量最大（Tsujihara K, et al. Chem Pharm Bull, 1996, 44: 1174; Tsujihara K, et al. J Med Chem, 1999, 42: 5311; Oku A, et al. Diabetes. 1999, 48: 1794）。T-1095 虽然是前药（碳酸酯），仍未能克服 O- 糖苷的不稳定性。

1   **2**   **3**

与此同时，BMS 公司也在以根皮苷为先导物研制 SGLT2 抑制剂，将两个苯环间 3 个原子的连接基减少为 1 个，成为类型 4 的化合物，仍保持对 SGLT2 的选择性作用（Washburn WN, et al. Chem Abstr, 2001, 135 : 273163），提示对先导物根皮苷的骨架可以作较大的变换。

4　　　　　　　　5　　　　　　　　6

3. C-糖苷提高稳定性

将 3 和 4 的 O-苷换为 C-苷，使糖基经 C-C 键与苷元连接，化合物 5（Tomiyama H, et al. Chem Abstr, 2001, 135: 304104）和通式 6（Ellsworth B, et al. Chem Abstr, 2001, 134: 281069）仍保持活性和选择性，C-苷的代谢和化学稳定性显著强于相应的 O-苷化合物 3 和 4。

4. 芳环的变换——杂环的引入和候选药物坎格列净的确定

为了优化活性和选择性以及实现结构的新颖性，对 6 的 A 和 B 环分别用杂环做电子等排置换，例如 A 环用噻吩、吡咯、吡啶、吡嗪等杂环，B 环用吡啶、吡嗪、噻吩、苯并呋喃、苯并噻吩、苯并噻唑、苯并噁唑、苯并咪唑等代替，对化合物体外测定对人 SGLT2（hSGLT2）的抑制活性（IC_{50}）和对 hSGLT1 的选择性倍数。结果表明，A 为苯环、B 为苯基噻吩的母核活性和选择性优于其他系列，其中化合物 7 对 hSGLT2 和 hSGLT1 的 IC_{50} 分别为 2.2nmol/L 和 910nmol/L，选择性高达 414 倍，表明对小肠吸收葡萄糖的影响很小。大鼠口服生物利用度 $F = 83\%$，血浆半衰期 $t_{1/2} = 5h$。雄性 SD 大鼠一次灌胃 30mg/kg，尿中排泄 3 696mg 葡萄糖 /200g 体重。7 命名为坎格列净（canagliflozin）进入临床前和临床研究（Nomura S, et al. J Med Chem, 2010, 53: 6355）。强生公司经Ⅲ期临床研究表明，坎格列净不仅显著降低 2 型糖尿病患者的血糖水平，而且极少引起低血糖事件。此外，其减肥效果也十分明显。坎格列净于 2013 年经美国 FDA 批准上市（Schernthaner G, et al. Diabetes Care, 2013, 36: 2508）。

7 坎格列净

5. 其他处于临床研究的 SGLT2 抑制剂

达格列净（8, dapagliflozin）是 BMS 与 AstraZeneca 联合研制的第二个 SGLT2 抑制剂，已于 2014 年经 FDA 批准上市（Meng W, et al. J Med Chem, 2008, 51: 114）。作为 C- 糖苷，可视作坎格列净的噻吩环被苯环替换的类似物，为选择性作用更强的药物，对 SGLT2 和 SGLT1 的 IC_{50} 分别为 1.1nmol/L 和 1 390 nmol/L。

由 Boehlinger Ingrehaim 与 Eli Lilly 联合研发的艾帕列净（9, empagliflozin）是第 3 个于 2014 年上市的 SGLT2 抑制剂，也是一种 C- 葡萄糖苷。艾帕列净与达格列净骨架结构相同，只是将外侧苯环的乙基改为四氢呋喃片段，对 SGLT2 的 IC_{50} 为 3.1nmol/L，对 SGLT-1 作用比 4、5 和 6 选择性高 300 倍以上（Grempler R, et al. Diabetes Obes Metab, 2012, 14: 83~90）。

8 达格列净   **9 艾帕列净**

化合物 10 称作伊格列净（10, ipragliflozin），是由 Astellas 和 Kotobuki 公司联合研发的另一个 SGLT2 抑制剂，也是 C- 葡萄糖苷，结构中含有苯并噻吩环，相当于坎格列净的噻吩与苯的并合。对 SGLT2 的抑制活性 $IC_{50} = 7.4$nmol/L，强于 SGLT1 约 254 倍。大鼠灌胃的生物利用度 $F = 71.7\%$，血浆半衰期 $t_{1/2} = 3.6$h。2014 年在日本上市（Imamura M, et al. Bioorg Med Chem, 2012, 20: 3263）。

10 伊格列净   **11 托格列净**

日本中外制药与 Kowa 和 Sanofi 联合研发的托格列净（11, tofogliflozin），是将葡萄糖环换成多羟基环己烷与苯并二氢呋喃形成螺环化合物，对 hSGLT2 和 hSGLT1 的 IC_{50} 分别为 2.9nmol/L 和 8 444nmol/L，选择性近 3000 倍，对猴的生物利用度 $F = 85\%$，处于Ⅲ期临床阶段。（Ohtake Y, et al. J Med Chem, 2012, 55: 7828）。

合成路线

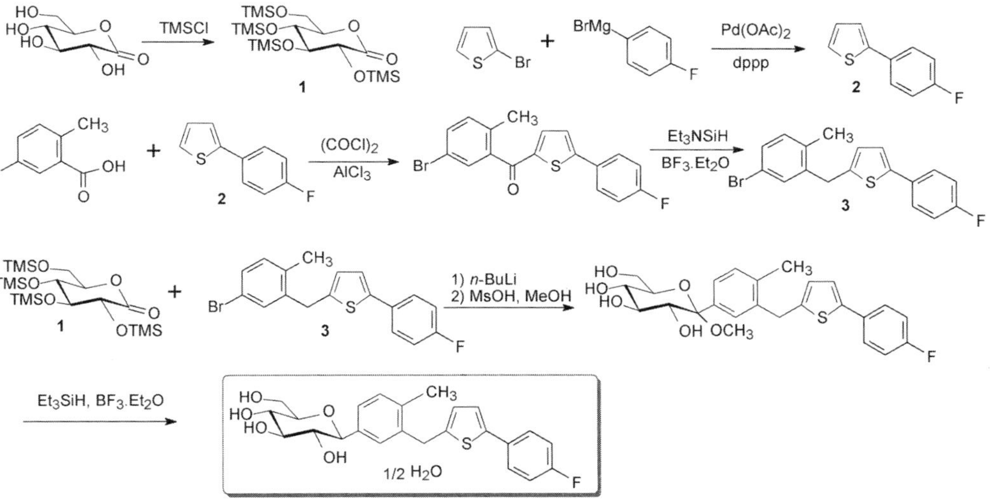

坎格列净

4. 首创的降脂药物洛伐他汀

【导读要点】

体内胆固醇合成的基础研究阐明了级联生化反应的全过程，解析了参与反应的酶系和生成的各个中间体的生化机制，这为研发降胆固醇药物提供了靶标和评价活性的生物标志物。临床发现了血浆中胆固醇水平与发生冠心病的相关性，成为研发降胆固醇药物的动因和依据。基础和临床研究的互动，催生了洛伐他汀等 HMG-CoA 还原酶抑制剂的研发，彰显了转化医学研发特征。在项目实施上，科学家根据真菌细胞壁中没有胆固醇而是麦角甾醇的依据，作出了"真菌体内有抑制胆固醇生成的物质"的科学假设，通过实验求证，在青霉菌中发现了有价值的活性物质，揭示了继青霉素之后青霉菌对人类的又一重要"贡献"。然而研发洛伐他汀并不顺利，一波三折的历程折射出科学家的百折不挠、不轻易放弃和在细节处求真知的科学精神，成功地开辟了治疗心血管疾病的崭新药物领域。后继研发的他汀，在安全有效性乃至抑酶的热力学特征等多层面上优胜于洛伐他汀，后来者居上，然而首创药物功不可没。

1. 胆固醇与冠心病

1.1 胆固醇是双刃剑

1.1.1　胆固醇的生理功能　胆固醇是脂质性的甾醇化合物，是构成细胞膜的重要成分，赋予膜以稳固的物理状态。胆固醇又是体内合成甾体激素（性激素和皮质激素等）的原料。所以，胆固醇是维持细胞和机体正常功能的重要生理物质。胆固醇在水中溶解度很小，为了在血液循环中输送需呈溶解状态，与作为载体的蛋白相结合，形成两种蛋白颗粒：低密度脂蛋白（LDL）和高密度脂蛋白（HDL）。

1.1.2　低密度和高密度脂蛋白　LDL 含有 4 539 个氨基酸残基、多种脂肪酸、数种磷脂和大量的胆固醇，分子量大约为 300 万，颗粒直径为 22nm。其功能是当外周组织需要胆固醇时，LDL 将肝脏胆固醇输送到组织细胞处，经胞膜的内吞作用，进入胞质，释放出胆固醇。血浆中高水平的 LDL 若沉积在冠状动脉或脑动脉壁上，造成动脉壁狭窄，成为心血管病和脑卒中的病因。

HDL 由于含有较高水平的蛋白质，故名高密度脂蛋白，它的功能与 LDL 相反，是将组织中的脂肪酸和胆固醇经血液输送到肝脏中，降低体内的脂质水平。HDL 颗粒直径 8～11nm，周游于循环中不断地敛集游离胆固醇。HDL 是有利的脂蛋白。提高血液中 HDL 水平或降低 LDL 水平，是防治心脑血管疾病的重要环节。

研发他汀类药物的目的是阻断体内合成胆固醇以降低胆固醇水平，但后来证明还可降低血液中 LDL 水平，因而是防治心脑血管疾病的重要药物。

1.1.3　胆固醇的生物合成　人体内的 30% 的胆固醇是从膳食中摄取来的，

70% 是自身由乙酰辅酶 A（来自糖和脂肪酸代谢）经 30 多个酶催化的级联反应完成的，人们致力于干预不同阶段的酶系，以实现抑制胆固醇生物合成的目标。

1.2　降胆固醇药物靶标 HMG-CoA 还原酶

早在 20 世纪初叶，人们就发现了高摄取量的胆固醇和冠心病的发生相互关联。20 世纪 50 年代，实验确证了血液中高胆固醇水平与冠心病有密切关系，进而揭示了冠心病是由于低密度脂蛋白胆固醇所致，而高密度脂蛋白胆固醇的作用与其相反。因此将降低血浆中 LDL 胆固醇作为预防和治疗动脉硬化、心肌梗死和冠心病的生物标记物。

20 世纪 60 年代上市的降胆固醇药曲帕拉醇（1, triparanol）抑制链甾醇 Δ^{24} 还原酶，虽然阻断了胆固醇的合成链，但因引起底物链甾醇的蓄积，导致严重白内障等不良反应，上市不久被停用。

1956 年默克公司的 Carl Hoffman 证明羟基甲基戊二酸（HMG）是胆固醇的生物合成中的一个中间体。1959 年德国马普研究所发现了 HMG-CoA 还原酶，其功能是将 HMG 转变为二羟基甲基戊酸。该催化反应是合成胆固醇的限速步骤。酶被抑制后蓄积的 HMG 因水溶性经另外代谢途径而分解，不会在体内蓄积产生不良反应，因而 HMG-CoA 还原酶有望成为研制降胆固醇的药物靶标。

2.　先导物来自于天然产物

青霉菌迄今对人类至少有两大贡献：一是 *Penicillium notatum* 产生抗菌作用的青霉素，另一是 *Penicillium citrinum* 产生降低胆固醇的美法他汀（2, mevastatin，或 compactin）。20 世纪 70 年代，日本第一三共制药公司的生物化学家远藤彰研究微生物代谢产物的活性（Endo A, et al. Proc Natl Acad Sci USA, 1980, 77: 3957），提出一个假设，即真菌产生次级代谢产物抑制胆固醇合成，用以躲避寄生物的侵袭，真菌的细胞壁含有麦角甾醇，而没有胆固醇，意味着它们可能有抑制胆固醇生成的物质。这个假定促使远藤在 6 000 份样品中找到 3 个抑制 HMG-CoA 还原酶的物质，其中之一是美伐他汀。远藤的工作无疑是开创性的发现。

1978 年默克公司的 Alberts 从 *Penicillium terreus* 分离出另一个抑制 HMG-CoA 还原酶的天然成分，即洛伐他汀（3, lovastatin，原称 mevinolin）（Alberts AW, et al. Proc Natl Acad Sci USA, 1980, 77: 3957），化学结构与美伐他汀极其相似，萘环上多一个甲基。

2　　　　　　　　　　　**3**

3. 临床前的反复艰辛研究和洛伐他汀的成功

远藤首先用母鸡研究美伐他汀的降胆固醇活性，给药组母鸡产蛋中胆固醇含量明显下降，继之也确证了可降低家兔、犬和猴血浆中的胆固醇水平。然而大鼠不能，后来证明是因为美伐他汀可诱导肝细胞产生更多 HMG-CoA 还原酶的缘故（Singer Ⅱ, et al. Proc Natl Acad Sci USA, 1988, 85: 5264.）。

默克公司大约在同时完成了洛伐他汀的临床前研究，于 1980 年开始临床试验，Ⅰ期临床获得很好的结果。然而，听说日本三共制药公司的美伐他汀因犬试验有致癌作用而没敢进入临床阶段，因为这两个候选药物的结构极其相似（仅差一个甲基），默克担心安全性问题，中止了临床试验。时任默克研发部负责人的脂质专家 Vagelos 不甘心停止洛伐他汀的试验，花费了 3 年时间，证明洛伐他汀没有致癌性，应是安全的候选药物，公司遂于 1983 年恢复临床研究，首先在小范围的危重病人中进行试验，证明是安全的，可明显地降低 LDL 胆固醇水平，初步获得了成功（Bilheimer DW, et al. Proc Natl Acad Sci USA, 1983, 80: 4124）。

经过三期临床试验，证明洛伐他汀可显著地降低 LDL 水平，每日口服 80mg，LDL 可降低 40%，同时也可降低甘油三酯和一定程度地提高 HDL 水平，只有极少的不良反应。FDA 于 1987 年批准洛伐他汀上市。做出杰出贡献的远藤彰虽然没有研发出新药，但得到学界的高度评价和赞誉。

4. 后继的他汀类药物

洛伐他汀开辟了降低血液胆固醇、治疗冠心病的新药物领域，随即有多个他汀药物相继研制成功。默克公司另一个 HMG-CoA 还原酶抑制剂辛伐他汀（4，simvastatin），是由洛伐他汀合成而来，侧链上多一个甲基，其降血脂效果是洛伐他汀的 2.5 倍（Hoffman WF, et al. J Med Chem, 1986, 29: 849），于 1988 年上市。日本三共制药公司的美伐他汀虽未能研制成功，但 1991 年将研发的普伐他汀（5，pravastatin）推向市场，普伐他汀是美伐他汀用生物合成方法，在六氢萘环上引入一个羟基，且打开内酯环成二羟基戊酸的结构（Bone EA, et al. J Med Chem, 1992, 35: 3388）。

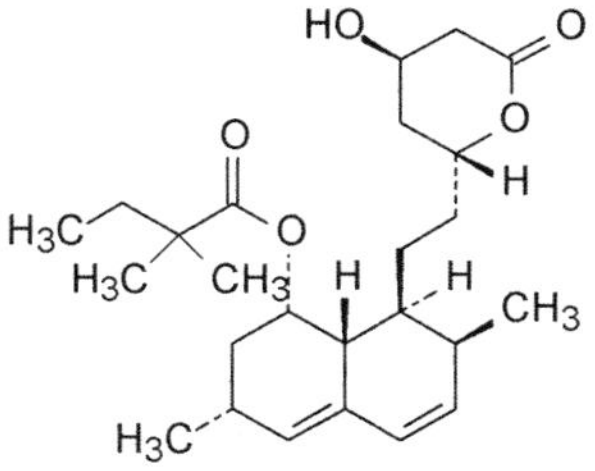

构效关系研究表明，3R，5R- 二羟基戊酸是必要的药效团，六氢萘环作为结构骨架也提供疏水性结合，但亲脂性片段并不拘泥于萘环结构。合成的 HMG-CoA 还原酶抑制剂改变了这个多手性中心的骨架，除了 3R，5R- 二羟基戊酸片段有两个手性碳必要外，分子中不再有其他不对称因素，这显然有利于化学合成。成功合成并上市的他汀药物氟伐他汀（6, fluvastatin）于 1994 年上市，是诺华公司研制的（Connolly PJ, et al. J Med Chem, 1993, 36: 3674）。拜耳公司的西立伐他汀（7, cerivastatin）于 1998 年上市，但不久因不良反应而撤市。西立伐他汀是 HMG-CoA 还原酶的强效抑制剂，降低 LDL 胆固醇疗效显著，然而少数患者长期服用可见肌酐激酶和转氨酶升高。当与吉非贝齐或环孢素合用时，个别可见横纹肌溶解和肾衰竭，有的甚至致死，因此于 2001 年 8 月自世界范围撤销使用。

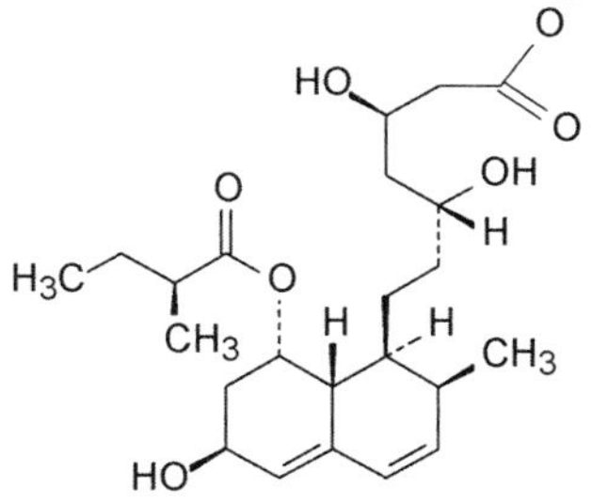

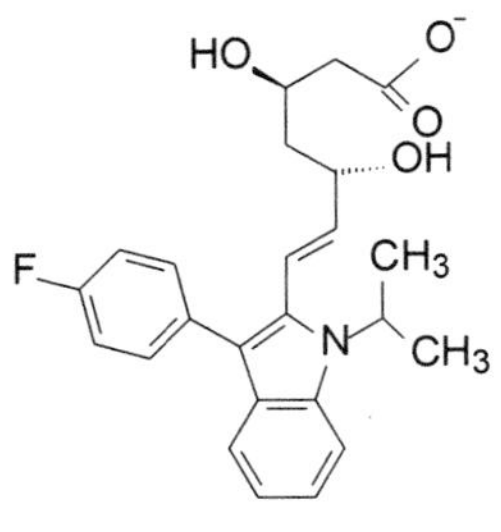

6

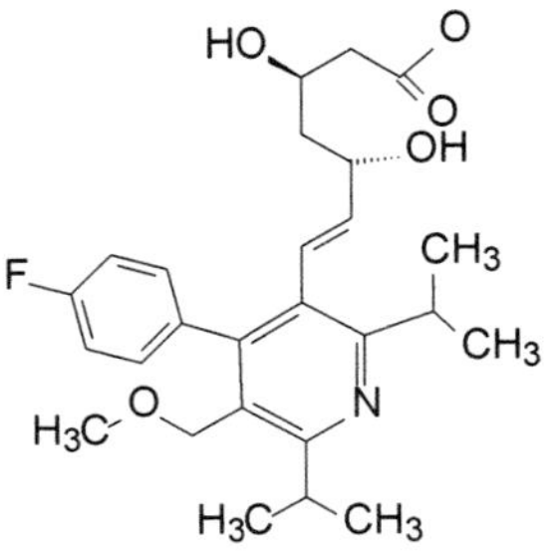

7

辉瑞公司的阿托伐他汀（8, atorvastatin）于 1997 年上市（Roth BD. Prog Med Chem, 2002, 40: 1），阿斯利康于 2003 年上市研制成功瑞舒伐他汀（9, rosuvastatin）（Park WKC, et al. Bioorg Med Chem Lett, 2008, 18: 115）。

而阿托伐他汀有非常好的境遇，由于它降低 LDL 胆固醇的作用和减少心脏病发作的疗效明显强于先它上市的他汀，后来居上地在全世界销量处于绝对的优势地位，21 世纪初连续多年年销售额超过百亿美元，是个非常安全有效的药物。

上市较晚的瑞舒伐他汀的活性更高，临床治疗剂量低于阿托伐他汀一倍，有望得到广泛的应用。

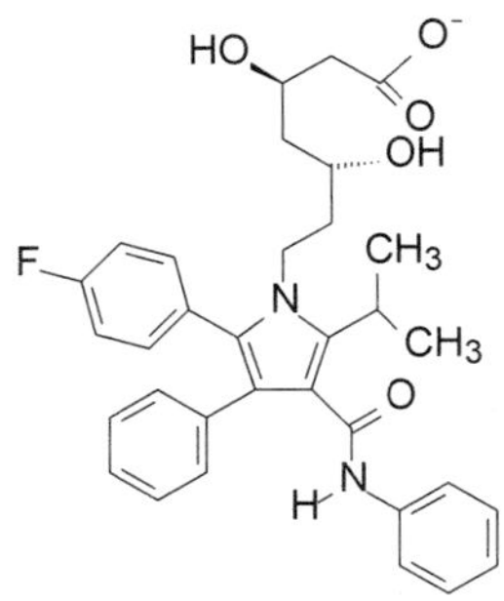

8

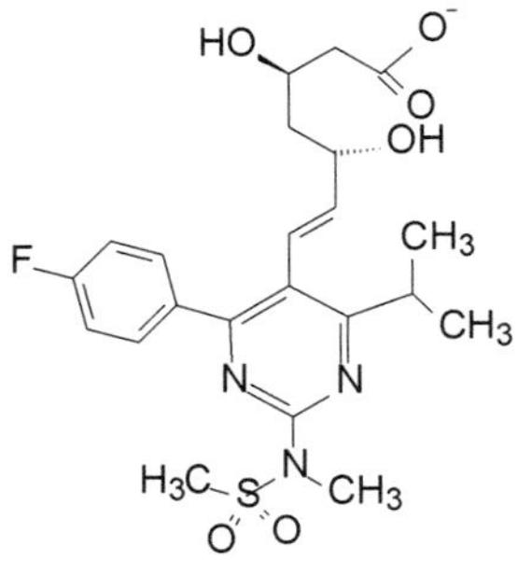

9

5. 他汀类药物的热力学特征比较

药物对酶的抑制活性强度一般用形成复合物的离解常数 K_d 或 IC_{50} 表示，K_d 值与结合自由能 ΔG 值呈对数关系，可按照范托夫方程将 K_d 换算成 ΔG。K_d 值越小，ΔG 越大（绝对值）。ΔG 是由焓（ΔH）和熵（$-T\Delta S$）两部分构成。由于焓-

熵补偿作用，通常类似物与同一受体的结合能的焓与熵的贡献是不同的。一般认为主要由焓驱动的结合具有更多特异性结合特征，如氢键、静电作用和范德华力（形状互补）等；主要由熵驱动的结合大都为疏水相互作用，结合的特异性较差，疏水片段增大会引起复杂的代谢作用和与受体的杂泛性结合导致不良反应，因而在新药研究中力求增加焓对结合能的贡献。

有趣的是，回顾研发的他汀类药物，如果按照上市的时间排序，大致具有这样的趋势：新的他汀不仅抑制 HMG-CoA 还原酶的活性提高，而且焓的贡献逐渐加大，表明新的他汀药物提高了与酶的特异性结合。氟伐他汀、普伐他汀、西立伐他汀、阿托伐他汀和瑞舒伐他汀这 5 个有代表性的他汀药物，活性强度不断地提高，用等温滴定量热法（ITC）测定它们的热力学数值表明，氟伐他汀的结合完全是熵的贡献，$\Delta H = 0$；普伐他汀和西立伐他汀虽然有焓的贡献，但以熵占优；阿托伐他汀的焓与熵的贡献大约各占一半，而瑞舒伐他汀的焓贡献达到 76%。瑞舒伐他汀的治疗剂量最低，每天 5～10mg。表 1 列出了 5 个他汀药物的离解常数和热力学参数。

表 1　他汀药物的离解常数和热力学特征

化合物	K_i(nmol)	ΔG(kJ/mol)	ΔH(kJ/mol)	$-T\Delta S$(kJ/mol)
氟伐他汀	256	-37.6	0	-37.6
普伐他汀	103	-40.5	-10.5	30.0
西立伐他汀	14	-47.7	-13.8	-33.9
阿托伐他汀	5.7	-45.6	-18.0	-27.6
瑞舒伐他汀	2.3	-51.4	-38.9	-12.5

分析这 5 个药物的化学结构，上半部的 3, 5- 二羟基戊酸片段是相同的，下半部则与酶形成氢键、范德华作用以及疏水作用是不同的（Carbonell T and Freire E. Biochemistry, 2005, 44: 11741）。X- 射线晶体学分析表明，这些药物分子中所共有的二羟基戊酸结构片段以相同的方式同酶发生氢键结合和静电相互作用，而下半部较刚性的疏水片段处于 Lα1 和 Lα10 螺旋之间浅表的沟中，共同具有的氟苯基与 Arg590 相结合。需要强调的是，阿托伐他汀和瑞舒伐他汀不同于其他他汀，而

是各含有酰胺或磺酰胺基团，分别形成一个（与 Ser565）和两个（与 Ser565 和 Arg586）氢键，因而有较高的 ΔH 值，图 1 列出了阿托伐他汀与瑞舒伐他汀与酶结合的晶体衍射图（Istvan ES and Deisenhofer J. Science, 2001, 292: 1160; Sarver RW, et al. J Med Chem, 2008, 51, 3804）。辉瑞公司为研制新的他汀药物，应用结构拼合的方法，将瑞舒伐他汀的磺酰胺片段移植到阿托伐他汀的母核上，代替原来的酰苯胺片段，获得了高活性的抑制剂（Park WKC, et al. Bioorg Med Chem Lett, 2008, 18: 1151）。

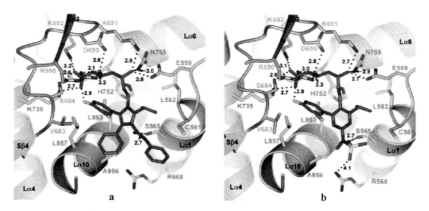

图 1　a：阿托伐他汀与 HMG-CoA 还原酶的结合模式：羧基与 Ser565 形成氢键；
　　　b：瑞舒伐他汀的结合模式：磺酰基的两个氧原子与 Ser565 和 Arg586 形成两个氢键

合成路线

洛伐他汀是经高产菌土曲霉发酵液中分离、纯化而得到。

5. 从生物碱到抗血栓药物沃拉帕沙

【导读要点】

防止血栓形成的药物可以通过阻断血小板聚集的不同环节或靶标而实现，沃拉帕沙是第一个作用于蛋白酶激活受体的拮抗剂，防止血栓形成的口服小分子药物。本品研制成功给我们的启示是：结构复杂的天然产物作为先导物进行优化的一个重要前提是实现高效率的全合成，从而可以自如地改造或修饰结构乃至触及多个手性中心的化合物。沃拉帕沙由有初步活性的喜巴辛，到手性中心完全翻转改变和加入了重要结构片段，完成了首创性研制，展现了对活性与成药性的精雕细刻式的药物化学研究。

1. 作用环节与靶标

冠状动脉疾病是导致心血管事件而猝死的重要原因，发病机制是冠状动脉粥样硬化斑块的损伤或脱落诱发血小板活化和聚集，促发心肌梗死。血小板在斑块破裂后血栓形成的发病机制中起关键作用，这个过程是血小板激活。

血小板激活剂包括凝血酶、二磷酸腺苷（ADP）、血栓烷 A_2（TxA_2）、肾上腺素和胶原等，活化的血小板发生变形，分泌颗粒成分，并在表面表达激活的糖蛋白 IIb/ IIIa 受体，与循环血中的纤维蛋白原结合，导致血栓形成。凝血酶作为重要的激活剂激活了血小板表面的 G 蛋白偶联受体，即蛋白酶激活受体（protease activated receptor, PAR）。人类有 4 种 PAR 亚型，广泛分布于组织中，其中 PAR-1 又称凝血酶受体，在血小板聚集和血栓形成中起最主要的作用。本条目沃拉帕沙是首创的口服 PAR-1 小分子抑制剂。

2. 体外模型的建立

应用纯化的人血小板膜作为 PAR-1 的来源，配体是对凝血酶受体有强结合作用的 ^3H 标记的活性肽（[^3H]haTRPA，$K_d = 5nmol/L$），用以筛选和评价化合物对 PAR-1 的竞争性结合作用。

3. 天然产物喜巴辛为先导化合物

天然产物喜巴辛（1, himbacine）是从木兰科植物 *Galbulimima baccata* 树皮中分离的生物碱。最初研究喜巴辛的目的是寻找抗阿尔茨海默病药物，发现 1 对乙酰胆碱毒蕈碱受体 M2 有强效抑制作用，IC_{50} =4.5nmol/L，选择性强于 M1 约 10 倍。为获得活性更强选择性更高的 M2 受体拮抗剂，合成了喜巴辛的类似物，经深入研究构效关系，揭示出含内酯的三环体系是影响活性的重要组成部分。

先灵葆雅研究所在研究全合成方法中，构建了关键中间体，实现了喜巴辛改构物的平行合成。喜巴辛及其类似物的全合成对于研究 M2 受体拮抗剂以及后来随机筛选并转向研发 PAR-1 抑制剂提供了方法和物质保障（Chackalamannil S, Davies RJ, Asberom T, et al. A highly efficient total synthesis of (+) –himbacine. J Am Chem Soc, 1996, 118: 9812–9813 ）。

4. 吡啶环类似物的优化

在普筛中发现合成的含吡啶环的改构物 2 对 PAR-1 抑制活性 IC_{50} ＝ 300nmol/L，吡啶环上甲基移至其他位置活性均降低，6- 甲基变换为其他烷基，如 6- 乙基（化合物 3）活性显著提高，IC_{50} ＝ 85nmol/L，6 位是极性基团时活性下降或消失。化合物 2 和 3 是消旋化合物，拆分成 (+) –2 和 (+) –3，手性中心与天然的喜巴辛相反的化合物活性提高，IC_{50} 分别为 150nmol/L 和 20nmol/L，而它们的对映体活性弱 10 倍。化合物 (+) –3 进而用食蟹猴做半体内（ex-vivo）实验，注射剂量 10mg/kg 后可以完全抑制 haTRPA 引起的血小板聚集，然而 (+) –3 的口服生物利用度很低（$F_{大鼠}$ ＝ 3%），代谢也很快（iv, $t_{1/2}$<1h ）。

1

(±)-**2**: R=CH₃;
(±)-**3**: R=C₂H₅

(+)-**2**: R=CH₃;
(+)-**3**: R=C₂H₅

5. 改善药代动力学性质

药物的活性与药代是密不可分的，优化结构应体现在活性与药代之间最佳配置，在改造上述吡啶类似物中，为了改善药代性质，在抑制活性上作了"牺牲"。由于吡啶环上 5-OCH$_3$ 和 5-Bn 取代的化合物活性强于相应的 6 位，特别是（+）-5-Ph 化合物（4）IC$_{50}$ = 27nmol/L，而（±）-6-Ph 无活性，因而探索 5- 位芳基取代的活性和药代性质，化合物 4 大鼠灌胃后 4h 内迅速代谢。在苯环上加入取代基（例如不同位置上烷基、烷氧基、卤素、氰基、磺酰胺基和三氟甲基等），评价 IC$_{50}$ 和大鼠药代的 AUC 和 C$_{max}$，发现（+）-m-CF$_3$-Ph 化合物（5）IC$_{50}$ = 11nmol/L，AUC =6 116nmol/(L· h)，C$_{max}$ = 2.3μmol/L。用猴作半体内实验评价化合物 5 的抑制血小板聚集活性，显示有剂量依赖性的抑制作用，而且时间持久。此外 5 不影响凝血时间，说明不是作用于凝血酶和蛋白酶环节上。5 对 PAR-2 和 PAR-4 的功能也没有影响。然而 5 是 CYP 酶诱导剂，更加快对它的代谢，还存在药物－药物相互作用问题（Charckalamannil S, Xia Y, Greenlee WJ, et al. Discovery of potent orally active thrombin receptor(protease activated receptor 1)antagonists as novel antithrombotic agents. J Med Chem, 2005, 48: 5884−5887 ）。

4　　　　　**5**

6. 由代谢产物引发的新一轮优化

为了克服化合物 5 的药代问题，用大鼠肝细胞与 5 温孵或猴体内给药，发现在三环的 C 环 6、7 和 8 位碳原子发生了羟基化，催化该氧化代谢的酶是 CYP2A 和 CYP2B，生成单羟基化合物都有两种构型 α-OH 和 β-OH。为验证是否发生了代谢活化，合成并评价了这些代谢产物，发现（+）-7α- 羟基化合物（6）活性最强

（$IC_{50} = 17nmol/L$），与化合物 5 活性相近，但药代性质优于 5。由于合成方便，同时也制备了（+）-7,7- 二氟代化合物（7）（$IC_{50} = 37nmol/L$）。

由代谢产物 6 以及衍变出的 7 作为新一轮的先导物进行优化，将苯环上的三氟甲基替换为 2- 或 3- 氟、氯或甲基，化合物的抑制 PAR-1 活性除二氟系列的苯环为 2- 氯或 3- 氯化合物的 IC_{50} 分别达到 11nmol/L 和 12nmol/L 外，其余的活性都没有超过化合物 6（Clasby MC, Chackalamannil S, Czarniecki M, et al. Metabolism-based identification of a potent thrombin receptor antagonists. J Med Chem, 2007, 50: 129-138）。

6   **7**

7. C 环的优化——克服代谢问题和增加分子的极性

化合物 6 的体内外药效虽然很好，但其在体内迅速代谢为 7,8- 二羟基化合物而失活，为解决这个代谢问题，对 C 环的 C7 做杂原子的电子等排置换，这样也可以增加分子的极性，降低代谢。为此设计合成了通式为 8 的一系列化合物，其中 Y 和 X 分别是 CH_2，O；CH_2，S；CH_2，SO；CH_2，SO_2；CH_2，$NHCO_2C_2H_5$ 等，末端苯环的 R 为 o-、m- 卤素、氰基或三氟甲基等。结果表明，虽然体外抑制 PAR-1 大多有较高的活性，但仍未避免代谢不稳定问题，例如 X 为 S 的硫杂环己烷可被 CYP 氧化成亚砜或砜而失去活性。不过四氢吡喃化合物 9 的 $IC_{50} = 26nmol/L$，大鼠 AUC = 850(ng·h)/ml，仍被 CYP 代谢，C8 被羟基化，生成环状半缩醛 10。半缩醛是有反应活性的亲电性基团，故化合物 9 不宜开发。

化合物 11 有强效的体外活性（IC_{50} =11.5nmol/L），由此又合成了一系列十氢异喹啉类似物，构效关系提示化合物 11 为最佳。猴灌胃 11 可迅速吸收，生物利用度为 62%，半体内实验 6h 内 100% 抑制 PAR-1，24h 仍有 70% 的抑制率，11 的半衰期为 6.2h。小鼠实验显示，11 具有代谢稳定性，灌胃 8 天也无 CYP 酶诱导作用（Chelliah MV, Chackalamannil S, Xia Y, et al. Heterotricyclic himbacine analogs as potent, orally active thrombin receptor(protease activated receptor-1)antagonists. J Med Chem, 2007, 50; 5147-5160）。

8. 7- 氨基化合物系列和候选化合物——沃拉帕沙的上市

研究至此，已经聚焦于 C7 的基团变换，成为优化活性强度和药代的位点。由于 C7 易于发生氧化代谢，用氨基取代并进行酰化、烷氧羰基化或脲基得到了系列化合物，结果表明 C7 为 R 构型的化合物体外抑制 PAR-1 的活性都很高，其中化合物 12 和 13 的体外活性 IC_{50} 分别为 8.1nmol/L 和 13nmol/L，两个化合物的结构都是氨基甲酸乙酯，犹如将化合物 11 的氨基甲酸乙酯从环内拉出。12 和 13 的结构差异只在苯环的间位分别为 F 或 CF_3。进而用猴半体内实验确定了化合物 12 和 13 活性都很强而持久，分别灌胃 0.1mg/kg 和 1mg/kg，可 100% 抑制猴血小板聚集，持续时间超过 24h。由于 F 原子的亲脂性低于 CF_3，决定将化合物 12 作为候选化合物。12 的大鼠药代动力学表明，口服生物利用度 $F = 33\%$，半衰期 $t_{1/2} = 5.1h$；猴的 $F = 86\%$，$t_{1/2} = 13h$（Chackalamannil S, Wang YG, Greenlee WJ, et al. Discovery of a novel, orally active himbacine-based thrombin receptor antagonist(SCH 530348)with potent antiplatelet activity. J Med Chem, 2008, 51: 3061-3964）。

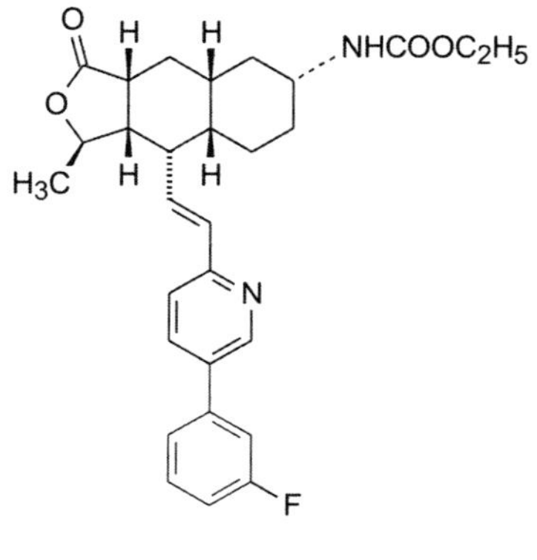

12 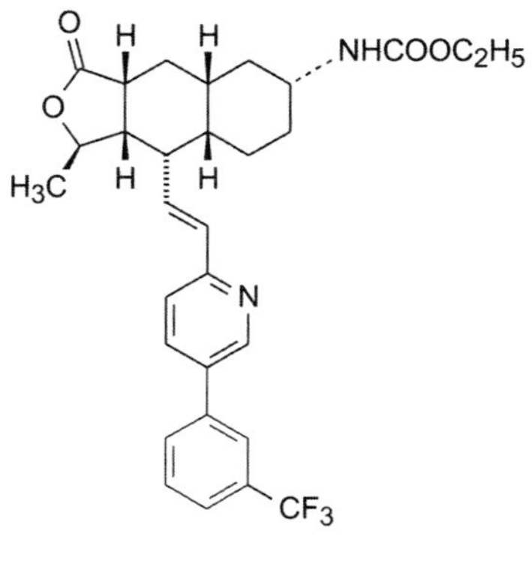   **13**

默沙东公司决定开发 12，定名为硫酸沃拉帕沙（vorapaxar sulfate），经临床Ⅲ期试验，于 2014 年 5 月经 FDA 批注上市，成为首创的作用于 PAR-1 的口服抗血栓药物，用于心脏病发作或动脉堵塞的患者，以降低心脏病进一步发作、中风等死亡危险。

合成路线

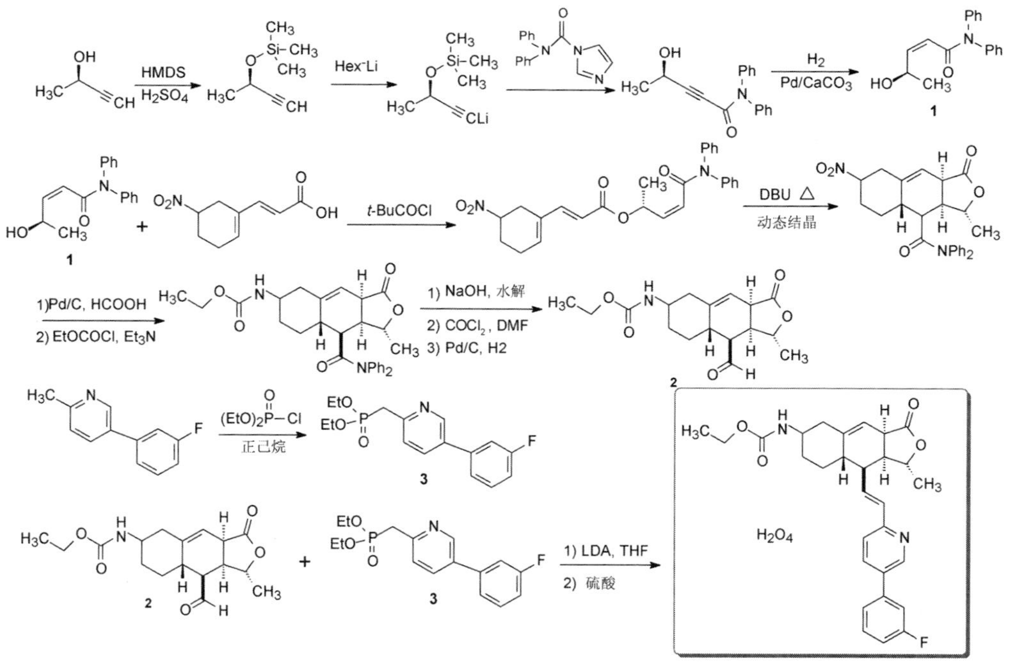

沃拉帕沙

6. 全合成催生的抗癌药物艾日布林

【导读要点】

将一个含有 32 个手性碳原子、相对分子质量超过 1000 的复杂天然活性物质改造成为仍含有 19 个手性碳、相对分子质量 729 的抗肿瘤药物艾日布林，在分子设计和化学合成两个层面上遇到巨大的挑战。研制过程、临床试验乃至生产销售所用的样品和药品，都是用有机合成的方法由简单的原料制备的，成为迄今全球用纯化学合成方法研发和生产的最复杂的药物，可得性是研发艾日布林成药性的一个极其重要维度。从 1985 年开始研究到 2010 年批准上市，耗时 25 年，彰显了研制的艰巨性。

1. 源自海绵的软海绵素 B

1985 年 Uemura 等从日本稀缺的海绵 *Halichondria okadai* 中分离出一种聚醚大环内酯，是只含 C、H 和 O 的天然产物，名称为软海绵素 B（1，halichondrin B）（Uemura D, Takahashi K, Yamamoto T, et al. J Am Chem Soc, 1985, 107: 4796-4798），生物实验表明 1 对小鼠体内外癌细胞具有强效抑制作用（Hirata Y, Uemura D. Pure Appl Chem, 1986, 58: 701-710）。后来发现在常见的海绵如 *Axinella*、*Phakellia* 和 *Lissodendoryx* 科中也含有软海绵素 B，缓解了深入研究抗癌机制所需的样品源。

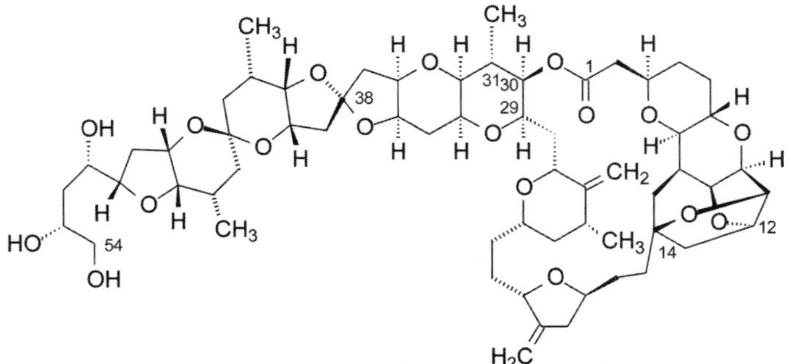

1

2. 独特的抗癌机制

美国国家肿瘤研究所（NCI）用 60 种癌细胞系做了系统的活性评价，发现 1 的抗细胞增殖作用类似于已知的抗微管蛋白药物，但生化机制不同。表现在：①抑制 β 微管蛋白 βs 内链的交联作用以及增加 β^* 的生成，但对长春碱同微管蛋白结合所产生的解聚作用没有竞争性抑制，提示 1 与微管蛋白的结合位点与长春碱不同；②对于秋水仙碱与微管蛋白的结合没有增稳作用，也没有抑制作用；③可提高双 -5, 5'-[8-（N- 苯基）- 氨基 -1- 萘磺酸] 与微管蛋白的结合能力；④不影响碘代乙酰胺对微管蛋白巯基发生的烷化作用。这些生化实验说明软海绵素 B 抑制微管蛋白的解聚作用，同其他抑制剂的结合位点和作用机制不同，预示其抗肿瘤作用与已有的作用于微管蛋白的药物较少产生交叉耐药作用（Bai RL, Paull KD, Herald CL, et al. J Biol Chem, 1991, 266: 15882-15889）。由于软海绵素 B 的极强活性和独特的作用机制，引起学术界和企业界的关注。然而由于自然界提供的样品量有限，研发进展较慢。

3. 软海绵素 B 的结构特征

软海绵素 B 的化学结构是由聚醚与大环内酯两部分组成的，分子式 $C_{61}H_{88}O_{36}$，相对分子质量为 1 109.36，含有 32 个手性碳原子，聚醚片段有 18 个，大环内酯有 14 个。聚醚与大环内酯相连于 C_{29} 和 C_{30}，是共用两个键连的碳原子形成并环结构。连接节点 C_{30} 是内酯基团，当发生水解作用，环被打开，构象发生改变，功能基的空间位置发生改变。

4. 软海绵素 B 和简化物的合成

哈佛大学的 Kishi 等系统地研究了软海绵素 B 的全合成（Aicher TD, Buszek KR, Fang FG, et al. J Am Chem Soc, 1992, 114: 3162-3164），面对复杂的结构，他们采取了由简到繁的合成策略，将软海绵素 B 化解成几个片段，片段上预留出功能基，以备连接成目标分子，本文中软海绵素 B 与片段结构中碳原子的标号沿用了原研者的编号，便于理解各片段在目标分子中的位置和连接位点。一些片段还作了结构变换或简化，以合成改构物或简化物（Duan JJW, Kishi Y. Tetrahedron Lett, 1993, 34: 7541-7544; Stamos, DP, Kishi Y. Tetrahedron Lett, 1996, 37: 8643; Stamos DP, Sean SC, Kishi Y. J Org Chem, 1997, 62: 7552）。合成策略可用图 1 简化示之。

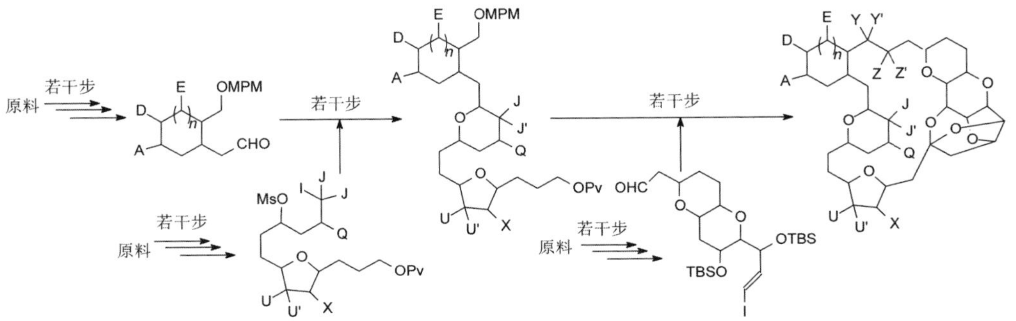

图 1　软海绵素 B 及其简化物合成的策略图

艾日布林的成功研制得益于软海绵素 B 的全合成研究。最初的合成路线只能合成微克级的样品，Eisei 公司研究所的 Yu 等优化了合成方法，使得重要的中间体和简化物能够以 g 级量制备，得以提供必要的样品量进行药理研究，工艺研究实现了临床研究和艾日布林上市后的规模生产，而且完全是由小分子化合物经有机合成制备的（Yu MJ, Zheng WJ, Seletsky MB. Nat Prod Rep, 2013, 30: 1158-1164）。

4.1　保留内酯结构的 C_1-C_{38} 和 C_1-C_{37} 化合物

从药物化学的视角分析软海绵素 B 的结构，"右边的"内酯片段比"左边的"聚醚更可能是抗癌活性的载体，因为右片段含有多样的功能基，而聚醚的结构单调。因而去除大部分聚醚单元，应是简化物合成的切入点。为此，合成了包含 C_1-C_{38} 和 C_1-C_{37} 的化合物 2 和 3（Stamos DP, Sean SC, Kishi Y, et al. J Org Chem, 1997, 62, 7552），这是两个最先简化的并仍保持抗癌活性的类似物，对 DLD-1 人结肠癌

细胞 IC_{50} 分别为 4.6nmol/L 和 3.4nmol/L，与软海绵素 B 的活性（$IC_{50}=0.74$nmol/L）相近。

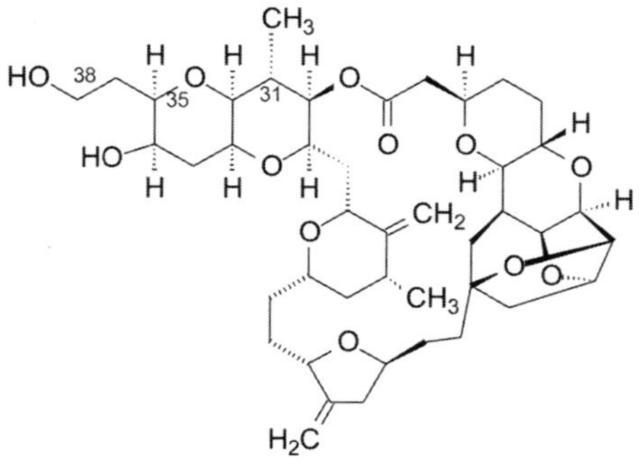

4.2　C_1-C_{38} 和 C_1-C_{37} 的类似物

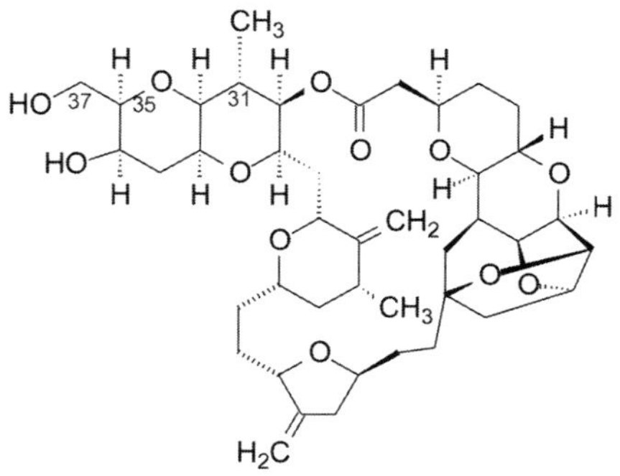

修饰化合物 2 的 C_{38} 羟基成甲氧基，或环合成并环的四氢呋喃，或将 C_{31} 的甲基变换为乙基或氢原子，或将化合物 3 的 C_{31} 甲基变换为乙基或氢，如图 2 所示的结构变换，这些化合物仍保持体外抗癌活性，与 2 和 3 的活性没有显著差异。这些结果提示，由 C_{31} 相连的聚醚简化成二氧杂十氢萘，仍然保持了抗癌活性（Wang Y, Habgood GJ, William JW, et al. Bioorg Med Chem Lett, 2000, 10: 1029-1032）。

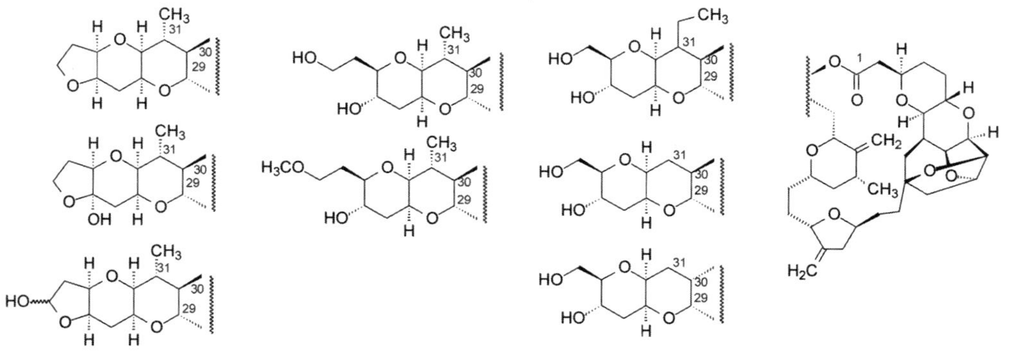

图 2　软海绵素 B 的 C_{29} 和 C_{30} 连接片段的变换

4.3　非内酯型的简化物

酯键在体内容易发生水解。改变内酯的结构，避免水解作用以增加化合物的稳定性。例如用醚键、酰胺键或亚甲基酮等替换酯键。与此同时，再删除剩余的环醚片段，以减小分子尺寸（Littlefield BA, Palme MH, Seletsky BM, et al. U. S. Patent Application 09/334 488, 1999）。

4.3.1　C_{30}-C_1 形成醚键和酰胺键的大环　用醚键替换酯键合成了化合物 4，酰胺键代替酯键合成了化合物 5 和 6，在药物化学中虽然这些二价连接基与酯键互为电子等排，但化合物 4、5 和 6 的变换对活性影响显著。它们抑制微管蛋白的活性降低了两个数量级，推测是环的构象发生了改变的缘故。经 X 射线分析，去甲基软海绵素 A 的内酯键的两面角为 163°，气相分子动力学计算表明化合物 4、5 和 6 的两面角为 180°，环构象有明显变化，不利于同微管蛋白结合（Yu MJ, Zheng WJ, Seletsky BM. Annu Rep Med Chem, 2011, 46: 227–241）。

4.3.2　C_{30}-C_1 以亚甲基酮连接的大环　用亚甲基酮连接 C_{30}-C_1 形成的大环化合物中，化合物 7(ER-076349) 和 8(ER-086526) 表现了突出优良的活性－稳定性－溶解性等属性。7 和 8 的结构特点是：①将 C_1 的酯基变换为甲酮基，这种电子等排的置换，没有改变大环体系的构象，但提高了对水解的稳定性；②将 C_{29}-C_{38} 并合的三环系统简化为四氢呋喃单环，降低了分子尺寸；③从 C_{32} 引出丙二醇或氨基丙醇的极性侧链，改善了物化性质。7 和 8 的相对分子质量分别为 728.92 和 727.94，比天然物软海绵素 B 减少了 35%。化合物 8 的侧链上含有伯氨基，可与酸形成盐，提高了溶解与吸收性。7 和 8 的活性与软海绵素 B 相近，计算亚甲基酮的两面角为 90°，推论环的活性构象在 90～163° 范围内。

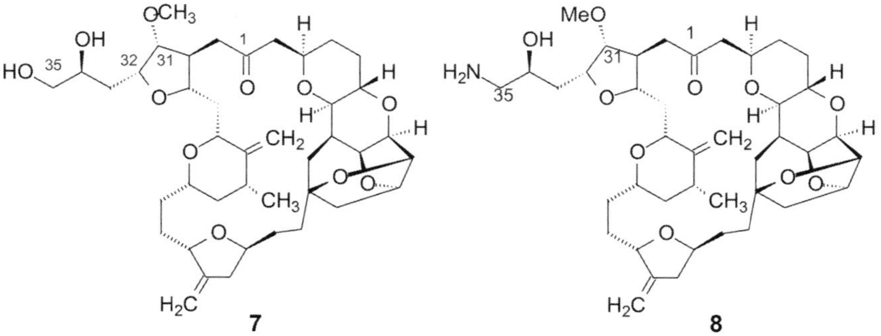

5．ER-076349（7）和 ER-086526（8）的药效学

5.1 体外抑制肿瘤细胞的活性

用多种瘤株评价了化合物 7 和 8 的抑瘤活性，结果表明其体外活性均强于长春碱和紫杉醇（表1）。

表 1 化合物 7 和 8 以及长春碱和紫杉醇的体外抑瘤活性

细胞系	n	IC$_{50}$(nmol/L)			
		化合物 7	化合物 8	长春碱	紫杉醇
MDA-MB-4358	4	0.14	0.09	0.59	2.5
COLO 205	2	0.41	0.71	2.4	7.8
DLD-1	3	0.75	9.5	7.3	19
DU 145	3	0.70	0.91	3.6	9.4
LNCaP	3	0.25	0.50	1.8	3.8
LOX	3	0.76	1.4	3.2	7.3
HL-60	2	0.41	0.90	2.6	4.3
U937	2	0.22	0.43	4.0	3.9
8 个细胞系均值	8	0.45	1.8	3.2	7.3

5.2 对微管蛋白聚合的抑制活性

用小鼠脑微管蛋白评价 7 和 8 的抑制聚合作用，IC$_{50}$ 分别为 5μmol/L 和 6μmol/L，弱于长春碱对微管蛋白的抑制活性（$IC_{50} = 2\mu mol/L$）。

5.3 对移植人癌细胞的裸鼠的体内活性

对多种人癌细胞移植的裸鼠模型进行体内活性实验，表明在 $0.05 \sim 1mg/kg$ 剂量下，两个化合物都有显著的抑制作用，尤其是化合物 8 的活性更加明显。停药后肿瘤的复发率低于紫杉醇，也优于化合物 7，8 的治疗窗口也明显比 7 宽（Towle MJ, Salvato KA, Budrow J, et al. Cancer Res, 2001, 61: 1013-1021）。

5.4 药代动力学性质及临床研究

化合物 8 与甲磺酸形成盐，定名为甲磺酸艾日布林（eribulin methylate），在 pH $3 \sim 7$ 的环境下可任意溶于水，对野生小鼠的口服生物利用度为 7%，平均分布容积为 $43 \sim 114L/m^2$，半衰期 $t_{1/2} = 40h$。经Ⅲ期临床研究，可有效地治疗转移性乳腺癌，于 2010 年 FDA 批准在美国上市。

6. 艾日布林的全合成

艾日布林是迄今用纯化学合成的方法研制并生产的结构最复杂的药物，是由简单的工业原料经 62 步反应合成的。深入的工艺研究将最初哈佛大学的 Kishi 的微克级的合成，提高到制备数十克水平的艾日布林，在合成 180 多个目标化合物的过程中，合成方法和工艺过程不断改进。此外，也由于转化医学的推动，产（Eisei 公司）学（哈佛大学）研（NCI）的结合，很好地处理了时间、投入与风险的关系。下面简要地叙述合成艾日布林的流程图，展示其复杂性。

6.1 C_1-C_{13} 的合成

由 L-甘露糖酸 -γ- 内酯经手性配体诱导发生 C-烯丙基化、麦克尔加成环合以及立体选择性地 Ni(Ⅱ)/ Cr(Ⅱ) 诱导乙烯三甲基硅烷加成等多步合成，最后经二异丁基铝氢还原 C_1 的羧酸甲酯成醛基，合成了 C_1-C_{13} 片段（9）（Stamos DP, Kishi Y. Tetrahedron Lett, 1996, 37: 8643-8646）。

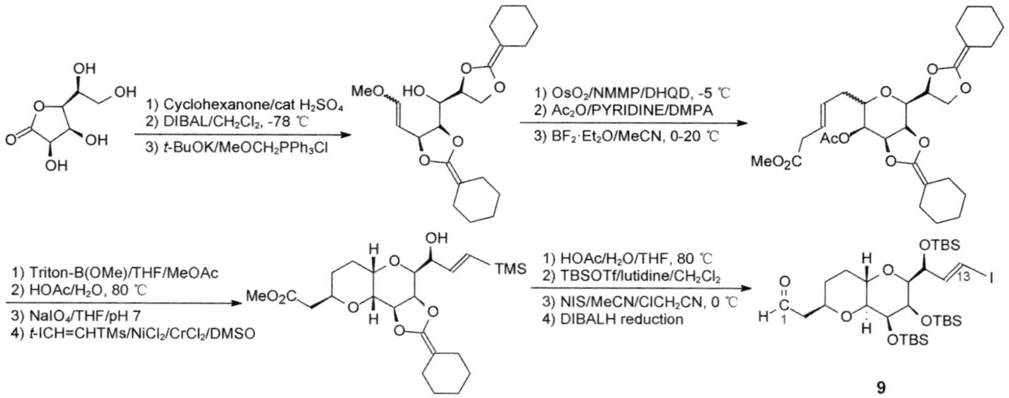

9

6.2 C₁₄-C₂₁ 片段的合成

由 L-（＋）-赤藓酮糖经 5 步反应转变成羟基保护的溴丙烯化合物，后者在锌粉存在下，与醛缩合成仲醇，经 Swern 氧化和立体选择性还原，再经过 3 步反应得到 C₁₄-C₂₁ 四氢呋喃甲醛的片段（10）。

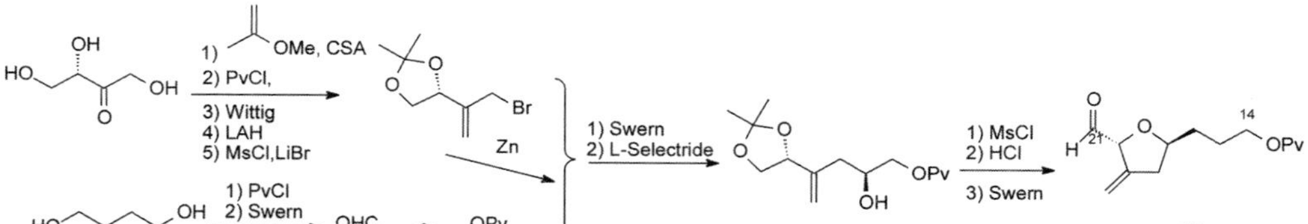

10

6.3 C₂₂-C₂₆ 片段的合成

由羟甲基丁内酯经 Kishi 合成的多步反应，生成了提供 C₂₂-C₂₆ 片段的酮基膦酸酯（11）。

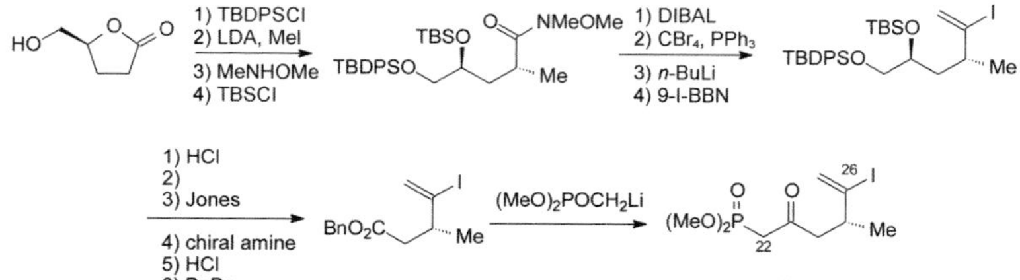

11

6. 4 C₁₄-C₂₆ 片段的合成

将包含 C_{14}-C_{21} 片段的四氢呋喃甲醛化合物（10）与包含 C_{22}-C_{26} 片段的酮基膦酸酯（11）经 Kishi 合成的多步反应，生成含有 C_{14}-C_{26} 片段的中间体（12）。

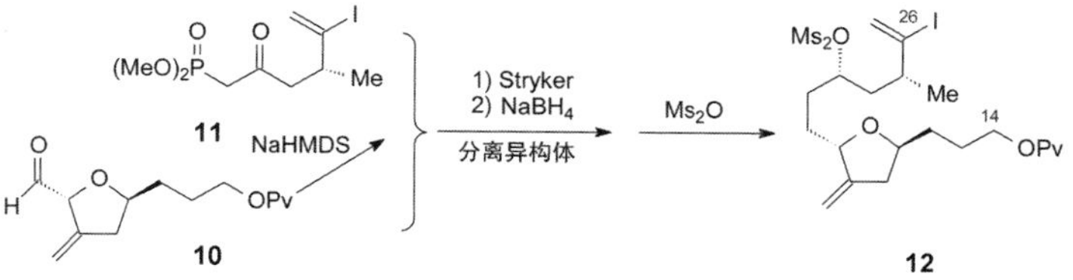

6. 5 C₂₇-C₃₅ 片段的合成

含有 9 个碳原子的 C_{27}-C_{35} 片段是从两个简单的原料制备：用丁炔醇经 5 步反应生成含有 C_{27}-C_{30a} 片段的待开环的环氧化合物；由丁三醇经 4 步反应合成含有 C_{31}-C_{35} 片段的戊炔二醇。这两个片段经正丁锂活化、Lewis 酸催化偶联得到炔醇，炔键经部分氢化还原，生成的顺式双键用四氧化锇双羟基化，再经甲烷磺酰化，关环得到羟基被保护的 C_{27}-C_{35} 四氢呋喃乙醛化合物（13）。

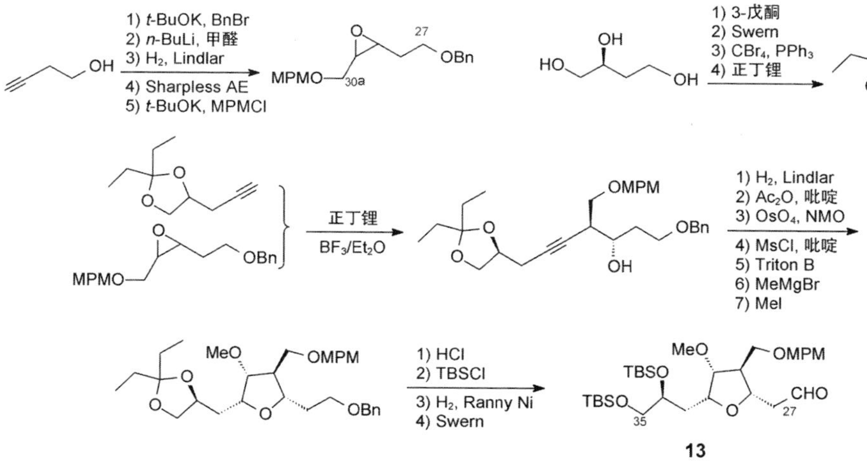

6. 6 C₁₄-C₃₅ 片段的合成

C_{14}-C_{26} 片段的碘代乙烯化合物（12）与 C_{27}-C_{35} 四氢呋喃乙醛化合物（13）在

Nozaki-Hiyama-Kishi 条件下发生偶联反应生成 14，为差向异构体混合物，C_{27} 的构型比例是 3∶1，以所希望的构型占优，经简单柱色谱分离后，收率为 57%。将 C_{30a} 的羟基转变为苯磺酰基，除去 C_{14} 的新戊酰保护基，得到含有 C_{14}-C_{35} 片段的中间体（15）。从各个原料算起，合成 15 需要 59 步反应，最长为 26 步线性接续反应。

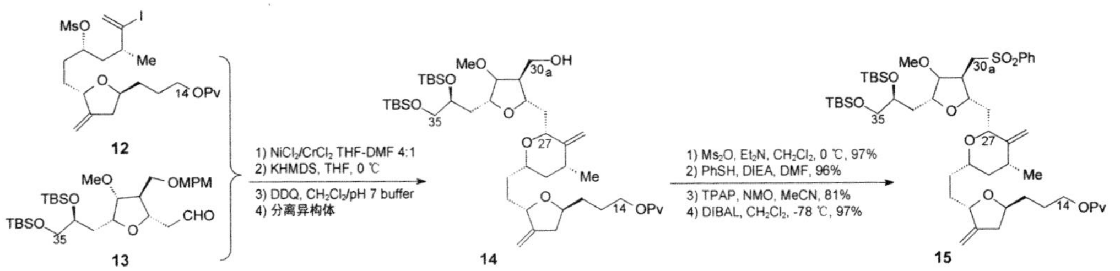

6.7　C_1-C_{13} 片段与 C_{14}-C_{35} 片段的连接：艾日布林的合成

C_{14}-C_{35} 片段的中间体（15）与 C_1-C_{13} 片段的中间体（9）经过三步反应生成 C_1-C_{35}、C_{13} 处为碘乙烯基、C_{14} 为醛基的化合物（16），在 Nozaki-Hiyama-Kishi 反应条件下，发生大环合环，收率 95%，将丙烯醇氧化成烯酮，再发生迈克尔加成，形成笼状结构的二醇（17），17 用甲磺酸酐酯化，氢氧化铵处理得到 C_{35} 为氨基的最终目标物（8），与甲磺酸形成盐，得到甲磺酸艾日布林（Yu MJ, Zheng WJ, Seletsky MB. Nat Prod Rep, 2013, 30: 1158-1164）。

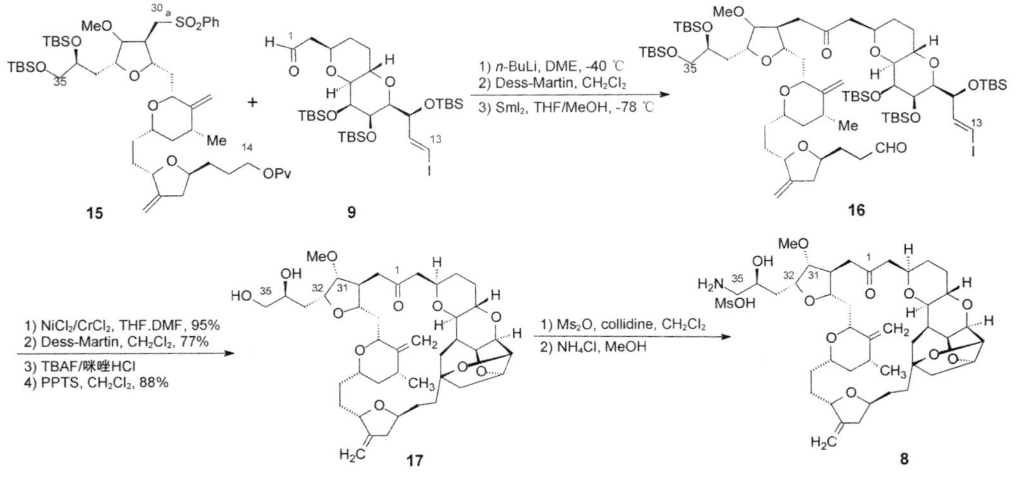

合成路线

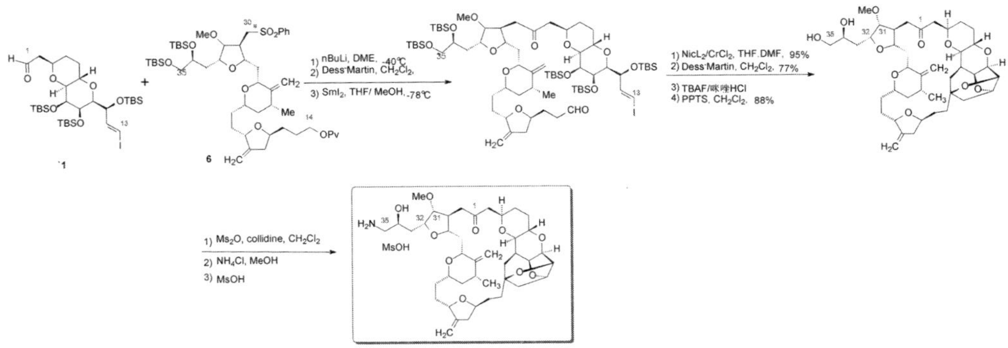

艾日布林

7. 由山羊豆碱研制的二甲双胍

【导读要点】

由降糖作用的天然产物引发合成的二甲双胍，至今经历了 80 多年，临床应用迄今已半个多世纪，在全球广泛应用。二甲双胍已被业界确定为一线治疗的药物，用作起始治疗并贯穿于治疗全程，标志了二甲双胍作为 2 型糖尿病的首选药物和特殊地位，它的作用靶标和分子作用机制在不断地揭示中。二甲双胍是结构简单的超小分子（MW ＝ 129.16），犹如阿司匹林（MW ＝ 180.16）的上百年之长盛不衰，应用上的不可替代和结构上的难以模拟，彰显了"唯一"药物（me-only）的独特性。

1929 年以降低血糖为目标合成的二甲双胍问世，至今 80 多年，1957 年开始治疗高血糖症患者，临床应用也已 50 多年。如今二甲双胍已确立是治疗 2 型糖尿病的首选一线和全程应用的药物地位。二甲双胍有许多优点：不刺激胰岛 β 细胞、不影响胰岛素分泌、降血糖作用明显、对正常人血糖几乎没有作用。在化学上，二甲双胍是个简单的有机超小分子，分子量 129.16，却是没有第二个可与其比肩的唯一药物，它可单独使用，也可与多种降糖药配伍，是经久不衰和不可替代的良药。

1. 苗头来源于植物的次生代谢产物

早在 19 世纪末，欧洲民间用豆科植物山羊豆（*Galega officinalis*，又称猪殃殃）

治疗糖尿病。化学研究发现该植物中含有胍类次生代谢产物（豆科植物的根瘤菌可固化空气中的 N_2，是多含生物碱的原因），1918 年动物实验表明胍（1）具有降糖作用，但因毒性大不能应用。随后在 20 世纪 20 年代，将从山羊豆中分离的毒性较低的山羊豆碱（2, galegine）由医生自身服用，治疗糖尿病（Muller H, Rheinwein H. Pharmacology of galegin. Arch Exp Path Pharmacol, 1927, 125: 212-228; Bailey CJ. Metformin: its botanical background". Pract Diabetes Intern, 2004, 21: 115-117），表明山羊豆碱能够显著降低患者血糖水平，但因作用时间短，限制了临床应用。

2. 最先合成的二胍化合物

1926 年维也纳大学 Slotta 等合成了多亚烷基二胍化合物以提高降糖活性，发现十亚甲基二胍（3, decamethylene diguanide, synthalin A）降糖作用持久，后迅速在欧洲上市，但不久发现患者肝脏呈现毒性而停止应用。继之将十二亚甲基二胍（4, dodecamethylene diguanide, synthalin B）用于临床，虽然毒性有所降低，但仍呈现不良反应，于 1940 年停止应用。

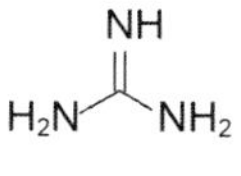

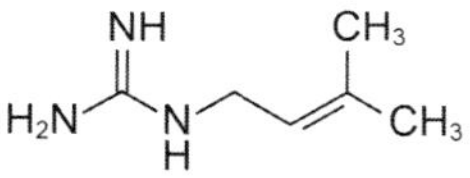

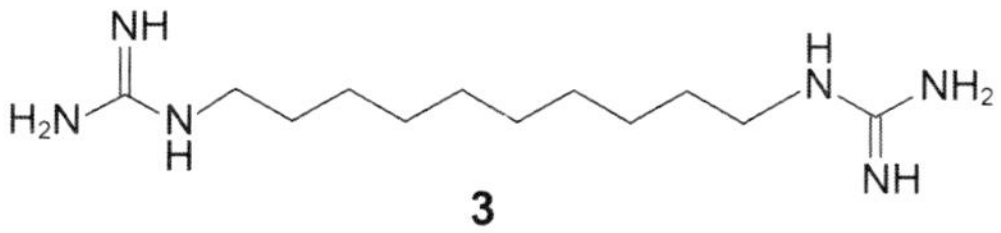

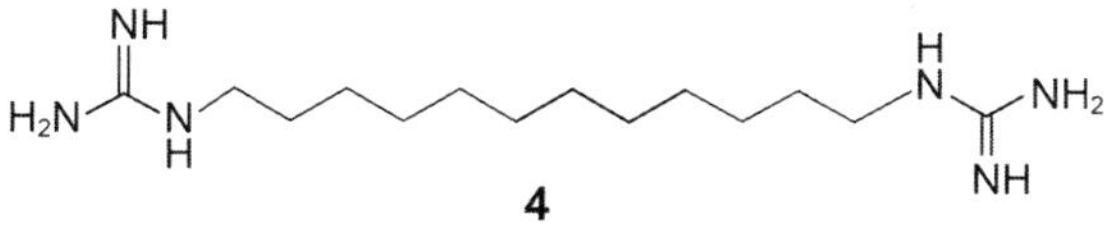

3. 双胍化合物纷纷进入临床研究

上述的二胍，是两个胍基处于被亚烷基分隔状态，化学命名上是二胍。本节所讨论的双胍，是两个胍基共用一个 -NH- 的结构，从化学上讲，应是脒基胍，不过本文还是沿用双胍这一约定俗成的名称。

1929 年 Slotta 等合成了一系列二胍和双胍化合物，包括上述的二胍类化合物。经动物实验证明双胍化合物有显著降血糖作用，其中也有现在临床广泛应用的二甲双胍，不过当时并没有进行临床实验（Slotta KH, Tsesche R. Über Biguanide. Ⅱ. Die blutzuckersenkende Wirkung der Biguanides. Ber Dtsch Chem Ges, 1929, 62:1398-1405）。

20世纪40年代应用抗疟药氯胍（5, chloroguanidine）治疗疟疾患者，发现有降血糖作用，但作用不强，验证了双胍片段是降低血糖的药效团结构。

法国医生Sterne在胍类降糖作用的研究中做出了重要贡献，他综合了二甲双胍（6, metformin）对动物的降糖作用和在1949年菲律宾使用二甲双胍治疗流感的实践，对二甲双胍开展了系统的临床研究。为了体现二甲双胍的降糖效果，称二甲双胍为噬糖体（glucophage）（Sterne J. Du nouveau dans les antidiabetiques. LaN, N-dimethylamine-guanylguanide(NNDG). Maroc Med, 1957, 36: 1295-1296），Sterne是开展二甲双胍治疗糖尿病的先驱者。

在与二甲双胍治疗糖尿病的同时，有人还对动物实验降糖作用更强的两个双胍，即丁双胍（7, buformin）和苯乙双胍（8, phenformin）进行了临床研究，治疗糖尿病。

5　　　　　　　**6**

7　　　　　　　**8**

丁双胍抑制胃肠道的葡萄糖吸收，提高胰岛素的敏感性和细胞对葡萄糖的摄取，也抑制肝脏的葡萄糖合成等。它的降低血糖作用强于二甲双胍，但临床发现丁双胍可引起乳酸性酸中毒（lactic acidosis），由于治疗剂量接近中毒剂量，引起严重的毒性作用，于20世纪70年代停止了丁双胍的临床应用。

苯乙双胍的降糖作用与二甲双胍和丁双胍相同，而且活性显著强于二甲双胍，临床治疗的剂量较低，但也因为可引发乳酸性酸中毒的不良反应，许多国家不使用苯乙双胍，即使有应用的，也警示要慎用。

4. 二甲双胍确定为治疗2型糖尿病的首选药物

在多年的临床应用中发现，二甲双胍因其很少发生乳酸酸中毒，优于苯乙双胍。而且二甲双胍对电子链的传递及葡萄糖的氧化无明显抑制作用，也不干预乳酸的转运，是比较安全有效的药物。

从 1957 年 Sterne 在法国应用二甲双胍治疗 2 型糖尿病开始，全球应用近 40 年，直到 1995 年 FDA 才批准在美国上市。

1998 年，英国前瞻性糖尿病研究（UKPDS）肯定了二甲双胍是唯一可以降低大血管并发症的降糖药物，并能降低 2 型糖尿病的并发症及死亡率。

2000 年，二甲双胍缓释片在美国批准上市，并研发出二甲双胍与其他降糖药物的复方制剂。

2005 年国际糖尿病联盟（IDF）进一步明确了二甲双胍是贯穿 2 型糖尿病治疗全程的一线用药，突出了二甲双胍的治疗地位。

2007 年美国糖尿病协会（ADA）的药物治疗指南首次推荐降糖药使用的前后顺序和路径：生活方式干预的同时应用二甲双胍作为起始治疗，并作为一线治疗药物贯穿于治疗全程；胰岛素强化合并二甲双胍及格列酮类作为最终治疗。这样，经过 50 年的临床研究，确立了二甲双胍作为 2 型糖尿病的一线及全程用药和不可替代的地位。

5.　二甲双胍的作用机制

二甲双胍问世 80 多年，临床应用 50 年，虽然对其作用机制作了广泛的研究，但尚不完全清楚。

5.1　抑制 cAMP-PKA 信号传导

二甲双胍的抗高血糖作用是由于抑制了肝脏的糖异生化，抑制肝细胞的线粒体功能。二甲双胍作为线粒体抑制剂，激活了效应器 AMP 激活蛋白激酶（AMPK）。小鼠遗传学研究表明，二甲双胍抑制糖异生作用的更直接原因是改变了线粒体的呼吸速率，降低了 ATP 的利用度，影响了 cAMP-PKA 信号传导。此外，通过 AMPK 信号通路，二甲双胍可降低肝细胞脂质和胆固醇的生物合成，改善脂质代谢。

5.2　二甲双胍的分子作用机制

现今普遍接受的分子机制如图 1 所示。二甲双胍经有机阳离子转运蛋白 1

（OCT1）进入肝细胞，抑制了线粒体呼吸链（complex 1），由于细胞内 ATP 生成量减少，缺乏能量供给，代偿性地降低了细胞的能量消耗。ATP 的减少和 AMP 的增加，抑制了肝脏糖异生作用；AMP 水平增高也是影响信号传导的一个关键因素，表现在 3 个方面：①通过抑制腺苷酸环化酶变构性地抑制 AMP- 蛋白激酶 A（AMP-PKA）信号通路；② AMP 水平提高也变构性地抑制果糖 -1,6- 二磷酸化酶（FBPase）的活性，后者是糖异生化的关键酶，降低了葡萄糖的生成；③激活 AMPK 通路抑制脂质与胆固醇的合成（Rena G, Pearson ER, Sakamoto K. Molecular mechanism of action of metformin: old or new insights? Diabetologia, 2013, 56: 1898-1906）。

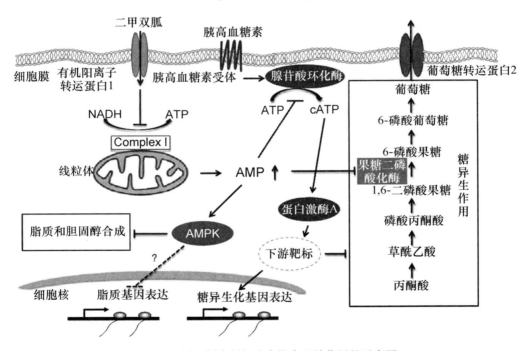

图 1　二甲双胍在肝细胞中抗高血糖作用的示意图

合成路线

二甲双胍

II

以内源性物质为
先导物的药物研制

8. 穿肠而过的治疗肠易激综合征药物依卢多林

【导读要点】

靶标蛋白的杂泛性是生物进化的一个标志，反映在药物的作用上，主作用往往伴随着副作用，新药的创制在于"扬善抑恶"。激动中枢的阿片受体可产生镇痛作用，而对外周的胃肠道则抑制蠕动引发便秘，后者却可被利用为治疗腹泻型肠易激综合征。研制依卢多林，定位于口服用药只作用于胃肠道的阿片受体，不被吸收，不穿越血脑屏障和进入中枢神经。以天然配体五肽为起点，削减成拟二肽，再经骨架迁越彻底去除肽的性质。用药物化学的理念和方法优化活性的同时，注重了药代和成药性。本品的成功还存在一定的偶然性：对阿片 μ 和 δ 两个受体亚型呈完全相反的作用而相得益彰，较低的生物利用度也保障了本品局部作用的优势且低成瘾性，这些在理性设计中是难以企及的。

1. 阿片受体双靶标

阿片受体是 G 蛋白偶联受体，主要分为 δ、μ 和 κ 等 3 类亚型，参与镇痛、抑制肠胃蠕动、呼吸抑制、心肌保护和免疫反应等生理活动。内源性配体（例如内啡肽）或药物（如吗啡和洛哌丁胺）作用于不同的受体，调节对疼痛的感觉和胃肠道的蠕动。研究表明，δ 和 μ 受体在结构和功能上可发生相互作用，形成异源二聚体，药物若同时调节这两个受体的活性可产生有益的效果，特别是激动肠道 μ 受体又同时抑制肠道 δ 受体，可成为治疗胃肠道功能紊乱的有价值药物。

2. 苗头化合物——自内啡肽简化而来

内啡肽（1, enkephalin）是阿片受体的一个重要配体，依卢多林的研制是以这个五肽 Tyr-Gly-Gly-Phe-Leu 为起点的，首先剪切掉 C 端的 Leu 成四肽并将一个 Gly 改构为四氢异喹啉（Tic）成化合物 2（Tyr-Tic-Phe-Phe），2 仍保持 1 的活性。进而简化为拟二肽（3），不仅减少了肽的性质，还提高了对 δ 受体的活性，提示四氢异喹啉的构象限制和简化成拟二肽的酰胺是个有效途径（Schiller PW, Nguyen TM, Weltrowska G, et al. Proc Natl Acad Sci USA, 1992, 89: 11871-11875）。然而 3 的化学稳定性低，是因为 3 的游离氨基对四氢异喹啉的酰基作分子内亲核进攻，生成取代的哌嗪二酮（4）而失去活性，这个现象在强生公司研制拟缩胆囊素（CCK）抑制剂（也是含有游离氨基的拟二肽）时对这种环合失效进行过深入的研究（Marsden BJ, Nguyen TM, Schiller PW. Int J Pept Protein Res, 1993, 41: 313-316）。

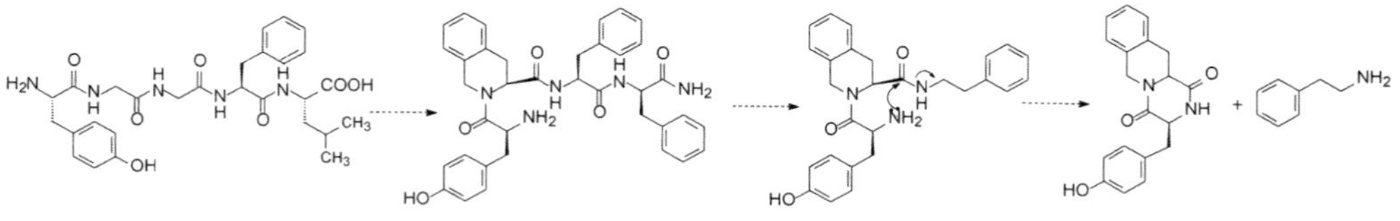

为了避免该环合裂解反应的发生，将四氢异喹啉的酰氨基用咪唑环替换，以维持酰氨基的平面结构，还保持了极性原子的分布，这个骨架迁越是结构变换的一个重要步骤。为此合成了一系列含有咪唑基的四氢异喹啉化合物，列于表 1 中的 5 ~ 11 是有代表性的化合物。

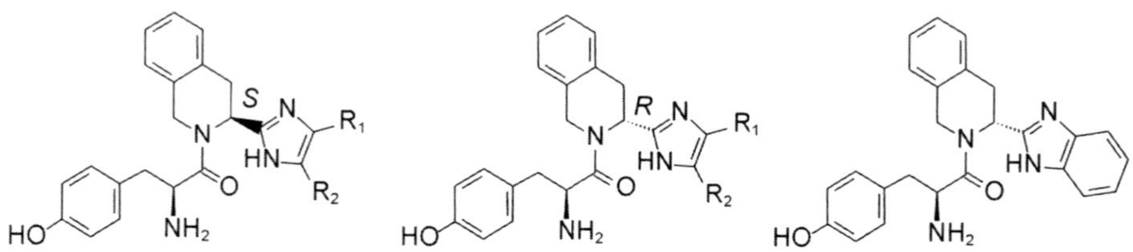

表 1　含咪唑基的拟二肽化合物的结构与活性

化合物	R_1	R_2	结合活性 K_i(nmol/L)		选择性	功能活性 EC_{50}(nmol/L)	
			δ	μ	μ/δ	δ	μ
3	–	–	5.2	69	13	82	2 120

续表

化合物	R_1	R_2	结合活性 K_i(nmol/L)		选择性	功能活性 EC_{50}(nmol/L)	
			δ	μ	μ/δ	δ	μ
5	H	Ph	0.9	54.7	63	25	2 400
6	CH_3	Ph	0.30	20.7	75	1.4	>10 000
7	Br	Ph	0.11	11.6	105	1.9	>10 000
8	CH_3	n-Pr	62.7	>100	>1	85	未测
9	CH_3	Ph	19.4	58.6	4	127	未测
10	CH_3	n-Pr	>100	>100	–	未测	未测
11	苯并咪唑		15.1	>100	>6	37	>10 000
洛哌丁胺	–	–	50.1	0.16	0.003	156	58

3. 活性评价

评价受试化合物与 δ 受体结合性能，是用不同浓度的受试物影响大鼠前脑匀浆离心制备的颗粒与放射性配体 [^{3}H]DPDPE（[^{3}H]D-Phe^2, D-Phe^5- 内啡肽）的结合程度，测定 ^{3}H 的放射性活性的变化，计算出 K_i 值。受试物对 μ 受体的 K_i 值用类似的方法测定，所用放射性配体是 [^{3}H]DAMGO（D-Ala^2-MePhe^4-Gly-ol^5- 内啡肽）。

评价受试物对 δ 和 μ 受体的功能实验，是用不同浓度的化合物分别刺激 NG108-15 和 CHOhγ 细胞膜与放射性配体 [^{35}S]GTPγS（鸟苷 -5'-O-（3-[^{35}S] 硫代）三磷酸）结合的放射性活性，计算半数有效浓度 EC_{50}。

化合物在体内的活性用两种方法评价：一是用小鼠腹腔刺激实验评价镇痛作用，并以皮下注射和颅内注射两种给药途径评价化合物穿越血脑屏障的能力；另一种是用小鼠玻璃球排出实验和小鼠粪便排出实验评价化合物对胃肠道功能的影响。

4. 构效关系分析

分析表 1 中化合物的构效关系，归纳如下：①用咪唑环替换酰胺基保持并提高了结合活性，化合物 5 对 δ 受体的亲和力强于 3，而且也提高了选择性（比值增加），提示酰胺向咪唑环的骨架迁越是有效果的；②咪唑环 4 位被甲基或溴原子取代，化合物 6 和 7 的活性和选择性进一步提高，说明这个位置增加亲脂性基团有利于提高对 δ 受体的亲和力；③5 位用正丙基代替苯基，化合物 8 的活性显著下降，提示 5 位的苯基不宜变换；④母核连接咪唑的手性碳原子为 S 构型的活性强，而相应的 R 构型的活性很弱；⑤将 5 位的苯基与咪唑并合成苯并咪唑的化合物 11 失去了活性；⑥化合物的细胞（膜）的功能性实验表明，对 δ 受体的激动作用与亲和性结合作用呈平行关系。

5. 先导化合物的确定

上述由五肽经拟二肽到咪唑基四氢异喹啉化合物的过程，是苗头向先导物的过渡（hit-to-lead），化合物 5 可认为是先导物，但仍须经的体内实验证实。

用小鼠体内实验研究了化合物 5 的镇痛和对胃肠道蠕动的作用。实验结果表明，外周大剂量给化合物 5 未显示镇痛作用，而颅内注射有强镇痛效果，腹腔注射显示有较强的胃肠道作用。提示 5 在体内可与阿片受体结合，但难以穿越血脑屏障。

分子模拟计算表明，化合物 5 的最低能量构象有两种形式：如图 1 的构象 a 和 b 所示，都是由于形成了分子内氢键稳定了低能构象状态。构象 a 的氢键给体是 NH_2，氢键接受体是咪唑环的 NH；构象 b 的氢键给体则是咪唑环的 NH，接受体为羰基氧原子。分子力学计算表明，构象 a 的稳定性强于 b，能量差值为 0.5 $kcal \cdot mol^{-1}$，量子化学计算也证明 a 为优势构象。分子模拟计算了化合物 3 的构象与 5 的构象 a 叠合，表明分子的空间走向与基团的分布具有很强的适配性，如图 1c 所示（Breslin HJ, Miskowski TA, Rafferty BM, et al. J Med Chem, 2004, 47: 5000-5020）。

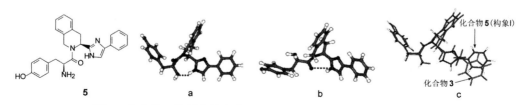

图 1　化合物 5 的低能构象体 a 和 b 以及 a 与化合物 3 的叠合（c）

6. 先导物的优化

6.1 苯酚环上取代基的变换

化合物 5 下部的酪氨酸片段模拟了内啡肽的 N- 端基 Tyr1。许多实例表明，药物分子中含有苯酚环常因被 II 相代谢（如葡醛酸苷化或硫酸酯化），呈现不利的药代性质。为此，5 的优化首先是对苯环的修饰，合成了化合物 12 ~ 29，结构和活性列于表 2。

表 2 化合物 5 和 12 ~ 29 的结构和活性

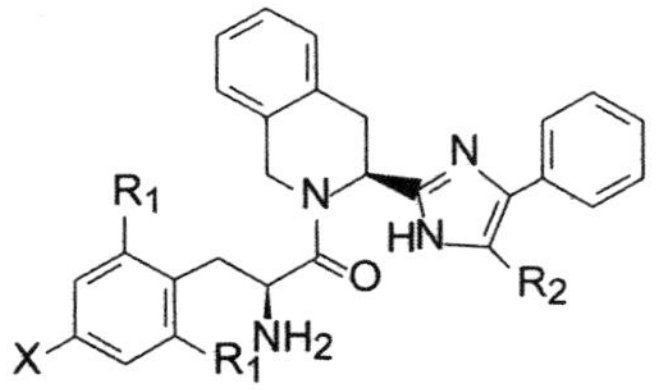

化合物	R_1	R_2	X	阿片受体结合常数 Ki		μ/δ 比值
				δ(nmol/L)	μ(nmol/L)	
5	H	H	OH	0.9	55	63
12	CH_3	H	OH	0.1	0.3	3.2
13	H	CH_3	OH	0.3	21	75
14	CH_3	CH_3	OH	0.1	0.3	3.2
15	H	H	H	266	443	1.7
16	H	CH_3	H	236	1835	8
17	H	CH_3	F	687	12800	19
18	H	CH_3	OCH_3	28	179	6.4
19	H	CH_3	NH_2	93	857	9
20	H	CH_3	NHAc	34	207	6
21	H	H	Cl	1130	5260	4.6

续表

化合物	R₁	R₂	X	阿片受体结合常数 Ki		μ/δ 比值
				δ(nmol/L)	μ(nmol/L)	
22	H	H	CN	752	1335	1.8
23	H	H	HNSO₂CH₃	342	356	1
24	H	H	CH₂OH	466	912	2
25	H	H	COCH₃	30	413	14
26	H	H	SO₂NH₂	174	592	3.4
27	H	H	COOH	5200	5800	1.1
28	H	H	CONH₂	1.3	23	18.4
29	CH₃	H	CONH₂	0.06	1.4	24

表 2 的构效关系可总结如下：①在酪氨酸残基的苯环不同位置引入甲基，如化合物 12～14，都不同程度地提高对 δ 和 μ 受体的活性，这与内源性内啡肽的 N 端酪氨酸被二甲基化（DMT）可提高受体结合的活性相一致（Bryant SD, Jinsmaa Y, Salvadori S, et al. Biopolymers(Pept Sci), 2003, 71: 86-102）；②将 4- 羟基被其他基团取代，无论是亲脂性或极性基团都降低对 δ 和 μ 受体的活性，例如 4 位为 H、F、OCH₃、NH₂ 或 NHAc 等化合物（17～20）的活性比相应的羟基化合物 13 显著降低；③在咪唑环上不被甲基取代，苯环上酚羟基用氯、氰基、甲磺酰氨基、羟甲基、乙酰基、氨磺酰基和羧基等取代的化合物，都无活性或活性很弱；④酚羟基被酰胺基取代，如化合物 28 仍然保持活性，酰胺基可视作羟基的电子等排体，在另一系列的阿片受体调节剂的研究中，也曾有酰胺代替羟基仍保持活性的报道（Dolle RE, Machaut M, Martinez-Teipel B, et al. Bioorg Med Chem Lett, 2004, 14: 3545-3548）。甲氧基也可视作羟基的等排体（例如氢键接受体），但化合物 18 无活性，羟基既是氢键接受体也是给体，酰胺基含有这两个因素，反衬出活泼氢的重要性。可待因的镇痛和成瘾作用显著低于吗啡，是由于酚羟基被甲基醚化的缘故。酰胺基取代的化合物苯环上同时被二甲基取代，化合物 29 对 δ 和 μ 受体的活性明显提高，例如对 δ 受体的活性提高了 15 倍，对 μ 受体提高了近 40 倍，再一次说明了含有酪氨酸片段的阿片受体调节剂二甲基化（DMT）可提高与受体

的结合能力。表 2 中高活性化合物进行功能性评价，即评价化合物影响放射性配体 [^{35}S]GTPγS 与细胞膜上 δ 和 μ 受体的结合能力。表 3 列出了化合物的结构与数据（Breslin HJ, Cai CZ, Miskowski TA, et al. Bioorg Med Chem Lett, 2006, 16: 2505-2508）。

表 3　有代表性的高活性化合物的功能活性

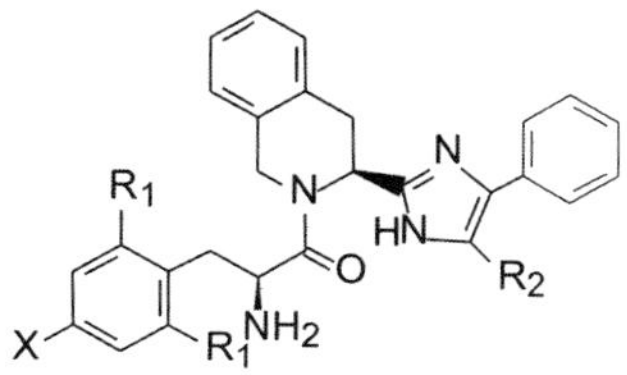

化合物	R$_1$	R$_2$	X	功能活性 EC$_{50}$(nmol/L)	
				δ	μ
5	H	H	OH	19	2 445
12	CH$_3$	H	OH	0.9	27
28	H	H	CONH$_2$	3	155
29	CH$_3$	H	CONH$_2$	22	161

6.2　四氢异喹啉的变换

叙述四氢异喹啉结构改造的内容虽然置于酪氨酸的苯环修饰之后，但实际上是与优化酚基的研究同时或之前进行的，原因是合成咪唑基四氢异喹啉的困难性，为探究其他位置的构效关系，需要付出的合成工作量太大。为简化合成，将通式 30 的四氢哌啶环的两个 C-C 键切断，形成通式为 31 的化合物。

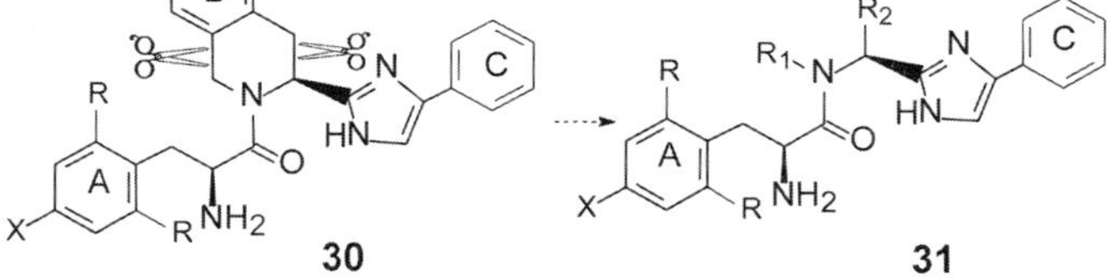

30　　　　　　　　　　　　31

R_1 和 R_2 为烷基或芳烷基，设计 R_1 和 R_2 均为烷基的根据，是四氢异喹啉用哌啶代替的一些化合物也有较强的活性。按照通式 31 合成的化合物及其活性列于表 4 中。

表 4　剖列（苯并）哌啶环的化合物结构与活性

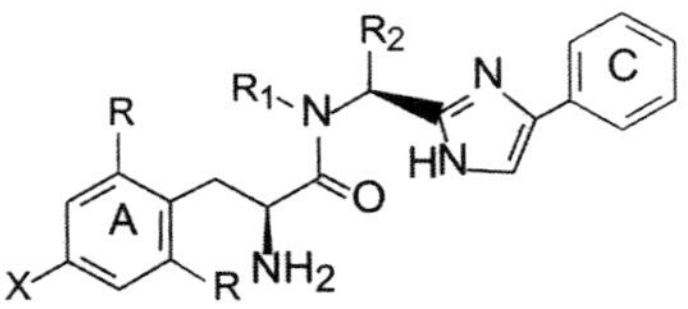

化合物	R	X	R_1	R_2	受体结合常数 K_i(nmol/L)		功能活性 EC_{50}(nmol/L)	
					δ	μ	δ	μ
32	H	OH	H	CH_3	5660	1260	未测	未测
33	CH_3	OH	H	CH_3	708	17	未测	未测
34	CH_3	OH	H	i-Pr	5198	121	未测	未测
35	CH_3	OH	H	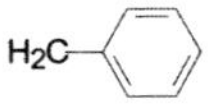	255	13	未测	未测
36	CH_3	OH	CH_3	H	26	0.3	未测	未测
37	CH_3	OH	*i*-Pr	H	15	0.1	未测	未测
38	CH_3	OH	CH_3	CH_3	15	0.1	未测	未测
39	CH_3	OH	*i*-Pr	CH_3	1.4	0.03	103	未测
40	CH_3	OH	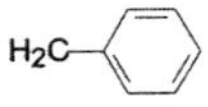	CH_3	1.5	0.03	20	未测
41	CH_3	$CONH_2$	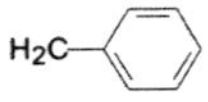	CH_3	12	0.3	35	未测
42	CH_3	$CONH_2$	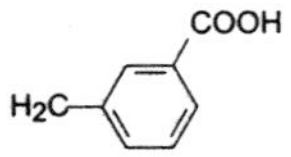	CH_3	0.5	1.0	>10000	61
43	CH_3	$CONH_2$	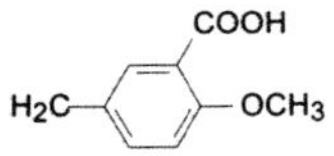	CH_3	1.3	0.9	>10000	1.0

分析表 4 中化合物的构效关系，可归纳成以下信息：①环 A 上只有羟基取代的化合物（32）活性低于有间位二甲基取代的化合物，这与前述的四氢异喹啉系

列的规律相同。新系列化合物仍以有二甲基取代为优选片段；②R_1为H原子的化合物如化合物32~35与N-烷基取代的相比，活性显著下降，可以解释为N上氢原子可互变异构转移到酰基氧上，形成烯醇化的羟基亚胺，无论是反式或顺式（反式占优）都不利于活性。含有活泼氢的酰伯胺采取"假烯醇"式，活性低于不发生互变异构的酰仲胺，因为酰化的仲胺没有活泼氢；③R_1为烷基、R_2为氢原子（该碳原子失去手性），如化合物36和37活性显著提升，与R_1和R_2都是烷基的化合物活性相近。当R_2和R_1分别是苄基和甲基时，如化合物40和41，有较强的活性；④A环上的酚基被酰胺取代，化合物41对δ和μ受体的活性均弱于40大约10倍。但在苯基上引入取代基，如化合物42和43对δ和μ受体的活性都明显提高；⑤功能性实验意外地发现化合物42和43失去了对δ受体的激动作用，推测是苄基苯环上连接了羧基的缘故。但43用另外的功能性实验表明对δ受体反而有拮抗作用（$IC_{50} = 89nmol/L$），而对μ受体仍保持激动作用，尤其是化合物43引入甲氧基后，活性比42高60倍。

化合物43对μ受体具有强激动作用（$EC_{50} = 1nmol/L$），对δ受体则为拮抗作用（$IC_{50} = 89nmol/L$）；且对多种动物结肠的κ受体没有激动作用（$EC_{50} > 1\mu mol/L$）。化合物43是拮抗δ/激动μ受体的双重调节剂，由于胃肠道吸收很少，因而口服给药不易进入血液循环和穿越血脑屏障，所以降低了人体对化合物的依赖性，这样，43成为有潜在研发价值的候选物（Wade PR, Palmer JM, McKenney S. Br J Pharmacol, 2012, 167: 1111-1125）。

7. 候选物的确定和依卢多林的上市

半体内（*ex vivo*）和体内（*in vivo*）胃肠道功能实验表明，化合物43通过局部作用和较低的口服生物利用度作用于胃肠道上皮细胞膜的阿片受体，因而适于作为治疗以腹泻为特征的易激性大肠炎。

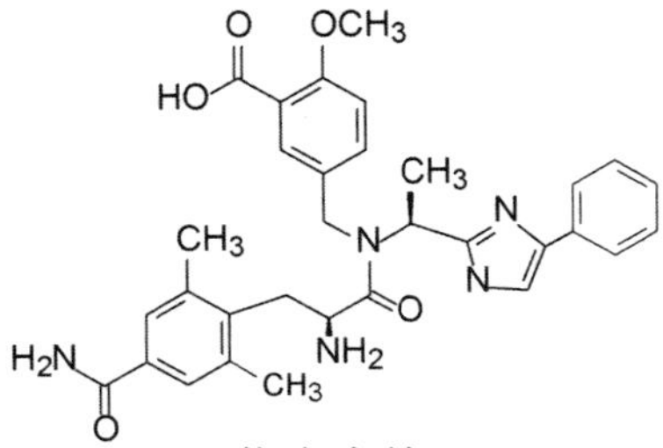

依卢多林

43 的二盐酸盐在水中的溶解度大于 1mg/ml，人肝微粒体温孵的半衰期 $t_{1/2} =$ 150min，具有代谢稳定性；对 P450 无抑制作用（$IC_{50} > 20\mu mol/L$）；对 hERG 无抑制作用（$IC_{50} > 10\mu mol/L$）。基于其安全有效性，确定 43 的二盐酸盐为候选化合物，定名为依卢多林（eluxadoline）进入开发阶段。经临床试验，表明可治疗腹泻型肠易激综合征，于 2015 年 5 月经 FDA 批准上市（Breslin HJ, Diamond CJ, Kavash RW, et al. Bioorg Med Chem Lett, 2012, 22: 4869-4872）。

合成路线

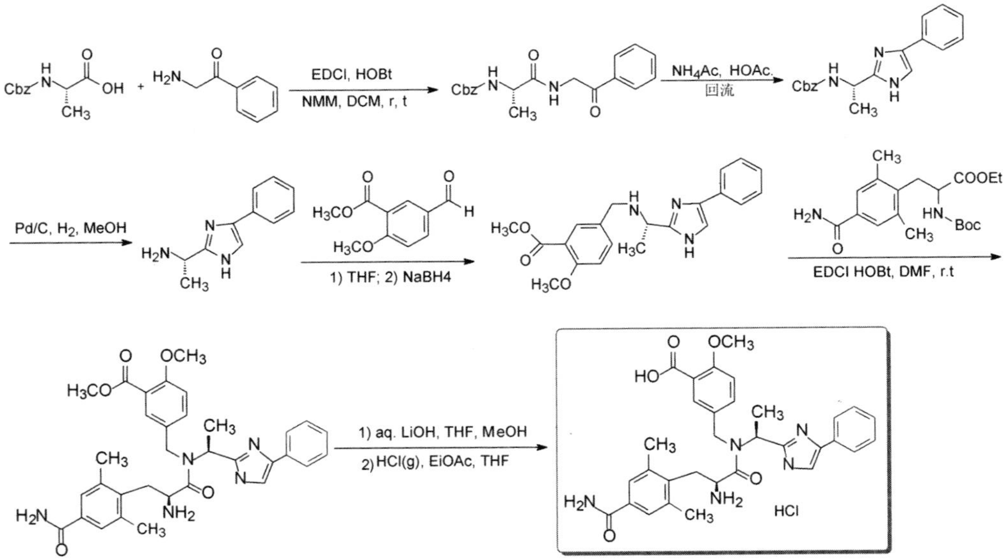

依卢多林

9. 底物十肽演化成抗丙肝药物特拉匹韦

【导读要点】

特拉匹韦与波西匹韦均为丙肝病毒（HCV）治疗药，作用靶标相同，结构类型也相似。FDA 批准的二者上市时间相差了 7 天，说明是各自独立研发的。虽然都是以酶的裂解产物多肽为起始物，但研发的策略和路径不同，所以两个"匹韦"的结构不同，体现了新药研究有鲜明的个性和不可复制性。由十肽演化成本品的成药过程，包含了降低分子尺寸、去除肽的性质、引入特异性亲电基团、各个结合位点的最佳配置等，是采用药物化学的原理和构效关系分析方法，辅以复合物晶体结构指导微观结构的调整而实现的。从另一视角看，本品是从肽结构出发，设计有机小分子以抑制蛋白－蛋白相互作用的分子操作。

1. 靶标的确定

1989 年发现并确定了丙肝病毒（HCV），1996 年解析了 HCV 的 NS3-4A 蛋白酶的晶体结构和它在 HCV 生长增殖和生命周期的作用，这为基于 HCV 蛋白酶结构设计丙肝药物提供了结构依据。

NS3-4A 蛋白酶是由酶 NS3 和辅酶 NS4A 构成的。NS3 是双重功能酶，在 N 端的丝氨酸蛋白酶和在 C 端的 NTP 酶 /helicase；NS4A 为 54 肽，与 NS3 相结合辅助催化作用。NS3 与底物结合的活性中心，是由 Asp81-His57-Ser139 三元体构成，处于两个桶状结构的裂隙处，可作为抑制剂结合的位点，但总的说来，活性中心是一个展开的平坦而疏水的浅表面，这对于设计和确定抑制剂的锚点带来困难。

2. 肽类抑制剂

Vertex 公司研究发现，某些 NS3 底物蛋白的 N 端裂解产物可抑制 NS3 蛋白酶的活性，例如 NS4A-NS4B 的裂解位点生成的 NS4A 对酶的抑制活性 $K_i =$

0.6μmol/L，肽的抑制作用认为主要是酸性基团，并确定酶的 Lys136 是结合位点。

水解产物的类似物十肽（1）具有抑制活性，相对分子质量为 1 097，$K_i =$ 0.89μmol/L（Steinkühler C, et al. Biochemistry, 1998, 37: 8899~8890），然而 1 的结构中含有两个羧基，不利于进入细胞（Larsen SD, et al. Bioorg Med Chem Lett, 2003, 13: 971）。

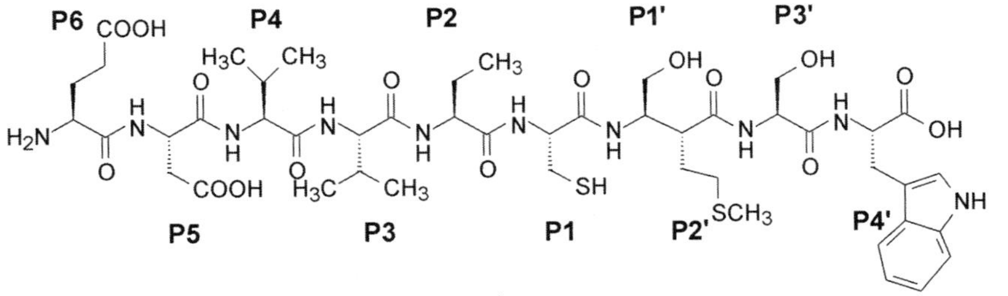

1

3. 肽类结构的优化

以十肽 1 为起始物，为了提高对 NS3 蛋白酶的结合能力，在肽链中加入亲电性基团醛基，以便与催化三元体中的 Ser139 形成共价键加成产物（Leung D, et al. J Med Chem, 2000, 43: 305）。为降低分子尺寸，合成了一系列减少氨基酸残基、在 C 端含有醛基的肽，发现六肽醛 2（相对分子质量为 733，$K_i = 0.89$μmol/L），但存在两个不适宜的羧基，去除 P6 和 P5 两个酸性残基以有利于进入细胞，化合物 3 为四肽醛，虽然活性降低为 $K_i = 12$μmol/L，但分子尺寸明显降低，相对分子质量为 595，可作为优化结构的新起点。

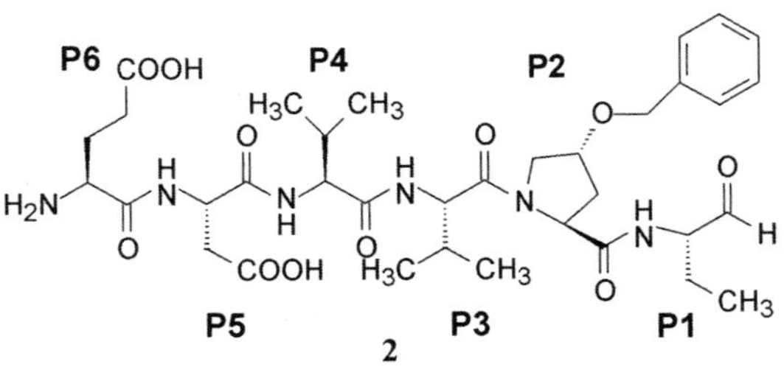

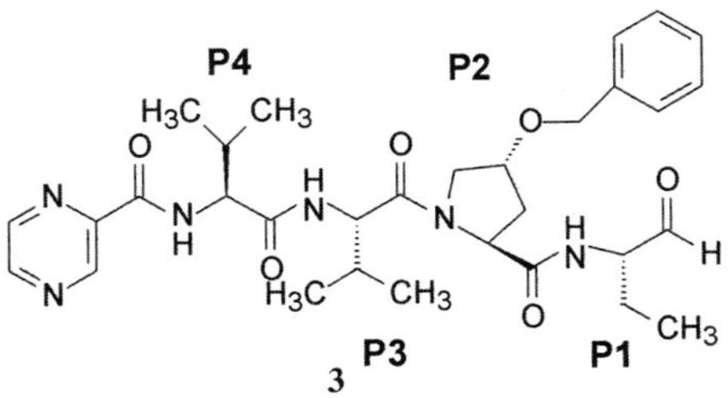

3.1 P1 的优化

化合物 3 的 P1 是用乙基代替底物肽的半胱氨酸侧链，为检测其活性是否因此减弱，将 3 的 P1 用其他基团替换，例如正丙基、CF_3CH_2 等，提示活性显著增高，但偕二甲基或甲氧乙基时，活性降低，推测可能是体积过大的缘故。因三氟乙基的原料比去甲缬氨酸（正丙基的载体）昂贵，故确定 P1 为正丙基。

3.2　P2 的优化

P2 是抑制剂的重要位段，它处于 NS3 蛋白酶的催化三元体部位，加之羟基脯氨酸含有两个手性中心，因此对 P2 区域作了广泛的构效关系研究。如图 1 所示的构效关系（Perni RB, et al. Bioorg Med Chem Lett, 2003, 13: 4059-4063）。

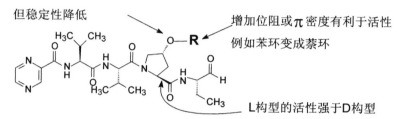

图 1　化合物 3 的构效关系

3.3　醛基的优化

3.3.1　亲电基团的变换　具有亲电性的醛基，可与羟基加成，形成共价键。处于端基的醛基，缺乏选择性，而且化学不稳定。为了优化该亲电基团，将化合物 3 中的醛基用其他亲电性基团如 α 卤代酮、杂环酮、α 二酮和 α 酮基酰胺等替换，发现含 α 酮基酰胺的化合物 4 活性提高 12 倍，$K_i = 0.92\mu mol/L$，而其他基团的取代活性未见提高。4 的相对分子质量为 786，对感染 HCV 细胞的抑制活性 IC$_{50}$ = 4.8μmol/L，对正常细胞的细胞毒作用 IC$_{50}$ > 100μmol/L，提示细胞水平具有一定活性和选择性。此外，还证明 P1' 区域 S-α 甲基苄胺活性强于 R- 异构体。

4

化合物 4 与 NS3 复合物晶体结构表明，Ser139 加成到酮基形成共价结合，酰胺的酮基氧与 Ser138 和 Glu137 的 N-H 形成氢键。图 2 是化合物与 NS3 活性中心形成共价键和氢键结合的示意图（用粗线表示）。

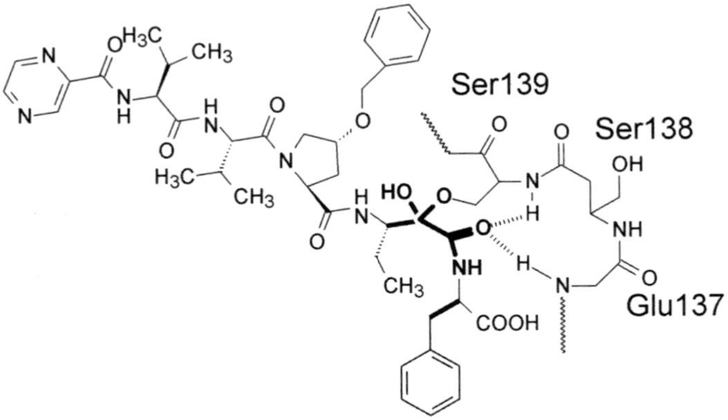

图 2   化合物 4 与 NS3 活性中心结合的示意图

另一个里程碑式的化合物 5，是 P2 的苄氧基变换成酰基连接的四氢异喹啉片段，P1 为正丙基，P1′ 为苯丙氨酸。5 的相对分子质量为 869，对 NS3 抑制活性 $K_i < 0.2\mu mol/L$（Perni RB, et al. Bioorg Med Chem Lett, 2004, 14: 1441-1446）。

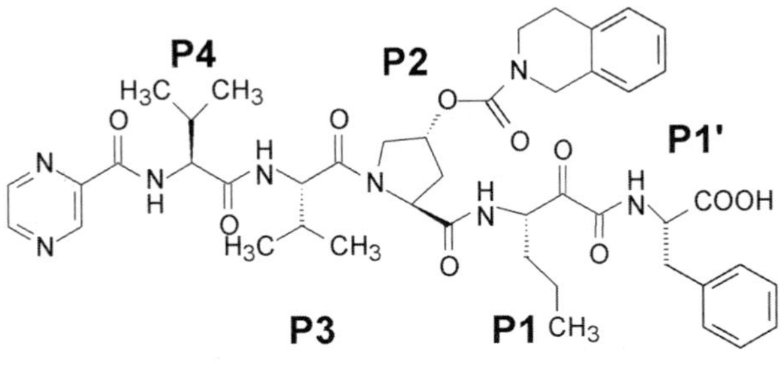

5

3.4   P2 的进一步优化——脯氨酸环的变化

化合物 4 和 5 的活性虽高，但亲脂性过强，例如 4 的 $Clog\,P = 5.4$。为此，通过分析化合物 6（相对分子质量为 708，$K_i = 1.4\mu mol/L$）与 NS3 复合物结构的 P2

特征，发现酶的 S2 腔穴中有结构水分子的存在，分子模拟提示，去除水分子后，S2 腔可容许有较小基团，推论可在环上加入 1~4 个碳原子，从而获得熵效应以提高结合力。代表性的化合物 7 的相对分子质量为 750，$K_i = 0.12\mu mol/L$，活性明显提高，当然，P1′ 处的苯丙氨酸虽有利于与酶结合，但游离羧基不利于透过细胞膜。

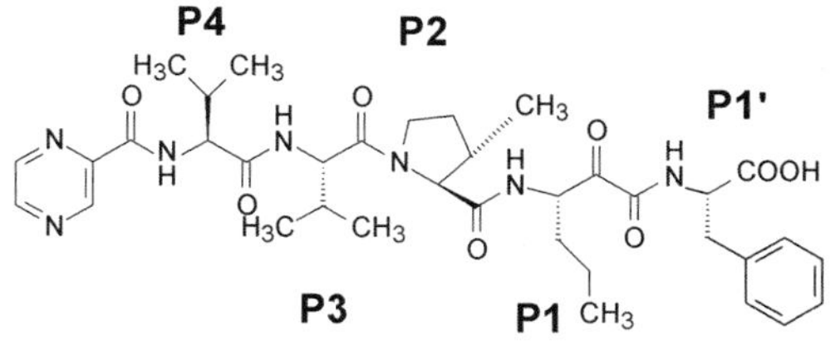

6

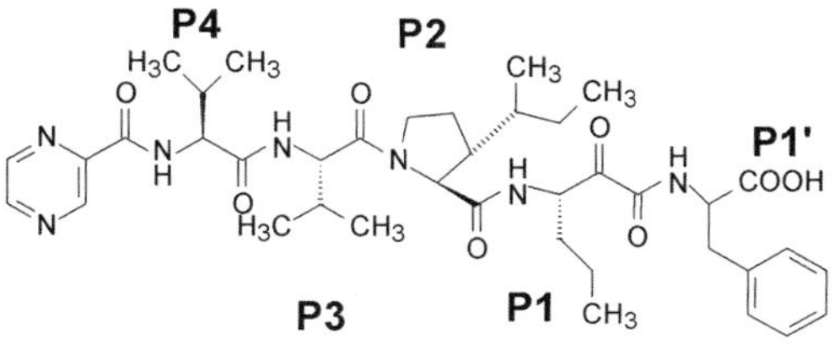

7

3.5 P1′、P3 和 P4 的优化

化合物 7 的 P2 处小体积化有利于结合，但 P1′ 的羧基不利于过膜，用小分子胺代替苯丙氨酸，P3 和 P4 分别为叔丁基和环己基，其中代表性的化合物 8 的相对分子质量为 681，$K_i = 0.12\mu mol/L$，对 HCV 感染的细胞抑制作用 $IC_{50} = 0.91\mu mol/L$，对正常细胞的抑制作用 $IC_{50} = 59\mu mol/L$，成为新的里程碑化合物。

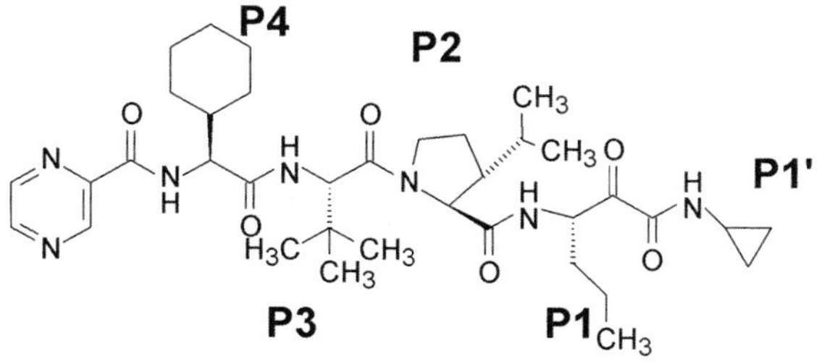

8

4. 候选化合物的确定和特拉匹韦的成功

至此，由 P1′ 到 P4 大部分已作了优化，P2 的脯氨酸除用少数小烷基取代外，

还用并环戊烷作优化，如图 3 中所列（Yip Y, et al. Bioorg Med Chem Lett, 2004, 14: 251–256）。

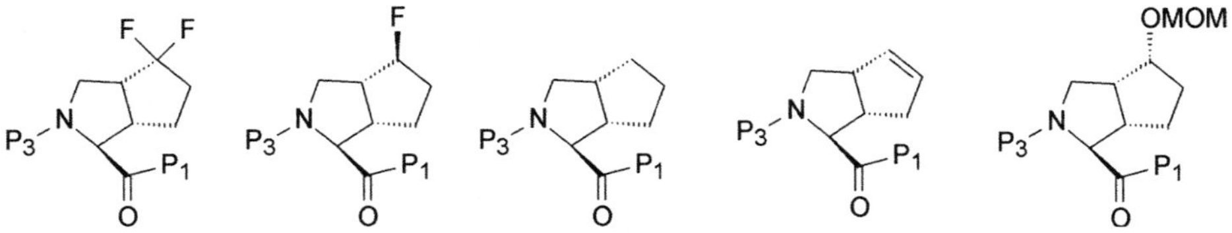

图 3　P2 的脯氨酸并环的优化

　　将优化各个部位作最佳整合，合成的一系列分子中，化合物 9 相对分子质量为 680，对 NS3 蛋白酶的活性 $K_i = 7\text{nmol/L}$，抑制 HCV 1b 复制的 $IC_{50} = 354\text{nmol/L}$，抑制 HCV 1a 复制的 $IC_{50} = 289\text{nmol/L}$，对正常细胞的抑制作用 $IC_{50} = 83\mu\text{mol/L}$，选择性为 230～296 倍。结构中含有酮基酰胺亲电性基团选择性作用也很高，对其他蛋白酶如凝血酶、胰蛋白酶等抑制作用很弱，选择性超过 500。

　　化合物 9 命名为特拉匹韦（telaprevir），2002 年由 Boehringer Ingelheim 开发率先进入临床研究，治疗慢性丙肝患者，每日口服 2 次，可降低患者血清中 HCV 病毒 RNA 滴度上千倍。FDA 于 2011 年批准上市（Kwong AD, et al. Nat Biotechnol, 2011, 29: 993–1003）。

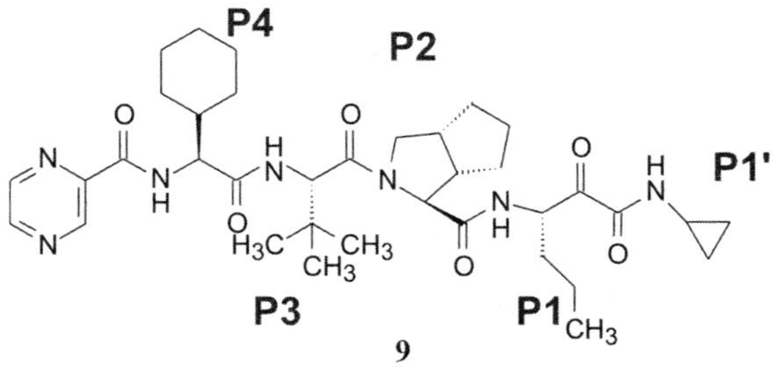

合成路线

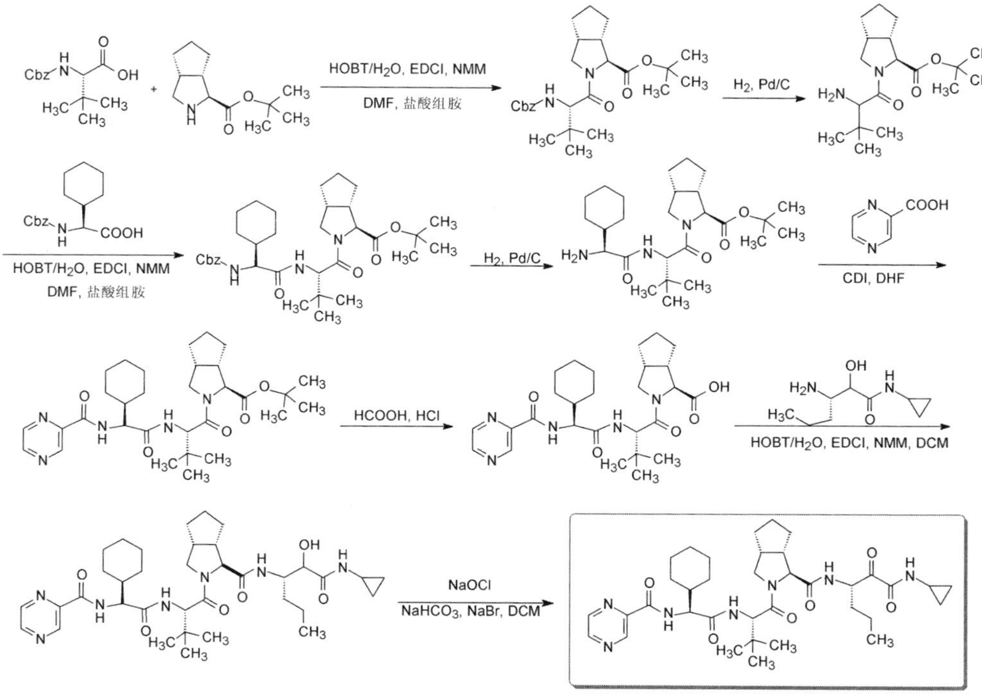

特拉匹韦

⟨10.⟩ 底物六肽演化成抗丙肝药物西米匹韦

【导读要点】

西米匹韦是继特拉匹韦与波西匹韦后，FDA 批准的第三个丙肝治疗药，虽然作用靶标相同，但结构类型为大环化合物，不含有亲电性基团，不与酶发生共价结合。本品也是以酶的裂解产物多肽为起始物，但由六肽演化成非肽性口服药物的过程中，进行了药物化学、结构生物学、分子模拟、有机合成等多学科领域的互动研究，也体现了新药研究的鲜明个性、复杂性和风险性。

1. 靶标—底物—先导物

治疗丙型病毒性肝炎的重要靶标是丝氨酸蛋白酶 NS3，属于糜蛋白酶样的丝氨酸酶，NS3 的功能是裂解非结构蛋白 NS3、NS4A、NS4B、NS5A 和 NS5B 等，使病毒生命周期的蛋白成熟化。该蛋白酶的裂解活性可被作为辅酶的 NS4A 蛋白而增强，而某些裂解产物对 NS3 呈现抑制作用。研究表明，在连接位点 NS5A/5B 裂解位点 N 端生成的裂解产物六肽（1）具有抑制 NS3 的活性，$IC_{50} = 71\mu mol/L$，分子量为 662。该六肽分为 6 个域段，由 C 端到 N 端 P1 ~ P6，以此为起始物，通过试探性的域段修剪，研制小分子抗丙肝药物。

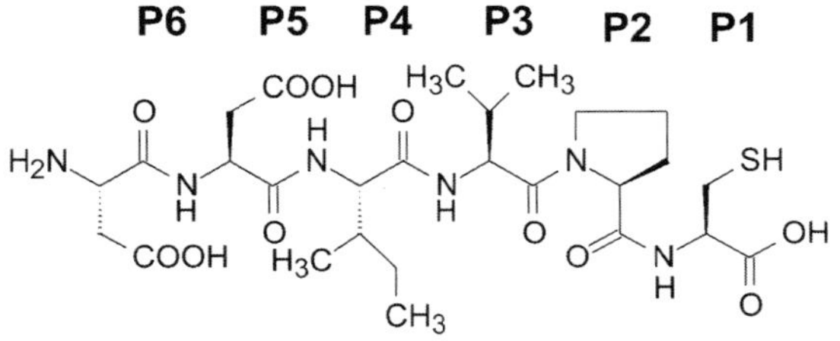

1

1.1 变换 P1 和 P2

为提高 1 的化学稳定性和非肽化，用去甲基缬氨酸替换 P1 的半胱氨酸残基，P2 域的脯氨酸环的 4 位经羟基连接苄基（可有 R 和 S 构型的连接），N 端氨基经乙酰化，得到化合物 2（R 构型强于 S），分子量为 806，$IC_{50} = 7\mu mol/L$，提高活性 10 倍。而引入 β 萘环替换苯基，得到化合物 3，分子量为 881，活性提高为 $IC_{50} = 0.027\mu mol/L$，竞争性抑制作用 $K_i = 3nmol/L$，而且对 NS3 蛋白酶选择性活性很高（Llinàs-Brunet M, et al. Bioorg Med Chem Lett, 2000, 10: 2267-2270）。

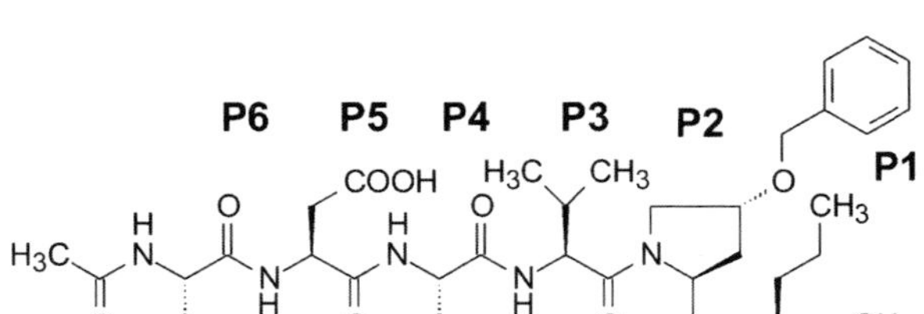

2

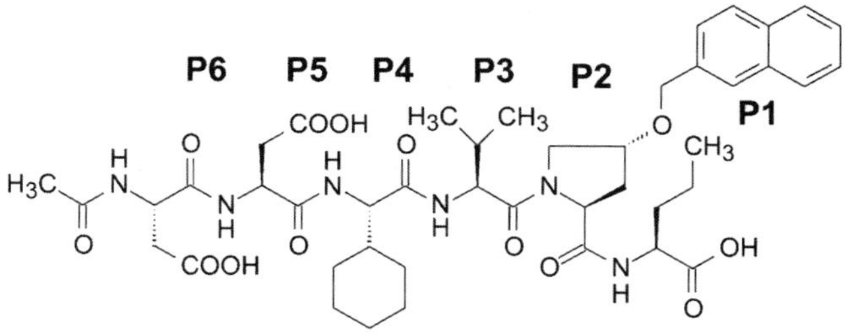

3

1.2　减少二肽——去除P5和P6

3的活性虽然较高，但分子中含有两个羧基，分子极性强，不利于过膜吸收。将P5和P6删除，氨基用乙酰基保护，得到化合物4（分子量为651），$IC_{50} = 23\mu mol/L$。可以看到去除两个氨基酸残基后活性明显降低。

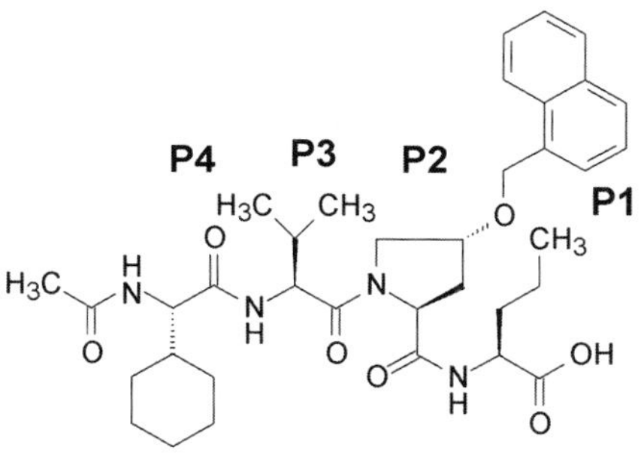

4

1.3　P1域的再优化

用环丙基替换P1域的正丙基以消除手性，化合物5（分子量为634）活性略有提升，$IC_{50} = 14\mu mol/L$。在环丙基上作烃基取代，并考察syn/anti的差向异构对活性的影响，优化得到化合物6（分子量为661），活性显著增强，$IC_{50} = 0.63\mu mol/L$，提示增加P1域的体积或亲脂性有利于活性。6是个里程碑式化合物，作为先导物以进一步优化（Rancourt J, et al. J Med Chem, 2004, 47: 2511-2422）。

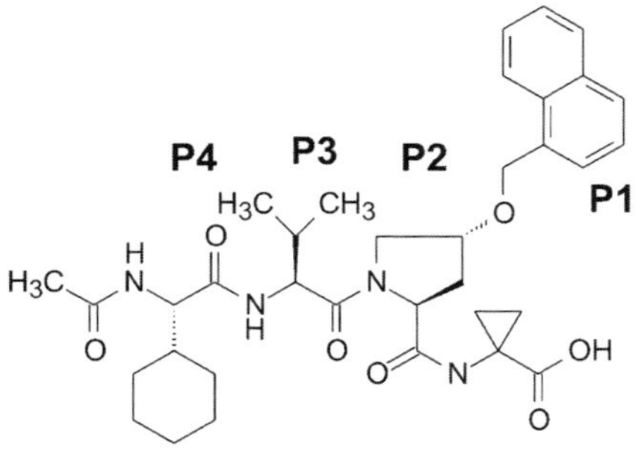

5

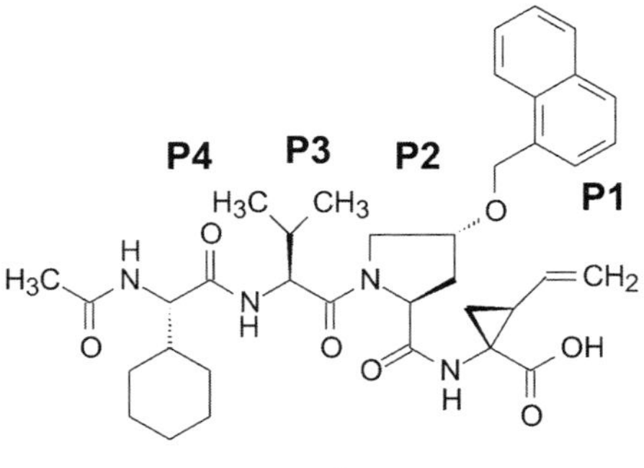

6

2. 先导物的优化

2.1 再优化 P2

对化合物 6 的 P2 域的萘环作不同的变换，包括萘环的连接位点，引入不同的取代基以及用喹啉环替换等，发现用 2- 苯基喹啉替换 6 中的萘环，活性提高到 IC_{50} = 13nmol/L（Goudreau N, et al. J Med Chem, 2004, 47: 123-132），进而优化喹啉环，发现引入 7- 甲氧基，化合物 7（分子量为 768）活性提高到 IC_{50} =2nmol/L，复合物晶体结构分析表明，甲氧基与 Arg155 侧链的结合，使活性提高了 5 倍。

2.2 优化 P3

既往的结构分析提示，P3 域主链上的 NH 和 CO 参与了同酶活性部位的氢键结合，P3 的侧链异丙基的存在对化合物 7 的伸展构象起固定作用，推测用叔丁基替换异丙基活性会更强，得到的化合物 8（分子量为 782）活性提高 1 倍，IC_{50} = 1nmol/L。

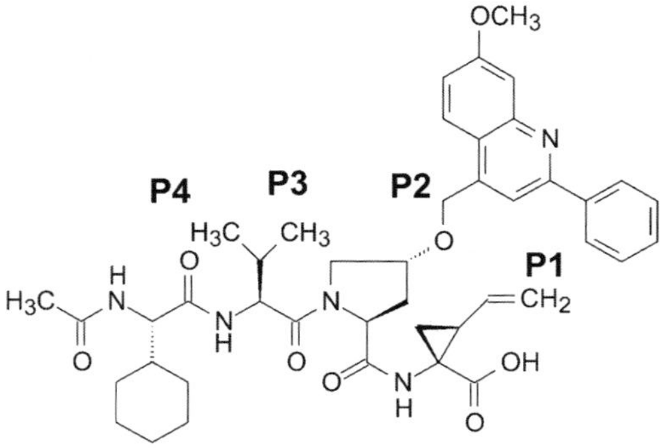

7

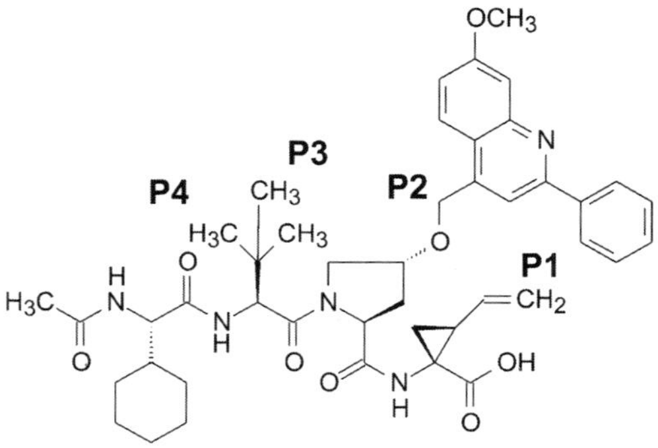

8

2.3 降低肽的性质

将 P4 端点的乙酰基除去，暴露出游离氨基，活性降低 20 倍，分析晶体的微观结构，是因为失去羰基，不能与 Cys159 形成氢键结合，氨基再用甲基或氢原子替换并未进一步降低活性。用氨基甲酸叔丁酯代替原 P4 片段，化合物 9（分子量为 700）的 $IC_{50} = 29nmol/L$，对感染细胞的抑制作用 $IC_{50} = 0.66\mu mol/L$，虽然损失了一部分活性，但减少了一个氨基酸单元，分子量有显著降低，因而成为新一轮优化的起点。

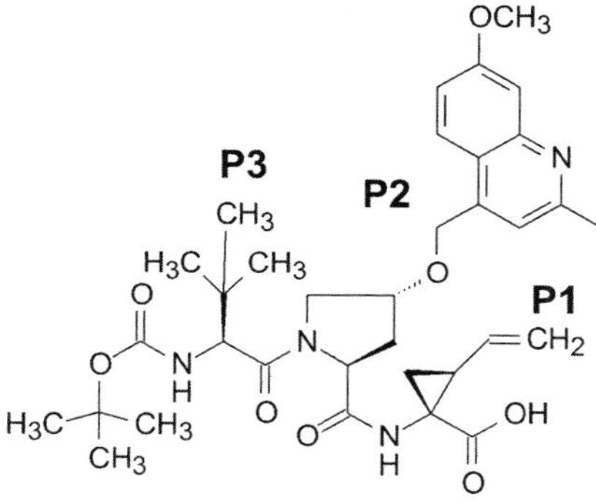

9

2.4 脲基替换氨基甲酸酯的优势

对化合物 9 的氨基甲酸叔丁酯进行优化，发现用脲作为连接基替换胺甲酰基提高了活性，例如化合物 10（分子量为 712），$IC_{50} = 5nmol/L$。分子模拟表明，脲的两个 NH 与 NS3 酶的 Ala157-CO、脲的 CO 与 Ala157 的 NH 形成氢键网络（Llina`s-Brunet M, et al. J Med Chem, 2004, 47: 6584-6594），不过该结构因素没有用于西米匹韦的结构构建中。

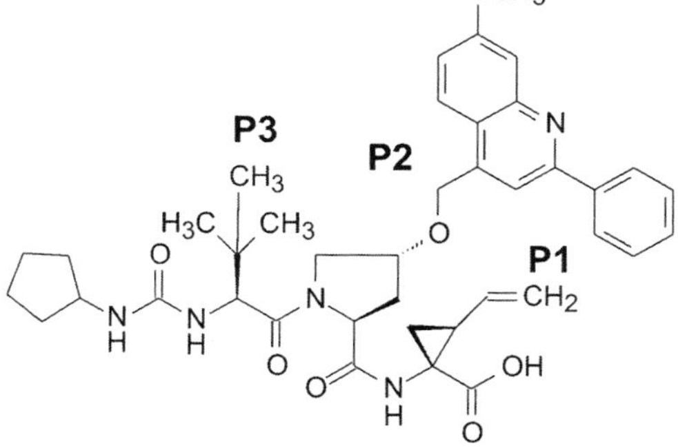

10

3. 环合优化——候选化合物的确定

3.1 大环骨架的形成

其实，对里程碑化合物 8 的优化尚有另一策略，即形成大环化合物，旨在进一步摆脱肽的性质。环合成大环的依据是，核磁共振研究 NS3 酶与化合物 2 的结合特征，发现 2 的 P5 和 P6 两个酸性残基伸入到了水相，与酶的结合较弱（这也是前述删除 P5 和 P6 的依据），同时也发现 P3 与 P1 的侧链彼此靠近，如图 1 所示。

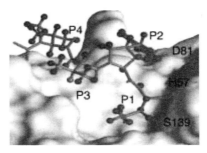

图 1　化合物 2 与 NS3 的结合模式：P5 和 P6 进入水相，P3 与 P1 侧链靠近

因此设想将化合物 8 的 P3 与 P1 的侧链用亚甲基连接，即将 P1 的烃基与 P4 的环己基变换并连接成十五元环，得到化合物 11（分子量为 743），$IC_{50} = 11nmol/L$，对感染细胞的作用 $EC_{50} = 77nmol/L$，活性相当高。然而它的药代性质不佳，大鼠的生物利用度 $F = 2\%$，半衰期 $t_{1/2} = 9.5h$，需要进一步优化（Tsantrizos YS, et al. Angew Chem Int Ed, 2003, 42: 1356-1360）。

11

3.1.1　Ciluprevir——又一个里程碑化合物　对化合物 11 的 2 位苯基用杂环替换，并变换 P4 的酯基，经 SAR 分析和优化，得到另一个十五元环化合物 12（分子量为 819），对 NS3 酶的抑制活性 IC_{50} =3nmol/L，对感染细胞 EC_{50} ＝ 1.2nmol/L，大鼠药代表明口服生物利用度 F ＝ 42%，$t_{1/2}$ ＝ 1.3h，CL ＝ 13ml/(min·kg)。命名为 ciluprevir（又称 BILN2061）进入临床研究。HCV 患者口服 2 日后血清中病毒载量降低 3 个对数单位（s-Brunet ML, et al. J Med Chem, 2004, 47: 1605-1608）。然而临床研究中出现心脏毒性而终止研发。

12

3.1.2　候选化合物西米匹韦的确定和上市　继续 BILN2061 研究的另一个路径是，P2 的四氢吡咯环用环戊烷替换。在未成大环之前，化合物 8 的 P2 的四氢吡咯环通过骨架迁越变换成环戊烷，得到化合物 13，活性也很高，K_i ＝ 22nmol/L，因而成为以环戊烷为大环结构因素的依据。将化合物 13 环合成十四元大环化合物 14（与十五元大环 BILN2061 略有不同），P1 的羧基用酰化的环丙磺酰氨基替换，仍维持酸性基团的存在，分子量为 701，降低了 80 道尔顿，抑制酶活性 K_i ＝ 0.41nmol/L，对感染细胞的活性 EC_{50} ＝ 9nmol/L，对 Caco-2 的过膜性和肝微粒体清除率均尚可，然而大鼠灌胃的口服利用度低 F ＝ 2.5%，且迅速被排出，因而须对 14 作进一步优化。

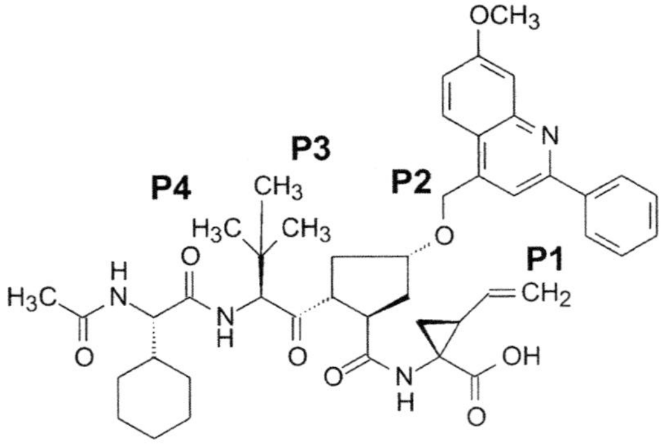

13

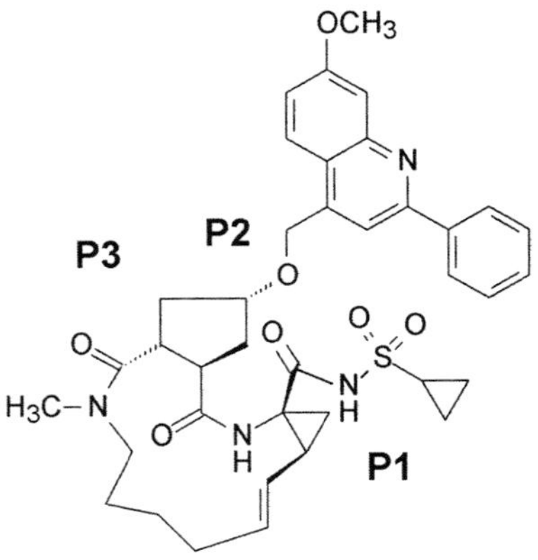

14

变换 P2 的喹啉环上的取代基，例如用芳杂环代替苯环，并在喹啉的 8 位作不同烷基的取代，最终优化出化合物 15（分子量 = 764），体外对 NS3 蛋白酶活性 $K_i = 0.36\text{nmol/L}$，对感染细胞的活性 $EC_{50} = 7.8\text{nmol/L}$，对 Caco-2 的过膜性 $P_{appA-B} = 8.4\text{cm/s}$，肝微粒体清除率 CL<6μl/(min·mg)。大鼠灌胃 10mg/kg，口服生物利用度 $F = 11\%$，$t_{1/2} = 2.8\text{h}$，对肝脏有较高的器官选择性：肝脏／血浆 =32。命名为西米匹韦（simeprevir，代号 TMC435350），经临床研究，FDA 于 2013 年批准上市治疗丙型病毒性肝炎（Raboisson P, et al. Bioorg Med Chem Lett, 2008, 18: 4853-4858）。

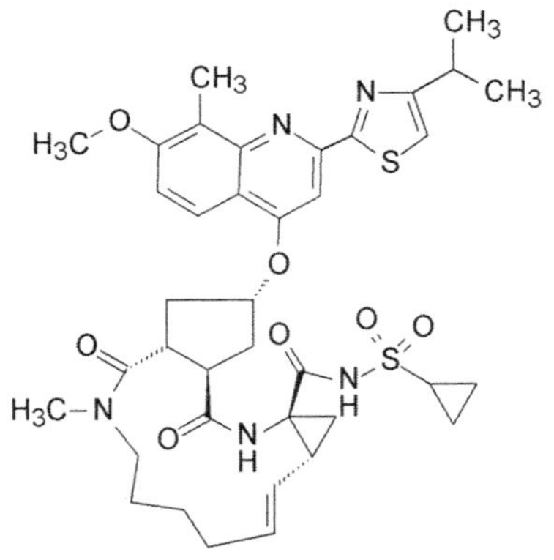

15

合成路线

西米匹韦

〈11.〉 由组胺到抗溃疡药西咪替丁的理性设计

【导读要点】

　　在缺乏受体信息的情况下，以受体蛋白的天然配体为出发点，在结构的变换和活性的变化中，逐渐演化出先导物，进而实施先导物的优化。理性药物设计不只限于计算机辅助的手段，构效关系可以在多层次上进行分析，化学结构、构象特征、功能基（药效团）分布、物化性质等，都可成为演绎和优化结构的依据。西咪替丁是理性药物设计的另一种典范，充分应用了药物化学原理，如同系律、电子等排原理、拼合原理等。首创性药物的可贵在于，在没有借鉴和参考的情况下开辟了一个新的治疗领域，包括靶标的确证和药物的成功。也由于首创药物未能充分优化，存在不足之处，为后续研发的替丁留下了空间，在模拟中后来居上。

　　西咪替丁是组胺 H_2 受体第一个上市的拮抗剂，通过抑制胃酸分泌，治疗胃和十二指肠溃疡。该药由 SmithKline & Frech 研制，于 1976 年在英国上市，1979 年 FDA 批准在美国上市。作为当时的全球重磅药物，西咪替丁是第一个通过理性药物设计（rational drug design）研制成功的药物，主要研制者 James Black 爵士因本发明和之前发明的普萘洛尔（propranolol）获得 1988 年诺贝尔生理或医学奖。

1. 受体结构未知情况下成功的理性药物设计

　　早在 1964 年就已知组胺可刺激胃壁细胞分泌胃酸，然而抗组胺类的抗过敏药物不能阻断这个过程，推测体内存在着不同于组胺引起过敏反应（H_1 受体）的另一种受体。

　　当时在对 H_2 受体的结构和特征无所知晓的情况下，研究拮抗 H_2 受体的策略，是寻找与组胺竞争受体结合的化合物，以阻断组胺刺激胃酸分泌的功能。这样的化合物结构应类似组胺，从而可被 H_2 受体识别与结合，但不刺激胃酸分泌。为此，研究者从天然配体组胺开始，组胺作为唯一的先导物，经药物化学的设计－合成－活

性评价 – 构效关系的理性设计和试错反馈，成就了这一开创性的治疗药物。

2. 苗头化合物和向先导化合物的过渡

首先，项目以模拟组胺（1）的化学结构开始，应用药物化学中的电子等排和同系原理，在咪唑环、亚乙基链和伯胺三部分进行结构变换，合成了数百个组胺类似物，以寻找有拮抗活性的苗头化合物。苗头的发现并非一次完成，而是通过分析和对比化合物结构、物化性质、激动与拮抗作用的表现逐步演化而成。

与组胺比较，2- 甲基组胺（2）刺激豚鼠回肠作用（H_1 受体激动作用）为组胺的 17%，但只有很弱的刺激胃酸分泌作用（H_2 受体激动作用）；而 4- 甲基组胺（3）对回肠的刺激作用只为组胺的 0.2%，刺激胃酸分泌为组胺的 50%（Durant et al. J Med Chem, 1976, 19: 923），这说明咪唑环上引入甲基并变换甲基的位置可引起对 H_1 和 H_2 受体结合的显著变化。4- 甲基组胺的结构与电性分布的优势构象特征，扩大了激动 H_1 和 H_2 受体的差异，大约 250 倍，提示改变咪唑环和侧链的结构有可能提高对一种受体亚型的选择性作用。如果化合物能够被 H_2 受体选择性地识别和结合，但不能使其活化，应为 H_2 受体拮抗剂。

1   **2**   **3**

评价化合物对胃酸分泌的作用是给实验动物以大剂量组胺，使胃酸达到最大的分泌量，然后给受试化合物测定胃酸量，计算抑制活性。这种生理表型的评价方法虽然工作量巨大，但更接近临床应用的状态。

结构变换的另一方面，是侧链的氨基换成胍基，发现胍乙咪唑（4）对胃酸分泌有弱抑制作用（Durant GJ, et al. J Med Chem, 1975, 18l: 830）。在 pH 7.4 生理状态下，虽然氨基和胍基都可被质子化而带有正电荷，但胍基的正电荷分布在 4 个杂化原子的轨道上，分散在较大的平面范围内，推测较广泛的正电荷结合区域有利于产生拮抗作用，4 的正电荷与咪唑环之间的距离大于组胺的氨基与咪唑的距离，预示加长侧链有利于拮抗作用。4 对 H_2 受体仍有部分激动作用。

为了消除 4 对 H_2 受体的激动作用，一方面将胍基的非端基 N 换成 S 原子，成为异硫脲化合物 5，目的是使正电荷只分散在两个外端 N 原子上，结果表明对 H_2

的拮抗作用进一步增强。另一方面加长 4 的侧链成胍丙咪唑（6），6 抑制胃酸分泌作用比化合物 4 强 6 倍。然而 5 和 6 仍有激动剂作用。

将 5 和 6 提高拮抗作用的因素合并，以调整末端基团的碱性和与咪唑环间的距离，设计了侧链为 3～5 个碳原子的硫脲化合物，在合成的众多化合物中，N- 甲基取代的硫脲丁基咪唑（7）消除了激动作用，成为第一个 H_2 受体拮抗剂，命名为布立马胺（7, burimamide），但布立马胺的药效活性不高，口服生物利用度低。布立马胺可认为是研发 H_2 受体拮抗剂的先导化合物。

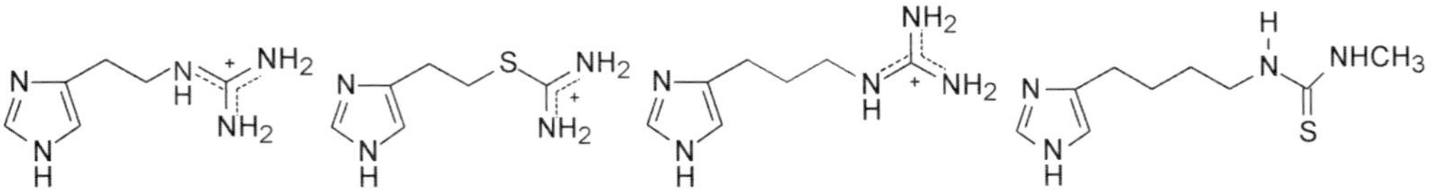

3. 先导物的优化和西咪替丁的成功

优化的路径怎样走，研究者分析了布立马胺的结构，咪唑环和硫脲基在生理 pH 条件下都可以发生互变异构：咪唑环以 3 种共振形式存在（图 1a），硫脲基可采取 4 种不同的构象（图 1b），柔性碳链更有无数构象，这可能是布立马胺药效构象少、活性不高的原因（Black JW, et al. Nature, 1974, 248: 65; Emmett JC, et al. Inflam Res, 1979, 9: 26）。

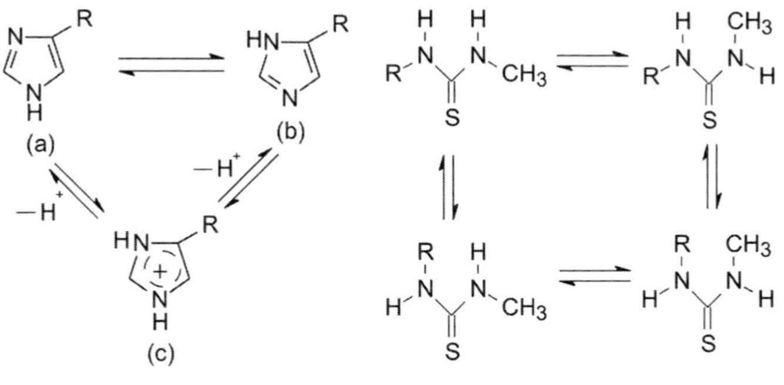

图 1　a：咪唑的互变异构；b：甲基硫脲的不同构象

咪唑的 $pK_{a(H)}$= 6.80，组胺的咪唑环的 $pK_{a(H)}$= 5.90，说明组胺的侧链的拉电子性较强，致咪唑环碱性降低；布立马胺的 $pK_{a(H)}$= 7.25，说明它的侧链为推电子基团，致咪唑环碱性增高，提示环上不同的取代基影响咪唑环的电荷密度，改变了环上氮原子的碱性。研究表明，R 为拉电子基团时，以图 1a 中 a 的结构占优；R 为推电子基团时，以图 1a 中 b 的结构占优（Charton M. J Org Chem, 1965, 30: 3346）。

进一步分析，在生理条件下组胺被质子化程度只有 3%（图 1a 中 c，$R=CH_2CH_2NH_2$），80% 的存在形式为 a，布立马胺则主要以 b 的形式存在，这可能是布立马胺与 H_2 受体结合强度较弱的原因。显然，咪唑环的高电荷密度是不利的。

为了降低咪唑环的电荷密度，在不改变布立马胺分子的形状和长度的前提下，增强侧链的拉电子性质，为此将侧链中的 -CH₂- 用二价电子等排体 -S- 替换，得到化合物 8，称作硫丁咪胺（thiaburimamide），由于硫的电负性强于饱和碳，提高了拮抗活性。进而在 8 的咪唑环 4 位引入甲基以有利于形成 a 的形式，并将侧链的第 2 个碳原子用硫置换，得到甲硫米特（9, metiamide），抑制胃酸分泌的强度高于硫丁咪胺 3～4 倍。曾进行临床试验治疗胃和十二指肠溃疡，疗效明确显著，但少数患者发生粒细胞减少的不良反应（Thjodleifsson B and Wormsley KG. Gut, 1975, 16: 501）。

甲硫米特的不良反应可能源于硫脲片段，为此，将硫脲作电子等排变换：若硫脲换成脲基（10），活性显著下降；变换成胍基（11），活性低于甲硫米特 20 倍，可能是碱性过强而不利于受体结合，也不利于药代性质。为了降低胍基的碱性，N 原子上连接拉电子基团如硝基（12）或氰基（13），对 H_2 受体的拮抗作用与甲硫米特相当，尤以 13 为佳，13 有较强的 H_2 拮抗作用及优良的药代和安全性，作为新的候选药物进入临床研究，这就是西咪替丁（cimetidine）（Ganellin R. J Med Chem, 1981, 24: 913; Durant GJ, et al. J Med Chem, 1977, 20: 901）。

西咪替丁又称甲氰咪胍，经临床研究成为第一个上市的 H_2 受体拮抗剂，治疗消化道溃疡。

8   9

10：Y=O；11：Y=NH；12：Y=NHNO2   13 西咪替丁

4. 后继研发的 H₂ 受体拮抗剂——替丁类药物

西咪替丁的上市给患者带来福音，也为 SK＆F 公司带来巨大效益，成为一个重磅式药物。其他公司的跟随研发，相继上市的药物优于西咪替丁，是由于首创药物未得到充分优化。

新研发的药物可以没有组胺的咪唑环，表明模拟组胺的咪唑环并非 H₂ 受体拮抗剂所必需。例如，以二甲胺甲基呋喃替换甲基咪唑，氰基胍用硝基亚乙叉二胺代替，得到的雷尼替丁（14, ranitidine），活性强度是西咪替丁的 10 倍，与细胞色素 P450 的作用只是西咪替丁的 10%，口服剂量和每日服用次数减少，而且对中枢、肾脏和性功能的不良反应也低于西咪替丁，显示雷尼替丁明显优于西咪替丁。

另一药物是用胍基取代的噻唑环替换西咪替丁的咪唑片段，用氨磺酰脒代替氰基胍，即法莫替丁（15, famotidine），抑制胃酸分泌作用强于西咪替丁 50 倍，作用时间长 1.5 倍，并且消除了抗雄激素作用。

尼扎替丁（16, nizatidine）是将法莫替丁的噻唑片段与雷尼替丁的侧链相连接，为按照拼合原理设计的最直观的实例，在药效、药代和安全性方面尼扎替丁也有许多优点。

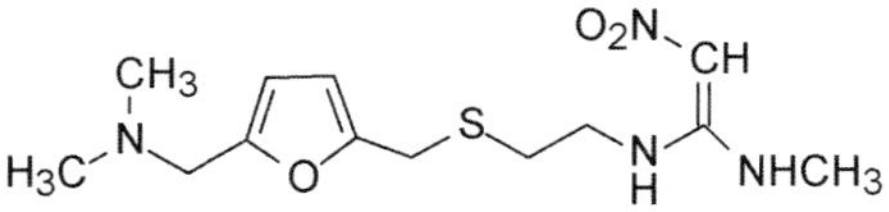

14

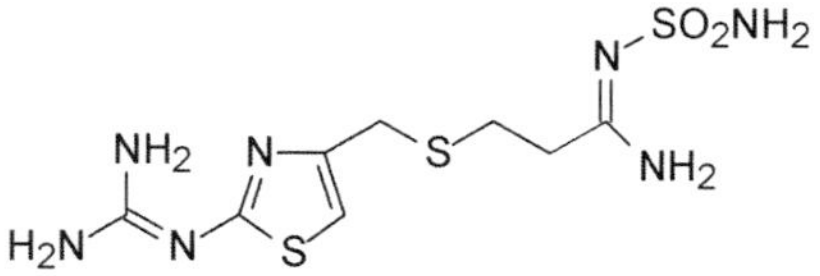

15

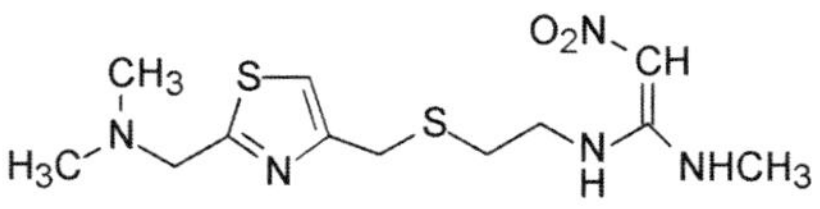

16

上述后继研发的 H₂ 受体拮抗剂在化学结构上都是与西咪替丁对应性很强的电子等排物，下面叙述的药物也是强效的 H₂ 拮抗剂，但结构变化较大。罗沙替丁（17, roxatidine）的化学结构，若以雷尼替丁作参比物，它的苯环相当于呋喃环，哌啶甲基对应于二甲胺甲基，侧链则差异较大，羟甲酰胺丙氧链代替了末端成平面结构的碱性片段。哌法替丁（18，pifatidine）是罗沙替丁的乙酰化物，二者都已应用于临床，作用强于西咪替丁。

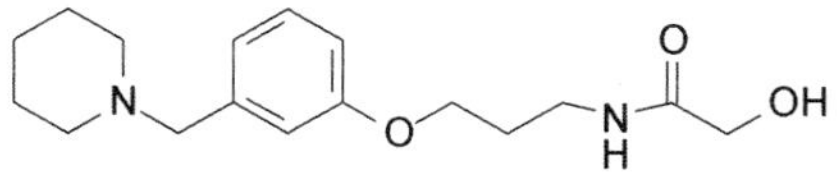

17 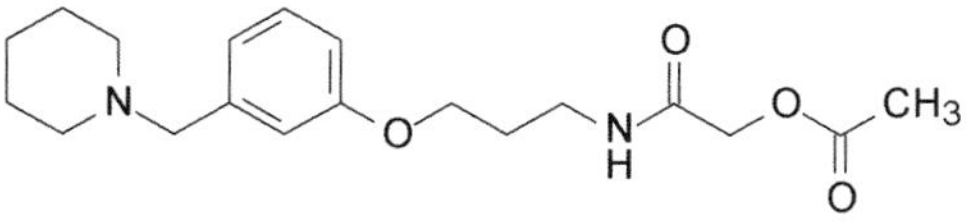　　　　　　　　　　　　**18**

这些替丁类药物，结构中都含有一定长度的柔性的亲脂侧链，Donetti 等用苯环替换亲脂链，经骨架迁越研发出新结构类型的咪芬替丁（19，mifentidine）（Donetti A, et al. J Med Chem, 1989, 32: 957），抑制胃酸分泌的活性强于西咪替丁30 倍。另一刚性更强的药物唑替丁（20，zaltidine）（Lipinski CA, et al. J Med Chem, 1986, 29: 2154）的药效和药代性质也优于西咪替丁，分子中咪唑环、噻唑环和胍基由单键连接，形成共轭体系，已经完全不同于首创药物西咪替丁所具有的结构特征，说明药物结构的变换引起分子构象的变化和药效团空间分布的变动，但仍可实现与 H_2 受体的结合。

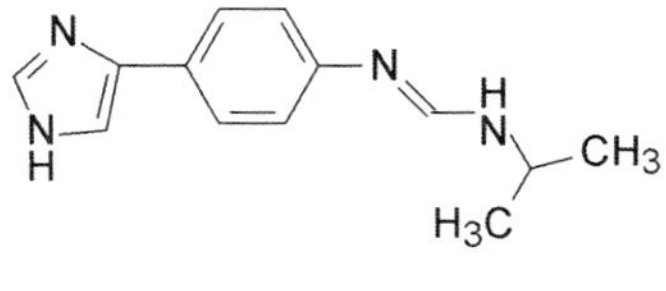

19 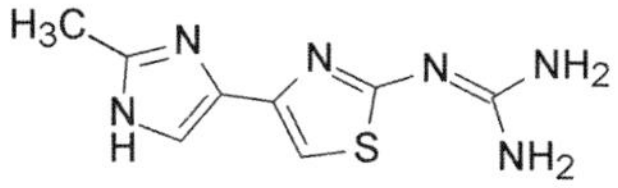　　　　　　　　　　　　**20**

合成路线

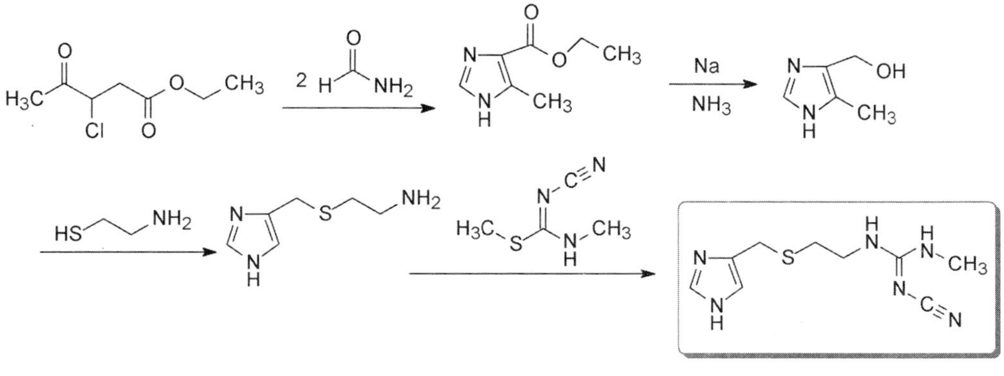

西咪替丁

93

12. 从 ATP 结构到心血管药物替格瑞洛的演化轨迹

【导读要点】

研制替格瑞洛是从具有弱拮抗作用的 ATP 开始的，用药物化学的构效关系和概念验证，几乎对 ATP 结构的"东西南北中"进行了全面的改造，合成的 6 000 多个目标化合物足以说明曲折复杂的研发过程和从事首创药物的艰辛。研发者为满足临床的不同需求，在一个研发的路径上，相继诞生了两个不同结构的注射用药和口服用药，一石二鸟。

1. 概说

替格瑞洛是抑制血小板聚集的药物，由阿斯利康公司研制，于 2010 和 2011 年分别在欧盟和美国上市。它的作用靶标是二磷酸腺苷（ADP）受体 P2Y12，与已经上市的血小板抑制剂氯吡格雷等作用靶标相同，但结合位点不同，氯吡格雷在 P2Y12 受体与 ADP 竞争结合位点，发生不可逆结合；而替格瑞洛可逆性地结合于 P2Y12 变构区。

2. 研制背景与靶标

血小板的生理功能是止血，血管破裂出血，经血小板聚集促使血凝。然而血小板在动脉壁斑块上的聚集会形成血栓，造成栓塞，可发生危及生命的心肌梗死和脑卒中，所以防止血栓形成是降低心脑血管疾病的重要环节。

血小板上具有核苷受体，其中 P2Y12 受体亚型经 ADP 结合而活化，在动脉血栓形成的过程中起关键作用。ADP 结合于血小板的 P2Y12 受体，使血小板形状改变，暴露出糖蛋白 Ⅱ b/ Ⅲ a（Ⅱ b/ Ⅲ a 为血小板与纤维蛋白原发生交联的位点）。

再经内源性聚集调节剂如血栓烷 A2、5-HT 和 ADP 等的释放，发生放大效应，形成持续性的血小板聚集。

3. 评价活性的模型

化合物抑制血小板聚集的初筛模型是用离体实验。将人血小板经洗涤后悬浮于 Tyrode 缓冲液中，加入 ADP 以使血小板聚集，加入不同浓度的受试物以抑制聚集过程，用浊度仪测定聚集程度，计算受试物的活性 IC_{50} 或 pIC_{50}（Humphries RG, Tomlinson W, Ingall AH, et al. FPL 66096: a novel, highly potent and selective antagonist at human platelet P2T-purinoceptors. Br J Pharmacol, 1994, 113: 1057-1063）。

4. 化学线索——ATP 对 P2Y12 具有弱抑制作用

ADP（1）是 P2Y12 受体激动剂，而 ATP（2）对 P2Y12 具有弱抑制作用，$pIC_{50} = 3.6$，虽然 ATP 水溶性良好（$\log D_{7.4} = -3$），适于注射应用，但由于对其他受体亚型也有抑制作用，而且在体内的稳定性差，不能药用。但 ATP 可作为研发 P2Y12 拮抗剂的起始物。

5. 结构改造

对 ATP 的结构改造主要集中在 3 个部位，即 C2 的取代（R_1）、C6 上的氨基（R_2）和三磷酸链（R_3）的取代，如通式 3 所示。

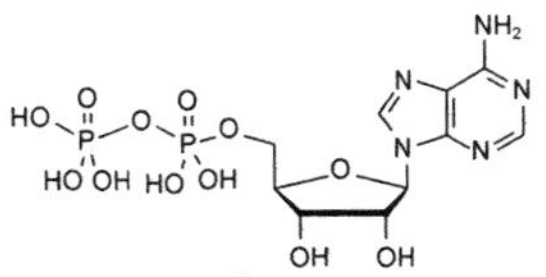

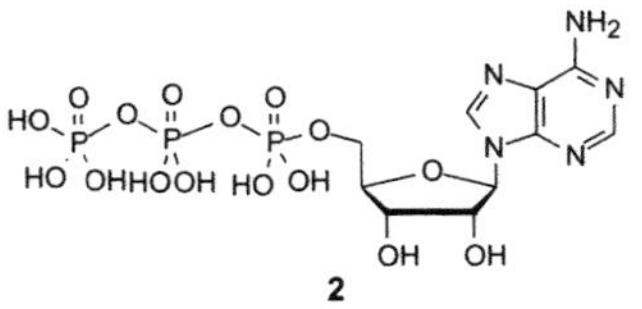

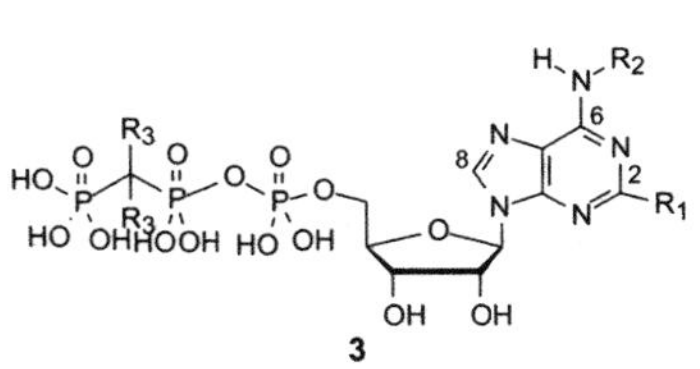

5.1　磷酸侧链的变换

ATP 比 ADP 多出一个 γ-磷酸基，对 P2Y12 作用正好相反，由 ADP 的激动转变为 ATP 的拮抗作用，推测归因于 ATP 的 γ- 磷酸基负电荷起重要作用（这是一个科学假定）。推论保持 3 个磷酸单元是维持拮抗作用之必需。然而在心血管组织细胞表面存在外核苷酸酶（ectonucleotidase），可将 ATP 的 γ- 磷酸基水解生成 ADP。为了阻止水解作用应增加第 3 个磷酸基的稳定性，因而须对 ATP 的结构修饰。

将连接 β，γ- 二磷酸之间的氧原子改换成 -CH$_2$-，提高了 γ 磷酸基对水解的抗性，化合物稳定性增高。然而，β，γ-CH$_2$- 的变换，使得末端质子的 pK_a 提高到 8.1（酸性减弱），而原来的三磷酸基末端质子的 pK_a 为 6.6，以至于在生理条件下（pH 7.4），β，γ-CH$_2$- 三磷酸末端的 -OH 不能离解成负离子，导致荷电状态类似于 ADP 的 3 个负电荷（ATP 有 4 个负电荷），因而降低了抑制活性。

当 β，γ-CH$_2$- 的两个氢原子被卤原子置换（通式 3 中 R$_3$=F 或 Cl），由于卤素的强电负性，使末端质子的 pK_a 接近于 ATP，活性也随之提高，例如化合物 4 的 pIC_{50}=3.5，与 ATP 相近。

4   5

6

5.2 C2 的取代

基于合成反应的考虑，将 C8 和 C2（通式 3）的 H 用各种基团取代，结果表明，C8 即使用最小的基团取代都会降低拮抗作用，因而 C8-H 不可变换。而 C2-H 被其他基团置换，可提高活性。例如 2- 甲硫基取代的 ADP 促进血小板聚集的活性强于 ADP 约 30 倍（Gough G, Maguire MH, Penglis F. Analogues of adenosine

5¢-diphosphate. New platelet aggregators. Influence of purine ring and phosphate chain substitutions on the platelet aggregating potency of adenosine 5¢-diphosphate. Aust Mol Pharmacol, 1972, 8: 170-177）。C2 为乙硫基或正丙硫基取代的化合物，抑制血小板聚集的活性比 4 强 10 000 倍，例如化合物 5 的 $pIC_{50} = 8.6$，6 的 $pIC_{50} = 8.16$。提示在 C2 处引入疏水基团提高抑制活性。然而再延长 C2 的疏水链，不能提高活性。

因化合物 5 对 P2Y12 的强抑制活性和选择性，确定为进入开发的候选化合物。用麻醉大鼠、犬和人进行体内实验，5 的半衰期很短，$t_{1/2} = 2min$。静脉灌注 0.1mg/（kg·min），15min 后完全抑制了血小板聚集，停药后 15min 则完全恢复。化合物 5 的这种快速起效和快速消失的特点，对于处置急性栓塞的患者是有利的。

5.3 N6 的取代

N6 被双烷基取代，抑制活性锐减，故不宜双取代。而单烷基取代比未取代的化合物活性高，链中可有杂原子取代，但以 3 ~ 4 个疏水性原子为最佳，烷基链延长会导致长时间作用而不利。经优化发现 N6 被 $CH_2CH_2SCH_3$ 单取代为佳，C2 连接 $SCH_2CH_2CF_3$ 的化合物 7，$pIC_{50} = 9.35$，比化合物 5 的活性强 6 倍，给药起效后 20min，复原率为 79%，作用时间适宜。遂作为注射用药进入临床研究，命名为坎格雷洛（7, cangrelor），为超短时抗血栓生成药物，目前处于Ⅲ期阶段（Ingall AH, Dixon J, Bailey A, et al. Antagonists of the platelet P_{2T} receptor: a novel approach to antithrombotic therapy. J Med Chem, 1999, 42: 213-220 ）。

7

6. P2Y12 口服抑制剂

6.1 嘌呤苷酸的再改造

在由起始物 ATP 设计 P2Y12 抑制剂中还探索了另一条路径，即将三磷酸侧链用二羧酸置换，模拟三磷酸端基的负电荷，制备了化合物 8，8 虽然有活性，但低于 7 上百倍。进而对嘌呤环作结构变换，将 C8 换成 N 原子得到的化合物 9，抑制 P2Y12 的活性提升到与 7 相当，表明三唑并嘧啶替换嘌呤母核，活性提高百倍。进而用环戊基替换核糖，化合物 10 仍然保持了活性。由此确定了氮杂嘌呤（即三唑并嘧啶）与环戊基形成的类核苷成为 P2Y12 抑制剂新的骨架结构。表 1 列出了化合物 8 ~ 10 的结构与活性。

表 1　化合物 8 ~ 10 的结构与活性

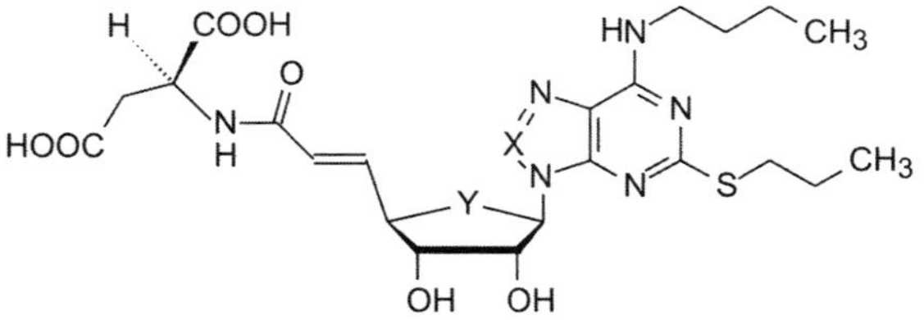

化合物	X	Y	pIC$_{50}$
8	C	O	7.0
9	N	O	9.5
10	N	CH$_2$	9.3

化合物 9 和 10 的活性虽然较高，但相对分子质量大于 500，灌胃大鼠迅速从胆汁中排出，这不符合口服的要求，而且由于含有可形成两个负电荷的羧基和两个羟基，这些都是不利于口服吸收的结构因素，因而需"削减"该酸性侧链。

6.2　用受体结合实验评价高活性化合物

前述的活性是评价化合物抑制 ADP 诱导洗涤过的血小板的聚集作用，属于功能性实验。为了进一步评价化合物的活性，用放射性 ^{125}I 标记的 P2Y12 拮抗剂被受试化合物从洗涤过的血小板上置换下来的结合力实验计算受试物 pK_i 值，实验表明，这种放射性置换实验值 pK_i 与功能性实验值 pIC$_{50}$ 是平行的。

6.3　简化酸性侧链成中性短链仍然有效

用组合合成的方法制备含有各种酸性侧链的化合物，意外地发现单羧酸化合物 11 仍具有活性，这显然与所谓的"γ-磷酸假定"相悖，更有意义的是，即使没有羧基的化合物 12 和 13，仍然有一定的抑制活性，这为减小分子尺寸和改善药代性质提供了优化线索。不过化合物 11 ~ 13 的大鼠生物利用度和在体内的存留时间仍然较低（表 2）。

表 2　化合物 11 ~ 13 的活性和药代数据

化合物	R	pK_i	大鼠	
			$t_{1/2}(min)$	$F(\%)$
11	COOH	8.3	0.5	< 5
12	$CONH_2$	7.7	1.4	< 5
13	CH_2OH	7.1	1.2	< 5

6.4　氮杂嘌呤的 C2 和 N6 的取代基变换

由于侧链上 4' 位置的取代基发生了较大的变化，需要重新优化 C2 和 N6 取代基（药物化学中常因某处的结构变化，导致原已优化的基团不再适用，乃诱导契合所致），阿斯利康公司为此合成了 6 000 多个化合物，彰显由注射剂变为口服用药的艰巨性（Bonnet RV, et al. PCT Int. Appl. W0199828300, 1998; Chem Abstr., 1998, 129: 95506; Guile SD, et al. PCT Int. Appl. WO199905143, 1999; Chem Abstr., 1999, 130: 168386）。化合物的结构与活性的关系归纳如下：①将 4' 的 R 固定为 COOH、$CONH_2$ 或 CH_2OH，变换 C2 的连接基，此时疏水性侧链有利于提高抑制作用，其中正丙硫基的活性仍为最强，若硫原子换成极性的氧或氮原子，则活性降低，因而将 C2 的连接基固定为正丙硫基；②N6 连接疏水性基团也有利于提高活性，极性的侧链使活性降低；N 连接两个烷基链成为叔胺对活性不利。反式 2-苯基环丙基取代的化合物活性明显强于其他侧链，例如化合物 14～16，比相应的正丁基化合物 11～13 的活性强 10 倍，化合物 16 的半衰期和口服生物利用度（$F = 35\%$）也显著优于其他化合物（表 3）；③化合物 14～16 含有两个手性中心，消旋体经拆分后得到的旋光异构体 1R，2S 的活性强于 1S，2R 对映体。

表 3　化合物 14～16 的活性和药代数据

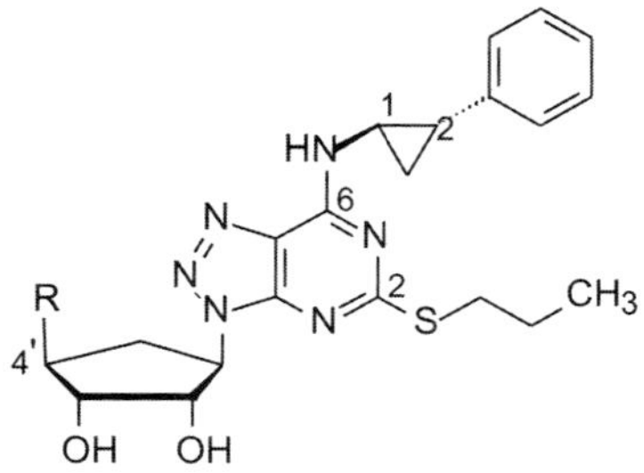

化合物	R	pK_i	大鼠	
			$t_{1/2}$(min)	F(%)
14	COOH	9.6	0.5	－
15	CONH$_2$	8.8	2.0	< 5
16	CH$_2$OH	8.3	2.5	35

6.5　建立评价化合物被氧化代谢和葡醛酸苷化的体外模型

为了优化药代动力学性质，评价了化合物对Ⅰ相和Ⅱ相代谢的稳定性。建立的体外模型是在化合物与肝微粒体的温孵中加入 NADPH（氧化代谢的辅酶）和 UDPGA（葡醛酸苷化的辅酶），同时加入可发生氧化代谢的药物齐留通（zileuton）和发生葡醛酸苷化的右美沙芬（dextromethorphan），当受试物可耐受大于 20 倍齐留通和 10 倍右美沙芬的代谢的程度时，预示化合物在体内肝脏发生两相代谢都不高于 10%，即小于 2ml/（min·kg）（Springthorpe B, Bailey A, Barton P, et al. From ATP to AZD6140: the discovery of an orally active reversible P2Y12 receptor antagonist for the prevention of thrombosis. Bioorg Med Chem Lett, 2007, 17: 6013-6018)。

6.6　提高代谢稳定性——环戊基的 4' 位取代基的优化

化合物 16 对 P2Y12 的抑制活性以及大鼠的生物利用度和半衰期达到了一定的要求，然而用大鼠、犬和人肝细胞研究 16 的代谢行为时，发现大鼠对 4'-CH₂OH 发生氧化代谢，而犬和人则是 Ⅱ 相的葡醛酸苷化。为了提高化合物对氧化和葡醛酸苷化的稳定性，对 4' 的 R 取代基再进行优化，其中化合物 17 和 18 对 Ⅰ 相和 Ⅱ 相代谢达到稳定性的标准（分别达到预设的比值），活性和生物利用度也基本达到要求（表 4）。

表 4　化合物 16 ~ 18 的活性和药代数据

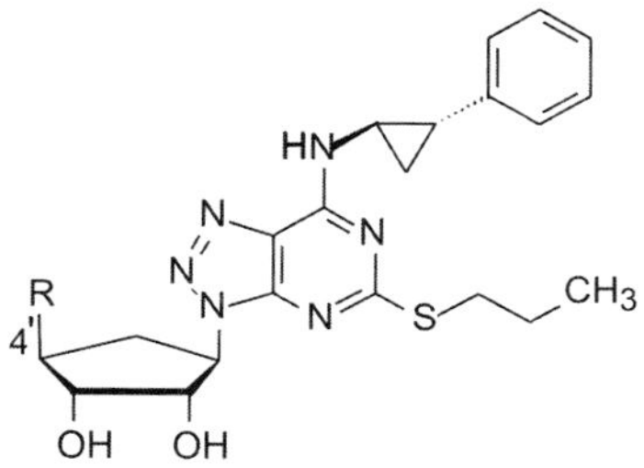

化合物	R	pK_i	UDPGA ratio	NADPH ratio	Rat $F(\%)$
16	CH_2OH	8.3	5	>30	35
17	$O(CH_2)_2OH$	8.5	24	13	26
18	CH_2CH_2OH	8.2	19	27	37

6.7　结构微调——苯环上取代基变换

为了进一步优化体外活性和代谢稳定性，N6 侧链上的苯环用不同的基团取代，化合物 19 ~ 21 呈现优良性质，表明苯环上有两个氟原子取代是有利的。化合物 21 的硫醚链端基 CH_3 被 CF_3 置换，对 P2Y12 的亲和力提高了 0.5 个对数单位，pK_a 达到 9.2，活性最高（表 5）。

表 5　化合物 19～21 的活性和药代数据

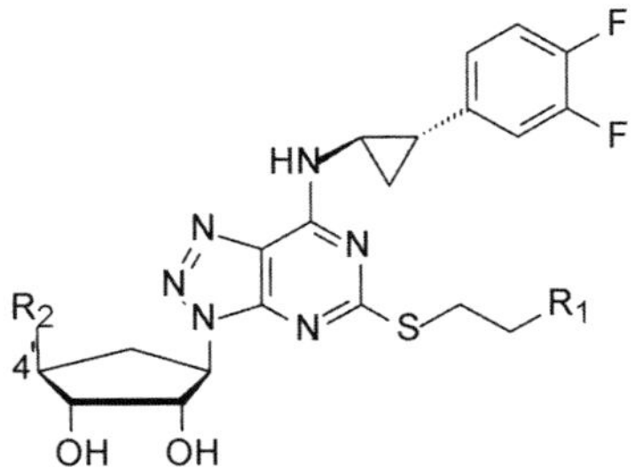

化合物	R_1	R_2	pK_i	UDPGA ratio	NADPH ratio
19	CF_3	CH_2OH	8.3	稳定	>30
20	CH_3	$O(CH_2)_2OH$	8.7	稳定	24
21	CF_3	$O(CH_2)_2OH$	9.2	稳定	32

　　化合物 19～21 对大鼠和犬的药代动力学实验表明，20 的口服生物利用度 $F_{大鼠}=24\%$，$F_{犬}=72\%$，高于化合物 19 和 21，综合药效学和药动学数据，预测化合物 20 用于临床的治疗剂量最小，因而选定为候选药物，命名为替格瑞洛（ticagrelor）进入开发阶段。经Ⅲ期临床研究证明是急性冠状动脉综合征不稳定性心绞痛和心肌梗死的有效药物，在 2010 和 2011 年分别在欧盟和美国批准上市（Springthorpe B, Bailey A, Barton P, et al. From ATP to AZD6140: the discovery of an orally active reversible P2Y12 receptor antagonist for the prevention of thrombosis. Bioorg Med Chem Lett, 2007, 17: 6013-6018）。

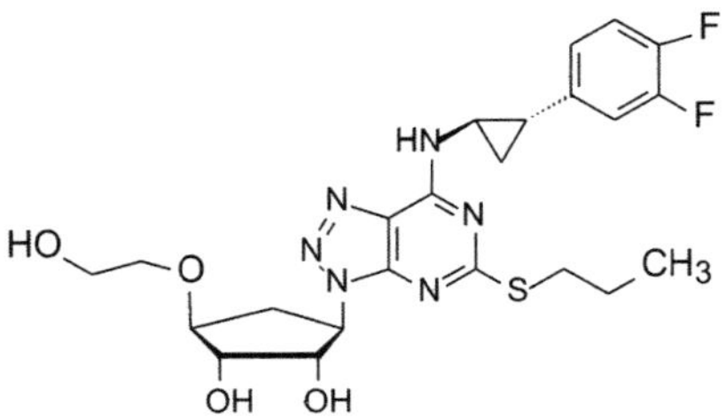

20

7.　总结：研发替格瑞洛的化学轨迹

　　替格瑞洛虽然不是第一个上市的 P2Y12 受体拮抗剂，但作用于受体的变构区域，有别于它的先行者，结构类型也完全不同，也可认为是个首创性药物。阿斯利康公司研制成功替格瑞洛，合成了 6 000 多个目标化合物，其中的曲折复杂过程笔者不得而知，不过仅从研发过程中构建和精修化学结构，也可启示人们开拓思路。以下是研发中的重要节点：①发现 ATP 对 P2Y12 受体具有弱抑制作用，成为研究的起始点。②在嘌呤环的 C2 和 N6 处引入疏水性侧链，提高了与受体的结合力；③修饰三磷酸基的 βγ 连接基，提高稳定性，并维持了必要的酸性；④骨架迁越用三唑并嘧啶替换嘌呤环，使活性提高逾百倍，此时分子的结合取向很可能发生了变化。该阶段研发出注射用的坎格雷拉（现处于Ⅲ期临床）；⑤继续研究，发现了没有酸性侧链的拮抗剂；⑥N6 侧链上引入反式 2- 苯基环丙胺片段，活性提高一个数量级；⑦为提高代谢稳定性在环戊基的 4' 位优化得到代谢稳定的基团；⑧精修苯环，引入二氟原子提高了活性和代谢稳定性，建成替格瑞洛分子。

合成路线

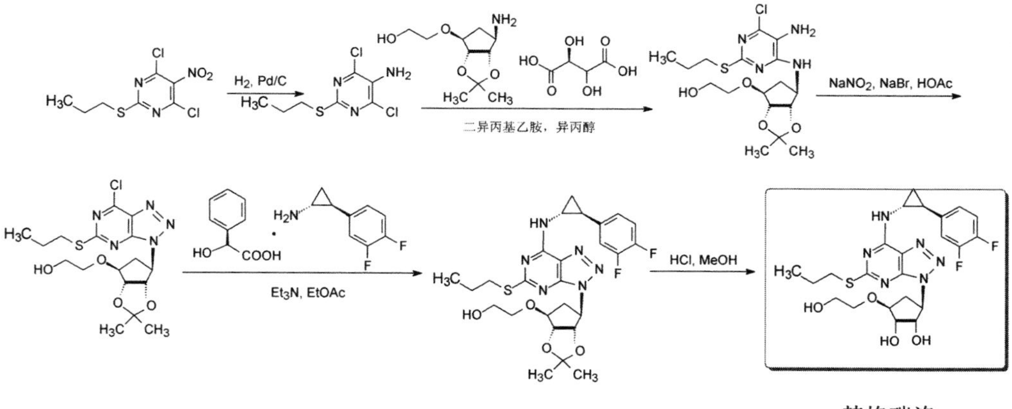

替格瑞洛

Ⅲ

基于作用机制的药物研制

13. 模拟过渡态研制的 HIV 蛋白酶抑制剂"那韦"药物

【导读要点】

20 世纪 90 年代在基于靶标结构设计药物（SBDD）的研究中，沙奎那韦是为数不多成功的一个。由于解析了 HIV 蛋白酶的作用机制和酶的三维结构，研究者得以从最简单的基本单元入手，在成药性理念的指导下，"生长"成与活性中心的形状、尺寸和电性呈互补结合的拟肽链，同时"注入"过渡态的类似结构，完成了首创的高活性的口服抗艾滋病药物沙奎那韦。进而研发者针对该首创药物的不足，继续在结构生物学的指引下，研制成活性更强、药代完善和克服耐药的两个更新产品。安普那韦和地瑞那韦在同一理念下研制成功，但无论在宏观生物学和化学性质上，还是微观的结合特征和热力学的焓-熵转化方面，都更胜一筹。

1. 作用靶标——HIV 蛋白酶

人免疫缺陷病毒（HIV）携有的 HIV 蛋白酶属天冬氨酸蛋白酶家族成员，在 HIV 复制周期中有十分重要的功能，即负责裂解 gag 和 gag-pol 的前体多蛋白分子，生成构成性蛋白（例如 p17、p24、p7、p6、p2、p1）和功能性蛋白（例如蛋白酶 p11、逆转录酶 p66/p51、整合酶 p32 等），从而促使新生病毒颗粒成熟并具传染性。抑制 HIV 蛋白酶可干扰病毒复制的后期环节，因而成为治疗艾滋病药物的一个主要作用环节。

HIV 蛋白酶是由两个相同的含 99 个氨基酸亚基构成的同二聚体，对称组合具有二重旋转对称轴（C2），每个单体的活性部位底部有 Asp25、Thr26 和 Gly27，顶部有 Ile50 封盖（另一亚基为 Asp25'、Thr26'、Gly2 和 Ile50'）。每个亚基含有 4 个结合腔穴 S1～S4（另一组表示为 S1'～S4'），被水解的底物肽的结构部位 P1～P4 和 P1'～P4' 分别结合到相对应的腔内。

当 HIV 病毒 RNA 转译 HIV 前体多肽长链蛋白生成后，HIV 蛋白酶水解其中特定的 Phe-Pro（或 Tyr-Pro）肽键。人体的天冬氨酸蛋白酶如胃蛋白酶、肾素等的剪切位点是 Leu-Val 或 Leu-Ala，而不水解 Phe-Pro，所以针对 Phe-Pro 的底物结构设计抑制剂可提高选择性作用。图 1 是底物蛋白与 HIV 蛋白酶结合模式和水解位点的示意图。

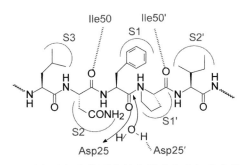

图 1　HIV 蛋白酶与底物蛋白结合模式和水解位点的示意图

2. 过渡态类似物原理

过渡态类似物是一类稳定的化合物，它模拟酶催化反应中底物转变成产物时的过渡态结构。若化合物类似于过渡态结构，则与酶的结合力很强。过渡态类似物是以稳定的化合物模拟反应过程的过渡态或活化中间体结构，利用静态化合物与动态中间体的结构相似性设计出的抑制剂，与酶的亲和力非常强。HIV 蛋白酶对天然底物 Phe-Pro 特定肽键水解时要经过一个过渡态。模拟肽键水解的过渡态结构，在结构中插入一个 "-CH$_2$-"，模拟肽键的酰基 C=O 由 sp^2 杂化碳原子转变成 sp^3 杂化态，羟乙胺基 -CH(OH)-CH$_2$-NH- 作为肽键 -CO-NH- 水解的过渡态的替换结构，是众多 HIV 蛋白酶抑制剂的共有片段。例如本文讨论的 HIV 蛋白酶抑制剂以及降压药肾素抑制剂等。

3. 从二肽 Phe-Pro 到先导化合物

Ghosh 等基于上述理念，以 Phe-Pro（1，没有活性）为起始物，将氨基和羧基分别用苄氧羰基和叔丁基保护，同时用羟乙基替换酰基，合成了含有过渡态结构的拟二肽（2），2 对 HIV 蛋白酶呈现弱抑制活性，$IC_{50} = 6\,500nmol/L$。为了模拟底物序列，在化合物 2 的氨基端连接天冬酰胺得到化合物 3，活性提高 40 倍，$IC_{50} = 140nmol/L$。然而 3 的氨基端再延长一个亮氨酸或羧基端增加异亮氨酸或两边同时增加都没有提高活性。

化合物 3 的中央羟基的构型对活性有影响，R 异构体强于 S 构型（$IC_{50} = 300nmol/L$）。该 R 构型的作用在以后的优化中作用更加显著。将 3 中的天冬酰胺的末端酰胺换成其他基团，活性显著降低，提示该酰胺基参与了重要的结合作用。苄氧羰基、天冬氨酸的酰胺基和苯丙氨酸的苄基分别结合于 S3、S2 和 S1 腔中，脯氨酸的四氢吡咯环进入 S1' 腔，C- 端的叔丁基进入 S2' 中。由于 3 具备了呈现较强活性的最小尺寸和骨架，因而作为先导化合物进行了系统的优化。

1　　　　　2　$IC_{50} = 6500nmol/L$　　　　　3　$IC_{50} = 140nmol/L$

4. 先导物的优化

对上述进入结合腔的各个基团进行变换，包括体积大小和电性强弱的变换，设计合成了 100 多个含有类似过渡态的化合物，优化的历程和构效关系概括如下。

4.1 C- 末端的变换

化合物 3 疏水性的 C- 端的叔丁基是必要的疏水基团，将叔丁氧基换成叔丁氨基，化合物 4 仍有活性（略低），$IC_{50} = 210nmol/L$。

4.2 N- 末端的变换

化合物 3 的 N- 末端也是疏水性基团，将苄基换成 2- 萘基，化合物 5 增加疏水性，活性提高到 $IC_{50} = 53nmol/L$；2- 萘基换成 2- 喹啉片段，化合物 6 的 $IC_{50} = 23nmol/L$，提示增加疏水性和基团体积有利于活性，环上的氮原子参与了结合。

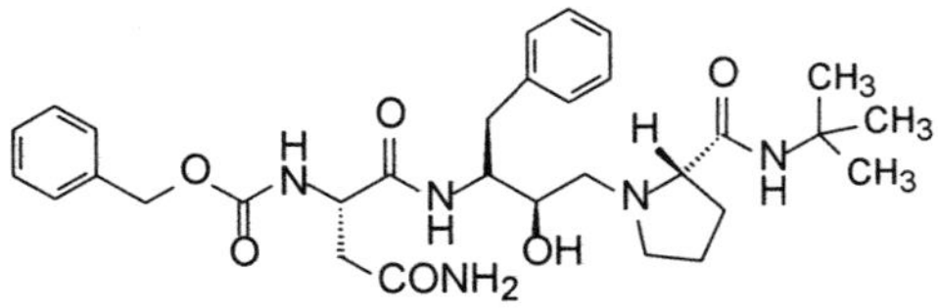

4 IC$_{50}$=210nmol/L

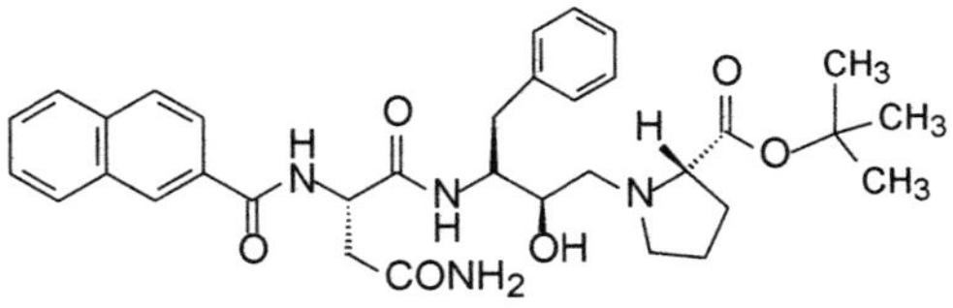

5 IC$_{50}$=53nmol/L

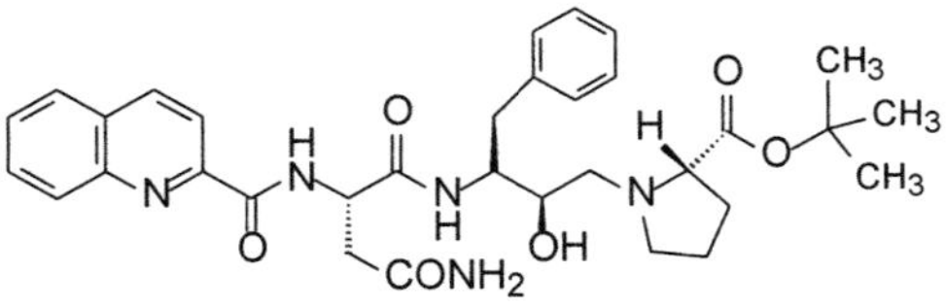

6 IC$_{50}$=23nmol/L

4.3 四氢吡咯的变换

化合物 4 的四氢吡咯扩环成哌啶环，化合物 7 的活性提高到 IC$_{50}$ = 18nmol/L，进而将哌啶换成十氢异喹啉化合物 8，活性更加提高，IC$_{50}$ ≤ 2.7nmol/L，提示此处增大体积和疏水性有利于同 S1' 腔的结合。

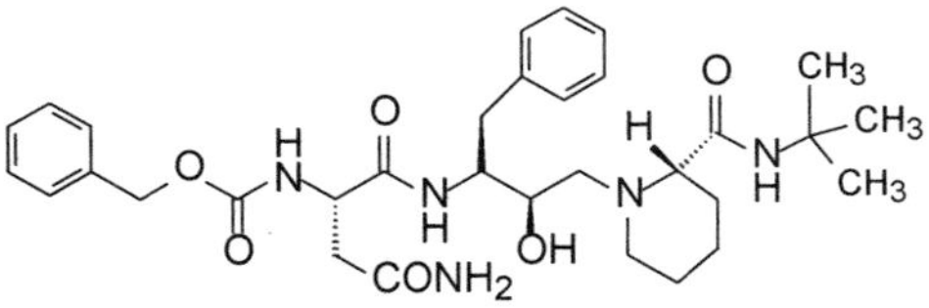

7 IC$_{50}$=18nmol/L

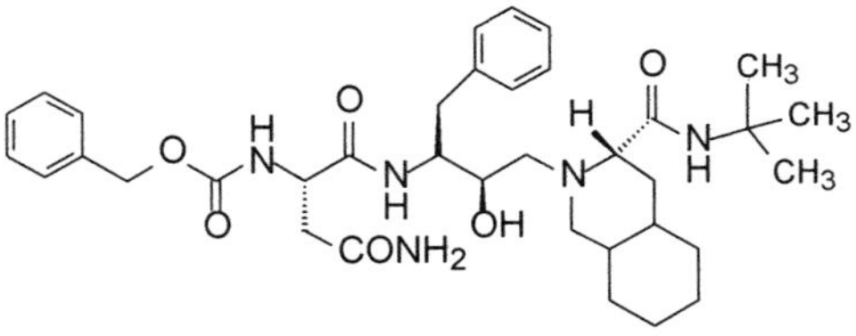

8 IC$_{50}$ ≤ 2.7nmol/L

4.4 天冬氨酸片段的变换

化合物 7 的天冬酰胺片段变换为 β- 氰基丙氨酸（9）或 S- 甲基半胱氨酸（10）仍有较高的活性，IC$_{50}$ 分别为 23nmol/L 和 12nmol/L，但变化不大。

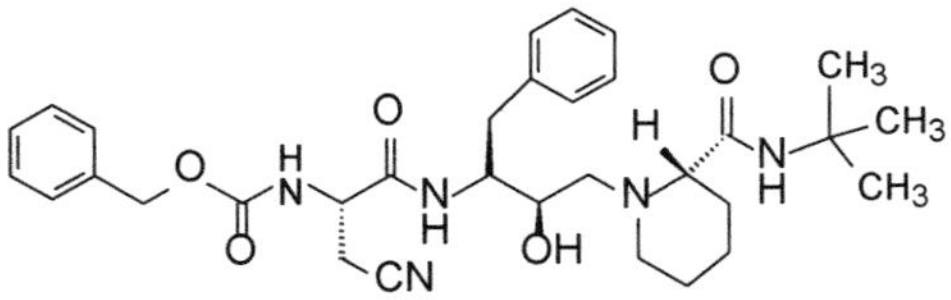

9 IC$_{50}$=23nmol/L

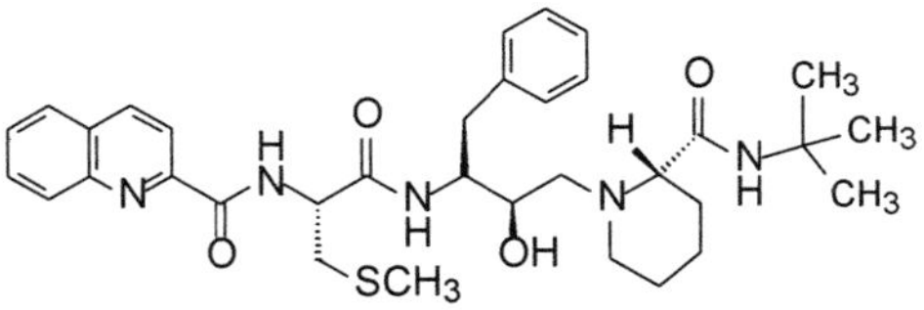

10 IC$_{50}$=12nmol/L

4.5　综合各优化因素——候选化合物的确定

综合上述有代表性的化合物的构效关系（拼合策略），设计合成了化合物 11
（ $IC_{50} = 2nmol/L$ ），结构中羟乙胺的手性碳为 R 构型，而 S- 差向异构体 $IC_{50} =$
470nmol/L，提示与催化中心结合的基团取向的重要性。将哌啶改换成十氢异喹啉
环，12 成为活性最强的化合物（ $IC_{50} = 0.4nmol/L$ ）。

11　IC_{50}=23nmol/L　　　　**12**　IC_{50}=12nmol/L

评价高活性的化合物 11 和 12 对感染 HIV 细胞的抑制活性，显示 12 活
性最高，对感染细胞的活性 $IC_{50} = 2nmol/L$ ，而正常细胞毒性很低，$TD_{50} >$
10 000nmol/L。在高浓度下（近万倍的有效抑制浓度）对人体胃蛋白酶，组织蛋白
酶 D、E 和人白细胞弹性硬蛋白酶等都未见抑制作用。化合物 12 定名为沙奎那韦
（ saquinavir ），以甲磺酸盐形式进入临床研究，表明可抑制 HIV1 和 HIV2 病毒在患
者体内的繁殖。FDA 于 1997 年以 HIV 蛋白酶为靶标批准为第一个上市的抗艾滋
病药物。

5. 沙奎那韦与 HIV 蛋白酶的结合方式

沙奎那韦与 HIV1 蛋白酶复合物单晶衍射图（图 2）表明，羟乙胺的羟基处
于催化中心的 Asp25 和 Asp25' 之间，形成氢键结合网络；在 S1 和 S1' 中的两个
羰基与结构水分子形成氢键结合，水分子又与顶盖上 Ile50 和 Ile50' 的 -NH- 形成
氢键；与十氢异喹啉相连的酰胺 -CO-NH- 分别与 Asp28 和 Gly48 形成氢键。天冬
酰胺的骨架 -CO-NH- 与酶的 Asp30 骨架上的 NH 和末端 -COOH 形成氢键；叔丁
基与 S2' 腔、苄基与 S1 腔、十氢异喹啉环与 S3' 腔发生疏水 - 疏水相互作用。这
些基团的配置恰好适于 R 构型的羟基发生有利的结合，从而揭示了比 S 构型活性
高的结构基础（ Krohn A, Redshaw S, Ritchie JC, et al. Novel binding mode of highly

potent HIV proteinase inhibitors incorporating the(R) -hydroxyethylamine isostere. J Med Chem, 1991, 34: 3340–3342）。

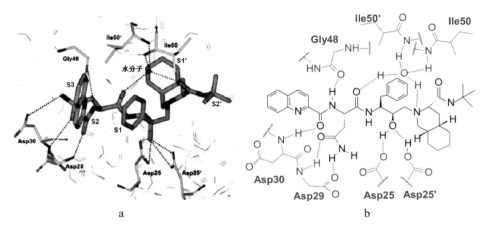

图2　a：沙奎那韦与 HIV1 蛋白酶复合物晶体结构图
　　　b：和沙奎那韦发生的氢键结合示意图

6. 由沙奎那韦演化的后续药物

6.1 安普那韦

沙奎那韦是以蛋白酶为靶标的首创性口服抗艾滋病药物，应用中有两个重要缺点：生物利用度低和代谢稳定性差，这是因为分子量大（游离碱 669.84）和肽类结构的缘故。因而后续的研究是以沙奎那韦为起始物，研制消除肽结构和降低分子量的抑制剂。

首先，根据平行的研究，发现用四氢呋喃置换结合于 S2 腔的酰胺片段仍呈现活性，因而合成了化合物 13，活性显著提高，抑酶活性 $IC_{50} = 0.054nmol/L$，对感染细胞的 $IC_{95} = 8nmol/L$。四氢呋喃的结合模式是环中氧原子与 Asp29 的 NH 形成氢键。13 虽然活性高，但分子仍然很大，相对分子质量 682.88，去除喹啉甲酰胺片段，用胺甲酰片段连接 3S- 羟基四氢呋喃环，化合物 14 尺寸减小，相对分子质量为 514.69，但因失去了与 S3 腔结合，活性降低为 $K_i = 87nmol/L$（Thompson WJ, Ghosh AK, Holloway MK, et al. Tetrahydrofuranylglycine as a novel, unnatural amino acid surrogate for asparagine in the design of inhibitors of the HIV protease. J Am Chem Soc, 1993, 115: 801−803)。

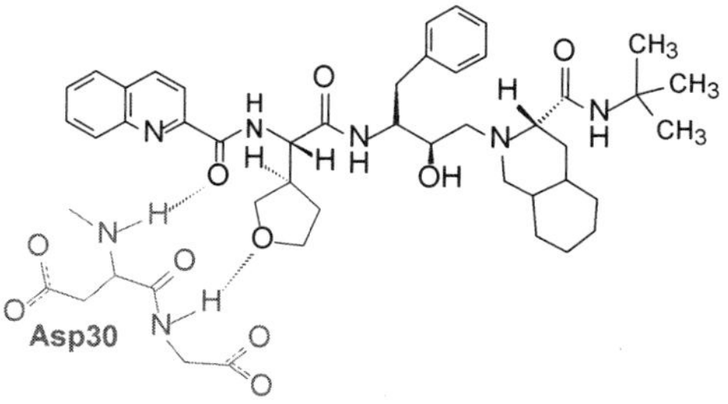

13 IC$_{50}$=0.054nmol/L

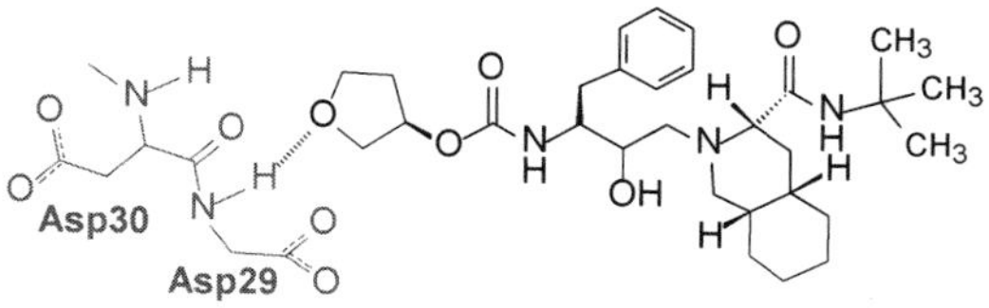

14 K$_i$=87nmol/L

根据平行研究所获得的构效关系信息，可以对化合物 12 的十氢异喹啉和叔丁胺甲酰片段加以变换：将模拟过渡态羟乙胺片段中的氨基用苯磺酰连接，以替换十氢异喹啉，也仍然结合于 S2'，叔丁胺片段用 N- 异丁基替换，结合于 S1'，这样就消除了 3 个手性碳原子，简化了分子结构（MW = 505.63）。通过制备并评价各手性中心的构型对活性的影响，揭示化合物 15 活性最强，对酶的抑制活性 K_i = 0.6nmol/L（HIV1）和 19nmol/L（HIV2），抑制 HIV 感染细胞的活性 IC$_{50}$ = 40nmol/L。15 的水溶性显著提高，S = 190μg/ml（Ghosh AK, Kincaid JF, Cho W, et al. Potent HIV protease inhibitors incorporating high-affinity P2-ligands and（R）-（hydroxethylamino）sulfonamide isostere. Bioorg Med Chem Lett, 1998, 8: 687−690)。由于有良好的药效学和药动学性质，GSK 公司将其进入开发阶段，命名为安普那韦（amprenavir），经临床研究于 1999 年 FDA 批准上市。

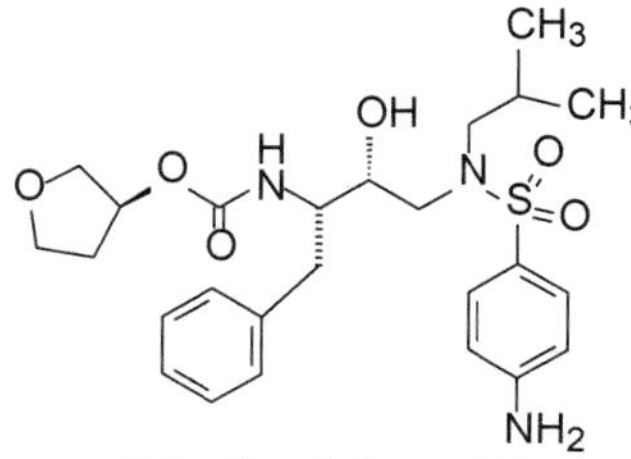

15 K_i = 0.6 nmol/L

安普那韦与 HIV1 蛋白酶复合物晶体结构表明，4 个疏水性片段分别结合于 4 个疏水腔中：四氢呋喃进入 S1，苄基进入 S2，N- 异丁基进入 S1'，p- 氨苯基进入 S2' 中，如图 3a 所示。杂原子与活性中心形成氢键的状态是：呋喃环中的 O^1 与 Asp29 和 Asp30 形成弱结合氢键；O^2 未见氢键形成；O^3 与磺酰的一个氧原子 O^5 经结构水的介导，与 Ile50 和 Ile50' 的 -NH- 形成氢键，中央的 4-OH 与 Asp25、Asp25' 发生氢键结合；磺酰苯基的 p- 氨基与 Asp30' 形成氢键，这些对提高分子的水溶性有重要贡献。图 3b 是安普那韦与蛋白酶的晶体结构的氢键结合图（Kim EE, Baker CT, Dwyer MD, et al. Crystal structure of HIV-1 protease in complex with VX-478, a potent and orally bioavailable inhibitor of the enzyme. J Am Chem Soc, 1995, 117: 1181-1182）。

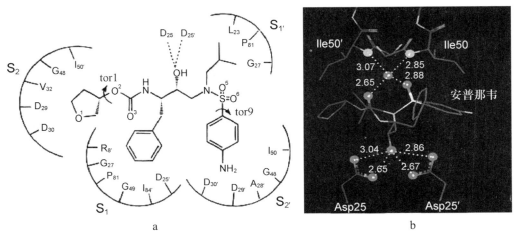

图 3　a：安普那韦与 HIV1 的结合模式示意图
　　　b：安普那韦与 HIV1 的晶体结构图

6.2　地瑞那韦

安普那韦（15）的成功激励 Ghosh 等进一步研发抗耐药的 HIV 抑制剂，优化的目标是对耐药株 HIV 蛋白酶有抑制活性，结构优化的部位是变换四氢呋喃环，例如用四氢噻吩或氧化成环丁砜替换四氢呋喃（同时也变换 P2' 的苯环取代基为甲氧基），得到 17 和 18，结果表明仍保持高抑酶活性。因环丁砜活性高于硫醚，进而在环上做烷基取代。此外，分析砜基的两个氧原子可能与 S2 腔的 Asp29 和 Asp30 形成两个氢键，并参照曾经探索过的并合双四氢呋喃片段的有效性，合成了有代表性的化合物 21 ~ 24，表 1 列出了化合物结构、抑酶活性和抑制 HIV 感染细胞的活性数据（Ghosh AK, Kincaid JF, Walters DE, et al. Non-peptidal P2 ligands for HIV protease inhibitors: structure-based design, synthesis, and biological evaluation. J Med Chem, 1996, 39: 3278-3290）。

表 1　变换四氢呋喃片段的化合物及其活性

化合物	R₁	R₂	K_i(nmol/L)	IC$_{50}$(nmol/L)
15		NH₂	1.6	15
16		OCH₃	1.5	12
17		OCH₃	2.5	47
18		OCH₃	1.2	19
19		OCH₃	1.4	18
20		NH₂	1.5	40
21		NH₂	2.1	4.5
22		OCH₃	1.1	1.4
23		CH₃	1.2	3.5
24		OCH₃	2.2	4.5

　　化合物 21～24 对酶和细胞都显示高抑制活性，其中 21 对耐受多种药物的 HIV 病毒蛋白酶和细胞仍有高活性，而且 21 与蛋白酶结合生成的复合物离解速率很低，低于其他"那韦"类抑制剂 2～3 个数量级，预示有较长持续性作用（King NM, Prabu-Jeyabalan M, Nalivaika EA, et al. Structural and thermodynamic basis for the binding of TMC114, a next-generation human immunodeficiency virus Type 1 protease inhibitor. J Virol, 2004, 78: 12012-12021）。

　　化合物 21 定名为地瑞那韦（darunavir），相对分子质量为 547.66，水溶性 0.15mg/ml，分配系数 log$P$ 为 1.8。与利托那韦（CYP3A4 抑制剂）合用的口服生物利用度 $F = 82\%$，半衰期 $t_{1/2} = 15$h，经临床研究，FDA 于 2006 年批准上市。

21

地瑞那韦与 HIV1 蛋白酶的复合物晶体结构提示，双四氢呋喃环、苄基、N-异丁基和氨苯基分别结合于 S2、S1、S1'、和 S2' 腔内，各极性基团或原子与活性中心形成的氢键与安普那韦（图 3）相似，唯一的不同是由于并合了一个四氢呋喃环，新的氧原子形成了更多的氢键，图 4 是地瑞那韦与 HIV1 蛋白酶的复合物晶体结构，虚线表示氢键的结合（Tie YPI, Boross YF. Wang L, et al. High resolution crystal structures of HIV-1 protease with a potent non-peptide inhibitor（UIC-94017）active against multidrug-resistant clinical strains. J Mol Biol, 2004, 338: 341-352）。

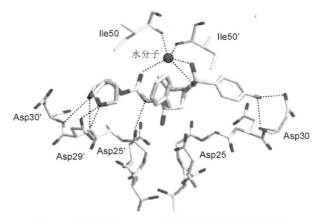

图 4　地瑞那韦与 HIV1 蛋白酶的复合物晶体结构

7. 沙奎那韦、安普那韦和地瑞那韦与蛋白酶结合的热力学分析

沙奎那韦、安普那韦和地瑞那韦都是由 Ghosh 研究组设计合成并成功研发的，而且每个药物都是在前面的基础上优化得到的，因而与酶的结合作用逐渐增强，地瑞那韦的结合自由能最大。比较三者的配体效率，也是随着结构的优化，配体效率增高，表明后续研发药物的原子有助于结合效率的提高。另一个重要参数是焓和熵对结合能的贡献。沙奎那韦的结合能全部是熵的贡献，提示疏水和范德华作用是与酶结合的驱动力，焓对结合的作用是负贡献（不利的焓变 ΔH 为正值）；安普那韦的焓（ΔH）与熵（$-T\Delta S$）的贡献大约各半，提示氢键和电性作用与范德华作用的贡献相近；地瑞那韦对结合能的贡献主要是焓贡献，是由于多个氢键结合，提高了结合的特异性，因此地瑞那韦的配体效率最高。表 2 列出了

这三个药物的热力学参数（Mittal S, Bandaranayake RM, King NM, et al. Structural and thermodynamic basis of amprenavir/darunavir and atazanavir resistance in HIV-1 protease with mutations at residue 50. J Virology, 2013, 87: 4176-4184 ）。

表2　沙奎那韦、安普那韦和地瑞那韦的热力学参数

药物	相对分子质量	K_i(nmol/L)	ΔG(kJ/mol)	配体效率	ΔH(kJ/mol)	$-T\Delta S$(kJ/mol)
沙奎那韦	669.84	2.0	-53.5	0.26	13.0	-66.5
安普那韦	505.63	0.39	-55.2	0.38	-28.8	-26.4
地瑞那韦	547.66	0.004 5	-62.7	0.39	-53.1	-9.6

合成路线

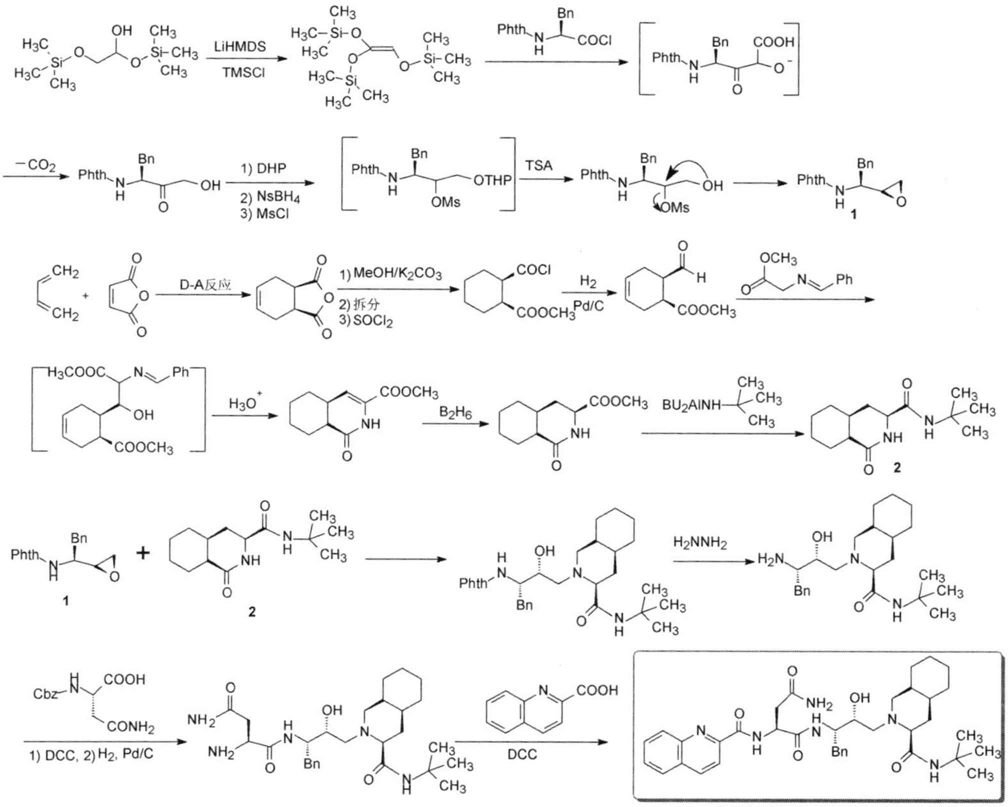

沙奎那韦

117

14. 基于靶标结构的理性设计 扎那米韦和奥塞米韦

【导读要点】

基于流感神经氨酸酶的晶体结构和生化研究，以底物的过渡态作为出发点，以分子模拟指导抑制剂的设计，在设计合成的有限化合物中，完成了首创的扎那米韦。然而也由于过分拘泥模仿底物的结构，过强的极性导致扎那米韦药代的缺陷，限制了药物的应用。奥塞米韦也是基于酶的三维结构和模拟底物过渡态，但注意到成药性的要求，也在为数不多的化合物中，成功地合成出结构简单而合理的口服抗流感药。从研发和上市的时间看，奥塞米韦是跟随性药物，其品质超越了首创的扎那米韦。

1. 流感病毒和靶标

人流感主要由 A、B 两型流感病毒感染发生，A 型病毒又可根据包膜上的两种糖蛋白的抗原特性分成亚型，这两种糖蛋白称作血凝素和神经氨酸酶，血凝素有 16 种（H1～H16），神经氨酸酶有 9 种（N1～N9），近年发生的流感大流行是由 H5N1 和 H1N1 感染。流感病毒极容易变异。

1.1 血凝素和神经氨酸酶

血凝素（hemagglutinin, HA）和神经氨酸酶（neuroaminidase, NA, 又称唾液酸酶 sialidase）是两种酶，它们识别并结合的底物是 N- 乙酰神经氨酸（1,

（经苷键连接糖蛋白）

N-acetylneuraminic acid，又称唾液酸, sialic acid）片段，后者是人上呼吸道上皮细胞膜上的糖缀合物的末端糖结构，血凝素结合了唾液酸片段，将病毒带到

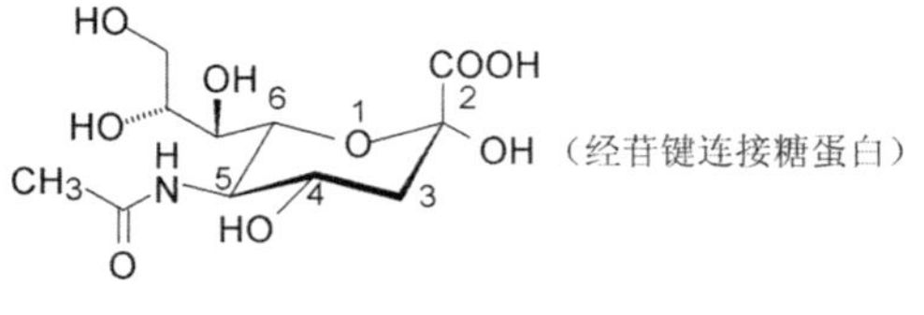

细胞膜上，经病毒包膜与细胞膜融合使病毒进入细胞内（内化）。病毒神经氨酸酶的作用是切掉唾液酸与糖缀合物连接的糖苷键，将子代的病毒颗粒释放到上皮细胞中，完成播散周期。抑制神经氨酸酶以阻止糖苷的裂解，导致病毒颗粒持续结合于血凝素上，阻断了病毒的传染。血凝素和神经氨酸酶都是抗流感病毒的靶标，当今研究较多的是神经氨酸酶。

1.2 神经氨酸酶的结构和催化机制

神经氨酸酶是种糖蛋白，为 4 个亚基构成的四聚体，经疏水性的 N- 端键合于病毒包膜上。其晶体结构于 1983 年经 X- 射线衍射解析（Colman PM, Varghese JN, Laver WG. Structure of the catalytic and antigenic sites in influenza virus neuroaminidase. Nature, 1983, 303: 41–44; Varghese JN, McKimm-Breschkin J, Caldwell JB, et al. The structure of the complex between influenza virus neuraminidase and sialic acid, the viral receptor. Proteins, 1992, 14: 327–332）。唾液酸定位于神经氨酸酶的催化中心，其结合方式是 2 位羧基与三个精氨酸形成静电结合簇；5 位的乙酰氨基形成两个氢键：NH 与水分子结合，C=O 与 Arg152 结合，甲基结合于 Trp178 与 Ile222 构成的疏水腔；6 位链上的羟基与 Glu276 的羧基形成二齿氢键，如图 1 所示。

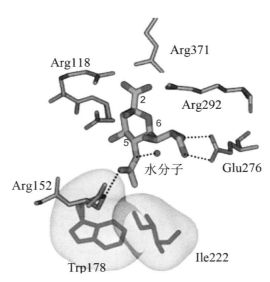

图 1 唾液酸与神经氨酸酶的晶体结构图

2. 计算机辅助解析活性中心的结合特征

2.1 神经氨酸酶的水解机制

Itzstein 等基于神经氨酸酶（apoprotein）和酶与唾液酸复合物（complex）的晶体结构，并通过分子模拟研究，确定了底物与神经氨酸酶结合特征和基团的能量贡献，提出了如图 2 所示的酶水解唾液酸苷的反应历程。

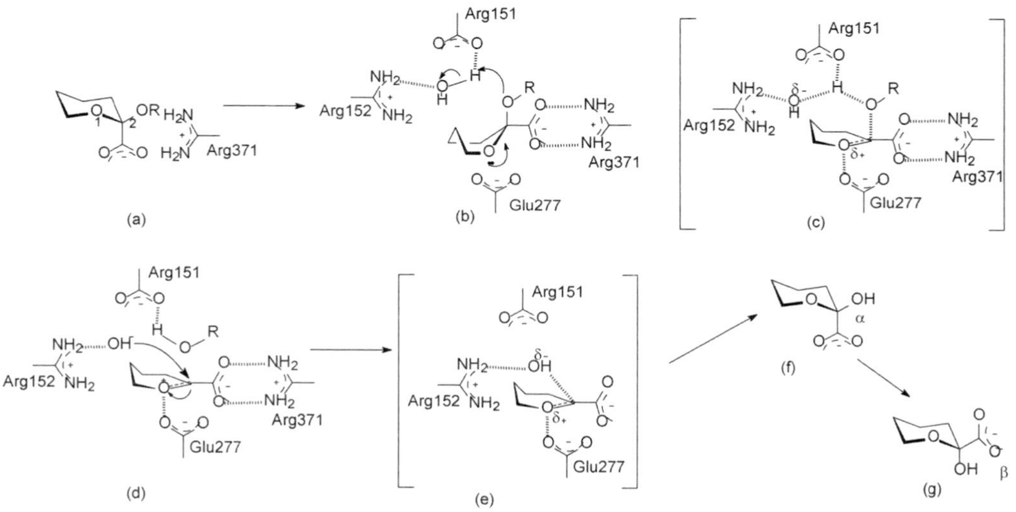

图 2 神经氨酸酶水解唾液酸苷的历程（唾液酸的未变化基团省略）

认为底物在游离状态下吡喃糖环呈椅式构象存在，2 位羧基处于直立键，苷键采取平展位置（2a）。在酶活性中心的氨基酸残基作用下，带正电荷的 Arg371（以及 Arg118 和 Arg292）与带负电荷的 2 位羧基发生盐键结合，Arg151 和 Arg152 通过与水分子氢键结合，形成了与苷键的结合网络。这样，使糖环由椅式变形成船式，羧基呈假平展键取向，苷键成为直立键，并在环中 O^1 原子未偶电子的助力下，发生成键电荷的重新分布（2b），形成了苷元即将离去的过渡态，此时生成的 C2 正电荷被 O^1 的未偶电子稳定化（$p\text{-}\pi$ 共轭），吡喃环成为半椅式的氧鎓离子，鎓离子同时被酶的 Glu277 的负电荷稳定（2c）。水分子形成的 OH$^-$ 向 sp^2 杂化的

C2 进攻，恢复了 C2 的 sp^3 杂化态（2d），吡喃糖环经过渡态（2e）向产物转变，从酶的活性中心释放唾液酸，羧基处于直立键位置（2f），是由于 OH⁻ 以 SN₁ 机制进攻 C2 所致，NMR 也证明初产物是 α 异构体，并逐渐经变旋作用使羧基处于更稳定的平展构型的 β 体（2g）（Taylor NR, von Itzstein M. Molecular modeling studies on ligand binding to sialidase from influenza virus and the mechanism of catalysis. J Med Chem, 1994, 37: 616–624）。

该反应机制得到了实验的证实，Burmeister 等通过晶体学研究发现流感 B 病毒的神经氨酸酶催化水解唾液酸苷，得到了 Δ² 唾液酸（2, Neu5Ac2en），2 的结构与图 2e 的过渡态非常相似，而且还证明 2 对神经氨酸酶有抑制作用，这为设计过渡态类似物提供了有力的依据（Burmeister WP, Henrissat B, Bosso C, et al. Influenza B virus neuraminidase can synthesize its own inhibitor. Structure, 1993, 1: 19–26）。

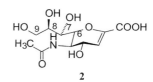

2.2 确定活性中心的结合腔

前面提出的水解机制和所涉及的功能性残基，以及过渡态的分子构象变化，为设计过渡态类似物提供了依据，接下来需要了解活性中心与底物（或抑制剂）分子的结合模式。为此，应用了分子模拟的研究方法，用 GRID 软件计算并定义活性中心的氨基酸残基与底物的相互作用。为此，以 COO⁻、NH₃⁺、OH 和 CH₃ 等 4 个探针基团扫描活性中心的范德华表面，分别确定负电荷、正电荷、极性基团和疏水相互作用范围。

2.2.1 羧酸根探针 带有负电荷的羧酸根扫描确定出一个相互作用区域，相当于唾液酸的羧基在活性中心所处的位置，映射出 Arg118、Arg292 和 Arg371 构成的三角区（尤其是 Arg371）的重要性，也提示抑制剂的设计应有羧基或提供负电荷的基团。

2.2.2 铵离子特征 由于神经氨酸酶在 pH 5.5 呈现最适活性，碱性的胺类在 pH 5.5 环境下被质子化，带有正电荷，因而用 NH₃⁺ 作为探针，计算分子表面的能量状态。结果表明有 3 个区域呈现相互作用：即唾液酸的 4-OH 附近；糖环 C4 的下面；丙三醇侧链和 5 位 N- 乙酰基之间的区域。

2.2.3 羟基探针 羟基探针显示的相互作用与上述的羧酸根的位置重合，因而未能提供新的相互作用信息。

2.2.4 甲基探针 甲基探针发现的疏水性相互作用区域是乙酰胺基侧链上的甲基位置，对应于 Trp178 构成的疏水腔。这些探针勾画的区域，映射出酶活性部位发生结合作用的环境，为抑制剂的设计提供了信息和结构背景。

3. 设计抑制剂

3.1 模拟过渡态结构

根据神经氨酸酶与唾液酸复合物的晶体结构、分子模拟预示活性中心的结合特征，以及推测的水解反应机制，抑制剂的设计首先合成了化合物 2，它是唾液酸 1 的 $\Delta^{2,3}$ 类似物，环上的其他取代基未做改变。由于 C2 和 C3 为 sp^2 杂化态，与氧原子的未偶电子对形成 p-π 共轭，导致吡喃环变形，类似于过渡态的氧鎓离子态的平面构象。

化合物 2 对流感 A 病毒神经氨酸酶有较弱抑制活性，$K_i = 4\mu mol/L$，分子模拟的结构与实验得到的晶体数据相近。实验还证明将酶活性中心的 Arg152 突变为 Lys，Glu277 突变为 Asp，化合物 2 对发生突变的酶失去抑制活性，推测是由于 Lys 和 Asp 残基链变短，达不到发生结合位置，从而佐证了 Arg152 和 Glu277 参与同 2 的结合。

3.2 C4 位置的重要性

前已述及，用 NH_3^+ 探针研究揭示了在 C4 附近有与正电荷相互作用的负电区，推测若将 C4 的羟基置换成氨基，可能提高与酶的亲和力，因而合成了化合物 3，活性评价表明 3 显著提高了活性，$K_i = 40nmol/L$，是化合物 2 的 100 倍。

分子模拟研究了 3 与神经氨酸酶结合状态（图 3），表明 4 位氨基被质子化，带有正电荷，可与 Asp151 和 Glu119 的羧基发生氢键结合，距离分别为 2.74Å 和 2.96Å，表明结合能很强。此外，水分子 6X 也与氨基发生氢键结合，距离为 2.77Å。吡喃环上其他取代基的结合模式与 1 和 2 相同。

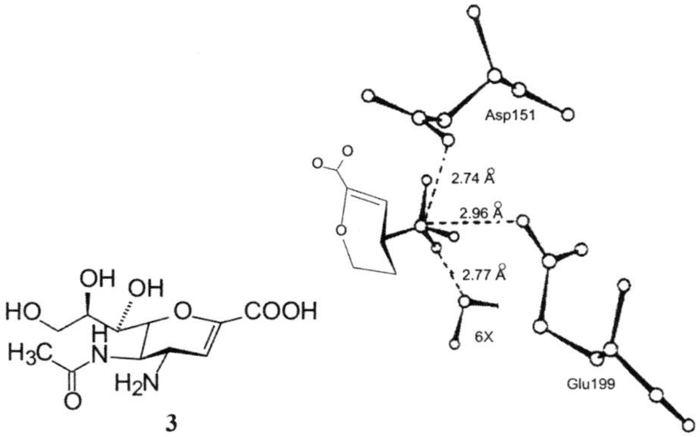

图 3　化合物 3 的 4- 氨基与神经氨酸酶形成氢键的示意图

3.3　4- 胍基取代——扎那米韦的上市

为了适配于 GRID 程序计算所揭示的 C4 有较大范围的正电荷结合区域，将化合物 3 的 4- 氨基换成碱性更强、分布范围更大的胍基，合成了化合物 4，对神经氨酸酶的活性比化合物 3 提高了 40 倍，$K_i = 1nmol/L$，提示基于酶和与底物结合的结构特征，以及分子模拟获得的信息指导设计的有效性。

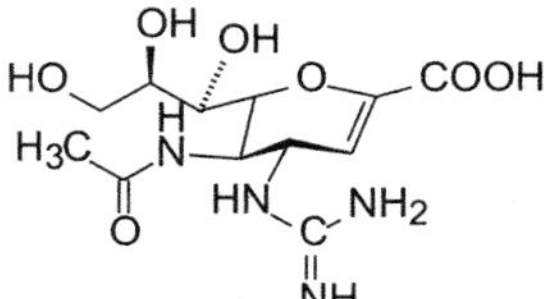

由于碱性胍基（带有正电荷）结合的范围扩大，可以同 Glu119、Glu227、Asp151 和 Tyr277 等多个氨基酸残基发生氢键和静电结合，尤其重要的是胍基（正电荷）与 Glu227 的羧基（负电荷）发生电荷－电荷相互作用。此外，还与水分子 14X 发生氢键结合。图 4 是化合物 4 与神经氨酸酶分子对接所形成的氢键示意图。

图 4　化合物 4 与神经氨酸酶分子对接的示意图

化合物 2～4 的结构差异在于 C4 连接的基团不同，比较 3 个化合物的 C4 基团与活性中心相关的氨基残基的结合的热力学性质，计算出化合物 4 由于胍基的结合最强，焓变最大，化合物 3 的氨基结合次之，焓变居中，2 的焓变最小，3 个化合物的焓变值与抑酶的活性值呈线性相关。表 1 列出了化合物 2～4 的 C4 连接基与神经氨酸酶相关残基结合的焓变。

表 1　化合物 2～4 的 C4 基团与神经氨酸酶相关残基结合的焓变

氨基酸残基	ΔH(kcal/mol)		
	化合物 2	化合物 3	化合物 4
Glu119	−12	−22	−23
Asp151	7	−25	−25
Trp178	−3	−2	−9
Glu227	1	−14	−14
Glu277	8	−7	−8
H_2O 6X	1	−13	−
H_2O 14X	−2	−4	−12
总能量	−189	−219	−242

化合物 4 体外对流感 A 和 B 病毒感染的细胞有显著抑制活性，而对哺乳动物的神经氨酸酶不呈现抑制作用，说明 4 具有选择性作用。因而确定为候选化合物，定名扎那米韦（zanamivir）进入临床研究。由于口服生物利用度低，给药途径是经鼻吸入，气管和肺的吸收率可达到 15%。由于疗效的不确定性，FDA 直到 1999 年才批准上市。然而，这个由澳大利亚 Monash 大学和 Biota 公司研制、经葛兰素公司开发上市的首创性抗流感药物，上市后并没有获得广泛的应用和认可，数月后另一个上市的口服神经氨酸酶抑制剂奥塞米韦（oseltamivir），安全与有效性都优胜于扎那米韦。

4. 后继的奥塞米韦

在扎那米韦上市数月后，Gilead 公司研制、罗氏公司开发的奥塞米韦经 FDA

批准上市，后者虽不是首创，但也是独立研发的。奥塞米韦可口服吸收、生物利用度高且代谢稳定，完胜于扎那米韦。

4.1　同一个起点

奥塞米韦项目的启动，也是基于神经氨酸酶的三维结构，特别是从酶与唾液酸（1）和与 Δ^2 唾液酸（2）的复合物三维结构出发，实施了基于结构的药物设计（SBDD）。Gilead 的研发目标是口服用药，便于预防和治疗。

研究的切入点是确定母核，用环己烯替换 Δ^2 唾液酸（2）的二氢吡喃环，环己烯的构象类似于过渡态的吡喃鎓离子的部分平面结构，也与 Δ^2 唾液酸的二氢吡喃构象相似。环己烯的优点在于：一是环的稳定性提高，二是碳环上连接基团或侧链可以多样性和变换灵活性。

4.2　双键在环中的位置

多取代环己烯的双键位置会影响活性强度，因而具有特定性，设计的位置对于模拟过渡态（5）是非常重要的。起初设计了双键在两个位置，即类型 6 和 7。6 的双键位置类似于过渡态 5，7 的双键位置类似于化合物 2、3 和 4，所以难于确定哪个双键位置最为适宜。为此合成了化合物 8 和 9。

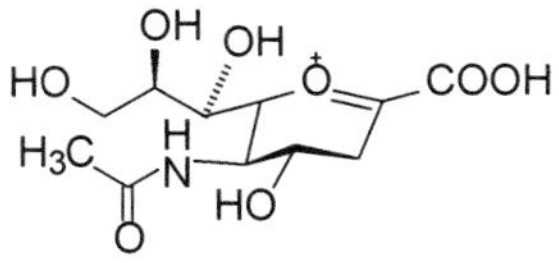

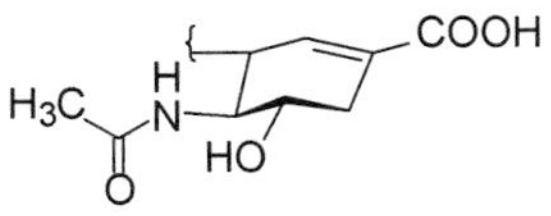

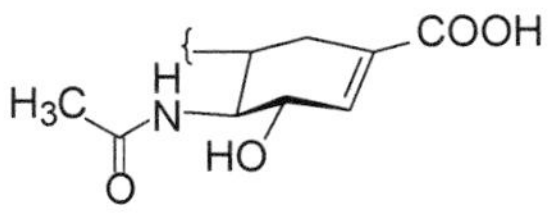

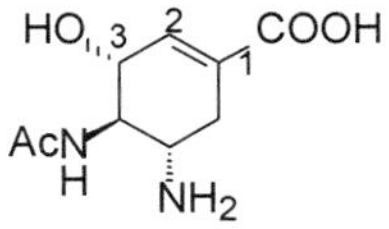

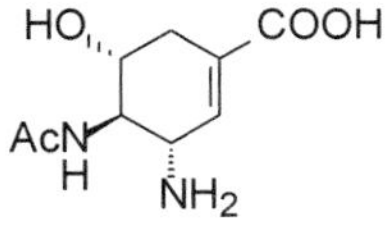

用流感神经氨酸酶评价 8 和 9 的活性，8 的活性 $IC_{50} = 6.3\mu mol/L$，而 9 在 200μmol/L 浓度下未呈现活性，确定了环己烯的双键位置为 $\Delta^{1,2}$。

4.3　亲脂性侧链替换极性的甘油侧链

分析化合物 2 与酶的晶体结构，发现与 C7 相连的羟基并没有同酶发生结合作用，因而可以去除这"限制的"7位羟基，C8和C9的羟基虽然同Glu276形成二齿型氢键结合，但C8的CH与Arg224的亚烷基还发生疏水相互作用。这些分析促成了设计亲脂链的设计。化合物2或其类似物含有过多的极性基团，这对于穿越细胞膜是不利因素，所以将甘油侧链变为烷基链，对于平衡分子的亲水－亲脂性应是有利的。此外，唾液酸形成过渡态的氧鎓离子是缺电子状态，在环己烯的3位（相当于吡喃环的6位）连接电负性强的氧原子以接近过渡态的缺电子性，因而设计了C3以氧相连的烷基，在化学合成上也容易实现。

4.4 环上的其他基团不变

环己烯的其他位置如1位的羧基、4位的乙酰氨基、5位的氨基等基团与化合物3的配置相同，设计依据与前述是一样的。

4.5 C3-烷氧基的构效关系

为了考察3-烷氧链的大小（长短）、形状（支化）和方向（构型）对活性的影响，合成了化合物10～18，活性评价的指标是对H1N1病毒的神经氨酸酶和病毒感染细胞生长的抑制活性，分别用IC_{50}和EC_{50}表示。表2列出了化合物的结构和活性。构效关系分析如下：①R由H到正丙基（10～13）的抑制酶活性随碳原子增多而递增，但延长成丁基（14）或异丁基（15）活性未见提高；②甲基若连接在丙基的α位置（2-甲基丙基），活性明显增加，提高大约20倍。α位的支化映射了该部位有个疏水腔，适配于α甲基的结合。α碳原子虽为手性碳，但R（16）或S（17）构型的活性没有差异；③α碳连接为乙基即支化呈对称的戊基（18）活性再提高10倍，对感染的细胞也有高抑制活性；④继续增长碳链为庚氧基（19），则活性降低，提示该疏水腔不能容纳更大的亲脂性基团；⑤将化合物18的5-氨基变换为5-胍基，仍保持高活性。比较化合物18与3和4（扎那米韦）的活性，提示18的活性显著高于化合物3，与4（扎那米韦）的活性相同（Kim CU, Lew W, Williams WA, et al. Influenza neuraminidase inhibitors possessing a novel hydrophobic interaction in the enzyme active site: design, synthesis, and structural analysis of carbocyclic sialic acid analogues with potent anti-influenza activity. J Am Chem Soc, 1997, 119: 681-690）。

表2 化合物10~19的结构与抗流感神经氨酸酶和感染细胞的活性

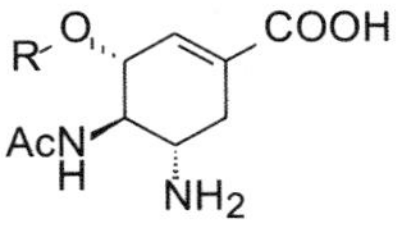

化合物	结构（R）	酶 IC$_{50}$(nmol/L)	细胞 EC$_{50}$(nmol/L)
10	H	6 300	未测
11	CH$_3$	3 700	未测
12	CH$_3$CH$_2$	2 000	未测
13	CH$_3$CH$_2$CH$_2$	180	未测
14	CH$_3$CH$_2$CH$_2$CH$_2$	300	未测
15	(CH$_3$)$_2$CHCH$_2$	200	未测
16	R-CH$_3$CH$_2$(CH$_3$)CH	10	80
17	S-CH$_3$CH$_2$(CH$_3$)CH	9	135
18	(CH$_3$CH$_2$)$_2$CH	1	16
19	(CH$_3$CH$_2$CH$_2$)$_2$CH	16	未测
3	见前	150	2 500
4（扎那米韦）	见前	1	16

4.6 候选物的确定和奥塞米韦的上市

化合物18对A型和B型流感神经氨酸酶具有高抑制活性，而对哺乳动物的神经氨酸酶不显示抑制作用，该选择性作用预示对人体的不良反应较少，结合其他性质被确定为候选化合物。由于分子中含有羧基和脂肪氨基，在生理条件下可形成内盐，不利于细胞摄入和吸收。将18的羧酸乙酯化，得到前药化合物20，20本身没有活性（因为游离羧基对酶的结合至关重要），却有利于吸收，吸收后经肝脏酯酶水解，释放出18而起效。化合物20命名为奥塞米韦（oseltamivir），制成磷酸盐有利

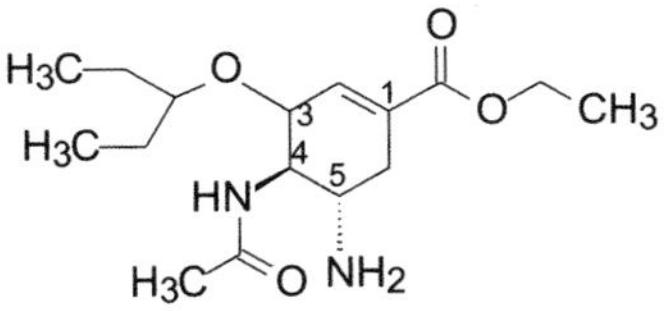

20

于溶解和吸收。

奥塞米韦的口服生物利用度 $F=$ 为 80% 以上，酯的血浆半衰期 $t_{1/2}=1\sim3h$，水解后释出的活性药物（游离酸 18）的 $t_{1/2}=6\sim10h$，以 18 形式自尿中排出。奥塞米韦由罗氏公司开发，经临床研究而确定了疗效，于 1999 年经 FDA 批准上市，成为预防和治疗流感的第一个口服药物（Davies BE. Pharmacokinetics of oseltamivir: an oral antiviral for the treatment and prophylaxis of influenza in diverse populations. J Antimicrob Chemother, 2010, 65: Suppl 2: ii5-10）。

4.7 奥塞米韦与神经氨酸酶的结合模式

化合物 18 与神经氨酸酶复合物的晶体结构表明与预期的结合模式相同。如图 5 所示，C1 相连的羧基与 3 个精氨酸（Arg292、Arg371、Arg118）的胍基形成强力结合。C5 的氨基与 Glu119 和 Asp151 发生电荷－电荷样的氢键结合。C4 上的乙酰氨基的甲基占据了由 Trp178 和 Ile222 构成的疏水腔，酰基的氧原子与 Arg152 发生氢键结合。这些与前述的 Δ2 唾液酸（2）结合模式没有显著差别。不同的是 C3 侧链的结合模式。C3 相连的 3- 戊氧基进入由 Glu276、Ala246、Arg224 和 Ile222 组成的疏水腔内，这与扎那米韦的甘油片段的末端两个羟基与 Glu276 的羧基形成二齿样氢键结合不同。Glu276 为了适配于疏水－疏水相互作用，羧基的取向是向腔外，亲脂性骨架参与了疏水结合。构效关系研究揭示的 C3 位烷基大小和形状对活性的影响，佐证了 3- 戊基与疏水腔结合的熵效应达到最大值。

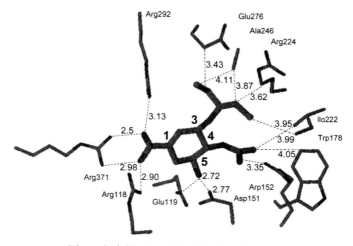

图 5　化合物 18 与神经氨酸酶的晶体结构

合成路线

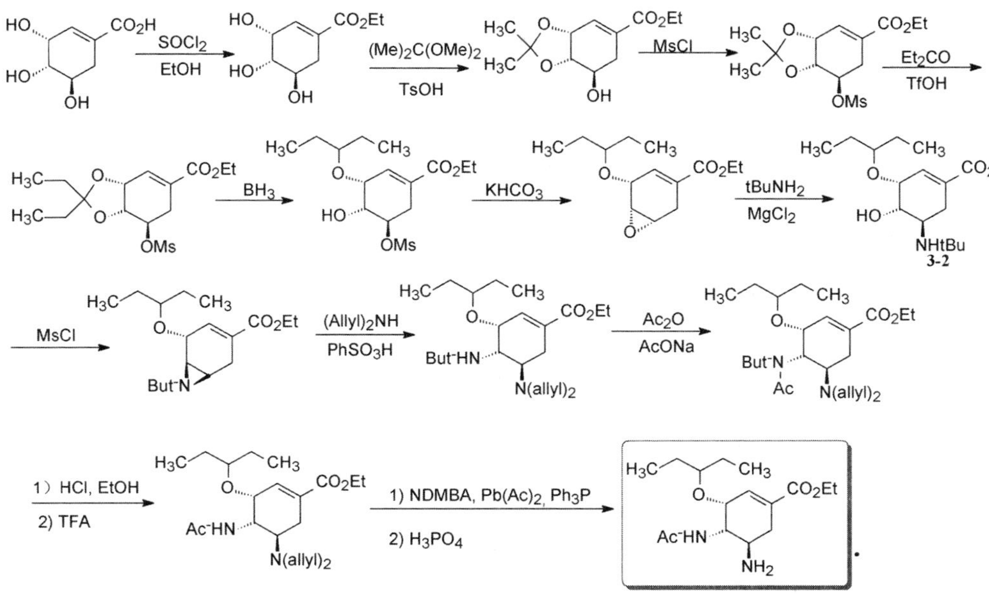

奥塞米韦

15. 针对 HIV 整合酶首创药物雷特格韦

【导读要点】

雷特格韦是针对治疗艾滋病整合酶的抑制剂，为首创性药物。由普筛得到的二酮酸苗头化合物引申出干预催化中心的二价镁离子的螯合机制。将苗头物中的螯合基团移植到类药的骨架上，再作适当的结构修饰，完成了苗头向先导物的过渡（hit-to-lead）。后继的优化是在多维度空间中进行的，包括增强抑制整合酶活性，提高选择性，促进过膜性，改善物化性质，降低脱靶作用（off-targeting）和血浆蛋白结合等。在由活性化合物向成药的转化中，数个里程碑式的化合物既可视做伴随研发的候选物（back-up candidate），也为本品的成功提供了可贵的借鉴。

HIV 病毒侵入宿主并复制增殖，有 3 个重要的酶参与：逆转录酶、整合酶和蛋白酶。抑制其中任何一个酶都可以阻止病毒的繁殖，成为治疗艾滋病的药物。

本文叙述作用于整合酶的首创性药物雷特格韦的化学结构的构建历程。

1. HIV 病毒整合酶的作用机制

HIV 病毒进入宿主细胞后，首先在逆转录酶的催化下，将自身携带的两条 RNA 链逆转录为两条互补的 DNA 链，然后由整合酶发生作用。整合酶的作用是使病毒 DNA 与宿主细胞的 DNA 分子经缩合而连接成为一体，为下一步的转录和翻译（即复制病毒自己）做好准备。整合过程有镁离子作为辅基在催化中心参与反应。

整合过程包括 3 个步骤：① 3' 的加工，是整合酶识别细胞质内新合成的 HIV 双链 DNA 末端四碱基 CAGT，结合后生成整合前复合物，然后在 3' 末端切下两个核苷酸 GT，露出高度保守的 CA 末端，使病毒 DNA 3' 末端的羟基暴露出来用于结合宿主 DNA；②链转移：加工形成的病毒 DNA 蛋白复合物进入细胞核内，整合酶在宿主 DNA 上切出间隔 5 个碱基的交错切口，病毒 DNA 的 3' 端带有游离羟基的碱基与宿主 DNA 的 5' 端共价连接起来；③修复阶段：首先将病毒 DNA 5' 端多出的两个未配对的碱基去除，再将缺口连接上，经宿主细胞的酶修补病毒 DNA 与宿主 DNA 之间的裂隙并结合在一起，完成了整合过程。

在 3' 的加工和链转移中不仅需要二价镁离子参与，而且 Mg^{2+} 也在整合酶与病毒 DNA 结合中起组装作用。研究整合酶抑制剂可以从阻断 Mg^{2+} 履行上述结合功能入手。在核酶或多聚核苷酸转移酶等家族中，整合酶的催化中心以及与 Mg^{2+} 螯合的氨基酸残基是相对保守和固定的，例如 HIV 整合酶和丙肝 B 病毒 NS5b 依赖于 RNA 聚合酶的催化中心是相似的。

2. 苗头化合物来自于丙肝病毒的 RNA 聚合酶抑制剂

2.1 由二酮酸到类药的二羟基嘧啶甲酸

默克公司研制 HIV 整合酶抑制剂，来自于作用于丙肝病毒的 RNA 聚合酶的化合物，即有抑制活性的苯基 -1, 3- 二酮丙酸（1），对 HCV 聚合酶的 $IC_{50} = 5.7\mu mol/L$(Summa V, Petrocchi A, Pace P, et al. Discovery of alpha, gamma-diketo acids as potent selective and reversible inhibitors of hepatitis C virus NS5b RNA-dependent RNA polymerase. J Med Chem, 2004, 47: 14-17)，另一个袂康酸衍生物（2, meconic acid）对聚合酶的 $IC_{50} = 2.25\mu mol/L$（Pace P, Nizi E, Pacini B, et al. The monoethyl ester of meconic acid is an active site inhibitor of HCV NS5B RNA-dependent RNA polymerase. Bioorg Med Chem Lett, 2004, 14: 3257-3261），这两个化合物都具有可与二价金属离子螯合的基团，即羰基、羧基和酸性羟基，而且它们对聚合酶可发生竞争性抑制，提示结合的位点是相同的。

从化学结构上看，1 和 2 不像药物分子，与成药相距甚远，前者可与氨基酸发生不可逆的共价键结合，后者化学性质不稳定（容易脱羧）。

通过研究羰基与羧基（或羟基）的空间距离，移植在类药的骨架上，设计合成的化合物中发现 3 对 HCV 聚合酶有初步活性，$IC_{50} = 30\mu mol/L$。在苯环上作不同取代，发现 3-羟基化合物（4）的活性显著提高，$IC_{50} = 5.8\mu mol/L$，进而将 N1 甲基化，使 C6 固定为酮式结构（5）（这个操作在后面优化中反复应用），$IC_{50} = 6.0\mu mol/L$。化合物 3、4 和 5 具有化学稳定性，然而对 HIV 整合酶没有抑制活性（Summa V, Petrocchi A, Matassa VG, et al. HCV NS5b RNA-dependent RNA polymerase inhibitors: from α, γ-diketo acids to 4, 5-dihydroxypyrimidine-or 3-methyl-5-hydroxypyrimidinonecarboxylic acids. Design and synthesis. J Med Chem, 2004, 47: 5336-5339）。

2.2 嘧啶酰胺显示对整合酶的活性

为了获得对 HIV 整合酶有抑制作用的结构类型，变换 C2 连接的芳环和对 4 位羧基进行衍生化，在一系列芳烷胺的化合物中，发现 6 具有较高的抑制整合酶活性（测定链转移抑制作用），$IC_{50} = 85nmol/L$，虽然生物利用度较低（$F = 15\%$），但清除率很小，$CL_p = 5ml/(min \cdot kg)$。重要之点是 6 对 HCV 聚合酶没有抑制作用，因而定为研发整合酶抑制剂的先导化合物。

6

2.3 苄基的优化

对苄基进行了广泛的结构优化，合成了 200 多个化合物，构效关系表明，苄胺的 -CH$_2$- 非常重要，因为苯胺的活性很低（IC$_{50}$ = 1μmol/L），苯环若被极性较大的芳环置换则活性下降，提示苄基与整合酶的结合位点是非极性环境。固定为苯环后，对环上不同位置作各种基团取代，发现 4-F 化合物（7）的活性显著提高，IC$_{50}$ = 10nmol/L，且对正常细胞没有细胞毒作用，大鼠药代动力学实验表明，口服生物利用度 F 为 29%，有较低的血浆清除率，CL$_p$ = 11ml/(min · kg)，然而化合物 7 对感染 HIV 细胞的抑制活性很弱（Petrocchi A, Koch U, Matassa VG, et al. From dihydroxypyrimidine carboxylic acids to carboxamide HIV-1 integrase inhibitors: SAR around the amide moiety. Bioorg Med Chem Lett, 2007, 17: 350−353）。

7　　　　　　　　　　**8**

2.4 改善过膜和物化性质——嘧啶环 2 位的优化，引入叔氮原子

在嘧啶环 4 位优化为 p- 氟苄胺侧链后，下一步是变换 2 位取代基以提高对感染细胞的活性。构效关系表明，2 位的变换对活性是不敏感的：去除噻吩环（2 位无取代），或 2- 甲基、2- 异丙基、2- 甲苯基、2- 苄基或 2- 吡啶基化合物对抑制活性影响都较小（IC$_{50}$ = 20 ~ 60nmol/L），推论在这个位置连接的基团或片段较少与酶接触，不影响酶活性，因而可在 2 位作较大范围的结构变换，借以优化物理化学性质提高过膜性，降低与血浆蛋白的结合率（例如 7 与人血浆蛋白的结合率 >99%，进入细胞中的游离药物分子达不到有效浓度），提高抑制感染细胞的活

性。以 2- 苯基化合物为母体，引入碱性氮原子（叔胺），明显提高了过膜能力，从而缩小了抑制酶和抑制感染细胞的活性差距，在众多化合物中，化合物 8 抑制整合酶链转移的活性 $IC_{50} = 0.2\mu mol/L$，抑制含有 10% 胎牛血清（10% FBS）的感染 HIV 细胞的 $IC_{95} = 0.31\mu mol/L$（反映穿细胞膜和抑酶能力）。8 的大鼠和犬的口服生物利用度 $F_{大鼠} = 59\%$ 和 $F_{犬} = 93\%$；犬的血浆清除率 $CL_p = 0.5ml/(min \cdot kg)$，血浆半衰期 $t_{1/2} = 6h$，对细胞色素 P450 未见抑制作用。

然而用含有 50% 正常人血清的感染细胞（50% NHS，反映化合物的体内活性）评价化合物 8 的活性却很弱，推测是因为有较高的 $\log P$ 值，高亲脂性与血浆蛋白亲和力高，降低了活性。为此，去除苯环，保留碱性氮原子。

2.5　2 位含有碱性氮的饱和环的变换

去除化合物 8 的 2 位苯环，代之以哌啶基，并将哌啶连接于 2、3 或 4 位，发现 2- 哌啶基化合物 9 的活性（$IC_{50} = 0.13\mu mol/L$）强于 3- 或 4- 哌啶基化合物，但对感染细胞（10% FBS $IC_{95} = 1.46\mu mol/L$）的活性和体内活性（50% NHS $IC_{95} = 5.83\mu mol/L$）较低，推测是增加了 N-H 使氢键增多，不利于过膜和药代。哌啶被 N 甲基化如化合物 10 的体外活性、细胞活性和预测的体内活性相近，高于化合物 9。N, N- 二甲基哌嗪化合物 11，尤其是 N- 甲基吗啉化合物 12 有更高的活性。表 1 列出了化合物 9 ~ 12 的活性。

表 1　化合物 9 ~ 12 的结构与活性

化合物	R	$IC_{50}(\mu mol/L)$	$IC_{95}(\mu mol/L)$	
			10% FBS	50% NHS
9	NH	0.13	1.46	5.83
10	N-CH3	0.20	0.14	0.40
11	H3C-N, N-CH3	0.23	0.12	0.62
12	O, N-CH3	0.03	0.03	0.23

为了进一步提高 9~12 体内活性，将 N1 甲基化，使二羟基嘧啶"固定"为酮式结构，合成的代表性化合物 13~17 活性强于相应的非 N- 甲基化合物（表 2）。

表 2　化合物 13~17 的结构与活性

化合物	R	$IC_{50}(\mu mol/L)$	$IC_{95}(\mu mol/L)$	
			10% FBS	50% NHS
13		0.44	0.83	1.04
14		0.10	0.25	0.19
15		0.10	0.25	0.19
16		0.06	0.06	0.10
17		0.02	0.04	0.065

值得一提的是化合物 16，它的酶抑制活性和在 10% FBS 存在下的抑制感染细胞的活性低于相应的化合物 12，但对 50% NHS 存在下的抑制感染细胞的活性显著增强，尤其是经拆分后的右旋体 17，3 个活性指标均优于 12、16 左旋体和消旋体。17 的盐酸盐有良好的溶解性（5.8 mg/ml）和适宜的分布系数（$\log D = 0.47$），犬的口服生物利用度 F 为 69%，血浆半衰期 $t_{1/2} = 7.2h$，低清除率 $CL_p = 2.2ml/(min \cdot kg)$，在高剂量下对 hERG 钾通道和 CYP450 无抑制作用。然而化合物 17 虽然有良好的药效学、药动学和物化性质，但由于有更优良的候选物，未进入临床研究（Gardelli C, Nizi E, Muraglia E, et al. Discovery and synthesis of HIV integrase inhibitors: development of potent and orally bioavailable N-methyl pyrimidones. J Med Chem, 2007, 50: 4953-4975）。

3. 2 位含有碱性氮的开链

与上述平行研发的另一路径是在 2 位引入含有碱性氮原子的侧链,即去除化合物 8 的 2 位上的苯环,合成有代表性的 2 位开链化合物 18～21。18 对体外模型具有中等活性。根据上述的哌啶类抑制剂,与 C2 相连的碳原子以多取代为佳,合成的化合物 19 活性显著提高,进而偕甲基取代化合物(20)抑制整合酶和阻断感染细胞的活性达到相同的高水平(Pace P, Di Francesco ME, Gardelli C, et al. Dihy droxypyrimidine-4-carboxamides as novel potent and selective HIV integrase inhibitors. J Med Chem, 2007, 50: 2225-2239)。表 3 列出了化合物 18～21 的结构与活性。

表 3 化合物 18～21 的结构与活性

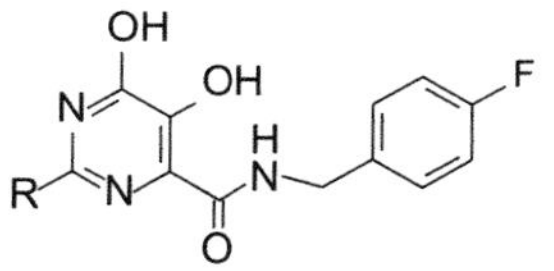

化合物	R	IC$_{50}$(μmol/L)	IC$_{95}$(μmol/L)	
			10% FBS	50% NHS
18	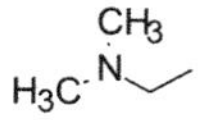	0.20	1.00	>1.00
19	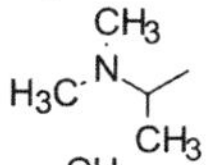	0.01	0.12	0.50
20	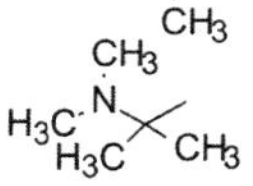	0.05	0.06	0.078
21	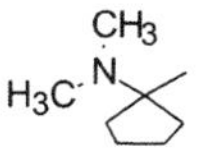	0.088	0.06	1.00

其实,在进行上述优化的同时,还将 N1 甲基化的因素导入本系列,以提高酮酸形式的比例。所设计的化合物是固定偕甲基片段,改变胺的结构,而且不拘泥于成盐的碱性,有代表性的化合物如 22～25 列于表 4,其中值得指出的是化合物

24，该化合物对 HIV 感染的细胞抑制作用虽然不很强，但是以酰胺的结构出现，为深入优化提供了新的途径，因为可以用不同的羧酸连接。

表 4　化合物 22～25 的结构与活性

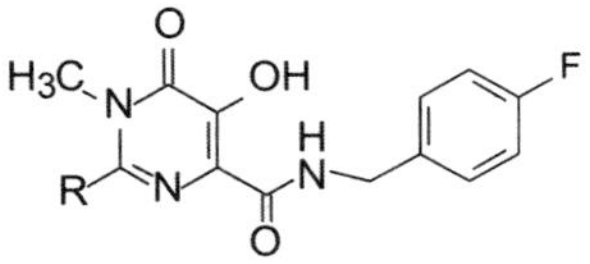

化合物	R	IC$_{50}$(μmol/L)	IC$_{95}$(μmol/L)	
			10% FBS	50% NHS
22	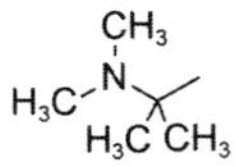	230	1 000	>1 000
23	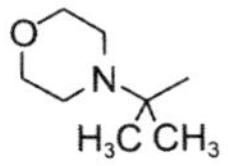	3	65	500
24	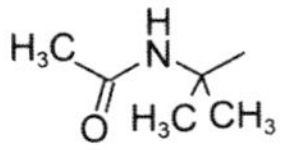	7	310	400
25	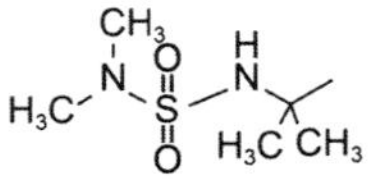	12	125	500

4. C2 连接杂芳酰胺——候选化合物的确定

用五元或六元芳杂环替换化合物 22 中的甲基，考察对整合酶和感染细胞的抑制活性，在代表性的化合物 26～30（表 5），甲基噁二唑化合物 30 的细胞活性最高。为确定化合物 30 对整合酶的选择性作用，在 50μmol/L 浓度下评价对 HIV 逆转录酶、RNase-H 酶和人 α，β 和 γ- 聚合酶、HCV 聚合酶、重要细胞色素 P450 以及 hERG 钾通道等的作用，结果表明未显示活性；此外在 50μmol/L 浓度下对 150 种酶、离子通道和受体的实验也未见活性。

表 5 化合物 26～30 的结构与活性

化合物	R	IC$_{50}$(μmol/L)	IC$_{95}$(μmol/L)	
			10% FBS	50% NHS
26		7	20	1 000
27		7	500	500
28		6	250	250
29		4	250	1 000
30		15	19	31

化合物 30 制成钾盐（31）的口服生利用度 $F_{大鼠}$ 为 45%，$F_{犬}$ 为 69%～85%；口服半衰期 $t_{1/2（大鼠）}=7.5h$，$t_{1/2（犬）}=7.5h$。犬灌胃 2mg/kg 和 10mg/kg，12h 后血浆药物浓度分别为 160nmol/L 和 350nmol/L，超过抑制感染细胞的 IC$_{95}=31nmol/L$（含有 50% NHS）。对 9 种整合酶发生突变的 HIV 的抑制活性有 5 株与野生型的 IC$_{50}$ 值相同，其余 4 株分别为野生型的 IC$_{50}$ 值 3、6、8 和 10 倍。综合药效活性、药代数据和对突变株的作用，化合物 31 比其他待选的化合物优胜，命名为雷特格韦（31, raltegravir）进入临床研究，经Ⅲ期实验证明是患者感染 HIV 病毒的治疗药，作为第一个抑制整合酶的口服药物，于 2007 年经 FDA 批准在美国上市（Summa V, Petrocchi A, Bonelli F, et al. Discovery of raltegravir, a potent, selective orally bioavailable HIV-integrase inhibitor for the treatment of HIV-AIDS infection. J Med Chem, 2008, 51: 5843-5855）。

31 雷特格韦

合成路线

雷特格韦

IV

共价结合和配位结合的药物研制

16. 百年老字号药物阿司匹林

【导读要点】

这是一个源自于天然产物的改构药物，自发明 100 年来，随着生物学和医学的发展，阐明了它的作用机制，开拓了新的用途，是预防心血管疾病的不可替代的全球性药物，成为经久不衰的神奇分子。阿司匹林是水杨酸的衍生物，虽然与其他非甾体抗炎药的作用靶标都是环氧合酶，但机制不同。阿司匹林是与活性部位的丝氨酸残基发生共价键结合，导致酶的不可逆性失活。阿司匹林作用于双靶标（COX-1 和 COX-2），它的突出特点还在于作为超小分子（MW< 200）且有很高的配体效率，结构中的每个基团和片段都有正贡献，发挥特定的结合作用，因而是个迄今无法复制、没有后续跟踪的唯一药物。

阿司匹林是乙酰水杨酸，相对分子质量 180.16，一个非常简单的有机化合物，自诞生后一直被广泛地应用，是个"神奇"的药物。

1. 由天然产物水杨苷发明了阿司匹林

阿司匹林（1）的诞生起源于水杨酸的解热止痛作用，后者可追溯到更久远的柳树皮的应用。早在古埃及的 Ebers 药书就记载了柳树皮的浸液可治疗风湿痛，到 18 世纪确定浸液中的有效成分是水杨苷（2, salicin），后来证明水杨苷在体内水解成葡萄糖和水杨醇（3），水杨醇经体内氧化成水杨酸（4）而发挥解热止痛作用。

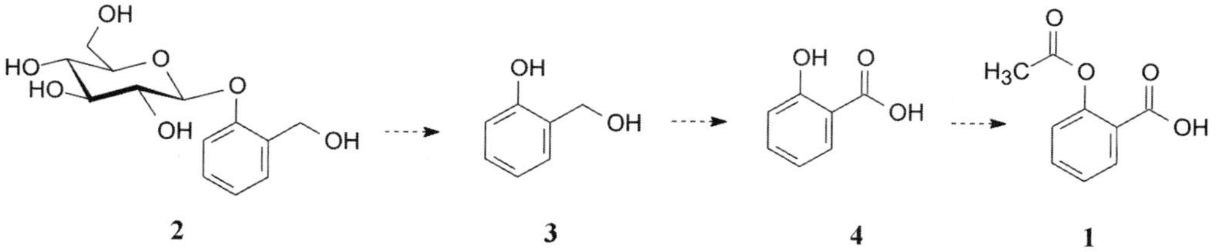

1897 年德国拜耳药厂的化学家霍夫曼（Felix Hoffmann）合成了水杨酸的衍生物，纯化后首次得到乙酰水杨酸，其父率先用来治疗风湿性关节炎，表明仍有止痛效果，而对胃的刺激性低于水杨酸。1899 年命名为阿司匹林（aspirin），治疗疼痛和解热，在 20 世纪 50 年代成为销售非常成功的药物。但是到 20 世纪 60 年代，由于众多的解热镇痛药上市，应用阿司匹林日益减少。

2. 后继的非甾体抗炎药

由水杨酸和阿司匹林的引领，研发出一批解热止痛药物，被称作非甾体抗炎药（NSAIDs），例如芳丙酸类药物布洛芬（5, ibuprofen）和氟比洛芬（6, flurbiprofen）；芳乙酸类吲哚美辛（7, indomethacin）和双氯芬酸（8, diclofenac）；氨基芳甲酸类甲芬那酸（9, mefenamic acid）和氟芬那酸（10, flufenamic acid）等数十种，作为解热镇痛药物，阿司匹林失去了原有的优势。

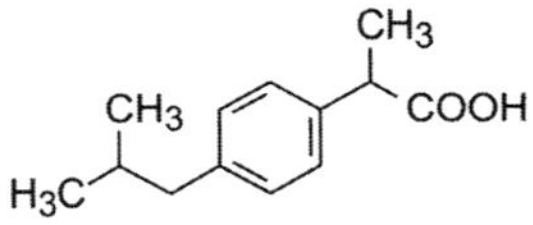

5 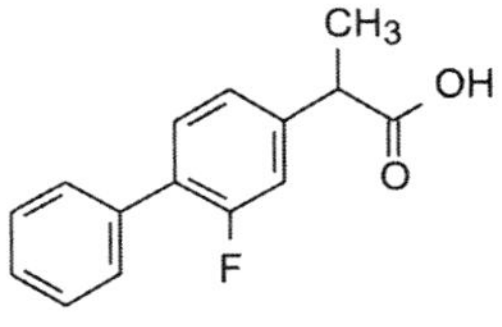　　　　　　**6** 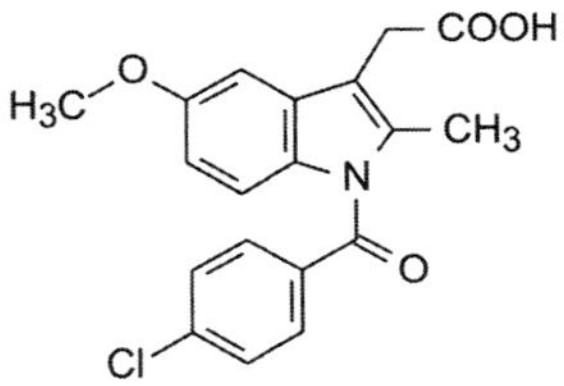　　　　　　**7**

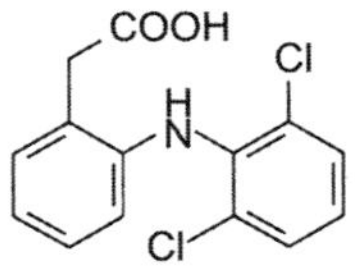

8 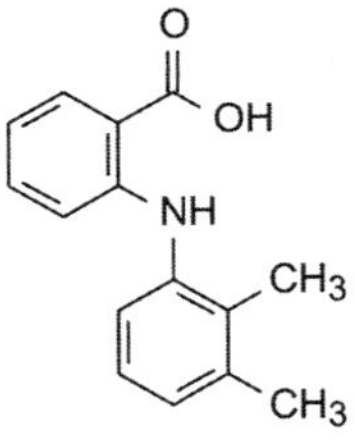　　　　　　**9** 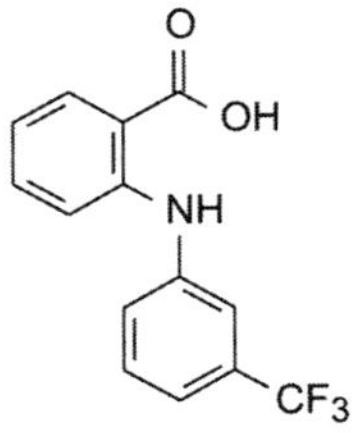　　　　　　**10**

3. 发现阿司匹林抑制血小板的聚集

重新引起人们对阿司匹林的关注，是临床发现长期服用阿司匹林的人极少有冠状动脉阻塞和冠脉供血不足的症候，继之发现阿司匹林具有阻止血小板聚集，防止血栓形成的作用，这些与后来发现前列腺素、环氧合酶及其催化花生四烯酸代谢有密切关系。

　　1971 年 John Vane（1982 年获诺贝尔奖）发现了前列腺素，证明阿司匹林的作用是阻止前列腺素在体内的生成，是由于抑制了环氧合酶的缘故（Shuker SB, et al. Science, 1996, 274: 1531）。环氧合酶是催化花生四烯酸合成前列腺素的酶系。

　　花生四烯酸（AA）是组成细胞膜磷脂的降解产物，在体内经过环氧合酶催化氧化，生成 PGH_2，再经一系列的生化反应，生成前列腺素（PGs）、前列环素（PGI_2）和血栓烷 A_2（TXA_2）等（图 1）。炎症细胞中含有大量的前列腺素，阿司匹林的抗炎作用在于抑制了前列腺素的生成。

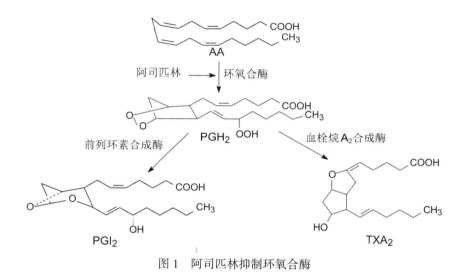

图 1　阿司匹林抑制环氧合酶

　　阿司匹林抑制血小板聚集和血栓的生成是与 PGI_2 和 TXA_2 的生成相关。就引发冠状动脉疾患而言，PGI_2 具有舒张血管抑制血小板聚集的功能，是花生四烯酸"好的"代谢物；TXA_2 促进血管收缩和血小板聚集，是"坏的"代谢物，正常状态下，PGI_2 与 TXA_2 的功能处于相互制约状态，维持血管的正常功能。阿司匹林抑制环氧合酶的功能，即使在低剂量下也阻断血栓烷的合成途径和血栓的形成，并且由于以不可逆方式抑制环氧合酶功能，TXA_2 的体内合成要等到新的环氧合酶生成后才发生。然而 PGI_2 在其他组织仍可以产生，从而对抗和"压制"了 TXA_2 的血栓形成。阿司匹林这个特异性功能开辟了预防治疗心脏病和卒中的新适应证。据不完全统计，全球每年生产的阿司匹林 4 万吨以上。

4. 阿司匹林的作用机制

阿司匹林的解热止痛不是由于在体内水解成水杨酸而起效的,所以不是水杨酸的前药。它对环氧合酶的作用机制不同于水杨酸和其他 NSAIDs。阿司匹林与环氧合酶发生共价键结合,是个不可逆抑制剂,而其他 NSAIDs 与环氧合酶都是可逆性结合。

阿司匹林与环氧合酶的结合位点在花生四烯酸发生反应所处的通道内,苯环与 Tyr348 发生 π-π 叠合作用;1 位的羧基与 Arg120 形成盐键(其他非甾体抗炎药的羧基也形成盐键);2 位的乙酰基与丝氨酸残基 Ser530 先发生氢键结合,然后乙酰基转移到丝氨酸的羟基上,产生不可逆性结合(图 2),乙酰化后的环氧合酶失去催化功能,阻止了后续的级联反应(Tosco P and Lazzarato L. ChemMedChem, 2009, 4: 939)。从有机化学反应分析,Ser530 的羟基被阿司匹林的乙酰(氧)基酯化,即在脂肪醇羟基与酚羟基酯之间发生了不可逆性的酯交换,通常这是很难进行的有机反应(充其量呈可逆的平衡态),但其能在环氧合酶的活性中心处发生,是因为该不可逆反应的推动力(driving force)是诸多氢键、盐键、π-π 相互作用,以及某些氨基酸残基协同作用的助力,不仅提高了乙酰基的亲电性,也提升了 Ser530 羟基的亲核性。烧瓶中的有机反应没有这样的微环境。

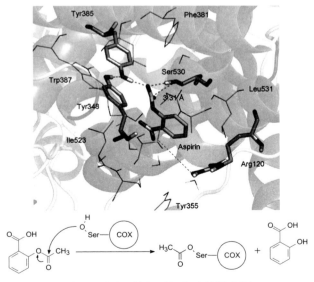

图 2　阿司匹林与环氧合酶的结合图

阿司匹林作为超小分子（相对分子质量低于200），结构中没有冗余的原子，分子的每个组成部分都为参与结合和反应出力，因此阿司匹林具有不可复制性，上百年来没有类似的药物跟踪和超越，这个神奇的分子迄今无可替代。

合成路线

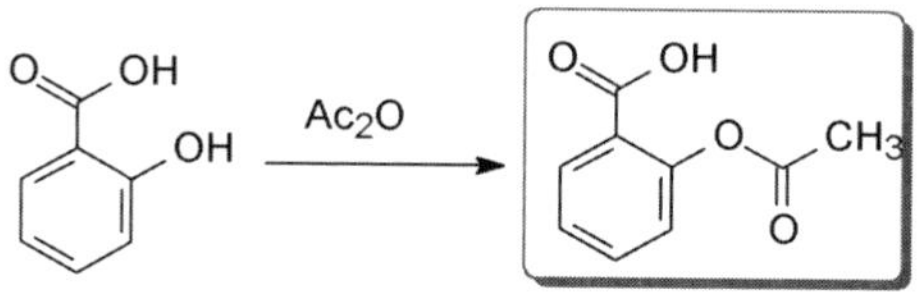

阿司匹林

17. 含有机硼的抗肿瘤药物硼替佐米

【导读要点】

硼替佐米是以蛋白酶体为靶标治疗多发性骨髓瘤的首创药物，也是第一个上市的含有硼酸片段的小分子化合物。在药物化学层面上，硼替佐米的研制是在先导化合物三肽醛的优化中，用活性强度和选择性评价亲电性基团的性质，优选出硼酸片段，摆脱了既往对含硼化合物难以成药的偏见；通过减少氨基酸片段和变换疏水基团，提高了肽化合物的成药性。在研发链的实施层面上，由于不断改换研发目标、资金短缺以至于前景渺茫的境况下，研发者的坚持固守，实现基础研究—临床研究的反馈、转化与反馈，为药物成功研制提供了有价值的经验。

1. 靶标——蛋白酶体的确定

蛋白酶体（proteasome）是具有多元催化作用的蛋白酶，广泛存在于哺乳动物胞质与核内，通过对蛋白分子的水解，将受损伤的、被氧化的或错误折叠的蛋白质降解，净化内环境，调节细胞周期和凋亡。构成蛋白酶体的催化核心是20S多亚基复合物，分子质量大约为700kD。例如从酵母中分离的蛋白酶体的晶体结构表明是由28个蛋白亚基（$\alpha1 \sim \alpha7, \beta1 \sim \beta7$）$_2$构成，成为4个叠合环形成的颗粒，活性中心在颗粒的内部，底物经窄长的通道进入（Groll M, et al. Nature, 1997, 386: 463-471）。蛋白酶体与细胞内 NF-κB 信号传导途径密切相关，由于 NF-κB 在炎症过程以及肿瘤细胞的发生和发展中扮演重要角色，干扰 NF-κB 活化过程，可间接或直接地阻断炎症和促成肿瘤细胞的死亡。所以蛋白酶体是研发抗炎和抗肿瘤药物的靶标。

2. 先导物三肽醛的确定

最早以蛋白酶体为靶标研究药物的是哈佛大学的 Goldberg 博士，在研究蛋白酶体抑制剂对细胞生长和增殖以确定其催化功能的过程中，发现了抑制剂三肽化合物苄氧羰 - 亮氨酰 - 亮氨酰 - 亮氨醛（1, MG-132）。Tsubuki 等用化合物 1 对小鼠 PC12 细胞进行神经生长的研究，在最适浓度 30nmol/L 下，可引起 PC12 细胞的神经生长，1 抑制蛋白酶体的活性 K_i=4nmol/L（Tsubuki S, et al. Biochem Biophys Res Commun, 1993, 196: 1195-1201）。进而 Adams 等合成了 1 的类似物苄氧羰 - 亮氨酰 - 亮氨酰 - 亮氨酰 -4- 甲基香豆素 -7- 酰胺（2），去除了醛基，化合物 2 成为蛋白酶体的底物，从而证明了蛋白酶体参与调节 PC12 细胞的神经纤维的生长，确定了蛋白酶体的功能，同时也发现了抑制蛋白酶体的先导化合物。显示了化学生物学确定靶标的功能和发现苗头（先导）化合物的一石二鸟作用。

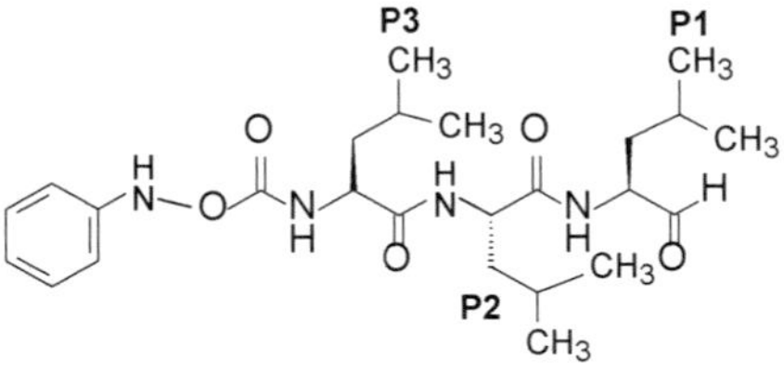

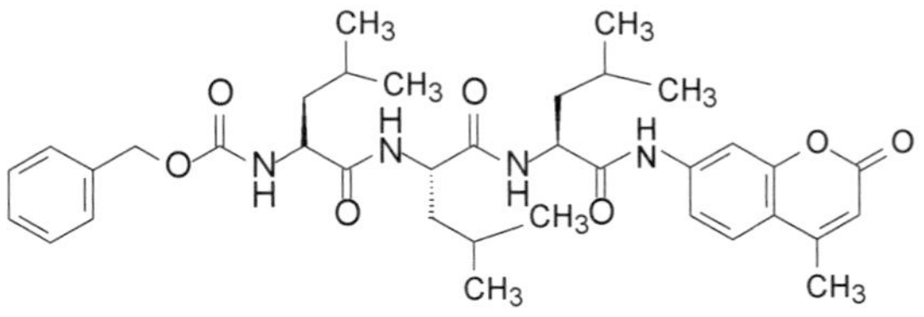

化合物 1 与蛋白酶体的复合物单晶结构分析表明，它连接在活性中心 β 亚基的 N 端（Lowe J, et al. Science, 1995, 268: 533-539），醛基与苏氨酸残基的羟基发生亲核加成，生成具有共价键结合的半缩醛，虽然是可逆性结合，但酶的活性受到强效抑制。

3. 先导物的优化

3.1 三肽侧链的变换

化合物 1 的结构域 P1、P2 和 P3 都是异丁基，变换这些疏水片段以优化抑制活性，发现 P1 位置仍以异丁基为最佳，P2 和 P3 分别变换为萘基，增强了活性，例如化合物 3 的 $K_i = 0.24$nmol/L，4 的 $K_i = 0.015$nmol/L，提示增加 P2 和 P3 结构域的疏水性有利于提高活性。

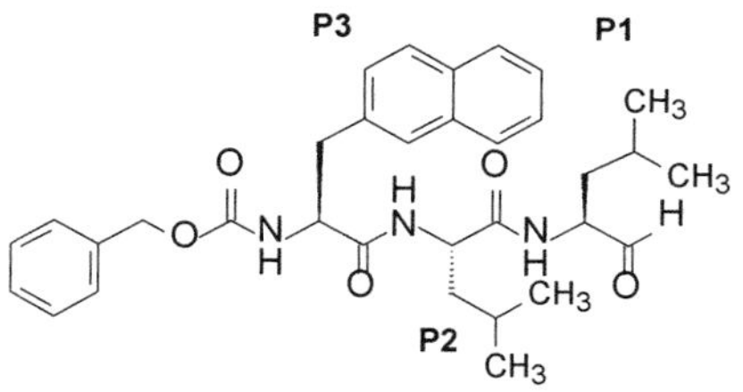

3.2 亲电基团的优化——醛基的变换

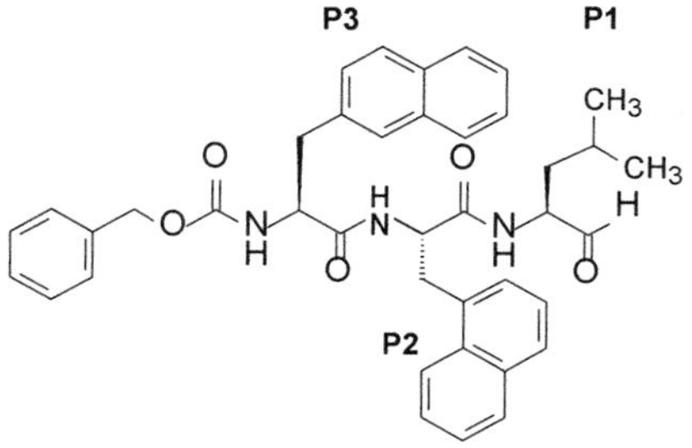

醛基的化学性质活泼，可与亲核基团发生加成反应，例如与氨基形成西佛碱，也容易被氧化。化合物 1 虽是蛋白酶体的强效抑制剂，但选择性不高，例如对组织蛋白 B（cathepsin B）和钙蛋白酶（calpain）也有抑制作用。而且由于醛基的吸电子效应，使 α 位 H 呈弱酸性，可发生互变异构，导致 P1 侧链的构型不能固定。此外，化合物 1 代谢不稳定性和较低的生物利用度，使其体内作用不佳。

为了克服醛基的缺陷，将用于设计酶抑制剂的其他亲电性基团替换醛基，例如常用于丝氨酸蛋白酶抑制剂的氯甲基酮和三氟甲基酮替换醛基，然而化合物 5 和 6 却未显示出活性。苯并噁唑酮（7）和二酮酯（8）显示的活性低于化合物 1。用硼酸置换醛基得到的化合物 9，活性显著提高，强于先导物 1 大约 100 倍。

硼元素处于周期表第 3 族，外层电子有一 p 空轨道，可与 O 和 N 的孤电子对形成配位键。化合物 9 与蛋白酶体的活性中心 N 端的苏氨酸侧链的羟基发生特异性配位结合，而对组织蛋白酶 B 的活性很低，$K_i = 6\,100\text{nmol/L}$，弱于蛋白酶体 20 万倍。这是因为硼酸难于与半胱氨酸蛋白酶的巯基结合，因为 B ← S 配位键不稳定，成为三肽硼酸具有选择性抑制蛋白酶体的重要依据。表 1 列出了含有不同亲电基团的化合物结构及其活性。

表 1　化合物 1 和 5～9 的化学结构和与蛋白酶体结合的离解常数

化合物	R	$K_i(\text{nmol/L})$	化合物	R	$K_i(\text{nmol/L})$
1		4	7		214
5		22 000	8		45
6		1 400	9		0.03

3.3　降低分子尺寸——二肽硼酸的设计与硼替佐米

三肽硼酸 9 抑制蛋白酶体的活性达到 $1 \times 10^{-11}\text{mol/L}$，这样高的活性意味着为改善成药性而变换结构可有较大的结构空间和余地，例如降低三肽的分子尺寸。其实，减少一个氨基酸残基成二肽醛（10），仍保持抑制蛋白酶体活性，$K_i = 1\,600\text{nmol/L}$，而且对丝氨酸蛋白酶不显示活性，提示二肽醛仍具有选择性作用，尤其是当 P2 结构域为萘环时，化合物 11 的活性提高，$K_i = 97\text{nmol/L}$。而当化合物 10 和 11 的醛基被硼酸基替换，活性和选择性显著提高，化合物 12 和 13 的 K_i 值为 0.62nmol/L 和 0.18nmol/L。由三肽 9（MW = 491）简化为二肽 12（MW = 384），相对分子质量降低了 107，活性虽然有所减小，但仍呈现高活性，而且对人的其他蛋白酶如白细胞弹性酶、凝血酶和组织蛋白酶等活性很低，表明对蛋白酶体具有高选择性抑制作用。由于化合物 12 具有优良的活性和成药性，确定为候选化合物，命名为硼替佐米（bortezomib），经临床前和临床研究，于 2003 年 FDA 批准上市治疗多发性骨髓瘤（Adams J, et al. Bioorg Med Chem Lett, 1998, 8: 333–338）。

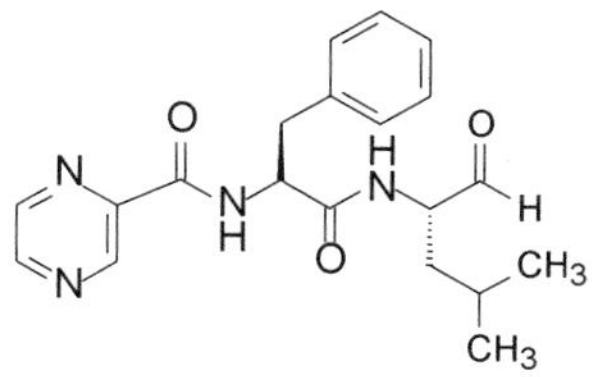

10 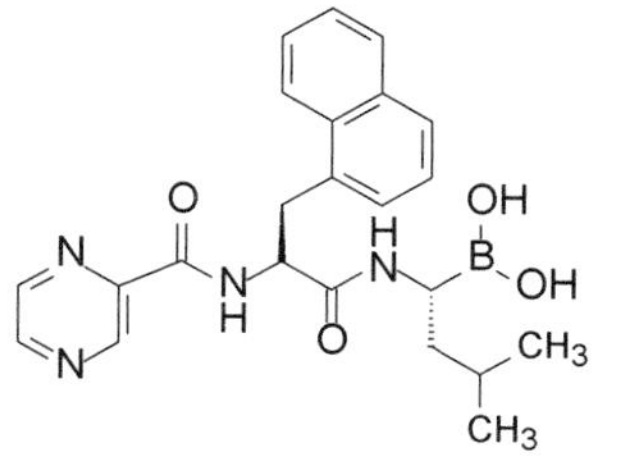　　**11**

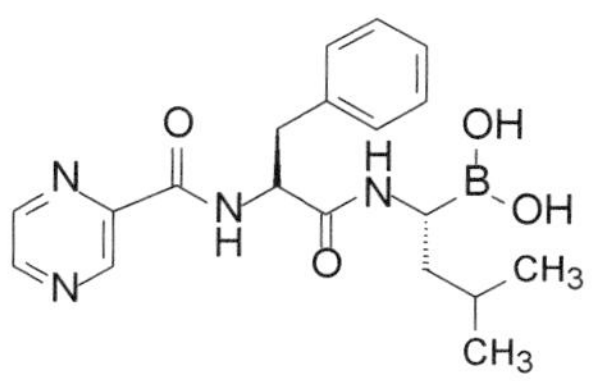

12 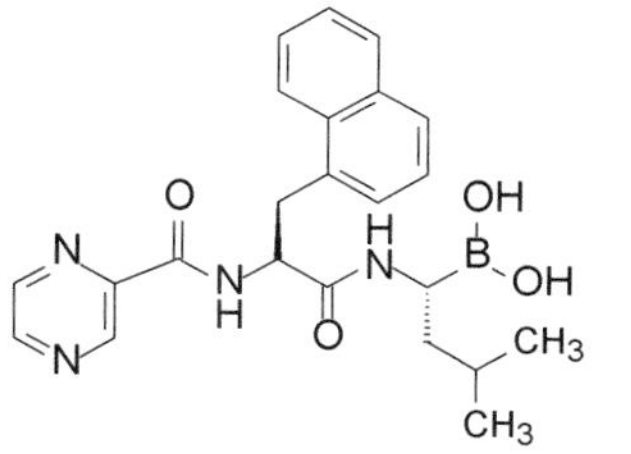　　**13**

4. 转化研究：基础研究－应用研究－组织管理的互动

从 1993 年 Goldberg 开始以蛋白酶体为靶标研究药物到 2003 年 FDA 批准硼替佐米上市，用了 10 年时间完成了一个首创药物的研发链，这其中有许多值得总结的经验，也彰显了新药研究的许多不确定性。

4.1 研发目标不断地变换

Goldberg 是在哈佛大学从事蛋白酶体研究的学者，预见到可研发新药的潜在用途，1993 年与哈佛同事找到投资公司 HealthCare Ventures，吸纳了外部有研发药物经验的专家（如聘用 CEO 和药物化学家）组建了公司，旨在干扰泛素－蛋白酶体途径阻止肌肉蛋白的降解，治疗肌肉萎缩（cachexia），因而公司名称为 Myogenics。该公司的特点是有深厚的学术研究背景，紧密地与基础研究结合。公司允许其他大学的学者自由地使用合成的化合物进行学术研究，这种开放型的研究，很快发现了抑制剂的作用特点：在动物体内并不立刻干扰正常的细胞周期；

蛋白酶体对激活 NF-κB 的功能起重要作用，而后者又参与了炎症反应，揭示了抑制剂干预炎症的可能性。由于抑制剂对大鼠关节炎模型的显著抑制作用，公司将研究目标转向为治疗风湿性关节炎，因而改名为 ProScript。1994 年又以蛋白酶体为靶标启动了抗肿瘤药物的研究。这样不断地改变研究方向，导致公司内部的不断调整，引起内部关系紧张。1995 年公司与某肿瘤研究所合作，对合成的化合物开展了在酶、细胞和小鼠水平上的活性评价。

4.2　与大公司的合作

1997 年，以硼替佐米为代表的二硼酸肽化合物显示出优良的抗肿瘤作用，并颠覆了因杜邦/默克曾研究丝氨酸蛋白酶抑制剂治疗肿瘤而夭折（终止于 II 期）导致硼酸类药物的负面名声，一些大药厂在此之前就与 ProScript 合作，例如 1995 年与 Hoechst Marion Roussel（HMR）签订合作开发口服抗炎和抗肿瘤药物协议（3 800 万美元），一年后与 Nippon Roche 签订开发治疗肌萎缩药物（2 000 万美元），弥补了资金的缺乏。

4.3　与政府部门和大学的合作

1996 年 ProScript 与美国国家肿瘤研究所（NCI）合作，对大量的肿瘤细胞系进行研究后，公司决定将研发重点转移到抗肿瘤领域（仍继续抗炎研究），硼替佐米在动物模型上获得良好的结果，因而得到了 NCI 的基金资助以及纪念 Sloan-Kettering 癌症中心（MSKCC）和北卡大学（UNC）资助，进行了 I 期临床研究，并获得满意结果。

4.4　被大公司兼并

以硼替佐米为代表的蛋白酶体抑制剂在动物抗炎（风湿性关节炎）和抗癌作用以及临床 I 期（血液病）的效果虽然令人兴奋，但它的治疗指数（窗口）不宽，作为长期用药仍有风险，以至于合作方不看好硼替佐米的前景，投资公司 HMR 终止合作停止了资助，50 个与 ProScript 合作的公司也纷纷失去了兴趣。到 1999 年 ProScript 到了濒临资金短缺无法开展硼替佐米 II 期临床研究的境地。投资方以 270 万美元将 ProScript 卖给了 LeukoSite 公司，三个月后 Millennium 公司以 6.35 亿美元收购了 LeukoSite，收购原因并不是因为硼替佐米项目，而是 LeukoSite 的其他项目。

4.5　转化研究促进了硼替佐米的成功

ProScript 公司这样被卖来卖去遭到很大的挫折，但研究团队没有放弃。药化专家 Adams 以一位患有多发性骨髓瘤的女患者使用硼替佐米治疗后所有症候消失的病例为契机，说服了 Millennium 的 CEO，公司遂将硼替佐米作为优先研发的项目，并与多发性骨髓瘤专家 Anderson 合作，开始了 Ⅱ 期临床研究。通过公司与临床之间的交换数据和意见，探索了多发性骨髓瘤对硼替佐米敏感性的机制，在基础研究—临床处置—患者反馈—基础研究的循环中，对发病和治疗的分子机制有了深入的认识。此外，公司还与国际多发性骨髓瘤基金会联系，使硼替佐米项目得到更广泛的支持，加速了项目的成功。硼替佐米作为以蛋白酶体为靶标的首创药物，也是第一个问世的含有机硼酸的小分子化合物，硼酸特异性地与蛋白酶体的重要残基发生共价键结合，是其高选择性的结构基础。在不断地变换研究目标和改换东家的条件下，用 10 年时间得以研发成功，一个重要的因素是基础研究—应用研究—临床实践的研发轴上互动反馈，转化研究在成功的道路上起到促进作用（Sánchez-Serrano. Nat Rev Drug Discov, 2006, 5: 107-115）。

合成路线

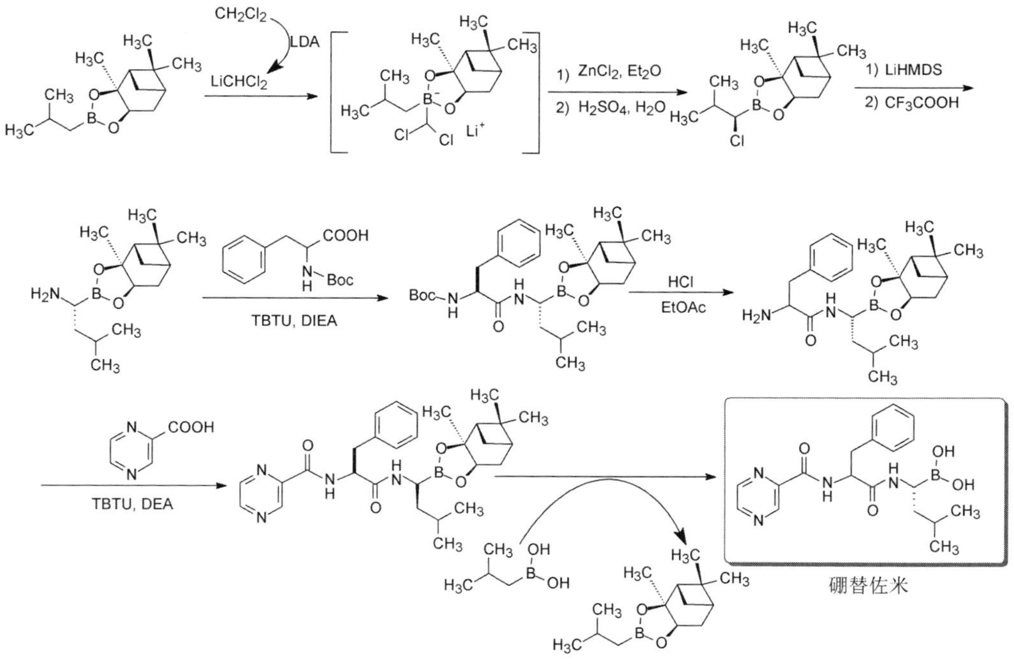

18. 含硼外用药他伐硼罗和克立硼罗的研制

【导读要点】

　　Anacor 公司从生化机制出发研究抗菌药，后转向抗真菌药，收获了抗甲癣药他伐硼罗；还从炎症的靶标磷酸二酯酶 4 和炎症因子入手，研发出治疗过敏性皮炎的克立硼罗。研发过程探索了多种可能与渠道，虽然有些内容与最终目标未能搭界，但始终坚持研究有机硼酸酯类的执着精神，积累了许多经验，终于诞生两个首创药。研发过程涉及的药物化学、分子生物学和作用机制等领域，值得借鉴。由于克立硼罗的安全有效和潜在的市场价值，辉瑞公司以 52 亿美元收购了该公司。本文以药物化学视角简析两个药物的创制过程。

1. 概说

　　他伐硼罗（1, tavaborole）和克立硼罗（2, crisaborole）可视作两个姊妹药，分别于 2014 和 2016 年经美国 FDA 批准为外用的新分子实体，分别治疗甲癣（灰趾／指甲）和过敏性皮炎（湿疹）。两个药物都是首创的有机硼酸酯，结构骨架相似，皆出自 Anacor 公司。甲癣和湿疹虽不危及生命，却是常见的复发性慢性皮肤疾患。作为含硼的有机小分子，相对分子质量为 251 以内，在近年来众多上市抗肿瘤和代谢性疾病等药物中，其化学结构和适应证颇显"另类"，但从药物化学的视角却值得借鉴。

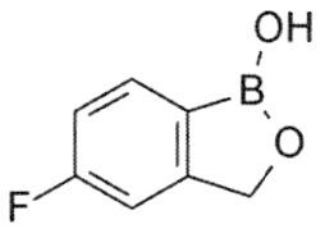

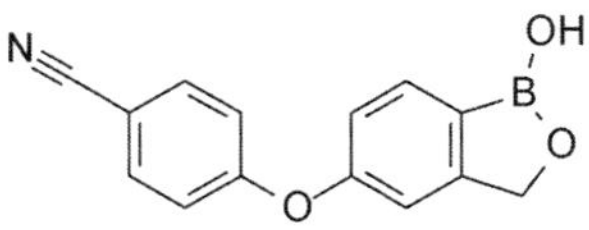

2. 基于机制的抗菌药研究

2.1 发现苗头化合物

项目起始于研究抗菌药，是从细菌生长机制入手。新月柄杆菌（*Caulobacter*

crescentus）类致病菌的甲基转移酶（CcrM）是催化细菌 DNA 序列中 GANTC 的腺嘌呤 N6 发生甲基化的酶系，甲基化的 DNA 对维持细菌增殖和毒力起重要作用，因而 CcrM 是研制抗菌药的一个靶标。CcrM 酶的催化机制是与底物 DNA 和辅酶 *S*-腺苷蛋氨酸（AdoMet）形成三元复合物，将甲基从 AdoMet 分子上转移到 DNA 的腺嘌呤 N6（图 1）。

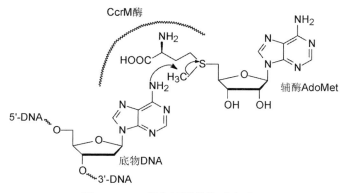

图 1 CcrM 催化转甲基的反应过程

由于缺乏 CcrM 三维结构信息，研制者设想在 DNA 和辅酶 AdoMet 的结合部位有一个超螺旋腺嘌呤结合位点，因而设计了拼合型的 CcrM 酶的多底物抑制分子，将辅酶中的甲硫氨酸经亚甲基连接到腺嘌呤环的 N6 上，设计了模拟辅酶结构的假底物 3，实验表明是 CcrM 选择性抑制剂，而对胞苷甲基转移酶（Hha1）没有抑制活性，遂将 3 作为苗头化合物展开研究（Wahnon DC, Shier VK, Benkovic SJ. Mechanism-based inhibition of an essential bacterial adenine DNA methyltransferase: rationally designed antibiotics. J Am Chem Soc, 2001, 123: 976-977）。

3

2.2 组合库中发现含硼化合物的活性

苗头物 3 包含底物和辅酶共有的腺嘌呤片段。在 3 转化为先导物（hit-to-lead）的操作中，以腺嘌呤为骨架变换 N6 和 N9 连接的基团，连接不同体积和形状的侧链，合成了 1 000 多个结构多样的化合物库，进行活性评价。

评价活性采用两种模型：对新月柄杆菌生长的抑制和对 CcrM 酶活性的抑制。初筛受试物浓度为 100 μmol/L，测定对细菌和酶的抑制率。发现了 6 个活性较高的化合物，却都是含有二苯基硼酯的结构，例如化合物 4。以 4 为新的苗头，设计以二苯基硼酸 -8- 羟基喹啉酯为母核的化合物，其中有代表性的化合物如 5 ~ 11（表1），通过研究构效关系优化活性。

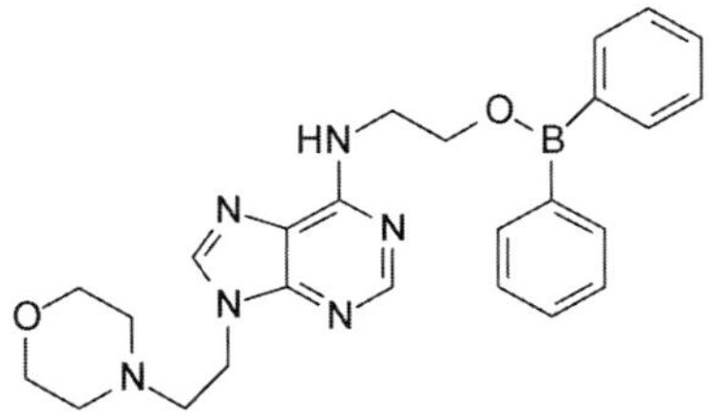

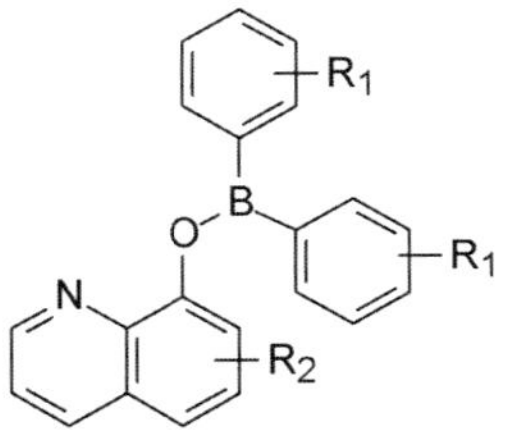

表 1　受试物（浓度为 100μmol/L）对 3 种甲基转移酶的抑制活性

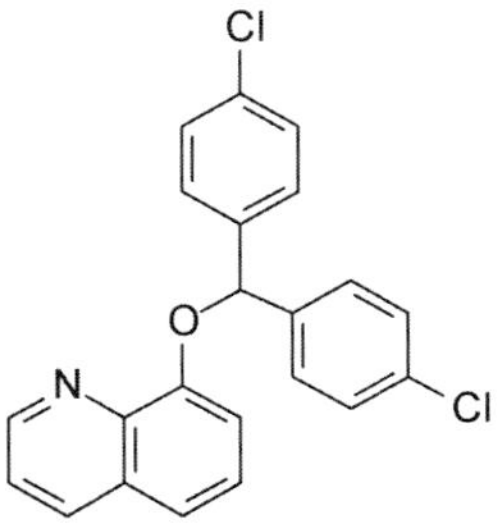

化合物	R$_1$	R$_2$	抑制率（%）		
			CcrM	Dam[*]	Hhal[**]
5	4-F	H	30	50	26
6	4-Cl	H	74	62	66
7	3-Cl	H	85	76	19
8	4-OCH$_3$	H	22	37	29
9	4-Cl	2-CH$_3$	83	90	50
10	4-Cl	5-Cl	72	91	33
11	–		<5	<10	<10

[*] 细菌的腺嘌呤甲基转移酶；[**] 细菌的胞苷甲基转移酶

表 1 的构效关系表明，苯环上用氯原子取代（化合物 6、7、9 和 10）对 CcrM

抑制率超过 50%，其中 7、9 和 10 对 Dam 也有抑制活性，但对 Hhal 的作用较弱。化合物 11 是不含硼的 6 的同型物，未显示活性，提示硼元素的重要性。

2.3　简化结构

为了考察与硼相连的基团大小对抑菌活性的影响，将一个苯环变换为乙烯基，合成的化合物连同表 1 的分子评价对多种细菌的活性，表 2 列出了化合物的最低抑菌浓度（MIC）。

表 2　受试物对细菌的最低抑菌浓度

化合物	R	革兰阳性菌 MIC(µg/ml)					革兰阴性菌 MIC(µg/ml)			
		金黄色葡萄球菌	表皮葡萄球菌	粪肠球菌	枯草杆菌	结核杆菌	月柄杆菌	卡他莫拉	土拉弗朗	流感嗜血
12	3-Cl	2	1	4	4	0.62	–	4	–	4
13	2-Cl	2	1	2	4	0.31	–	11	0.03	2
14	4-Cl	2	1	4	4	0.62	–	1	0.01	2
15	H	2	1	4	–	–	–	2	6	16
16	3-F	2	1	2	2	0.31	–	1	0.01	2
17	3-Cl,4-F	2	1	2	2	0.62	–	2	–	4
18	3-CN	1	1	2	2	0.62	–	2	7	2
5	–	4	2	32	–	0.62	12.5	2	16	4
6	–	2	2	4	2	0.31	4	2	–	8
8	–	1	2	4	2	0.62	–	2	16	8
9	–	16	8	16	–	–	2	–	–	–
10	–	0.5	0.25	2	32	0.62	2.6	<0.125	8	0.25
11	–	64	64	64	64	>5	–	2	64	>64

表 2 中化合物对革兰阳性菌和阴性菌的抑制活性，显示多数对革兰阳性菌的最低抑菌浓度（MIC）在 μg/ml 范围。由于革兰阳性菌不存在 CcrM 和 Dam 酶，一些化合物特别是 10，对多株阳性菌也呈现活性，意味着是阻断的不是 CcrM 和 Dam 酶，而是其他环节所致。10 和 13 对革兰阴性菌土拉菌有抑制作用，提示化合物的结构变换引起抗菌谱的改变，并非单纯地抑制 CcrM。不过，不含硼原子的化合物 11，对所有菌株仍没有抑制作用。

2.4 探索抑制革兰阳性菌的作用机制

为了解释抑制革兰阳性菌的作用机制，以枯草杆菌为研究对象，将甲基转移酶编码基因 *menH*、*trmD*、*trmU*、*cspR*、*ydiO* 和 ydiP 用分子生物学方法分别构建到细胞中，当甲基转移酶受到抑制，生物标志物 *β-D-* 硫代半乳糖异丙苷（IPTG）产生量减少，依此作为评价活性的指标。结果表明 *menH* 表达的甲基萘醌甲基转移酶（MenH）可被上述硼化物抑制，过程如图 2 所示。

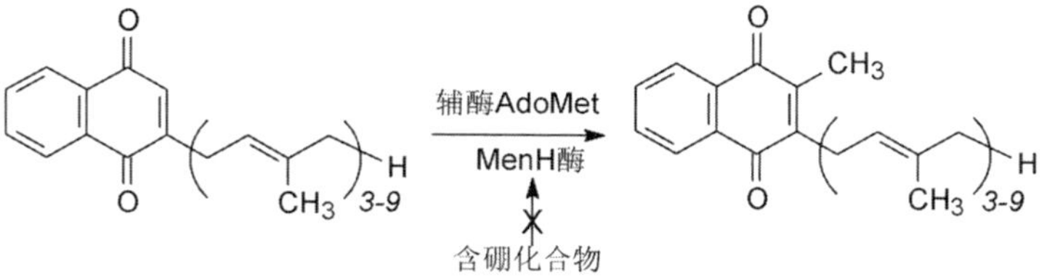

图 2　甲基萘醌甲基转移酶的催化和抑制示意图

多数革兰阳性菌含有甲基萘醌甲基转移酶（MenH），MenH 结合于膜蛋白上，在呼吸链和光合作用的电子传递中起重要作用，但哺乳动物细胞没有 MenH，所以是抗阳性致病菌的一个特异性靶标。

用辅酶 [3H]-AdoMet 和 MenH 酶测定上述化合物，显示 6、7 和 12 在 100μmol/L 浓度下抑制 MenH 酶（革兰阳性菌）活性分别为 15%、30% 和 50%，同样浓度下 6 和 7 对 CcrM 酶（革兰阴性菌）的抑制率为 74% 和 85%，说明不同的化合物对甲基转移酶的特异性不同。至此说明苯硼酸酯的抑菌作用可能与对多种甲基转移酶的抑制有关（Benkovic SJ, Baker SJ, Alley MRK, et al. Identification of borinic esters as inhibitors of bacterial cell growth and bacterial methyltransferases, CcrM and MenH. J Med Chem, 2005, 48: 7468-7476）。

3. 骨架迁越——喹啉环的剖裂

分析苯硼酸喹啉酯的结构，由于硼原子外层电子含有空轨道，可与 8- 羟基喹啉的氧孤电子对发生配位结合，形成五元环氮硼内酯。如果这是构成活性的主要片段，设想可将并合的苯环简化为羧基，从而喹啉环简化为 α- 吡啶甲酸，而且在吡啶的 3 位引入羟基，可与 2 位羧基形成分子内氢键，以模拟喹啉环的平面结构，这种骨架迁越可用图 3 表示。

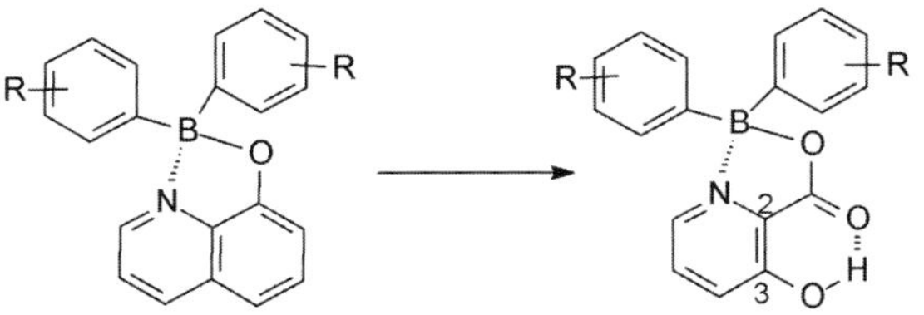

图 3　喹啉环的骨架迁越

3.1　新骨架中苯环的取代基优化

优化过程仍以抗菌活性为指标，用试错方式（trial and error）逐步优化，表 3 列出了化合物结构和活性。

表 3　五元环氮硼内酯系列的抗菌活性

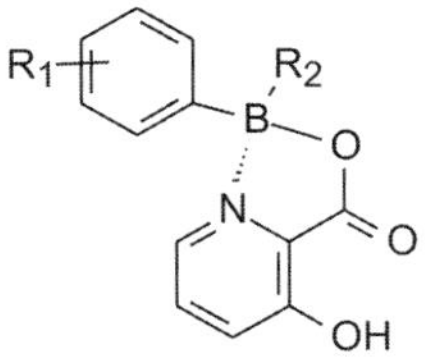

化合物	R_1	R_2	MIC(μg/ml)				
			金黄色葡萄球菌	表皮葡萄球菌	痤疮杆菌	枯草杆菌	流感嗜血杆菌
19	3-Cl	3-Cl-Ph	<0.125	8	10	16	16
20	4-Cl	4-Cl-Ph	4	1	1	1	16

续表

化合物	R$_1$	R$_2$	MIC(µg/ml)				
			金黄色葡萄球菌	表皮葡萄球菌	痤疮杆菌	枯草杆菌	流感嗜血杆菌
21	3-Cl	Pyridin-3-yl	16	32	–	–	32
22	4-Cl	Pyridin-3-yl	64	32	–	–	16
23	4-Cl	2-Cl-pyridin-yl	32	32	–	–	32
24	3-Cl	Thiophen-3-yl	32	32	10	16	32
25	3-Cl-4-CH$_3$	3-Cl-4-Me-Ph	1	0.5	0.3	1	>64
26	3-Cl-4-CH$_3$	4-Me	32	32	10	16	32
27	3-Cl-4-CH$_3$	CH$_2$CH$_2$Ph	0.5	1	1	1	>64
28	3-F	3-F-Ph	>64	>64	>100	>64	>64
29	3-Cl	3-MeS-Ph	8	8	3	4	>64
30	3-Cl	3-Me-Ph	8	8	3	4	>64
31	3-Cl-4-F	3-Cl-4-F-Ph	1	8	3	8	4
32	3-Cl-4-OEt	3-Cl-4-OEt-Ph	2	2	1	2	64
33	3-Cl-4-NMe$_2$	3-Cl-4-NMe$_2$-Ph	32	32	–	64	64
34	3-Cl-4-CH$_3$	4-Me-Ph	4	2	3	2	64
35	4-Cl-2-CH$_3$	4-Cl-2-Me-Ph	4	2	0.3	0.5	16
红霉素			0.5	0.15	0.1	0.1	4

简析构效关系如下：①鉴于前述的 3-（或 4-）氯苯基的活性较高，合成了 3,3'- 二氯（19）和 4,4"- 二氯（20）化合物。19 虽然对其他阳性菌不如 20，但对金葡菌显示很高的活性；②将一个苯环换成杂环，如吡啶（21、22）、2- 氯吡啶（23）和噻吩环（24），抗菌活性都显著下降；③ R$_2$ 简化为甲基化合物（26）失去活性；④氯代苯环上再做甲基取代，化合物 25 对革兰阳性菌的活性显著提高。变换成其他基团或增加脂溶性或变更氯或甲基的位置（27 ~ 35）活性都不如 25。25 的抗菌谱与活性强度接近红霉素，因而成为优良的先导化合物。

3.2 吡啶环的优化

为了优化吡啶环上的取代基，将两个 3- 氯 -4- 甲基苯环固定不变，探索吡啶环上不同取代基对活性的影响，合成的化合物及其活性列于表 4。结果表明，去羟基化合物 36，除保持抑制金葡菌作用外对其他菌株都失去活性。3- 乙酰氧基（37）虽然没有氢键供体，活性仍与 25 相近，说明形成六元环的分子内氢键不是活性的必需因素。加大 3 位取代基体积的苯甲酰化合物 38 活性显著降低。3- 氨基化合物 39 失去抑制球菌的活性。3- 羧基（40）对金葡菌和流感杆菌的抑制活性强于 25，而且羧基移至 4- 或 5- 位活性变化不大。综上，3- 羟基化合物 25 对于皮肤感染的重要致病菌金葡菌和痤疮杆菌活性最高，成为里程碑式的化合物。

表 4 吡啶环上取代基对抗菌活性的影响

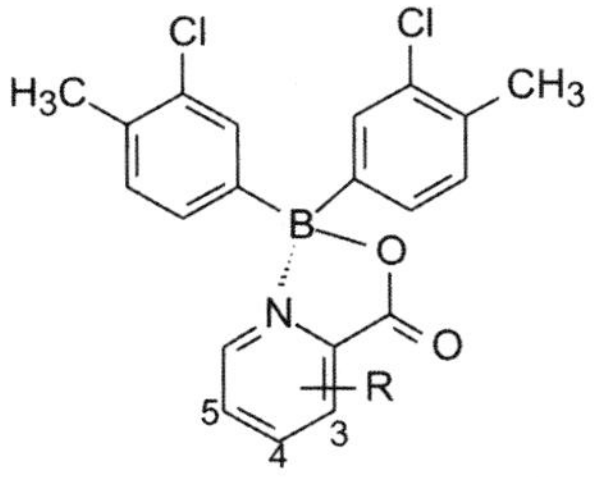

化合物	R	MIC(μg/ml)				
		金黄色葡萄球菌	表皮葡萄球菌	痤疮杆菌	枯草杆菌	流感嗜血杆菌
25	3-OH	1	0.5	0.3	1	>64
36	H	0.5	>64	–	–	-
37	3-OAc	2	1	1	0.5	>64
38	3-COPh	0.5	32	30	64	>64
39	3-NH$_2$	>64	>64	1	2	>64
40	3-COOH	0.125	4	3	8	8
41	4-COOH	2	4	3	–	
42	5-COOH	0.5	8	3	8	8

4. 抗炎活性的评价

基于以上研究，将含硼化合物目标定于研发过敏性皮炎（湿疹），湿疹既是一类炎症，也大都发生细菌性感染。炎症的发生是由于炎症因子在皮肤上聚集并激活 1 型或 2 型辅助性 T 淋巴细胞（Th1、Th2）所致，为此，评价含硼化合物对细胞因子的抑制作用。

4.1 抗炎活性评价

评价化合物的抗炎活性是用抑制外周血单核细胞（PBMC）产生细胞因子的活性作为指标。将 PBMC、受试物与炎症诱导剂脂多糖（LPS）和伴刀豆凝集素 A 或植物凝血素（PHA）温孵，用 ELISA 方法分别测定 TNF-α（Th1 细胞因子）或 IL-1β、IFN-γ 和 IL-4（Th2 细胞因子）的释放量，与空白对照的比值作为化合物的活性值。

4.2 化合物的抗炎活性

选取抗菌作用强的化合物，以 10μmol/L 浓度测定抑制细胞因子的活性，结果列于表 5。

表 5 代表性化合物的抑制细胞因子活性

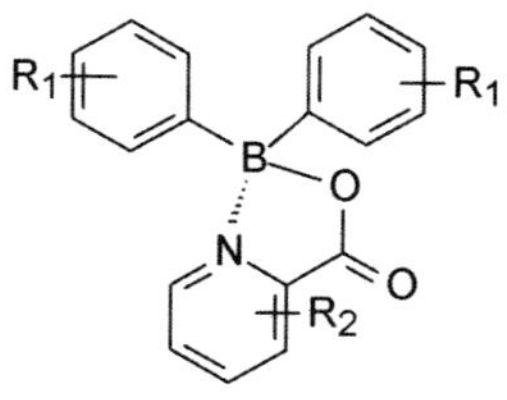

化合物	R_1	R_2	TNF-α(%)	IL-1β(%)	IFN-γ(%)	IL-4(%)
25	3-Cl-4-CH$_3$	3-OH	100	99	−20	−21
37	3-Cl-4-CH$_3$	3-OAc	101	−49	–	–
35	4-Cl-2-CH$_3$	3-OH	101	103	15	57
42	3-Cl-4-CH$_3$	5-COOH	100	80	−24	9
红霉素			22	−32	–	–

化合物 25、35 和 42 抑制促炎性细胞因子 TNF-α 和 IL-1β，但不抑制 IFN-γ 和 IL-4 的释放。37 不抑制 IL-1β 释放，所以未测对 IFN-γ 和 IL-4 的活性。由于 25 既有抗炎活性，抗菌作用也强于其他化合物，拟作为候选化合物进入临床前研究（Baker SJ, Akama T, Zhang YK, et al. Identification of a novel boron-containing antibacterial agent（AN0128）with anti-inflammatory activity, for the potential treatment of cutaneous diseases. Bioorg Med Chem Lett, 2006, 16: 5963-6967）。

4.3　再次骨架迁越

化合物 25 可认为是 α- 吡啶甲酸与二苯基硼酸的混合酸酐，并形成 N → B 配位的环状结构，研制者为简化结构，将羰基用亚甲基替换、氮原子用 sp^2 杂化碳等排置换（吡啶换成苯环）并以 C-B 共价键替换 N → B 配位键，去掉一个苯环以满足三价硼的结合，得到式 43 的骨架结构。

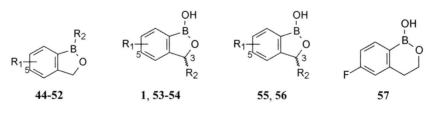

通式 43 的苯环 A 可用杂环、插烯或乙烯基替换，也可变换 R_1 和 R_2 基团，以期在多样性变换中获得优化。合成的化合物列于表 6 中。

表 6　苯并硼氧环戊烷化合物的抗真菌活性

化合物	R_1	R_2	抗真菌活性 MIC(μg/ml)				
			红毛癣菌	须毛癣菌	白色念珠菌	新隐球菌	熏烟曲菌
44	H	+◇	4	4	4	8	4

续表

化合物	R₁	R₂	抗真菌活性 MIC(μg/ml)				
			红毛癣菌	须毛癣菌	白色念珠菌	新隐球菌	熏烟曲菌
45	5-F	（苯基）	1	2	0.5	2	2
46	H	（苯乙烯基）	8	8	2	4	4
47	5-F	（苯乙烯基）	≤1	2	0.5	0.5	1
48	5-F	（乙烯基CH₂）	4	2	1	4	2
49	5-F	（呋喃基O）	4	4	4	4	4
50	5-F	（噻吩基S）	1	4	1	1	1
51	5-F	（H₃C-噻吩基S）	1	2	1	1	1
52	5-F	（吡啶基N）	16	32	4	16	16
53	H	H	8	4	2	1	2
1	5-F	H	1	1	0.5	0.25	0.25
54	5-F	CH₃	32	16	16	32	16
55	6-F	–	8	8	8	8	8
56	H	–	8	8	8	16	16
57	6-F	–	32	32	64	>64	32
环吡酮胺（抗真菌药）			0.5	0.5	0.5	0.5	1

研究的目标增加了引起皮肤癣病（甲真菌病）的抗真菌作用。对新骨架化合物评价的模型为致病性真菌，例如红毛癣菌、须毛癣菌、白色念珠菌、新隐球菌和熏烟曲菌等，活性强度用最低抑菌浓度（MIC）表示。

分析表6的构效关系，可简述如下：①以 R₂ 为苯环作为新骨架的起始物（44），对真菌显示中等抑制活性。当在母核5位引入氟原子（45），对所有真菌的抑制作用提高4~8倍。插烯物46及其氟代插烯物47分别与44和45相近，提示氟原子具有增效作用，因而后来设计的化合物都含有氟原子；②苯环用乙烯基替换，化合物48活性降低，因而不是优化方向；③用呋喃（49）替换苯环，活性减弱；3-吡啶基化合物52尤其差。而噻吩（50、51）的活性与苯相当，推测是亲脂性相似之故；④通式 43 的苯基被羟基置换，没有 F 原子的 53 活性一般，但 5-F 化合物（1）抗菌谱扩大，活性也强于 45；⑤ 3 位引入甲基（54）活性显著降低，推测该区域不宜被大体积占据或增加疏水性；⑥硼氧环扩为六元环的化合物活性都差，提示硼氧五元环抗真菌具有特异性。

综合这一轮的结论是，具有抗真菌作用化合物的特征是五元硼氧环为必要片段、3 位不宜作取代、5 位氟取代有利、1 位连接硼原子的基团优选为苯基或羟基。

4.4 化合物 45 的 1- 苯基的优化

鉴于化合物 45 为优选物之一，对苯环 A 作不同取代，合成的化合物列于表 7。

表 7 1- 取代苯基化合物的抗真菌活性

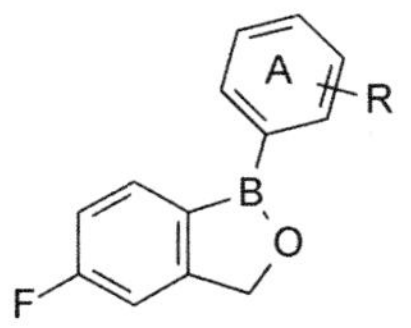

化合物	R	抗真菌活性 MIC(μg/ml)				
		红毛癣菌	须毛癣菌	白色念珠菌	新隐球菌	熏烟曲菌
45	H	1	2	0.5	2	2
58	3'-Cl	4	8	0.25	0.5	2
59	3'-F	1	2	0.5	1	1
60	4'-F	4	4	1	1	2
61	3'-CH$_3$	2	4	1	0.5	0.5
62	4'-CH$_3$	2	2	0.5	0.5	0.5

化合物 58~62 的苯环在不同位置作卤素或甲基取代，抗菌谱和强度与 45 相近，然而却出现了细胞毒作用，因而终止了这一方向的优化。

4.5 化合物 1 的苯取代基的变换

将化合物 1 的 5-F 变换成如图 4 所列的不同取代基，活性都下降；氟原子由 5

位换到其他位置活性依然降低（数据省略）。

经多位点变换，结果表明化合物 1 仍然是优胜的候选化合物（Baker SJ, Zhang YK, Akama T, et al. Discovery of a new boron-containing antifungal agent, 5-fluoro-1, 3-dihydro-1-hydroxy-2, 1-benzoxaborole(AN2690), for the potential treatment of onychomycosis. J Med Chem, 2006, 49: 4447–4450）。

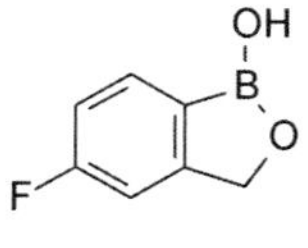

5-Cl, 5-CN, 5-CH$_3$, 5-CF$_3$
5-CH$_2$OH, 5-OCH$_3$, 5,6-苯并
4-F, 6-F, 7-F, 6,7-F$_2$

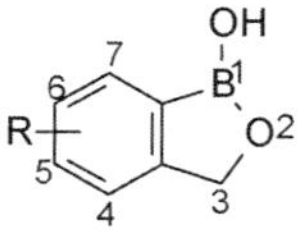

图 4　变换 5-F 合成的化合物均无改善

5. 候选物的确定和他伐硼罗上市

化合物 1 的抗真菌谱和强度与已知抗真菌药环吡酮胺相近。进一步做机制研究，证明是抑制亮氨酰转移 RNA 合成酶，后者是真菌蛋白合成的关键酶，实现了由表型评价到机制解析的深化过程。药代动力学研究表明，趾（指）甲每日涂布 5%（乙酸乙酯－丙二醇，1:1）溶液 0.2ml，穿透趾甲作用为 525μg/cm^2。14 天后的血浆最大浓度 5.17ng/ml，血中半衰期 28.5h。经临床前研究表明有成药前景，遂命名为他伐硼罗（tavaborole）进入开发阶段。临床研究表明，局部涂抹他伐硼罗的 5% 溶液治疗灰趾（指）甲是安全有效药物，于 2014 年 7 月 FDA 批准在美国上市（Elewski BE, Aly R, Baldwin SL, et al. Efficacy and safety of tavaborole topical solution, 5%, a novel boron-based antifungal agent, for the treatment of toenail onychomycosis: results from 2 randomized phase-Ⅲ studies. J Am Acad Dermat, 2015, 73: 62–69）。

6. 克立硼罗的研制

上面研究围绕有机硼酸酯的项目已获得以下结果：具有较强抗菌和抗炎活性的里程碑式化合物 25，以代号 AN-0128 拟进入临床研究；化合物 1 以他伐硼罗名称上市成为新型抗甲癣药物；积累了多样结构的含硼化合物库，化合物库为新的抗过敏性皮炎药物提供了物质基础。

6.1　磷酸二酯酶 4 作为抗炎靶标

文献报道磷酸二酯酶 4（PDE4）的抑制剂可治疗过敏性皮炎（Bäumer W, Hoppmann J, Rundfeldt C, et al. Highly selective phosphodiesterase 4 inhibitors for the treatment of allergic skin diseases and psoriasis. Inflamm Allergy Drug Targets, 2007, 6: 17-26），因而探索了含硼化合物同时对两个炎症靶标的抑制作用（抑制 PDE4 和促炎症细胞因子的产生）。

评价受试物抑制 PDE4 活性的方法是用人髓性白血病细胞制取半纯化的 PDE4 酶，放入含 ^{3}H-cAMP 的 cAMP 底物，加入不同浓度的受试物温孵，终止反应后加入蛇毒核苷酸酶，后者将生成的 AMP 水解为腺苷（含 ^{3}H 腺苷）。未水解的 cAMP（连同 ^{3}H-cAMP）固定在树脂上，上清液用液闪方法测定 ^{3}H 标记的腺苷含量，计算化合物抑制 PDE4 的 IC_{50}。与此同时还测定受试物对人外周血单核细胞释放细胞因子的抑制作用 IC_{50}（如前述及）。

6.2　化合物对双靶标的活性和构效关系

首先发现 5-苯氧基化合物 63 具有抑制 PDE4 活性，IC_{50} 为 6.8μmol/L，但不抑制（促）炎症因子的释放。因而以 63 为先导物进行改构，即在末端苯环的不同位置引入取代基，目标是对双靶标都呈现高活性的化合物。合成的化合物及其活性列于表 8。阳性对照药为 PDE4 抑制剂咯利普兰。

构效关系分析如下：①4′ 位为氰基（2）、吗啉甲酰基（68）和三氟甲基（74）的化合物对两类靶标都有抑制作用，而且对 PDE4 的活性都强于咯利普兰。68 抑制细胞因子的释放也强于咯利普兰，但 2 不如咯利普兰；②氰基的位置很重要，移至 2 或 3 位（64、65）都使活性减弱；③4 位被氯、甲基或甲氧基取代（71～73），抑制 PDE4 的活性强于 63，但弱于 2 和 68，对细胞因子活性也不强；④4′-氰苯氧基连接在母核的 5 位很重要，变换到 4-、6- 或 7- 位，除化合物 75 对 PDE4 有弱作用外，75～77 对 PED4 和细胞因子都不呈现活性。末端苯环换成 5-甲氧基（78）失去活性。

表 8 苯并硼氧戊烷化合物抑制 PDE4 和细胞因子的活性

化合物	R	IC$_{50}$(μmol/L) 或 10μmol/L 浓度下的抑制率（%）					
		PDE4	TNF-α	IL-2	IFN-γ	IL-5	IL-10
63	H	6.8	>10	>10	>10	>10	>10
64	2'-CN	3.7	8.5	4.0	4.1	7.8	8.0
2	4'-CN	0.49	0.54	0.61	0.83	2.4	5.3
65	3'-CN	4.4	8.6	3.3	3.4	4.7	8.9
66	4'-COOH	>30	>10	>10	>10	>10	>10
67	4'-CONEt$_2$	1.5	1.3	1.4	0.43	4.3	2.0
68	4'-CO-吗啉	0.57	0.44	0.33	0.17	1.9	0.37
69	4'-SO$_2$NEt$_2$	3.4	>10	>10	>10	>10	>10
70	4'-F	7.7	>10	55%	15%	53%	>10
71	4'-Cl	1.3	>10	62%	29%	>10	>10
72	4'-CH$_3$	2.0	>10	>10	29%	>10	>10
73	4'-OCH$_3$	2.7	>10	>10	39%	>10	>10
74	4'-CF$_3$	0.45	6.1	3.6	2.2	12%	49%
75	4-OPh-CN	6.0	>10	>10	39%	>10	>10
76	6-OPh-CN	>30	>10	>10	39%	>10	>10
77	7-OPh-CN	>30	>10	>10	39%	>10	>10
78	–	–	>10	>10	39%	>10	>10
咯利普兰		0.86	0.16	0.23	0.23	0.50	0.88

6.3　高活性化合物的动物实验

对于两个优良化合物 2 和 68 用动物抗炎实验进行比较，以佛波酯（phorbol ester）诱发小鼠耳肿胀模型，局部涂抹受试物溶液，评价消除肿胀和透入皮肤的能力。表 9 列出了 2 和 68 的实验结果，阳性对照药是地塞米松和咯利普兰。结果表明 2 与 68 有显著抑制动物耳部炎症的作用，在同等剂量下 2 的活性略优于地塞米松，强于 3 倍剂量的咯利普兰。实验还说明这两个硼化合物有良好的透皮作用。

表 9　化合物抑制佛波酯诱发小鼠耳肿胀的活性

化合物	剂量	抑制率（%）
2	1 mg/ 耳 × 2	78
68	1 mg/ 耳 × 2	68
地塞米松	1 mg/ 耳 × 2	72
咯利普兰	1 mg/ 耳 × 2	6
	3 mg/ 耳 × 2	5

综合 2 和 68 的药理活性和成药性前景，化合物 2 抑制 PDE4 和细胞因子的活性显著，确定为候选化合物，定名克立硼罗（crisaborole），经临床前和临床研究，表明外用 2% 乳膏是治疗过敏性皮炎（湿疹）的有效药物，美国 FDA 于 2016 年 12 月批准上市（Akama T, Baker SJ, Zhang YK, et al. Discovery and structure-activity study of a novel benzoxaborole anti-inflammatory agent(AN2728)for the potential topical treatment of psoriasis and atopic dermatitis. Bioorg Med Chem Lett, 2009, 19: 2129-2132）。

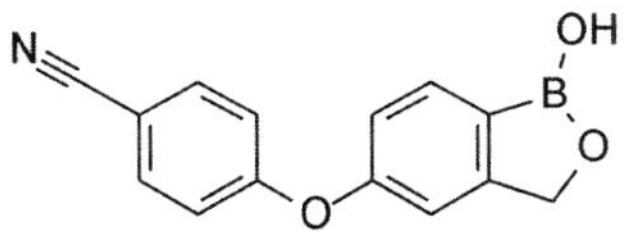

2　克立硼罗

7. 后记

　　含硼元素的药物很少。早期作为消毒杀菌药的硼酸溶液，现仅作为超市出售的清洗液。2003 年上市治疗多发性骨髓瘤的硼替佐米是第一个有机硼药物，为蛋白酶体抑制剂。本文介绍的姊妹药他伐硼罗和克立硼罗，起始于大学的研究，由 Anacor 公司研发成功。科学研究依靠兴趣与执着，新药创制也是如此。从文献报道梳理的研发脉络显示，起始于研究细菌的甲基转移酶抑制剂，通过合成目标库发现有机硼酸酯的活性，对硼化物同时评价抑制细胞因子的抗炎活性，目标锁定为兼有抗细菌感染和抗过敏性皮炎，研制外用有机硼化物避免了全身用药的潜在毒性。还研发了抑制真菌的硼化合物，从而 2014 年治疗趾（指）甲癣的他伐硼罗成功上市。同时还研发针对磷酸二酯酶 4 和细胞因子的双靶标抗炎活性药物，2016 年上市了治疗湿疹的克立硼罗。坚持硼化合物为载体，首创性地完成了两个治疗常见与多发的皮肤病药物。

合成路线

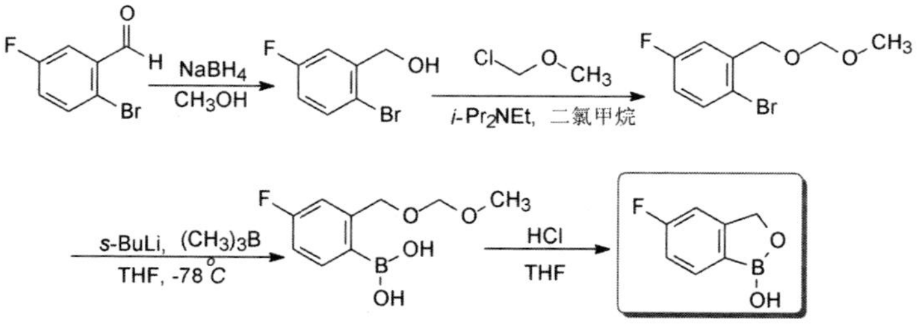

他伐硼罗

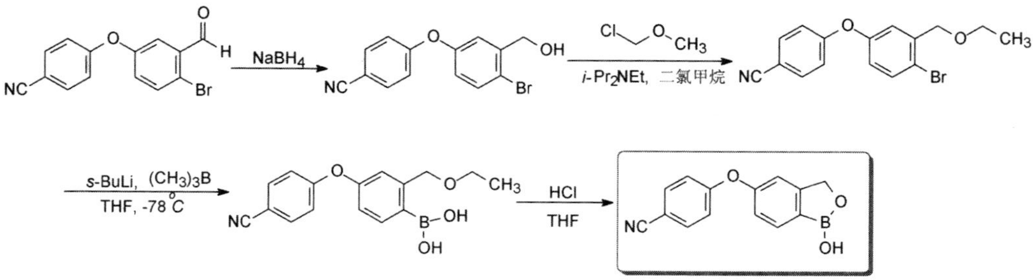

克立硼罗

V

基于靶标结构的理性设计

19. 化学生物学与药物化学相继研发的托伐替尼

【导读要点】

　　研制首创性药物，发现靶标与发现苗头化合物往往同步进行，相互印证。大学或研究院所的基础研究，发现潜在的治疗靶标，有待证实和应用；企业期待着新的治疗靶标和环节，提供探针性化合物加以验证。化学生物学在研究新靶标的功能和药用价值的同时，发现苗头化合物，并向药物化学过渡，构成自然的研发链。新的药物靶标功能确证，贯穿于新药研发的始终。苗头分子的确定、苗头向先导物的过渡、先导化合物的确定、先导物优化等各个阶段都围绕着提高活性强度、选择性和成药性（物化性质、药代性质、安全性），彰显了化学生物学与药物化学的同轴与衔接。先导化合物的结构优化是无止境的，对体外和不同动物模型的多参数优化，也有一定的限度。在有限的数据中预测药物在人体的作用和命运，正确地选择候选药物至关重要，经验是决定性的。

1. 新靶标的期待与发现

　　自身免疫性疾病是由于体内的免疫缺陷导致机体不能容忍自身的蛋白，从而引发反应性疾病，这些疾病包括 1 型糖尿病、关节炎、银屑病（牛皮癣）和免疫性疾病等。如果药物能够对抗过于活跃的免疫系统，则可进行治疗或加以控制。而且，降低免疫系统的活性也是对器官移植防止排斥的必要手段。

　　由于缺乏针对这些病因的治疗药物，临床治疗大都是对症疗法。有针对性的治疗药物如免疫抑制剂环孢素 A 可阻止 T 细胞的功能，T 细胞是免疫系统的关键成分，因而环孢素 A 广泛用于肾移植手术后的排异反应。然而，环孢素 A 的不良反应却又引起肾脏毒性，移植的肾脏不断地受到环孢素 A 的损害。所以，需要有新的靶标和作用机制的药物。

1993 年美国 NIH 的生物学家 O'shea 等发现了一个在免疫系统中起作用的激酶，命名为 JAK-3 激酶，该酶属于 Janus 激酶家族成员，JAK-3 只在淋巴细胞表达，与白介素 -2（IL-2）受体的 γ 链结合，调节信号转导。IL-2 是 T 淋巴细胞的关键生长因子，具有排斥异体器官移植的作用（Kawamura M, et al. Proc Natl Acad Sci USA, 1994, 91: 6374）。选择性抑制 JAK-3 激酶，可以抑制或调节免疫功能。

2. NIH 与辉瑞的合作——化学生物学的研究和苗头化合物的发现

同年，辉瑞公司化学家 Changelian 等开始针对这个新靶标进行研究，辉瑞与 NIH 之间签订了合作协议，构建测定 JAK-3 的体外模型，开始化合物的普筛（Changelian PS, et al. Science, 2003, 302: 87）。这是由化学生物学开始，用化合物作为探针研究靶标的生理功能，在确证是否是药物靶标的同时，寻找有活性的苗头化合物，成为过渡到寻找新药的药物化学过程的前奏。

辉瑞筛选了 40 万个化合物，发现化合物 1 对 JAK-3 具有抑制作用。此外，还测定了对 IL-2 诱导的 T 母细胞增殖试验，以评价对 JAK-1 或 JAK-3 的抑制活性（协同作用）。然而 1 对 JAK-2 的 K_i = 200nmol/L，会导致贫血的不良反应，这是应消除的。

化合物 1 可被肝微粒体迅速代谢，$t_{1/2}$ = 14min，所以在演化成先导物的过程中，同时要提高对微粒体的稳定性。设定化合物的生物学目标是：对 JAK-3 激酶的活性 K_i<10nmol/L，对 IL-2 母细胞抑制活性 IC_{50} ≤ 100nmol/L，对 JAK-3（或细胞）的 T 细胞增殖试验选择性应大于对 JAK-2 抑制活性的 100 倍以上，对人肝微粒体的半衰期 $t_{1/2}$ ≥ 60min。

3. 苗头化合物向先导化合物的过渡，先导物的确定

化合物 1 含有 5 个环，MW = 290.37，向先导物的演化策略（hit-to-lead）是减少环数和分子量，以便为以后的优化预留出化学空间。初始的构效关系研究表明，在吡咯并嘧啶骨架上含有环状亲脂性的氨基如 N- 甲基 - 环烷基化合物（2）对 JAK-3 酶的抑制作用，特别是对 JAK-1 有较高的活性，且对细胞也呈现高活性，其中 N- 甲基环己基（通式 2，n = 2）对 JAK-3 的 IC_{50} = 370nmol/L，对 T 细胞抑制的 IC_{50} = 330nmol/L，说明同时抑制了 JAK-1，并起到与 JAK-3 的协同作用，然

而没有改善 JAK-2/JAK-3 的选择性，而且代谢稳定性仍然较差。

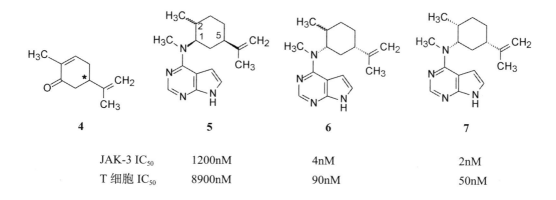

用快速类似物合成（high speed analoging, HAS）方法制备类似物，在环己基片段上进行甲基、乙基、正或异戊基取代，其中 2', 5'- 二甲基化合物（3）活性最高，对 JAK-3 的 $IC_{50} = 20nmol/L$，但对 T 细胞的抑制活性没有提高。可能大体积的烷基不利于穿越细胞膜。

化合物 3 有两个手性中心，为了揭示取代基的构型对活性的影响，用具有确定构型的天然物质作为原料以合成 3 的类似物。香芹酮（4, carvone）在环己烷上的取代基位置与 3 的位置相同，因而用市售的 R- (−) - 和 S- (+) - 香芹酮作为合成源，考察构型对活性的影响。结果表明，由 R- (−) 香芹酮合成的化合物 5 活性远低于由 S- (+) - 香芹酮合成的化合物 6，对 JAK-3 的抑制活性比化合物 5 高 300 倍，在此基础上进一步得到活性更高的全顺式化合物 7。7 对 JAK-3 激酶和细胞的活性达到既定的目标，成为里程碑式的化合物。然而 7 的物化性质有缺陷，脂溶性过强，溶解度只有 $1.3\mu g/ml$，生物利用度较低，$F = 7\%$，而且代谢稳定性差，与人肝微粒体温育的 $t_{1/2} = 14min$，成药性低。

	4	5	6	7
JAK-3 IC_{50}		1200nM	4nM	2nM
T 细胞 IC_{50}		8900nM	90nM	50nM

化合物 7 仍不能作为先导化合物，因有较高的亲脂性，并且有 3 个手性中心，增加了研制的复杂性。为了提高水溶性，设定的先导化合物 $ClogP \le 3.0$，为此用哌啶环代替环己烷，优点在于：①降低了亲脂性；②减少了一个手性中心；③相当于环己烷的 5- 位是亲核性的氮原子，易于引入各种取代基团。虽然新的哌啶骨架仍有两个手性碳原子，但因含有碱性氮原子较容易拆分，便于研究构效关系，从而确定了通式 8 为先导化合物。

8

4. 先导物的优化和候选药物的确定

8 的哌啶环氮原子可经烷基化或酰胺化引出新的侧链，优化中通过不同的取代，得到如下构效关系：①哌啶的磺酰化对 JAK-3 有良好的抑制活性，相对于 JAK-2 也有选择性，但对细胞的抑制难以达到所需的活性；②经胺甲酰基取代生成脲类化合物，对 JAK-3 激酶和细胞都有很好的活性，但是其他性质达不到要求；③氮原子的烷基取代，当为吸电子基团时有很好的酶活性，推电子基使碱性增强，被质子化而降低活性。此外，烷基取代的化合物与血浆蛋白的结合率高，也容易被肝微粒体氧化，半衰期短；④酰胺类化合物获得了成功。低级酰胺化合物的 $\log P \le 2.0$，亲脂性低，有利于溶解和吸收，并且提高了代谢稳定性。其中氰乙酰化合物 9 的活性最高，对 JAK-3 的 $IC_{50} = 3.3 \text{nmol/L}$，选择性为 JAK-1 的 20 倍，对细胞抑制的 $IC_{50} = 40 \text{nmol/L}$，$ClogP = 1.52$，人肝微粒体的 $t_{1/2} > 100 \text{min}$。

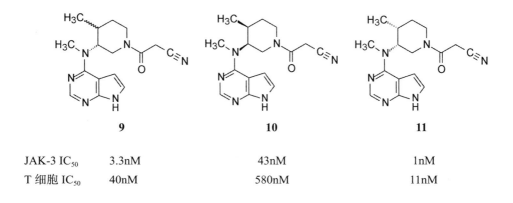

	9	**10**	**11**
JAK-3 IC_{50}	3.3nM	43nM	1nM
T 细胞 IC_{50}	40nM	580nM	11nM

化合物 9 除选择性较低外其余参数达到了既定的指标。为了提高对 JAK-3 的选择性，将 9 拆分成光学异构体，结果表明，3'S，4'R 化合物 11 的活性明显高于 3'S，4'S 异构体 10（Jiang JK, et al. J Med Chem, 2008, 51: 8012）。11 制成枸橼酸盐，称作枸橼酸托伐替尼（tofacitinib citrate），静脉注射和灌胃大鼠、犬和猴，药代动力学性质如表 1 所示。

表 1　托伐替尼对实验动物的药代动力学参数

动物	静脉注射					口服灌胃		
	CL [ml/(min·kg)]	CL_R [ml/(min·kg)]	Vdss(L/kg)	$t_{1/2}$(h)	F(%)	剂量 (mg/kg)	C_{max}(ng/ml)	F(%)
大鼠	62	6.2	2.6	0.6	23	10	442	267
犬	19	1.9	1.8	1.2	19	5	1 020	78
猴	18	2.3	1.7	2.1	26	5	790	48

3 种动物的半衰期为 0.5～2.1h，有中等或较低的分布容积，人的血浆蛋白结合率与 3 种动物相近，游离药物占 24%，体外代谢试验表明对多种 CYP450 的作用很弱，预示有较低的药物－药物相互作用。Caco-2 单细胞层试验表明，在 10μmol/L 浓度下，预测不是外排蛋白的底物，推算人的口服生物利用度 F = 70%。

5. 临床研究和获得批准

托伐替尼经临床研究，治疗类风湿性关节炎，症状得到明显减轻。已于 2012 年经美国 FDA 批准上市，成为第一个口服治疗类风湿性关节炎的小分子药物（Flanagan ME, et al. J Med Chem, 2010, 53: 8468; Kremer JM, et al. Arthritis & Rheumatism, 2009, 60: 1895）。治疗银屑病（牛皮癣）和炎性大肠炎处于 III 期临床阶段。对 Creohn 病和抑制器官移植排异的适应证处于 II 期临床研究。

合成路线

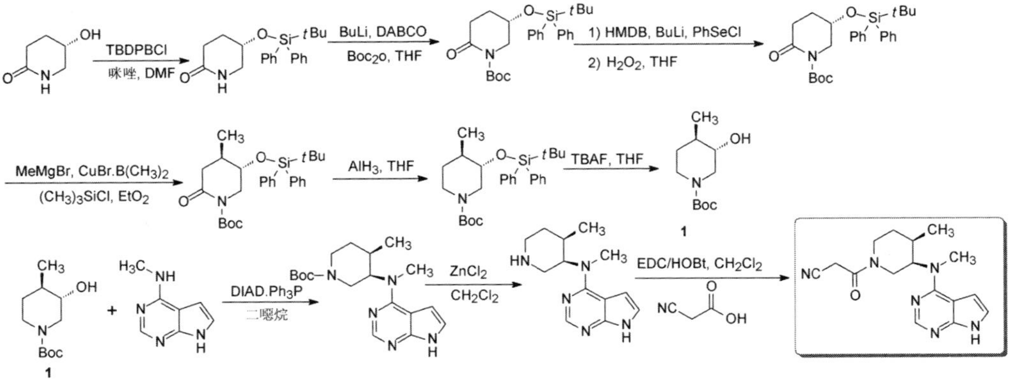

托伐替尼

20. 基于代谢活化设计的抗丙肝药物索非布韦

【导读要点】

索非布韦是以病毒的聚合酶为靶标的第一个治疗慢性丙肝的药物，2013 年上市，被业界认为是重磅性的突破。丙肝病毒的复制需要 NS5B RNA 聚合酶的参与，核苷抑制剂须经三磷酸化成活化形式起效。由于一磷酸化是慢速步骤，往往在核苷分子中预构成一磷酸核苷，这又带来了药代和吸收的问题。构建索非布韦化学结构彰显了处理体外与体内、原药与前药、前药的稳定性和靶向性的诸多技巧。

1. NS5B RNA 聚合酶及核苷类抑制剂的作用机制

丙肝病毒（HCV）为正链 RNA 病毒，含有 9.6 kb 基因，编码 10 个蛋白：即 3 个结构性蛋白、7 个非结构性蛋白。非结构性蛋白常常作为治疗 HCV 药物的靶标，例如其中称作 NS3 的丝氨酸蛋白酶，对于病毒蛋白的成熟和病毒颗粒的复制起主要作用，以 NS3 蛋白酶为靶标的抑制剂如波西匹韦等药物，已用于临床治疗 HCV。另一个非结构性蛋白是 NS5B RNA 依赖的 RNA 聚合酶（RdRp），负责 HCV 的 RNA 链的复制，在病毒基因复制、丙肝病毒在宿主细胞中的增殖是绝对必需的，因而也是治疗 HCV 的药物靶标。索非布韦是针对丙肝病毒 NS5B RNA 聚合酶上市的第一个药物。

以病毒聚合酶为靶标的核苷类抑制剂，都需要在感染细胞内经三磷酸化作用，生成活化形式而起效，即相继经核苷激酶、磷酸核苷激酶和二磷酸核苷激酶催化，生成三磷酸核苷而抑制聚合酶，导致基因的致死合成。核苷类药物需要经过体内的活化。

2. 研制 HCV 聚合酶抑制剂的目标

Pharmasset 公司研制的索非布韦是全球第一个上市的 HCV 聚合酶核苷类抑制剂。在此之前许多公司研究了多种核苷类化合物，包括有不同的碱基、取代的（脱氧）核糖、核糖上磷酸基的预构以及氨基酸修饰的前药等，虽然没有成功，但积累的知识和揭示出的问题，为 Pharmasset 提供了研发的线索和目标：药效学上应对多种表型的 HCV（特别是 1 型）的聚合酶具有选择性作用；在安全性上对宿主细胞的聚合酶不产生抑制活性；药代动力学上可以口服吸收，具有化学和代谢稳定性等。

3. 母核核苷的确定

文献报道，化合物 2'- 氟代脱氧胞苷（1）体外对 HCV 复制子具有抑制活性，$EC_{90}=6.0\mu mol/L$，虽然没有腺病毒作用，但在 EC_{90} 浓度下可诱导正常细胞进入静止期。另一化合物 2'- 甲基胞苷（2）也具有抑制活性，$EC_{90} = 19.0\mu mol/L$，但选择性抑制作用较低，例如对小鼠腹泻病毒（BVDV）的 $EC_{90} = 2.30\mu mol/L$。基于这两个有初步活性的化合物结构，Pharmasset 公司拼合设计了 2'- 氟 -2'- 甲基脱氧胞苷（3，PSI-6130），离体试验表明，对 HCV 的活性 $EC_{90} = 5.40\mu mol/L$，对非靶标 BVDV 的 $EC_{90}>100\mu mol/L$，而且未见细胞毒作用，说明 3 的体外活性强度和选择性有明显提高。然而，3 是胞苷类核苷，在体内容易被胞苷脱氨酶催化脱氨，转变为尿苷而失去活性，例如脱氨产物 2'- 氟 -2'- 甲基脱氧尿苷（4）既没有抑制 HCV 活性，也没有细胞毒作用（Clark JL, et al. J Med Chem, 2005, 48: 5504-5508）。

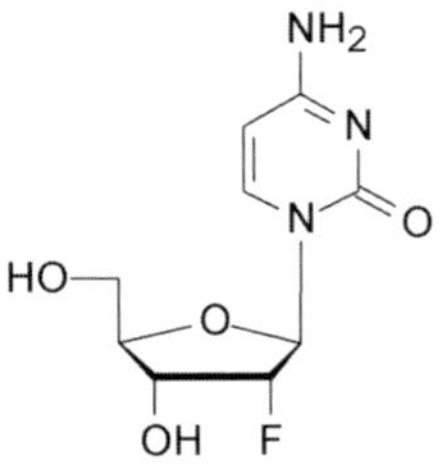

| 1 | 2 | 3 | 4 |

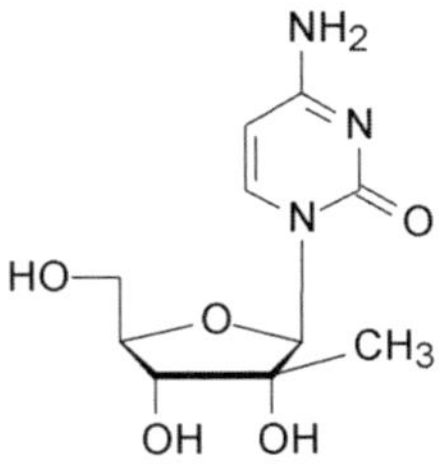

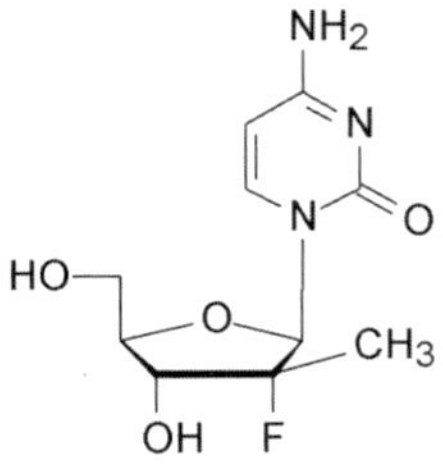

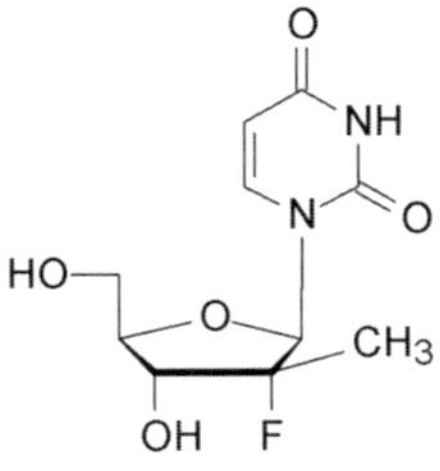

4. 肝细胞代谢活化和代谢失活

研究肝细胞对化合物的作用，预测在体内的转化命运，对进一步优化结构和完善成药性起了重要作用。将 ^{3}H 标记的化合物 3 与人肝细胞温孵，在不同时间点检测肝细胞中化合物的状态，发现化合物 3 的 5′ 位羟基发生一磷酸－、二磷酸－和三磷酸化产物。同时，也发生脱氨作用生成化合物 4（PSI-6026），以及 4 的一磷酸－、二磷酸－和三磷酸化产物（Ma H, et al. J Biol Chem, 2007, 282: 29812–29820）。图 1 是化合物 3 在肝细胞中代谢过程的示意图。

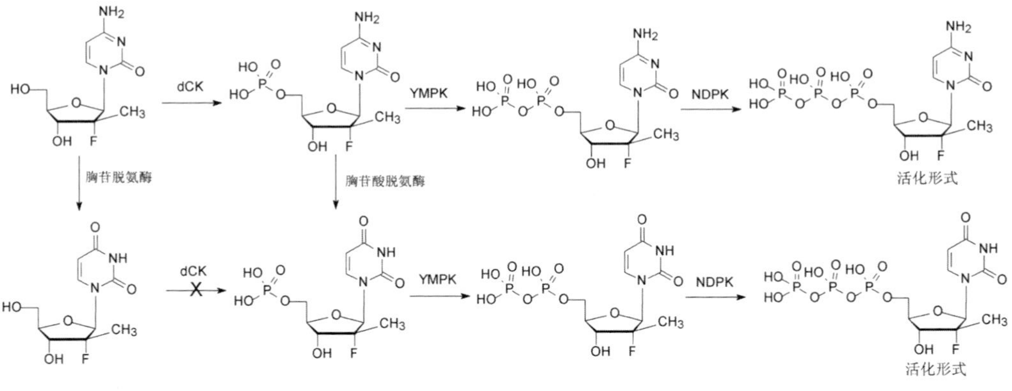

图 1　化合物 3 在肝细胞中的代谢失活和活化

dCK 代表脱氧胞苷激酶；YMPK 代表胞（尿）苷一磷酸激酶；NDPK 代表核苷二磷酸激酶

3 经脱氧胞苷激酶（dCK）催化生成一磷酸胞苷，继之可被胞（尿）苷一磷酸激酶（YMPK）催化生成二磷酸胞苷，再经核苷二磷酸激酶（NDPK）生成活化形式的三磷酸胞苷，后者对 NS5B 产生抑制作用。3 也可被肝细胞中胞苷脱氨酶氧化脱氨生成尿苷 4，后者不能被 dCK 磷酸化，提示胞苷脱氨是个失活过程。所以碱基为胞嘧啶的核苷类药物具有代谢不稳定性。

　　然而，一磷酸胞苷类似物经脱氨生成的一磷酸尿苷（5）在肝细胞内可发生二磷酸化和三磷酸化，生成的三磷酸尿苷（6）具有较高的抑酶活性，$K_i = 0.42\mu mol/L$，而且 5 可在肝细胞中长时间存留，半衰期 $t_{1/2} = 38h$，这些性质成为研发一磷酸尿苷类药物的重要依据（Murakami E, et al. Antimicrob Agents Chemother, 2008, 52: 458-464）。化合物 3 的代谢研究提供的设计策略是以 5 为研发对象，因为它避免了胞苷的脱氨作用，也预构了一磷酸尿苷骨架，为生成活化产物 6 提供了磷酸基的"接口"。不过化合物 5 的磷酸基还存在两个酸根，极性强不利于过膜吸收，药效和药代发生了冲突，克服的办法是制成前药掩蔽极性基团（Sofia MJ, et al. J Med Chem, 2010, 53: 7202-7218）。

5. 借鉴——核苷酯化成前药以改善药代的先例

　　化合物 3 的药代性质必须改善。为此，将 3 的 3'- 羟基和 5'- 羟基都用异丁酸酯化，称作 mericitabine（7, RG-7128），是 Pharmasset 转给罗氏公司的候选药物。由于降低了分子的极性，提高了过膜和吸收性，吸收后经首过效应水解出原药，提高了生物利用度。化合物 7 经临床试验每日口服两次，每次 1g，治疗 1 型丙肝患者，14 天后可降低 HCV 的 RNA 水平 2.7 个对数单位。此外 7 治疗 2 型和 3 型 HCV 患者也呈现疗效。另一个胞嘧啶核苷类 HCV 聚合酶抑制剂 valopicitabine（8, NM-283）是用缬氨酸酯化 3'- 羟基的前药，也降低了分子极性，提高口服生物利用度，改善药代动力学性质（Pierra C, et al. J Med Chem, 2006, 49: 6614-6620）。

7　　　　　　　　　　　8

6. 多代谢位点前药的设计

然而，以 5'- 一磷酸 -β-D- 脱氧 -2'- 氟 -2'-C- 甲基尿苷（5）作为核心药物（原药）设计前药，要比上述复杂得多，是因为磷酸基上有两个需要修饰的酸基，这是进行两次磷酸化的预留端口，但磷酸基的极性又有碍于过膜吸收，对这个矛盾所实行的"分子手术"是暂时性掩蔽两个酸性基团。为此，利用了核苷酸结合蛋白的特异性水解功能，达到前药选择性作用的目的。

6.1 利用核苷酸结合蛋白水解磷酰胺键的特性

核苷酸结合蛋白是由 HINT1 编码的具有多功能的蛋白，结构中含有保守的组氨酸三元体结构域 His-aa-His-aa-His-aa-aa（aa 代表疏水性氨基酸残基），具有水解核苷酸磷酰胺键的特性，例如可将 AMP-Lys 或 AMP-Ala 水解成 AMP 和对应的氨基酸。由于 HINT1 主要分布在肝、肾和中枢神经系统，而且药物经口服用药在胃肠道吸收后首先进入肝脏，因此可设计含有磷酰胺片段的前药，优先在肝脏中代谢活化，成为作用于肝靶向的治疗药（Perrone P, et al. J Med Chem, 2007, 50: 55463-54）。

化合物 5 的前药修饰利用该组织和生化的靶向特征，经酰胺键和酯键连接不同的基团或片段，组合成掩蔽性基团，以耐受消化道的化学环境，并且对血浆中酯酶和酰胺酶具有稳定性。而一旦进入肝细胞，经肝脏的首过效应，被上述蛋白迅速裂解掉磷酰胺键和酯键连接的基团，复原成化合物 5，而且是在肝细胞内"就地"发生两次磷酸化，生成活性的三磷酸尿苷 6。文献也曾报道过磷酰胺酸酯的前药设计，具有能够促进前药在肝细胞内释放、提高抗病毒效力的能力（McGuigan C, et al. Bioorg Med Chem Lett, 2009, 19: 4250-4254; Gardelli C, et al. J Med Chem, 2009, 52: 5394-5407）。据此设计了结构模式为 9 的化合物类型。

9

前药结构 9 的分子中含有 3 个可变动基团：

R_1 代表与磷酸形成的酯基，是在肝细胞中的离去基团，脱落的醇或酚应有较低肝毒性；R_2 代表 α 氨基酸的不同侧链，其性质应在进入肝脏前该磷酰胺键稳定，进入肝脏后被水解断裂；R_3 代表氨基酸酯化的基团，也是调节分子的稳定性和可逆性转变的基团。在优化过程中通过 $R_1 \sim R_3$ 的广泛变换和组合，实现在肝细胞中抗 HCV 效力的最大化。

6.2 磷酸酯 R_1 的变换

将 R_2 和 R_3 固定为较小基团 CH_3，变换 R_1 为苯环、取代的苯环（如卤代苯）、萘环或烷基，离体方法评价化合物对 NS5B 聚合酶的抑制活性 EC_{90} 和在 50μmol/L 浓度下对正常细胞 rRNA 的复制的脱靶作用（% 抑制率，表示细胞毒作用）。结果表明，未被取代的苯酯是优良的基团（$EC_{90} = 0.91$μmol/L；细胞毒作用 = 0）。

6.3 氨基酸侧链 R_2 的变换

将 R_1 和 R_3 分别固定为苯基和甲基，变换 R_2 为常见的天然氨基酸侧链，如 H（甘氨酸）、异丙基（缬氨酸）、异丁基（亮氨酸）、甲硫乙基（甲硫氨酸）、苄基（苯丙氨酸）等，评价化合物的活性和毒性。结果表明 S 构型的甲基为最佳基团（即天然的丙氨酸），$EC_{90} = 0.91$μmol/L；细胞毒作用 = 0。

6.4 羧酸酯基 R_3 的变换

将 R_2 固定为甲基，变换 R_1 为苯基、4- 氟或 4- 氯苯基，R_3 为甲基、乙基、异丙基和环己基，考察磷酸酯基不同的取代苯基与氨基酸上不同的烷酯基酯键的组配对活性和安全性的影响，结果表明当 R_3 为异丙基或甲基、R_1 为无取代的或卤素取代苯基等 7 个化合物有较优良的选择性活性。

6.5 体外稳定性和释放原药速率的比较

前药的成药性，要求口服后在胃和肠道是稳定不变的；吸收到血液中也以不变的前药形式转运，也就是说，在胃肠道和血液中前药的化学性质和代谢性质应是稳定的。当进入肝脏后，应能够迅速裂解掉羧酸酯基、磷酸酯的（取代的）苯基以及经磷酰胺连接的丙氨酸，游离出 5'- 磷酸 -β-D- 脱氧 -2'- 氟 -2'-C- 甲基尿苷（5）。后者在肝细胞中"就地"形成三磷酸尿苷，抑制 HCV 的聚合酶。通过对 7 个高选择性的化合物在胃液、肠液和血浆中存留水平的测定，表明它们是稳定存在的，半衰期 $t_{1/2}>15h$；当在人肝 S9 组分中则迅速裂解出化合物 5。这 7 个受试物中，化合物 10～12 的体外活性、在非靶组织的稳定性和在肝细胞生成化合物 5 的速率等表现优良，下一步是通过体内评价这 3 个化合物，以优选出候选药物。

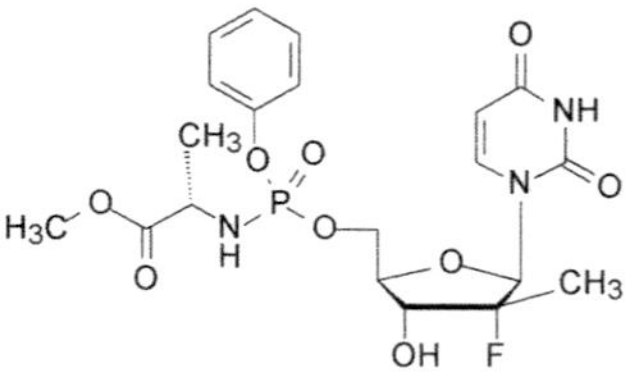

10 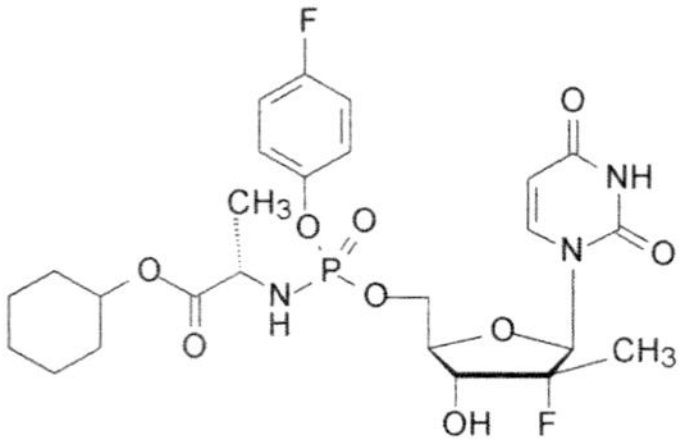　　　　　**11** 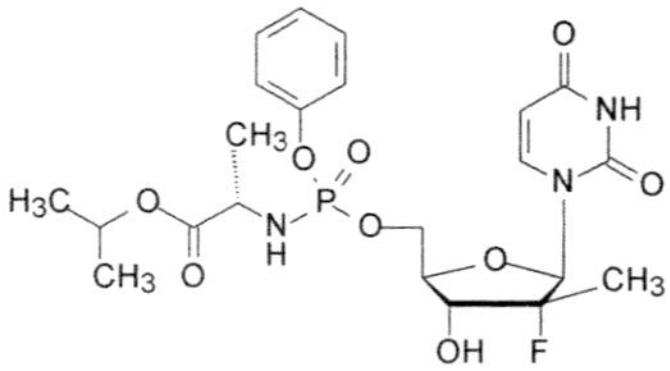　　　　　**12**

6.6　体内测定三磷酸尿苷浓度以预测抗 HCV 活性

为实现前药对 HCV 患者的疗效，应在人体内满足如下要求：①口服吸收；②耐受胃酸胃液，在胃中稳定；③耐受肠液，在肠道中稳定；④在血液中稳定；⑤在肝细胞内迅速裂解掉前药的修饰基团，暴露出化合物 5；⑥化合物 5 在肝细胞中迅速而尽可能多地生成三磷酸尿苷 6。

化合物 10～12 最后形成的活化结构虽然相同，但因修饰成前药的结构不同，使得药代行为（例如吸收速率和吸收量、进入肝细胞的速率和药量、转化成活性形式的速率和水平等）存在差异，因而只靠体外的数据不能预判体内的效果。Pharmasset 公司通过灌胃一定剂量的受试物给大鼠、犬和猴，动态测定血浆中前药的 C_{max} 和 AUC，用 LC/MS/MS 测定处死动物后肝脏中的前药和三磷酸尿苷 6 的总量（6 的含量是抗 HCV 病毒活性的指标）。结果表明，化合物 12 在 3 种实验动物释放和转化成活性产物最多，应是治疗效果最佳的前药。表 1 列出了化合物 10～12 给猴灌胃后血浆和肝脏的药代参数，表明化合物 12 的血浆和肝脏药代参数明显优于另外两个（Sofia MJ, et al. J Med Chem, 2010, 53: 7202-7218）。

表 1　猴灌胃化合物 10～12 后血浆和肝脏的药代参数

化合物	剂量 [a] (mg/kg)	血浆 [b]				肝脏 [c]	
		C_{max} (ng/ml)	T_{max}(h)	AUC_{inf} [(ng·h)/ml]	AUC_{0-t} [(ng·h)/ml]	前药 (ng/g) 肝	三磷酸尿苷 (ng/g) 肝
10	50	19	0.25	34	27	4.66	26
11	50	1.8	6.00	未测	未测	13	未测
12	50	33	1.00	170	86	177	57

　　a：连续 4 天每天给药 50mg/kg；b：第 3 天给药后第 1、2、4、6、12、24h 取血样；c：第 4 天给药后 4h 取出肝脏测定

　　在安全性方面，用体外微粒体和骨髓细胞实验表明，化合物 10 和 12 高剂量下未呈现毒性。遂确定化合物 12 为候选药物，命名为索非布韦（sofosbuvir），Phaemasset 和 Gilead 公司合作进行临床研究，证明口服本品是治疗 2、3 型慢性丙型肝炎的有效药物，于 2013 年经 FDA 批准上市。

合成路线

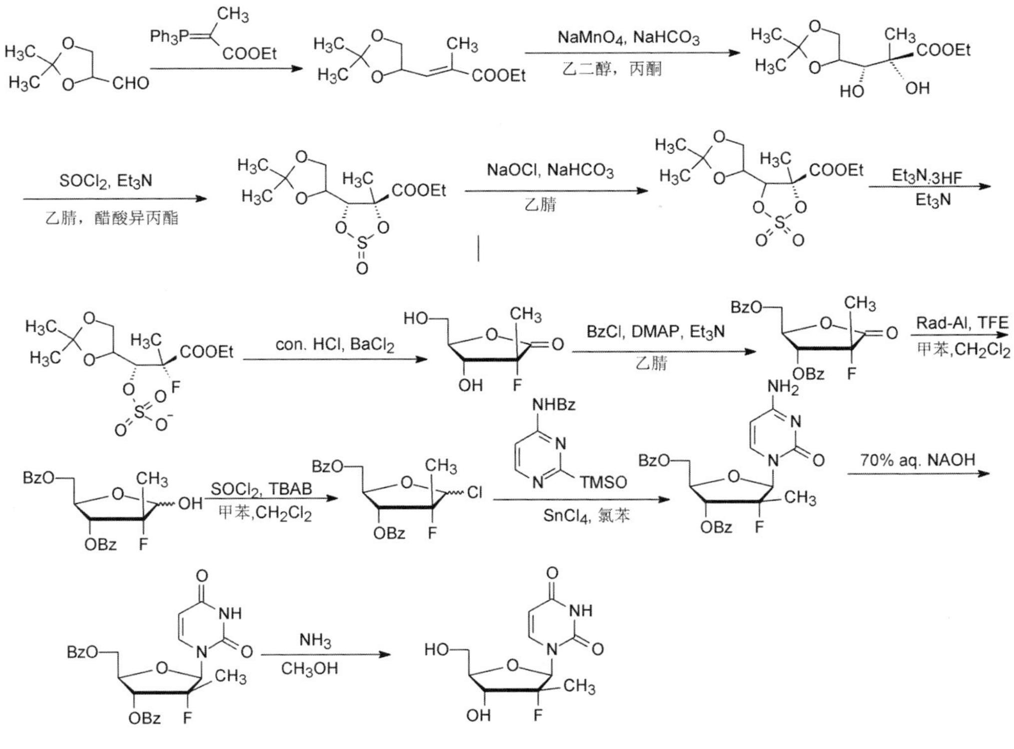

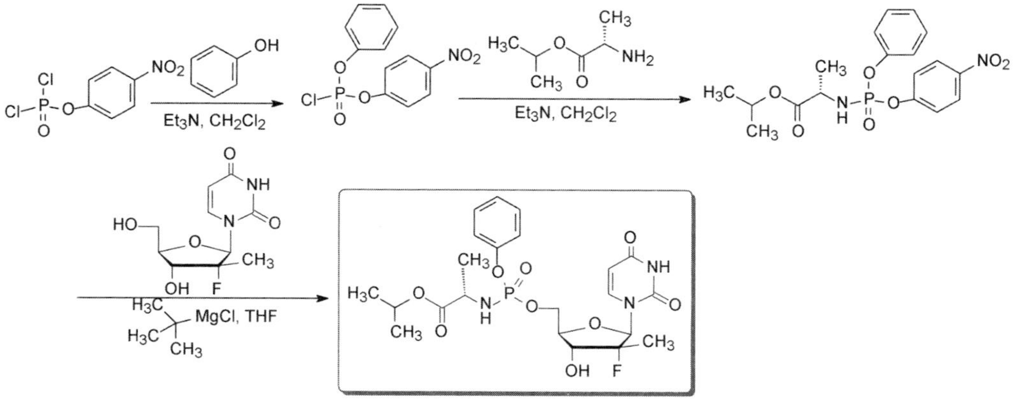

索菲布韦

21. 选择性抑制 COX-2 的重磅药物塞来昔布

【导读要点】

前列腺素生理功能的阐明，有助于理解非甾体抗炎药物（NSAIDs）的作用机制和不良反应，环氧合酶-2（COX-2）的发现又为创制新型抗炎药提供了靶标，塞来昔布等昔布类药物的诞生受惠于生物学基础研究的成果。其实，无论是传统的 NSAIDs 还是昔布类药物都是 COX-2 和 COX-1 双靶标抑制剂，只是抑制的相对程度不同罢了。人们对 COX-2 病理和生理功能的认识经历了一个过程，新药研发中也为此付出了代价，罗非昔布和伐地考昔的上市与撤市，折射出这个过程。

1. 非甾体抗炎药和前列腺素

1897 年德国人 Hoffmann 发明了阿司匹林，20 世纪 50 年代后出现了数十个非甾体抗炎药（NSAIDs）作为解热、止痛和抗炎药物被广泛应用，同时发现它们普遍存在不良反应，如胃肠道损伤和抑制血小板功能和凝血作用等。NSAIDs 的抗炎主作用与伴随的那些不良反应，由后来发现的前列腺素的功能得以解析。

20 世纪 60 年代末，科学家们广泛研究前列腺素的功能，证明血小板聚集产生前列腺素，引起发热和炎症；在胃黏膜中检测出前列腺素，证明可保护胃黏膜免于溃疡发生。前列腺素具有多重生理功能，功过参半。

1971 年 Vane 发现环氧合酶（COX）可催化花生四烯酸（AA）转变成前列腺素，NSAIDs 抑制 COX 酶活性，阻止前列腺素的生成，从而将上述 NSAIDs 的抗炎作用和不良反应归结为 COX 被抑制所致。后来还证明所有的 NSAIDs 在治疗剂量下血浆药物浓度都可抑制 COX 活性，为离体筛选化合物抑制 COX 酶和抗炎活性打下了生物学基础。

然而，一些例外的现象促使人们设想 COX 可能有多种亚型，以致不同的药物的选择性不同。例如同属于 NSAIDs 的 p- 乙酰氨基酚只有解热而无抗炎作用，推论是只抑制脑内 COX 而不抑制外周 COX 的缘故。吲哚美辛对不同组织来源的 COX 抑制作用强度不同，预示 COX 有同工酶的存在（Flower RJ. The development of COX2 inhibitors. Nature Rev Drug Discov, 2003, 2: 179-191）。

2. 环氧合酶 -2 的发现

1991 年 Xie 等发现了一个新的 mRNA 编码蛋白，与已知的 COX 序列相似但 并 不 相 同（Xie WL, Chipman JG, Robertson DL, et al. Expression of a mitogen-responsive gene encoding prostaglandin synthase is regulated by mRNA splicing. Proc Natl Acad Sci USA, 1991, 88: 2692-2696）。同年 Kujubu 等发现了新的 cDNA 编码蛋白，其序列也与 COX 相似（Kujubu DA, Fletcher BS, Varnum BC, et al. TIS10, a phorbol ester tumor promoter inducible mRNA from Swiss 3T3 cells, encodes a novel prostaglandin synthase/cyclooxygenase homologue. J Biol Chem, 1991, 266: 12866-12872），后来证明 Xie 与 Kujulu 等发现的蛋白是同一种酶，该酶在炎症细胞中高表达，是炎症细胞被诱导产生的，并将新发现的酶称作环氧合酶 -2（COX-2），已知的酶称作 COX-1。

发现了 COX-2 和 COX-1 是同工酶，并分别将这两种酶的功能与 NSAIDs 的抗炎作用与不良反应关联在一起：COX-2 是炎症细胞诱导产生的"坏"酶，是 NSAIDs 抗炎作用的靶标；COX-1 是正常细胞所固有的"好"酶，NSAIDs 的不良反应是抑制 COX-1 所致，对 COX-2 的脱靶作用（off-targeting）导致血小板的抑制和消化道损伤。这样对 COX-1 和 COX-2 功能简明的判断无疑对新药研究产生了巨大的吸引力，认为只要找到选择性抑制 COX-2 的化合物，就应是没有不良反应的理想抗炎药。制药界对 COX-2 的发现抱有极大的热情和希望。然而，药物化学家却因这两种酶活性中心的氨基酸序列极其相似，未能解析酶的三维结构，以致理性设计选择性 COX-2 抑制剂无从着手。

3. 表型筛选——先导化合物的发现

1990 年杜邦公司在研发抗炎药物中发现化合物 1（DuP-697）对实验动物有强效抗炎作用，而且引起消化道溃疡作用很弱。体外实验表明化合物 1 对大鼠脑中前列腺素的合成有显著抑制活性（是抑制了 COX-2 的缘故），而对来源于大鼠肾组织的环氧合酶（主要为 COX-1）活性较弱。这些结果提示化合物 1 有别于传统的 NSAIDs。（Gans KR, Galbraith W, Roman RJ, et al. Anti-inflammatory and safety profile of DuP 697, a novel orally effective prostaglandin synthesis inhibitor. J Pharmacol Exp Ther, 1990, 254: 180-187）。

化合物 1 对 COX-2 抑制活性 $K_i = 0.3\mu mol/L$，抑制 COX-1 的 K_i 值为 $5.3\mu mol/L$，表现出对 COX-2 的选择性抑制（Magolda RL, Batt D, Covington MB, et al. Structure-activity-relationships with a novel series of selective cyclooxygenase-2 inhibitors. Inflamm Res, 1995，44(suppl.3): A274）。佐剂诱导的大鼠关节炎模型经灌胃给予化合物 1，$ED_{50} = 0.18mg/kg$，而以 400mg/kg 浓度灌胃，未出现消化道损伤，提示该化合物是 COX-2 选择性抑制剂。

1

Seale 公司（当时隶属孟山多）从化合物 2（SC-57666）和 3（SC-58125）出发，即以环戊烯和吡唑环连接含有甲磺酰基的苯环为模板，研发选择性 COX-2 抑制剂。化合物 1～3 结构的共同特征（即药效团）是两个芳环处于双键的顺式（吡唑环也具有平面性），在一个芳环上有甲磺酰基取代，连接苯环的中间环可以变换。

2　　　　　　　　　　**3**　　　　　　　　　　**4**

4. 以环戊烯为连接基的化合物系列

4.1　B环取代基的变换

化合物 2（4'-F）对 COX-2 抑制活性的 $IC_{50} = 0.026\mu mol/L$，COX-1 的 $IC_{50} > 100\mu mol/L$，对 COX-2 的选择性 >3800，4'-Cl 或 4'-CH$_3$ 的活性和选择性与 2 相似，但 4'-OCH$_3$ 的选择性下降，虽然对 COX-2 的活性未明显改变。4'-CN、4'-CH$_2$OH 和 4'-CH$_2$OCH$_3$ 以及 4' 位无取代基化合物对 COX-2 活性均降低 2 个数量级。

4.2　环戊烯的 4 位取代

在环戊烯的 4 位进行双甲基取代，提高了对 COX-1 的抑制活性，选择性下降，而 4,4- 二乙基为母核的抑制 COX-2 活性显著降低。说明 4 位烷基取代对 COX-2 的选择性抑制作用是不利的。化合物 2 体内具有强效抗炎作用，大鼠关节炎佐剂模型灌胃的抗炎活性 $ED_{50} = 1.7mg/kg$，小鼠灌胃 600mg/kg 或大鼠灌胃 200mg/kg 都未引起胃肠道的损伤。体内外实验都表明化合物 4 是选择性 COX-2 抑制剂（Reitz DB, Li JJ, Norton MB, et al. Selective cyclooxygenase inhibitors: novel 1, 2-diarylcyclopentenes are potent and orally active COX-2 inhibitors. J Med Chem, 1994, 37: 3878-3881）。

4.3　A 环 4- 氨磺酰基与 4- 甲磺酰基的比较

为了优化环戊烯系列的抗炎活性，通式为 4 的 $R_1 = H_2NSO_2$，$R_2 = F$ 的化合物，对 COX-2 的抑制活性比化合物 2 提高了近 3 倍（$IC_{50} = 0.007\mu mol/L$），但对

COX1 的抑制活性提高更多（IC_{50} = 4.2μmol/L），导致选择性降低为 600 倍（Reitz DB, Li JJ, Norton MB, et al. 2-Diarylcyclopentenes are selective potent and orally active cyclooxygenase inhibitors. Med Chem Res, 1995, 5: 351-363），同样 R_1 = H_2NSO_2，R_2 为 Cl、CF_3、（CH_3）$_2$N 等取代基时，对 COX-2 的抑制作用也强于 R_1 = H_3CSO_2 的相应化合物，而且对 COX-1 的抑制也相对提高，选择性作用普遍下降数十倍，提示氨磺酰基抑制 COX-2 活性强于相应的甲磺酰基，但选择性降低。当 R_1 = H_2NSO_2，B 环为 3′, 4′, 5′- 三取代时，选择性强于 3′, 4′- 二取代，后者的选择性又强于 4′- 单取代，提示 B 环存在多取代基，体积加大有利于提升对 COX-2 选择性作用。

化合物 5 对 COX-2 的 IC_{50} = 0.002μmol/L，是体外活性最强的化合物，对 COX-1 的 IC_{50} = 3.8μmol/L，选择性高达 1900 倍，但灌胃给药体内的抗炎作用很弱，是由于甲氧基迅速被代谢的缘故。不利的药代削弱了药效。

化合物 6 对 COX-2 和 COX-1 的 IC_{50} 分别为 0.01μmol/L 和 5.1μmol/L，选择性为 500，虽然是代谢稳定的化合物，高剂量不诱发消化道损伤，但抗炎作用弱于 NSAID 吲哚美辛。

5

6

4.4 磺酰基的变换

用其他功能基替换甲磺酰基或氨磺酰基，以确定对活性或选择性影响，图 1 列出了 A 环上用三氟甲磺酰基、甲磺酰亚氨基、乙酰基、羧基、甲膦酸基以及磷酸基等取代，B 环为 4- 氟苯基的化合物，抑制 COX-2 活性减弱到 IC_{50}>0.1μmol/L，所以，甲（或氨）磺酰基应是优化的药效团。（Li JJ, Anderson GD, Burton EG, et al. 1, 2-Diarylcyclopentenes as selective cyclooxygenase-2 inhibitors and orally active anti-inflammatory agents. J Med Chem, 1995, 38: 4570-4578）。

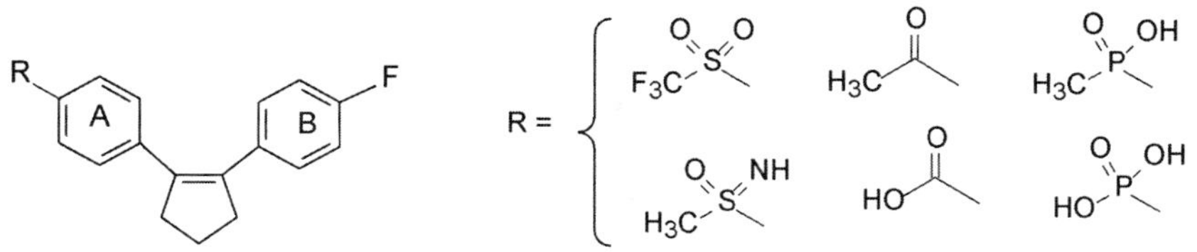

图 1 甲（或氨）磺酰基被其他功能基置换失去抑制 COX-2 活性

5. 吡唑环系的结构优化

在上述优化环戊烯化合物 2 的同时，用吡唑环连接两个苯环的化合物 3 也作为先导化合物进行了优化，采用传统药物化学方法，分析构效关系以优化活性和选择性。借鉴上述的氨磺酰苯基化合物具有较高抑制 COX-2 活性，将吡唑环系的 A 环固定为氨磺酰基苯基，即通式为 7 的化合物，变换 B 环的取代基团。

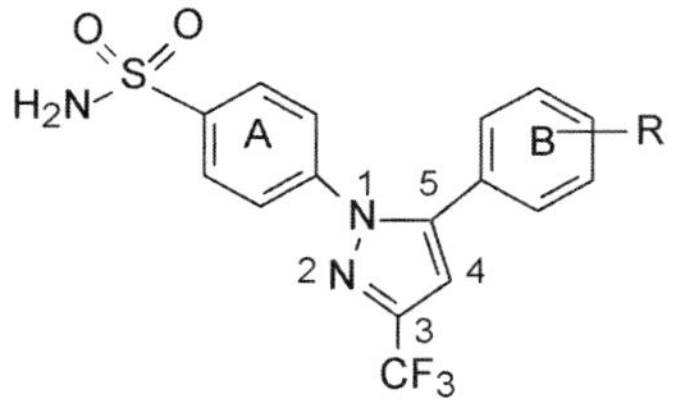

7

5.1 苯环 B 的取代基变换

固定吡唑环 3 位的三氟甲基或二氟甲基，通式 7 的 R 作广泛的变换，以改变化合物的物理性质如溶解度、$\log P$、pKa、离解性等，探索对 COX-2 的抑制强度和选择性的影响。构效关系如下：① 2'- 和 4'- 位单取代的活性强度高于相应的 3'- 位取代；②吸电子基团降低 COX-2 抑制活性，对 COX-1 没有活性；推电子基团同时提高对 COX-2 和 COX-1 的抑制活性。引入两个推电子基团更降低抑制 COX-1 的作用，保持对 COX-2 的高活性；③ R= 卤素、甲基和甲氧基可保持 COX-2 的高抑制活性，降低 COX-1 的作用；④ 4'- 乙基活性低于 4'- 甲基；4'- 乙氧基也低于 4'- 甲氧基，推论 4'- 位基团体积不宜大。

5.2 吡唑环 3 位取代基的变换

吡唑环 3 位取代基以 -CF$_3$ 或 -CHF$_2$ 为优势取代，甲基、氰基等对活性是不利的。

5.3 氨磺酰基的变换

与环戊烯系列相似，A 环为氨磺酰基的 COX-2 活性强于甲磺酰基，但选择性低于甲磺酰基。氨基上氢原子（一或两个）被甲基取代丧失活性，或换作甲磺酰氨基、硝基、三氟乙酰基都会失去活性。没有磺酰基的二苯基吡唑化合物，失去 COX-2 的活性，却保持有抑制 COX-1 的作用。

5.4 用其他环替换苯环 B

用吡啶、噻吩、呋喃、苯并呋喃或苯并噻吩替换苯环 B，对提高活性或选择性没有明显作用。

6. 候选化合物的选择

6.1 在体内长久存留的化合物不宜遴选

在上述优化和探索构效关系的操作中，化合物 8（SC-236）体外抑制 COX-2 活性 $IC_{50} = 0.01\mu mol/L$；对 COX-1 活性 $IC_{50} = 17.8\mu mol/L$，选择性为 1 780 倍。体内灌胃对大鼠关节炎佐剂的抗炎作用 $ED_{50} = 0.07mg/kg$，对角叉菜胶引起大鼠

8

后趾肿胀的抗炎作用 $ED_{50} = 5.4mg/kg$，大鼠痛觉减退的 $ED_{50} = 6.6mg/kg$，呈现出体内外的高活性和选择性，拟确定为候选化合物。然而大鼠药代动力学表明，灌胃吸收后在血浆的半衰期 $t_{1/2} = 117h$，这样长时间在体内的存留，会造成药物蓄积而引起不良反应，故未选为候选化合物。

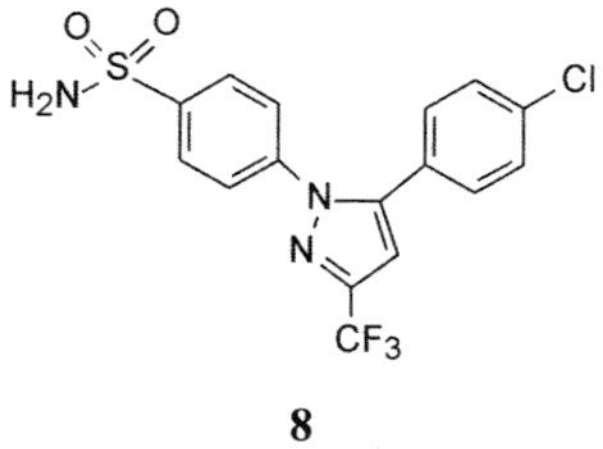

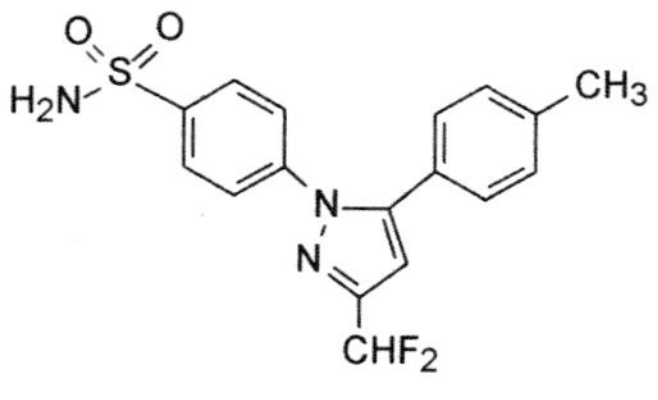

9 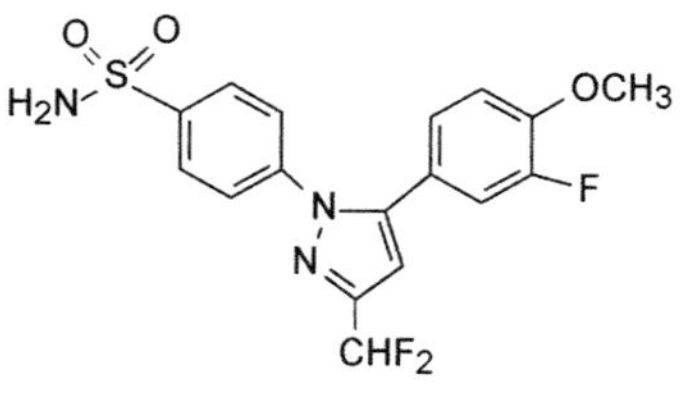   **10** 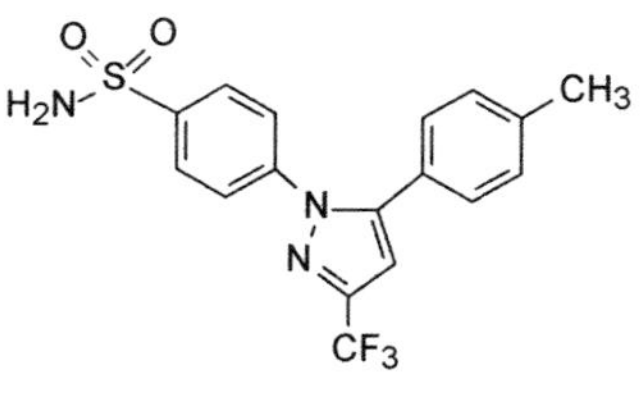   **11**

6.2 调整药代——含有代谢位点的候选化合物：塞来昔布的确定

在高活性的化合物中选择可在体内发生代谢转化的物质，以便有适宜的药代动力学性质，例如含有甲基或甲氧基等基团的化合物，在体内可发生氧化代谢，为此选择了 9、10 和 11 等化合物进行了体内药效和药代实验。表 1 列出了它们的生物学数据。（ Penning TD, Talley JJ, Bertenshaw SR, et al. Synthesis and biological evaluation of the 1, 5-diarylpyrazole class of cyclooxygenase-2 inhibitors: identification of 4-[5-(4-methylphenyl) -3- (trifluoromethyl) -1H-pyrazol-1-yl] benzene sulfonamide(SC-58635, celecoxib). J Med Chem, 1997, 40: 1347−1365 ）。

表 1 有代表性化合物的体内外抗炎活性和大鼠血浆中半衰期

化合物	8	9	10	11
COX2 IC_{50}(μmol/L)	0.01	0.013	0.05	0.04
COX1 IC_{50}(μmol/L)	17.8	12.5	36.0	15.0
大鼠佐剂性关节炎模型 ED_{50}(mg/kg)	0.07	0.35	0.05	0.37
大鼠角叉菜胶模型 ED_{50}(mg/kg)	5.4	2.4	18.6	7.1
大鼠痛觉减退 ED_{50}(mg/kg)	6.6	37.3	33.0	34.5
大鼠血浆半衰期 (h)	117（灌胃）	3.3（灌胃）	3.5（静注）	3.5（静注）
大鼠灌胃 200mg/kg 引起胃损伤	未见	未见	未见	未见

综合多项活性数据，化合物 11 优于其他化合物，确定为候选药物作进一步研发，定名为塞来昔布（celecoxib）。Ⅰ期临床试验表明塞来昔布的半衰期为 12h，口服 t_{max} 为 2h，体内代谢产物主要是 4'- 甲基经 P450 催化氧化生成羟甲基和羧基进而葡醛酸苷化等化合物。经Ⅱ、Ⅲ期临床研究，FDA 于 1999 年批准上市，治疗骨关节炎和风湿性关节炎。

7. 选择性 COX-2 抑制剂的结构基础

塞来昔布的研制，苗头和先导化合物是经动物表型 / 功能实验确定的，先导物优化是用体外酶法评价对 COX-2/COX-1 的活性，当时尚未解析出酶的三维结构，因而是靠药物化学方法和构效关系分析进行的。1996 年解析了 COX-2 与选择性抑制剂 12（SC-558，与塞来昔布的结构只是 4'- 溴与甲基之别）复合物的晶体结构，并用氟比洛芬和吲哚美辛的复合物作比较，得以解释 COX-2 选择性抑制剂的结构特征。

　　COX-1 与 COX-2 作为同工酶，虽然都是以花生四烯酸为底物，而且活性中心的氨基酸序列大同小异，但在活性中心的关键性氨基酸残基有区别，导致选择性 COX-2 抑制剂与传统 NSAIDs 对两种酶结合的选择性差异。COX-2 与 COX-1 酶活性中心的重要区别是：① COX-2 的残基 Val523 对应在 COX-1 是 Ile523，缬氨酸的侧链比异亮氨酸少 1 个碳原子，占据较小的空间，因而 COX-2 的结合腔可利用空间大于 COX-1 的；② COX-2 的残基 Leu503 对应在 COX-1 是 Phe503，苯丙氨酸的侧链体积大于亮氨酸（图 2 中未标出），又为选择性 COX-2 抑制剂腾出可占据的空间，这样使得 COX-2 活性部位的容积比 COX-1 大约多出 25%，设计 COX-2 抑制剂就是利用了这个结构差异；③ COX-2 的残基 Arg513 对应在 COX-1 是 His513，精氨酸残基可与氨磺酰基形成氢键，并与 Tyr355 和 Val523 形成了一个可与苯磺酰氨片段结合的结合腔（Kurumbail RG, Stevens AM, Gierse JK, et al. Structural basis for selective inhibition of cyclooxygenase-2 by anti-inflammatory agents, Nature, 1996, 384: 644-648）。

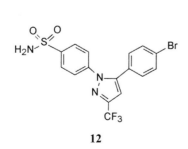

12

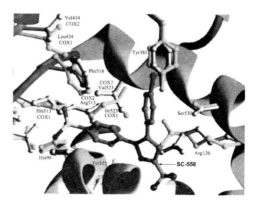

图 2　化合物 12 与 COX-2 复合物的晶体结构（标出了 COX-1 相应的氨基酸残基）

8. 罗非昔布的命运

8.1 追求高活性和高选择性抑制剂

默克公司以化合物 1 为模板，固定甲磺酰苯基和 4- 氟代苯片段，变换中间的五元环连接基，如图 3 所示的杂环母核。用重组人 COX-2 和 COX-1 酶评价化合物的体外活性，以 $IC_{50COX-1}/IC_{50COX-2}$ 的比值作为选择性活性的标准，研发高选择性的 COX-2 强效抑制剂。

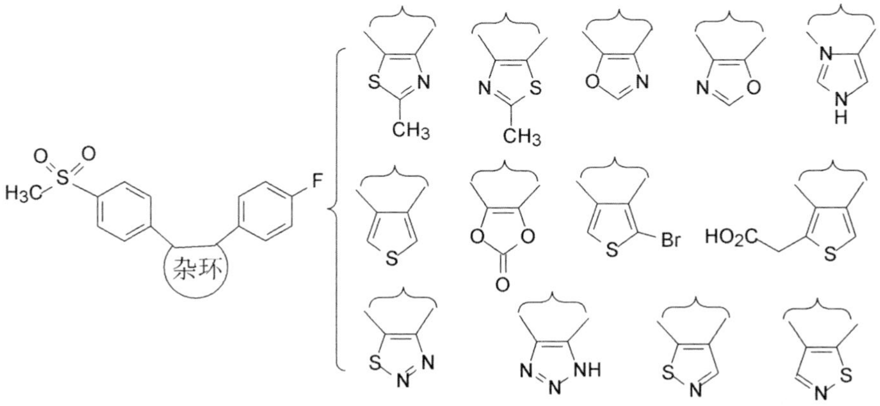

图 3　改变杂环以优化 COX-2 选择性抑制剂

这些化合物都未显示比化合物 1 更优胜的体外活性或选择性，而且灌胃给药的生物利用度也较差，例如噻二唑化合物的体内大剂量用药，未见消化道溃疡的发生（Gauthier JY, Lebalnk Y, Black WC, et al. Biological evaluation of 2, 3-diarylthiophenes as selective COX-2 inhibitors. Part Ⅱ: replacing the heterocycle. Bioorg Med Chem Lett, 1996, 6: 87-92）。进而变换结构得到了如下的构效关系：①甲磺酰基被氨磺酰基取代，可提高生物利用度，但也提高了对 COX-1 的抑制作用，从而降低了对 COX-2 的选择性作用（与塞来昔布的构效关系相同）；②五元环连接片段上有大基团的取代也会增高 COX-1 的抑制活性；③大基团的取代降低生物利用度。

8.2 五元内酯环为母核化合物系列——罗非昔布的研制

基于上述的构效关系，设计了通式为 13 的化合物，用全血来源的或 CHO 全细胞来源的 COX-2 和 COX-1 酶评价体外活性和选择性，R 为苯、吡啶或不同位置取代的氟代苯。结果表明，化合物 14 的体内外活性与选择性最佳（IC_{50COX1}/IC_{50COX2} 的比值和大鼠灌胃的抗炎作用与消化道溃疡的发生）。表 2 列出了化合物 14 与塞来昔布、美洛昔康和二氯酚酸等对全血来源的 COX-2 和 COX-1 的抑制活性（IC_{50}），化合物 14 是选择性最强的抑制剂。

13 **14**

表 2 化合物 14 与塞来昔布、美洛昔康和二氯酚酸对 COX2 和 COX1 的抑制活性

化合物	14	塞来昔布	美洛昔康	二氯酚酸
COX-2* IC_{50}(μmol/L)	0.5	1.0	0.7	0.05
COX-1* IC_{50}(μmol/L)	19	6.3	1.4	0.15
比值	38	6.3	2	3

* 全血来源的 COX 酶。不同来源的酶对抑制剂的敏感性是不同的。

化合物 14 定名为罗非昔布（rofecoxib），进入临床研究。志愿者口服 1g，为治疗剂量的 40 倍，用半体外方法测定的全血中血栓烷的生成量，表明没有显著变化，说明对 COX-1 没有抑制作用。其实，恰恰因为对 COX-1 没有活性，过分地抑制 COX-2，导致罗非昔布后来引发的心血管事件。

动物体内实验表明，化合物 14 连续 14 天灌胃 300mg/kg，未见消化道损伤作用，这与体外对 COX-1 低抑制作用相一致。大鼠灌胃 1mg/kg 显示抗炎作用（ED_{50}），预示化合物 14 的治疗窗 >300。(Ehrich E, Dallob A, Van Hecken A, et al. Arthritis & Rheumatism 1996, 39(9 SUPPL).); Prasit P, Wang Z, Brideau C, et al. The discovery of rofecoxib, [MK 966, Vioxx, 4-(4'-methylsulfonylphenyl) -3-phenyl-2(5*H*) -furanone], an orally active cyclooxygenase-2-inhibitor. Bioorg Med Chem Lett, 1999, 9: 1773-1778; Leblanc Y, Roy P, Boyce S, et al. SAR in the alkoxy lactone series: the discovery of DFP, a potent and orally active COX-2 inhibitor. Bioorg Med Chem Lett, 1999, 9: 2207-2212）。罗非昔布经过三期临床研究，于 1999 年 5 月经 FDA 批准上市。人的口服生物利用度为 93%，血浆半衰期为 17h，主要代谢产物是顺式和反式二氢罗非昔布。治疗骨关节炎引起急性和慢性疼痛的口服剂量为每日 25 ~ 50mg。（Davies NM, Teng XW, Skjodt NM. Pharmacokinetics of rofecoxib: a specific cyclo-oxygenase-2 inhibitor. Clin Pharmacokinetics, 2003, 42: 545-556）。

8.3　罗非昔布的撤市

罗非昔布上市获得了巨大的成功，2003 年销售额达到 25 亿美元，一时全球的处方量高达 8 000 万张，但好景不长。2004 年 9 月默克公司主动停止使用罗非昔布并撤市，原因是大范围患者应用罗非昔布引发心肌梗死而死亡的事故，是促进血栓形成的缘故。塞来昔布的临床应用未见心血管事件发生的趋势而继续应用。

罗非昔布与塞来昔布之命途差异主要是对 COX-2 选择性不同。表 2 中的数据表明，塞来昔布对全血来源的 COX-1/COX-2 抑制作用的比值为 6.3，罗非昔布为 38，对 COX-2 选择性作用高于塞来昔布 5 倍。为什么高选择性反而是不利的呢？

在研发初期，认为 COX-2 只是炎症介质诱导产生的"坏酶"，而 COX-1 是有益的"管家酶"，传统的 NSAIDs 对两种酶都有同程度的抑制，且因显著抑制 COX-1 导致消化道损伤，所以认为高选择性 COX-2 抑制剂是理想的抗炎药，只有抗炎作用而无消化道损伤。这个误解，忽视了 COX-2 也是正常组织存在的氧合酶。

正常的机体同时存在 COX-1 和 COX-2，维持了前列腺素、前列环素、血栓烷 A_2 等花生四烯酸的诸多代谢产物之间的平衡。药物对 COX-1 的适度抑制（如阿司匹林）可抑制血栓烷 A_2 的合成，防止血栓形成，具有保护心脏和防止脑卒中作用。罗非昔布对 COX-2 高选择性抑制，减少了前列环素（PGI_2）等抑制血小板聚集和舒张血管的作用；对 COX-1 的"无犯"，虽然降低了对消化道的损伤，但增加了发生心肌梗死和脑卒中的风险，从一个极端（避免消化道损伤）走到另一个极端（引起心血管损伤）。

罗非昔布的撤市还由于代谢成顺丁烯二酸酐产物的毒性以及药代的组织分布问题。由于罗非昔布的教训，引发了 2004 年全球对 COX-2 靶标的质疑和检讨，虽然最终确定 COX-2 仍是个药物靶标，但各国药监部门要求 COX-2 抑制剂（以至 NSAIDs）剂量和疗程加以警示标注。

9. 其他上市的 COX-2 选择性抑制剂

基于 COX-2 选择性抑制剂的构效关系以及 COX-2 活性中心的结构特征，解析出抑制剂有明确的药效团特征。根据药效团特征后继研制的昔布类药物，由于都是在 2004 年秋罗非昔布撤市之前确定的候选化合物，研发的 COX-2 抑制剂都具有高选择性抑制作用。

辉瑞的伐地考昔（15, valdecoxib）2001 年 FDA 批准上市，治疗关节炎引起的疼痛（Talley JJ, Brown DL, Carter JS, et al. 4-[5-Methyl-3-phenylisoxazol-4-yl]-benzenesulfonamide, valdecoxib: a potent and selective inhibitor of COX-2. J Med Chem, 2000, 43: 775-777），也由于存在心血管事件的隐患于 2005 年被撤市。不过辉瑞公司将伐地考昔衍生化，将氨基丙酰化并制成钠盐，成为可溶性注射用药，称作帕瑞昔布（16, parecoxib），于 2002 年 FDA 批准上市（Talley JJ, Malecha JW, Bertenshaw S, et al. N-[[(5-Methyl-3-phenylisoxazol-4-yl) -phenyl]sulfonyl] propanamide, sodium salt, parecoxib sodium: a potent and selective inhibitor of COX-2 for parenteral administration. J Med Chem, 2000, 43: 1661-1663）。帕瑞昔布是伐地考昔的前药，作为注射剂短期用药缓解手术中和术后的疼痛。

默克的依他昔布（17, etoricoxib）在 2002 年 FDA 批准上市。（Friesen RW, Brideau C，Chan CC, et al. 2-Pyridinyl-3-(4-methylsulfonyl)phenylpyridines: selective and orally active cyclooxygenase-2 inhibitors. Bioorg Med Chem Lett, 1998, 8: 2777-2782）。

15　　　　　**16**　　　　　**17**

笔者基于已知 COX-2 抑制剂的药效团，设计合成了以吡咯烷酮为母核的化合物，在 2000 年优化和选择候选药物的过程中，为了避免高选择性 COX-2 抑制剂发生心血管障碍的风险，也杜绝一些 NSAID 显著抑制 COX-1 引起的消化道损伤，提出了对 COX-1/COX-2 适度抑制的策略，以便在抑制引起炎症的 COX-2 的前提下，不过分地抑制 COX-2，保持体内 COX-2 和 COX-1 正常功能的平衡。经体内外活性、药代和安全性研究，确定了艾瑞昔布（18, imrecoxib）为候选物，经三期临床研究，表明艾瑞昔布是治疗骨关节炎的安全有效药物，CFDA 于 2011 年 5 月批准上市。（郭宗儒. 国家一类新药艾瑞昔布的研制. 中国新药杂志，2012，21：323-230）。

18

10.　COX-2 作为药物靶标的潜力和风险

分子生物学的研究发现了两种（或以上）环氧合酶的存在，得以揭示传统的非甾体抗炎药的抗炎作用和消化道损伤的不良反应分别是对 COX-2 和 COX-1 的抑制，起初认为对 COX-2 高选择性抑制是研制新型抗炎药物的方向。其实 COX-2 并非单纯是炎症细胞中的诱导性酶，它也是正常组织中固有的构成酶，例如血管壁的 COX-2 产生的前列环素（PGI$_2$）具有抑制血小板聚集和舒张血管的作用，PGI$_2$ 与血栓烷 A$_2$ 的相反作用，对血管和血小板的作用相互制约，调节生理功能的平衡。过分地抑制 COX-2 会导致 PGI$_2$/TxA$_2$ 的失衡而引起心血管事件（Cannon CP, Cannon PJ. Physiology. COX-2 inhibitors and cardiovascular risk. Science, 2012, 336: 1386-1387）。所以设计 COX2 抑制剂的选择性应当适度，以抑制炎症细胞过高表达的 COX-2 为度，不过分抑制，从而不干扰血管中 PGI$_2$/ TxA$_2$ 的平衡。不过 COX-1 和 COX-2 都可催化产生 PGI$_2$ 和 TxA$_2$，所以化合物的药代和组织分布尤显重要。

此外，COX 是体内合成前列腺素的重要酶系，除与上述炎症相关外，还具有许多生理功能，并参与细胞生长发育和恶性变等过程。结/直肠癌的发病过程呈现 COX-2 高表达，塞来昔布治疗结/直肠癌正处于研究阶段，（Rial NS, Zell JA, Cohen AM, et al. Clinical end points for developing pharmaceuticals to manage patients with a sporadic or genetic risk of colorectal cancer. Expert Rev Gastroenterol Hepatol, 2012, 6: 507-517），还与其他抗肿瘤药物合用临床实验治疗非小细胞肺癌。

合成路线

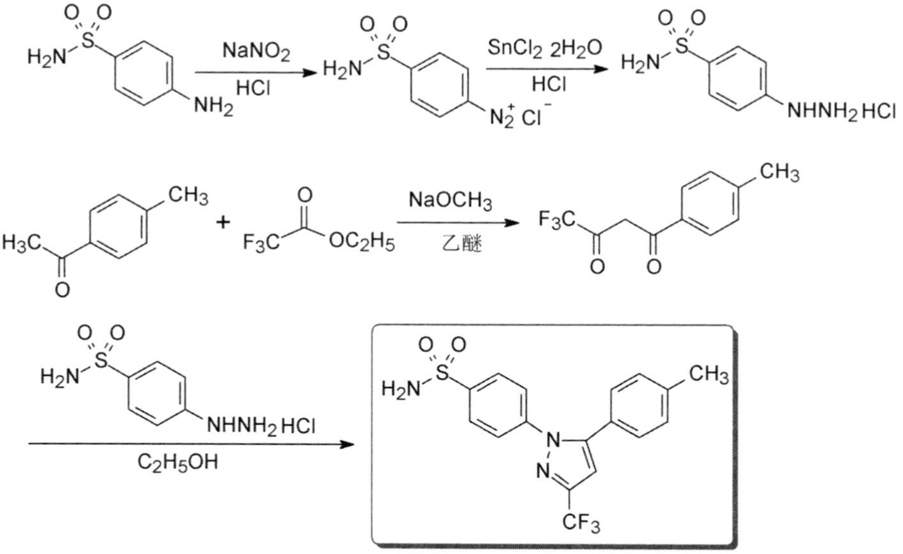

塞来昔布

22. 基于药效团和骨架迁越研发的艾瑞昔布

【导读要点】

艾瑞昔布是我国研制的抗炎镇痛药物。项目启动于 1997 年，2011 年批准上市，历时 14 年，是改革开放以来研发创新药物较早的一个。作为跟随性药物，研发中应用了药效团和骨架迁越的理念，在构效关系的分析中，注意到靶标的特征以及 COX-2 和 COX-2 之间的平衡，提出了适度抑制的概念指导化合物的优化和候选物的遴选。研制期间还遇到了罗非昔布的撤市和全球对 COX 靶标可药性的质疑，由于本品在研发时未追求高抑制活性，故而并未受到影响。另一研发特点是项目从立项就与制药公司合作，在联合实验室的框架下运作与实施，使得研究与开发得以顺当过渡，体现了企业是产品研发的核心。

1. 生物学研究催生新抗炎药物领域

1980 年代末 Xie 等自炎症细胞中发现环氧合酶 -2（COX-2），证明是产生前列腺素类炎症介质的催化酶系，作为诱导产生的酶 COX-2 与已知结构性酶环氧合酶 -1（COX-1）在功能上都是以花生四烯酸（AA）为底物，但生化产物不同，因而功能相异，两个酶结构的同源性为 60%。既然 COX-2 是伴随炎症的诱导性酶，制药界认定是研制抗炎药物的绝好靶标，这类药物可避免非甾体抗炎药（NSAID）常出现的胃肠道不良反应。

欧美药厂纷纷上马研制选择性 COX-2 抑制剂，其中走在前列的是辉瑞公司的塞来昔布（1, celecoxib）和默克的罗非昔布（2, rofecoxib），并先后都在 1999 年上市，一度成为热销的重磅药物。

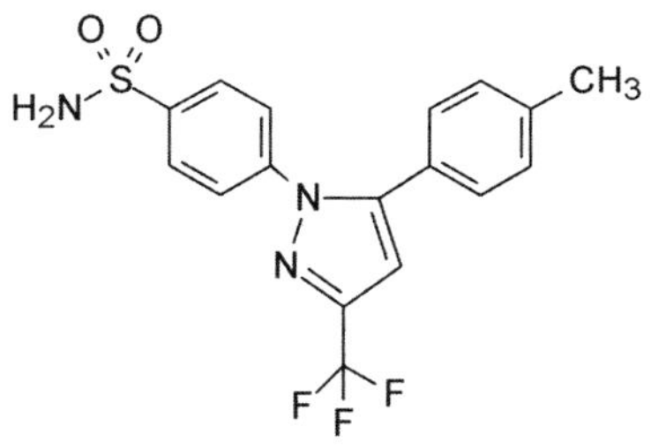

1 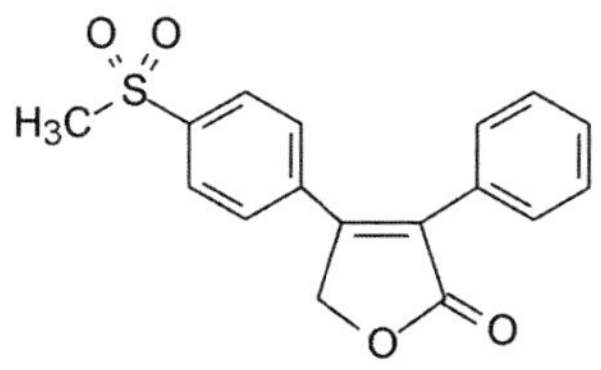   **2**

2. 药效团和骨架迁越指导跟随性药物创制

艾瑞昔布的研制始自于 1997 年，是典型的跟随性药物，此时塞来昔布和罗非昔布处 III 期临床研究。文献和专利报道了多种选择性 COX-2 抑制剂结构。直观分析这些结构，虽然大体可归纳出共有的结构特征，但用计算机辅助可精确构建 COX-2 抑制剂的药效团：该模型含有四个特征和相互之间的六个距离，如图 1 所示。

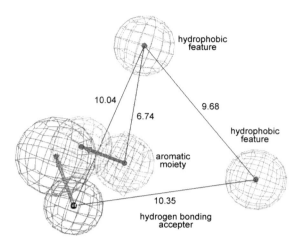

图 1   COX-2 抑制剂药效团

基于这个模型，依据骨架迁越原理，变换连接芳香环的结构，并维持和支撑药效团特征的空间分布，以保持对 COX-2 酶的结合与抑制，并赋予化合物结构的新颖性。该项目设计合成了三类不同骨架的化合物。

2.1   芳甲酰芳仲胺类化合物

药效团模型提示，两个疏水性特征的质心相距约 9.7 Å，大约是双键连接出的距离。酰胺键的 p-π 共轭使 C-N 键有双键性质，并与相连的芳环呈共面性。另一方面，有机结构化学已证明，伯胺被（芳）酰化，化合物的优势构象，是以酰胺为平面的反式构象，如图 2a 所示的苯甲酰苯胺的构象；而苯甲酰 -N- 甲基苯胺的构象因位阻效应采取如图 2b 的顺式构象，这已由 UV、NMR、分子力学计算和单晶 X- 射线衍射证明。（Itai A, Toriumi Y, Saito S, et al. Preference for cis-amide structure in N-acyl-N-methylanilines. J Am Chem Soc, 1992, 114: 10649-10650）

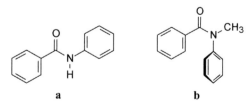

图 2   a：苯甲酰苯胺的构象；b：苯甲酰 -N- 甲基苯胺的构象

为此，设计合成了通式 3 和 4 化合物。3 和 4 虽然保持两个芳环处于顺式构象，但对离体 COX-2 和 COX-1 实验表明未呈现活性（$IC_{50}>10^{-5}\mu M$）。分析原因，推测是以 N- 甲基酰胺片段为连接基的分子由于顺式构象体的稳定性（即由它连接的药效团）不足以同 COX 酶保持牢固地结合，或者该连接基极性较强不利于结合。总之这种非环状结构的连接基，未能满足支撑药效团的空间正确分布。（Lei XS, Guo ZR, Qu LB, et al. Selective cyclooxygenase-2 inhibitors: Design and Synthesis. Chin Chem Letters, 1999, 10: 469-472）

3   **4**

2.2 2,3- 二芳基吲哚化合物

以吲哚 2, 3- 位为连接两个芳环的接点，在苯环和吲哚的 5 位变换不同基团，合成了通式 5 和 6 的化合物，评价抑制 COX-2 和 COX-1 酶活性。结果表明吲哚 2- 位连接 4'- 磺酰苯基的化合物的活性优于相应的 3- 位连接的区域异构体，并优化出化合物 7 具有适宜的活性和药代动力学性质，曾作为候选化合物定名为氯吲昔布，进入临床前研究，并获得国家科技部 863 重大专项的基金支持。由于另一类吡咯烷酮化合物（即艾瑞昔布系列）进展顺捷，化合物 7 作为备用候选物（back-up drug）而缓行。（Hu WH, Guo ZR, Lei XS, et al. Synthesis and biological evaluation of substituted 2-sulfonyl-phenyl-3-phenyl-indoles: a new series of selective COX-2 inhibitors. Bioorg & Med Chem, 2003, 11: 1153 – 1160）

5   **6**   **7**

2.3 吡咯烷酮类化合物

第三种骨架迁越是以不饱和吡咯烷酮作为支架，支撑药效团包含的特征因素。设计合成成了通式 8 和 9 的化合物，变换三个位点（R_1、R_2 和 R_3）的原子或基团。合成的目标化合物以及抑制 COX-2 和 COX-1 等数据，体内外活性的评价结果，以及候选化合物的选择等过程，笔者已在 2012 年作了报道（郭宗儒. 国家 1 类新药艾瑞昔布的抑制 . 中国新药杂志，2012，21：223-230），本文只简要叙述研制的要点。

8　　　　　**9**

3. 构效关系要点和适度抑制原则

通式 8 和 9 的构效关系小结如下：①以塞来昔布和罗非昔布为阳性对照药，一些目标化合物优于或不劣于对照药；②通式 8 化合物（3- 磺酰苯基系列）抑制 COX-2 活性大都低于罗非昔布 1 个数量级，对 COX-1 无活性；③通式 9（4- 磺酰苯基系列）对 COX-2 的抑制活性强于通式 8 大约 1 个数量级，与罗非昔布相近，选择性活性（$IC_{50COX-1}/IC_{50COX-2}$）在 2～30 之间。候选化合物包含于该系列中；④在选择性适宜的化合物中应以怎样的标准选择候选物，成为研发的关键，从而引出了以下的思考。

1999 年文献报道小鼠的 COX-2 基因敲除后引发心血管障碍（McAdam BF, Catella-Lawson F, Mardini IA et al: Systemic biosynthesis of prostacyclin by cyclooxygenase(COX) -2: the human pharmacology of a selective inhibitor of COX-2. Proc Natl Acad Sci USA, 1999, 96: 272-277），推论 COX-2 不单单是炎症组织中诱导性酶，而且也是具有正常功能的构成性酶，高选择性 COX-2 抑制剂在抑制炎症的同时，也可能影响了心血管的某些正常功能。在生理状态下，抑制血小板聚集和舒张血管的前列环素（PGI_2）和促进血小板聚集并收缩血管的血栓烷 A_2

（TxA$_2$）相互对立与制约，正常状态下呈平衡态。PGI$_2$是由 COX-2 催化花生四烯酸氧化成 PGH$_2$，后者经 PGI$_2$ 合成酶而生成的。所以过分抑制 COX-2 会导致 PGI$_2$ 匮乏而与 TxA$_2$ 功能失衡，导致持续的 TxA$_2$ 作用引起心血管事件。因而提出 COX-2 抑制剂的适度抑制的理念（郭宗儒. 抗炎药物的研制——环氧合酶的适度抑制策略. 药学学报，2005，40：967-969），选定中等抑制强度的抑制剂，不追求高活性的抑制剂，以确保抗炎作用的同时避免干扰 PGH$_2$ 与 TxA$_2$ 之间的平衡。

所以，从对 COX-1 与 COX-2 的抑制程度分析，某些 NSAID（例如吲哚美辛）对 COX-1 抑制过强于 COX-2，减少了保护消化道黏膜的前列腺素，引起胃肠道溃疡（药理学还把吲哚美辛作为诱发胃溃疡的工具药）。而若对 COX-2 的抑制过强于 COX-1，降低了 PGH$_2$ 制约 TxA$_2$ 的能力，引起心血管事件。罗非昔布辉煌数年后，于 2004 年被迫撤市，原因之一是对 COX-2 的过强抑制。选择适度抑制的候选物是避免发生消化道损伤和心血管障碍的不良反应。

4. 优化体内抗炎活性

基于适度抑制原则选定了 12 个化合物，以塞来昔布作对照，对大鼠灌胃给药，评价对角叉菜胶引起大鼠右后趾肿胀的抑制作用，观察给药后 2h、3h 和 4h 时间点的右后趾肿胀体积和与空白对照的抑制率，从中优选出 5 个与塞来昔布活性相近的化合物。

进而评价这 5 个化合物的动物耐受性。以 60mg/kg 体重的剂量灌胃大鼠 28 天，观察体征、行为、摄食、体重变化和解剖后脏器的肉眼和显微镜下观察，从中优选出两个化合物 10 和 11。

10　　　　　　　　　　**11**

5. 候选化合物的确定和艾瑞昔布上市

对雄性和雌性大鼠灌胃不同剂量的化合物 10 和 11，比较二者的药代动力学，结果表明化合物 10 的血浆消除半衰期、清除率、分布容积和曲线下面积等参数略优于 11。给角叉菜胶和关节炎佐剂诱发的大鼠模型灌胃，比较 10 和 11 的抗炎作用，还用小鼠热板和醋酸扭体模型比较二者的镇痛作用，结果显示其差异较小。

综合评价 10 和 11 的药效、药代、初步安全性和物化性质后，确定了 10 为候选化合物，定名为艾瑞昔布（imrecoxib），经系统的临床前研究和三期临床研究，表明艾瑞昔布抗骨关节炎的效果不劣于塞来昔布，于 2011 年 5 月，经 CFDA 批准上市。

6. 小结

研发跟随性药物的核心价值，一是特色，二是时间。特色表现在分子的某个（些）属性优于（至少不劣于）首创药物，艾瑞昔布以适度抑制理念，选择抑制 COX-2 与 COX-1 作用的平衡点，以避免"走极端"的抑制产生潜在的消化道损伤或心血管障碍。当然这种设计的理念能否成功兑现，须在临床实践（尤其于真实世界）中作概念验证，因为由动物向人体的转化医学有许多未知和不确定因素。该项目的研发起步比较晚（在首创药物Ⅲ期临床才开始），为确保研发速度，不致走回头路，研究的各个环节都有充分的后备，以便将受挫过程降低到最短时程。图 3 是研发艾瑞昔布的简要流程。

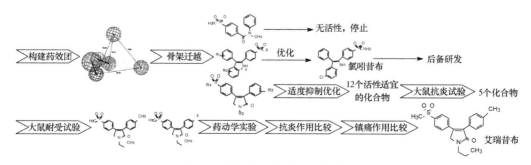

图 3　艾瑞昔布的研发流程图

合成路线

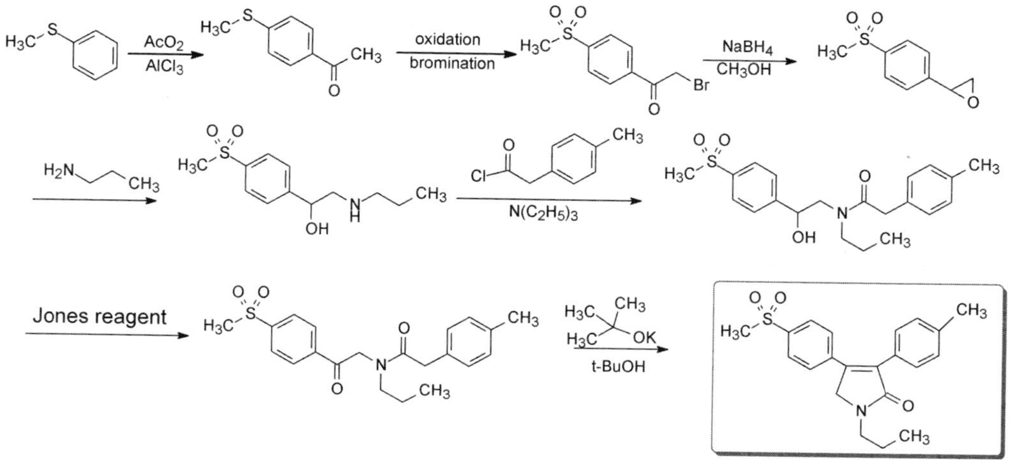

艾瑞昔布

23. 基于片段长成的黑色素瘤治疗药维罗非尼

【导读要点】

维罗非尼是治疗晚期黑色素瘤的首创药物，是以 B-Raf 突变的激酶为靶标，应用基于片段的药物发现（FBDD）的方法成功研制新药的范例。从分子量低于 250 的水溶性小分子入手，经随机筛选和与通量晶体学分析相结合的策略，发现作用于 B-Raf 等激酶的新骨架、小尺寸、弱活性的苗头分子及其在结合部位的分子取向和结合方式，为"生长"成候选药物提供了锚点，也预留了优化空间。在结构生物学的指引下，展现了苗头化合物的结合方式，实现了苗头向先导化合物的过渡（hit-to-lead），结构优化确定了候选药物（candidate），最终完成了临床研究，获批上市。本品是一个理性药物设计和研发效率较高的实例。

B-Raf 激酶的第 600 号氨基酸残基缬氨酸（Ｖ）突变成谷氨酸（Ｅ），成为与癌症相关的激酶，高表达的 B-Raf ^{V600E} 可引发黑色素瘤。维罗非尼是 B-Raf ^{V600E} 特异性抑制剂，临床治疗晚期黑色素瘤，故得名 vemurafenib。维罗非尼的研制也是自 1996 年 Shuker 等开创了基于片段的药物发现（FBDD）的方法以来（Shuker SB, et al. Science, 1996, 274: 1531），用 FBDD 方法创制成功的第一个药物。

1. 治疗黑色素瘤的靶标

B-Raf 是人类最重要的原癌基因之一，大约 8% 的肿瘤发生 B-Raf 突变，多为 V600E 突变体，突变产物导致下游 MEK-ERK 信号通路持续激活，加速肿瘤的生长增殖和侵袭转移，主要表达于黑色素瘤和结肠癌中（Bollag G, et al. Nature, 2010, 467: 596）。

2. 基于 FBDD 方法发现先导化合物

FBDD 方法通常测定水溶性的低分子量化合物（MW<250，即片段分子）对靶标的亲和力，虽然结合力较弱，但水溶性化合物的有效浓度可达到数百微摩尔或毫摩尔，而且大都是以形成氢键或盐键等作为结合方式，这类焓因素驱动的特异性结合，原子利用率比较高，冗余的原子较少，因而是效率较高的苗头分子，可添加（增长或连接）原子或片段，在提高活性强度和选择性的同时，保障化合物具有良好物理化学性质，以确保化合物的成药性。添加的原子或片段是以结构生物学（X- 射线衍射或 2D-NMR）作指引，借助苗头分子与靶蛋白的结合模式和空间特征，通过片段的增长或连接而实现高活性高质量的先导物分子（Scott DE, et al. Biochemistry, 2012, 51: 4990）。为了监视片段增长对活性与成药性（分子尺寸）"性价比"的影响，用配体效率（ligand efficiency, LE）加以表征。LE 系指配体分子中每个原子（非氢原子）对与受体结合的能量的量度（Abadzapatero C, Metz J. Drug Discovery Today, 2005, 10: 464）。

FBDD 是涉及化合物活性筛选、结构生物学技术、分子模拟、化学合成和构效关系等综合性技术，用小分子与靶蛋白的结合特征指导优质先导物的生成，给成药性的优化预留了较大的化学空间，因而提高了研发效率。FBDD 问世不长，维罗非尼是第一个用 FBDD 技术成功上市的药物（Baker M. Nat Rev Drug Discov, 2013, 12: 5）。

2.1 骨架筛选，确定初始的锚合位点

高通量筛选（HTS）的化合物大多具有类药性特征，筛选得到苗头分子进行结构变换，往往因分子比较大而不利于成药性。FBDD 则是从小尺寸化合物入手。Tsai 等评价了 20 000 个分子量为 150～350 的小分子化合物对若干个激酶的抑制活性，这个数量远远低于高通量筛选的样本量。通过多种激酶亚型评价结构多样的低分子量化合物的活性，继之用晶体学方法研究结合的方式，发现其中 238 个化合物在 200μmol/L 浓度下对 Pim-1、FRGR-1 和 B-Raf 3 种激酶的抑制率 >30%。虽然结合浓度的阈值很高，但分子尺寸小，结构上有增添的余地。对这 238 个化合物与至少 1 个激酶进行共结晶分析，获得了上百个复合物晶体 X- 射线衍射数据。发现 7- 氮杂吲哚与 Pim-1 结合的分子取向、锚合位点和结合的原子具有新颖性（Tsai J, et al. Proc Natl Acad Sci USA, 2008, 105: 3041; Kumar A, et al. J Mol Biol, 2005, 348: 183）。由于每个化合物对不止一种激酶显示活性，化合物呈现出的泛抑制性应是占据了激酶所共有的结合区域，这样的骨架结构具有多面性，可演化出对不同激酶的抑制剂，从而有不同的药理活性。维罗非尼的研制过程就是从有广泛抑制作用的初始物向特异 B-Raf^{V600E} 酶抑制剂的转化过程。

2.2 苗头化合物的发现

FBDD 的操作程式是基于结构生物学揭示的初始复合物的分子取向和结合模式，进一步"生长"出新的分子，提高活性强度和选择性。7- 氮杂吲哚作为母核有 5 个位置可以加入基团或片段，通过合成各种单取代的 7- 氮杂吲哚，发现 3- 苯胺基氮杂吲哚（1）对 Pim-1 的 IC_{50} = 100μmol/L，其结合特征是 7- 氮杂吲哚的两个 N 原子与激酶铰链区的 DFG 链形成两个氢键，分别为氢键给体和接收体（图 1）。

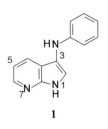

1

分子量　209.25

亲和力（K_i）100μmol/L（Pim1）

配体效率（LE）0.34

图 1　化合物 1 与 Pim-1 激酶的晶体结构，3- 苯胺基 -7- 氮杂吲哚在 ATP 结合区的分子取向以及 HN[1] 与氨基酸羰基形成的氢键（骨架的发现）

2.3　苗头向先导物的过渡和先导物的确定

化合物 2 的苯环上引入并变换取代基，发现 3'- 甲氧基化合物（2）提高了活性 50 倍，对 FGFR1 激酶的作用 $K_i = 1.9$μmol/L，是由于甲氧基的氧原子与激酶的保守和活化的结构域 DFG（天冬－苯丙－甘氨酸残基）形成了新的氢键（图 2），配体效率 LE 也有明显的提高。

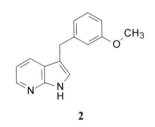

2

分子量　238.29

亲和力（K_i）1.9μmol/L（EGFR1）

配体效率（LE）0.43

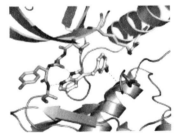

图 2　化合物 2 与 FGFR1 的结合模式。HN[1]（供体）和 N[7]（接受体）与酶形成两个氢键，苯环上的甲氧基与酶形成两个氢键，苯环上的甲氧基与 DFG-in 链形成氢键（骨架的确定）

苗头向先导物的过渡，要求是对 B-Raf 具有特异性结合，目标是苯胺片段能与 DFG 域的 Asp594 的 NH 发生氢键结合，经过多种基团的变换，发现化合物 3 对 B-Raf[V600E] 酶抑制作用 K_i 为 13nmol/L（野生型 K_i 为 160nmol/L，选择性提高 12 倍），化合物 3 中的两个邻位氟取代使苯环与氮杂吲哚环呈垂直取向，有利于结合和提高活性，磺酰胺基与 DGF-in 构象的 Asp594 形成氢键，正丙基与深部的疏水腔发生疏水相互作用，因而确定了化合物 3 为先导化合物，代号为 PLX-4720（图 3）。

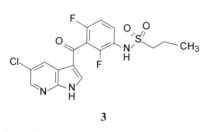

3

分子量　413.83

亲和力（K_i）13nmol/L（B-Raf^{V600E}）

配体效率（LE）0.40

图 3　化合物 3 与 B-Raf^{V600E} 的结合模式，磺酰胺基与 DFG-in 氢键结合，异丙基发生疏水 - 疏水相互作用。（先导物的确定）.

2.4　先导物优化和候选物确定

化合物 3 虽然进行了临床研究，但仍有不足之处。分析化合物 3 与激酶的晶体结构，发现 5 位氯原子的方向仍有空间，与酶可形成氢键的 N 原子尚有一定距离，为此，以氯原子作为"生长的锚点"（anchor and grow），连接不同的基团和片段，优化出 4- 氯苯基取代的化合物（4）即维罗非尼（图 4），改善了大动物（犬与猴）的药代性质，作为候选药物经临床Ⅰ～Ⅲ期研究，证明对发生了 V600E 突变的 B-Raf 的黑色素瘤有明显疗效，随即 FDA 批准维罗非尼上市（Das Thakur M, et al. Nature 2013, 494: 251; Bollag G, et al. Nat Rev Drug Discov, 2012, 11: 873）。

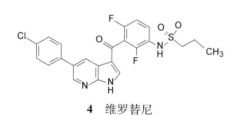

4　维罗替尼

分子量　489.92

IC50　31nmol/L（B-Raf^{V600E}）*

配体效率（LE）0.31

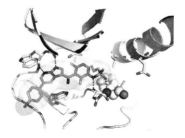

图 4　维罗非尼与 B-Raf^{V600E} 的晶体图，氯原子被 4'- 氯苯基取代增加了结合因素，提高了药效和药代性质（Tsai J，et al.　Proc Natl Acad Sci USA，2008，105：3041）

维罗替尼的 LE 值低于化合物 3，是因为文献只报道了 IC_{50} 数据，未见 K_i 值，实验条件的不同，IC_{50} 值高于 K_i 值。严格地讲，LE 与结合能相关，由 IC_{50} 计算 LE 并不严格。

合成路线

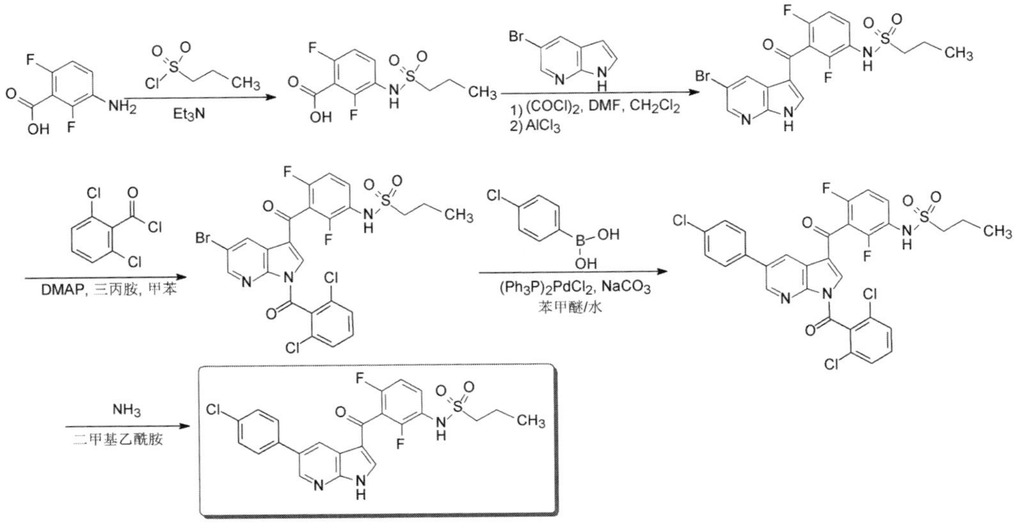

24. 基于骨架迁越研制的降血糖药阿格列汀

【导读要点】

在 2013 年 FDA 批准阿格列汀上市之前，已有 4 个作用于 DPP-4 的口服治疗 2 型糖尿病药物。武田药厂研制本品的轨迹表明，其并非模拟性药物，而是以结构生物学指引的设计合成的新结构类型，由发现苗头化合物到演化成先导物，由优化到确定候选药物，运用复合物的晶体结构于全过程；在药物化学的骨架迁越、取代基变换以优化选择性和成药性过程中，保持了口服吸收所需的分子尺寸，分子量不仅没有增加，还有所降低，因而阿格列汀有较高的配体效率。本品的结构类型不同于已有的 DPP-4 抑制剂，因而在结构的层面上具有首创意义。

1. 作用靶标

　　胰高血糖素样肽 -1（GLP-1）是一种主要由肠道 L 细胞产生的激素，属于一种肠促胰岛素（incretin），其生理功能是促进胰脏胰岛 β- 细胞分泌胰岛素，抑制胰岛 α- 细胞分泌胰高血糖素，还可以通过中枢神经系统抑制食欲。所以 GLP-1 的生理作用有助于糖尿病的治疗，是控制血糖和与糖尿病密切相关的内源性物质。由于 GLP-1 在血液中容易被二肽基肽酶 -4（DPP-4）降解，半衰期只有数分钟。这样，研究 DPP-4 抑制剂以维持 GLP-1 血液中水平，成为治疗 2 型糖尿病的一个途径。

2. 普筛获得了苗头化合物

　　武田公司解析了 DPP-4 与底物十肽复合物晶体结构，揭示出底物与酶结合的特异性和水解过程的结构特征（Aertgeerts K, et al. Protein Sci, 2004, 13: 412），同时用高通量方法制备和解析了 80 个小分子化合物与 DPP-4 复合物的晶体结构，其中之一是 7- 苄基 -8- 哌嗪基黄嘌呤（1），活性虽然不高，IC$_{50}$ = 2μmol/L（配体效率 LE = 0.28），但结构新颖，决定以此为苗头化合物深入研究。

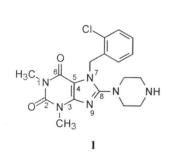

1

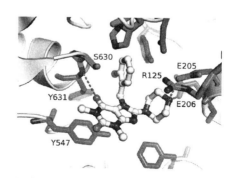

图 1　化合物 1 与 DPP-4 活性部位结合的晶体结构图

　　图 1 是化合物 1 与 DPP-4 活性部位结合的晶体衍射图，显示出嘌呤环 6 位羰基氧与 Tyr631 形成氢键，7 位氯苯甲基结合于 S1 疏水腔，8 位质子化的哌嗪环与 Glu205/Glu206 形成离子键，母核黄嘌呤环与 Tyr547 形成 π-π 相互作用。

3. 苗头演化为先导物

以化合物 1 为起始物，经各种取代基的变换，发现氯原子被氰基替换，哌嗪环变换成氨基哌啶（这是药物化学上经常采用的），得到活性化合物 2，IC_{50} = 5nmol/L（配体效率 LE = 0.36），活性提高了近 400 倍。化合物 2 与 DPP-4 活性部位的单晶衍射图（图 2）显示，除了仍具有上述的结合特征外，增加了氰基与 Arg125 的氢键结合，伯氨基与 Glu205/Glu206 形成二齿离子键（Feng J, et al. J Med Chem, 2007, 50: 2297）。

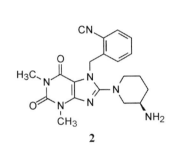

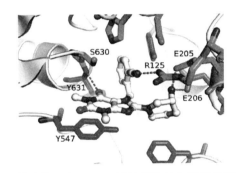

图 2　化合物 2 与 DPP-4 活性部位结合的晶体衍射图

3- 氨基哌啶含有一个手性中心，制备了 R- 和 S- 异构体，证明 3-R 氨基化合物的活性强于 S- 异构体 10 倍。2 在酶活性中心的定向，使 R 构型的氨基处于直立键，与 Glu205/Glu206 的离子键结合比 S- 构型的平展键有利。

根据这些以及其他的结构信息，对化合物 1 实行骨架迁越：将喹唑啉酮替换黄嘌呤骨架，在 2 位和 3 位分别连接氨基哌啶和氰苯基，合成的化合物 3 仍然保持活性，IC_{50} = 10nmol/L（配体效率 LE = 0.40），表明该骨架迁越是成功的。然而，化合物 3 对 CYP450 显示抑制作用，而且也抑制心肌 hERG 钾通道，不适宜作为先导化合物。

上述抑制 CYP 和 hERG 的不利因素，可能与分子的较强亲脂性有关，为此，去除并合的苯环以降低亲脂性，并以适当的取代，设计合成了嘧啶酮（4）和嘧啶二酮（5）两个系列的化合物。测定对 DPP-4 和 DPP-8 酶的抑制活性（评价选择性作用），以及对大鼠（RLM）和人（HLM）肝微粒体的代谢稳定性。

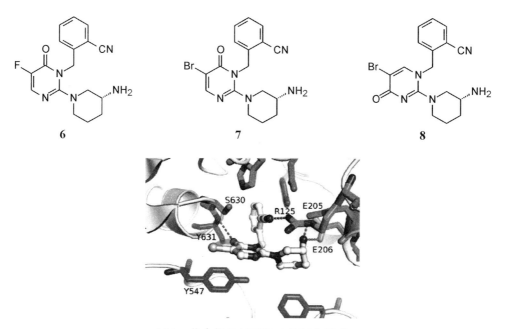

4. 先导化合物的确定和优化

由喹唑啉酮骨架简化成嘧啶酮骨架，仍然保持较高的抑制活性。例如嘧啶酮化合物6对DPP-4的$IC_{50} = 6nmol/L$（配体效率LE $= 0.47$），DPP-8的$IC_{50}>100\mu mol/L$，选择性抑制DPP-4很高，与RLM和HLM温孵的半衰期$t_{1/2}>200min$，有较好代谢稳定性。化合物7的$IC_{50} = 5nmol/L$。若NH_2被烷基化，活性明显减弱，这是因为失去了形成氢键的能力，图3是化合物7与DPP-4的结合模式，羰基氧与Tyr631形成氢键，3-氰基苯基结合于S1疏水腔，氨基与Glu205/206形成离子键，这些与化合物2相同。

图3 化合物7与DPP-4的结合模式

然而，化合物 7 的区域异构体 8 的活性很低，$IC_{50} = 2\mu mol/L$，是因为羰基所在的位置不适宜，苯基和氨基与酶结合后，在与 Tyr631 形成氢键的位置处没有提供孤电子对的羰基氧。

骨架迁越成嘧啶二酮（5），化合物的构效关系也很明确，2-氰基苯基和 3-氨基哌啶仍是必需的药效团，R_1 为 H 或甲基时具有高抑制活性，乙基取代则活性降低，提示这里不宜有体积大的基团。其中，9 和 10 的活性强度、选择性和稳定性显著优于其他类似物，表 1 列出了它们的生物学参数。

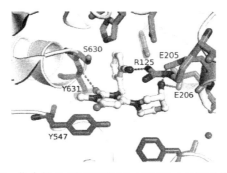

表 1　化合物 9 和 10 的生物学参数

化合物	IC_{50}(nmol/L)		$t_{1/2}$(min)	
	DPP-4	DPP-8	RLM	HLM
9	7(LE = 0.54)	>100	>200	121
10	4(LE = 0.50)	>100	>200	>200

化合物 9 与 DPP-4 复合物单晶 X 射线衍射图提示，2 位羰基、3 位的 2-氰苯基和 4 位的 3-氨基哌啶片段的结合模式与前述的嘧啶酮相同（图 4）（Zhang Z, et al. J Med Chem, 2011, 54: 510）。

图 4　化合物 9（阿格列汀）与 DPP-4 的结合模式

5. 候选物的选定和阿格列汀的上市

通过体外抑制 DPP-4 评价活性强度和选择性，以及对肝微粒体的稳定性试验，从中选择出 6、9 和 10 进行临床前试验，在 10μmol/L 浓度下，这 3 个化合物对细胞色素 P450 1A2、2C19、2D6 和 3A4 未显示抑制作用，在 30μmol/L 浓度下对 hERG 没有抑制作用。对大鼠和犬的安全性试验也表明是安全的。化合物 9 对犬和猴的口服生物利用度分别为 68% 和 87%，半衰期 $t_{1/2}$ 分别为 3h 和 5.7h，动物的 PD-PK 数据提示适合于每日口服一次的要求，最后确定化合物 9 的苯甲酸盐为候选物，定名为阿格列汀（alogliptin）。经Ⅲ期临床研究，表明其为治疗 2 型糖尿病的有效药物，于 2010 年在日本上市，后于 2013 年 FDA 批准在美国上市。（Bosi E, et al. Diabetes Obes Metab, 2011, 13: 1088）。

合成路线

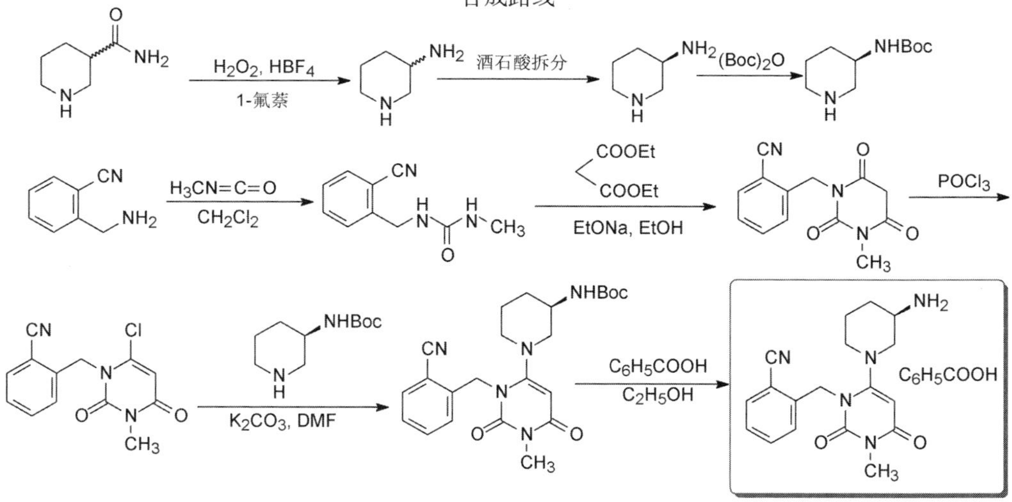

阿格列汀

25. 基于酶结构量体裁衣式研制的克唑替尼

【导读要点】

审视克唑替尼的研发历程，有几个鲜明的特点：由苗头过渡到先导物是以药物化学和构效关系为策略进行的；先导物的优化则是在复合物晶体结构导引下进行"量体裁衣"式的结构剪裁和安排，得以使组成分子的片段适配于结合位点；为了使活性和成药性得以并举优化，用亲脂性效率"监视"和比较化合物的质量。克唑替尼的幸运还在于基于 c-Met 激酶结构设计，却也对 ALK 激酶有强效抑制作用，因而作为双靶标药物，成为 ALK 呈阳性表达的小细胞肺癌患者特异性治疗药物。结合探针试剂盒的应用，标志着精准治疗的又一突破。

1. 研发 c-Met 抑制剂——从苗头到先导化合物

1.1 c-Met 是抗肿瘤药物的靶标

辉瑞公司于 2006 年上市了舒尼替尼（1, sunitinib），由于对多种酪氨酸激酶（VEGFR、PDGFR 和 KIT）有抑制作用，得以治疗对伊马替尼耐药的胃肠道间质瘤（GIST）患者。循此研发路径，公司也着手研究与肿瘤相关的其他激酶的药物。

间充质上皮转化因子激酶（c-Met）也是受体酪氨酸激酶，它的天然配体是肝细胞生长因子（HGF，又称扩散因子），其信号通路对发育、器官形成和机体稳态起重要作用。当 c-Met 被 HGF 激活，引发细胞增殖、迁移、浸润和分支形态发生等浸染过程。许多实体瘤的 c-Met 畸变和过度表达，发生结构性活化、基因放大和突变，因此 c-Met 被认为是肿瘤药物治疗的分子靶标。

1.2 苗头化合物优化

辉瑞研发 c-Met 激酶抑制剂仍以 3- 取代的吲哚啉 -2- 酮（或称羟基吲哚）为母核，这是因为该母核能以平面的方式进入激酶的结合位点，提供形成两个氢键的元件：经环上的 N-H 和 C=O 可与激酶的 ATP 结合域发生氢键结合。在筛选已有的化合物中发现苗头化合物 2（SU-5402）抑制 c-Met 激酶的活性高达 $IC_{50} = 10nmol/L$，在 $1\mu mol/L$ 浓度下可因抑制 c-Met 而完全阻止了 A549 细胞的生长。

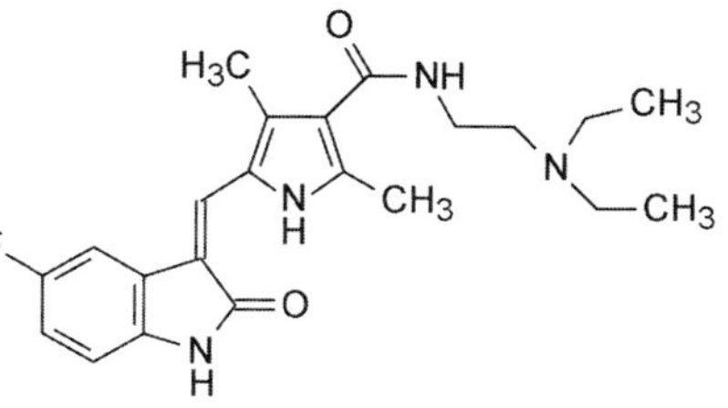

1 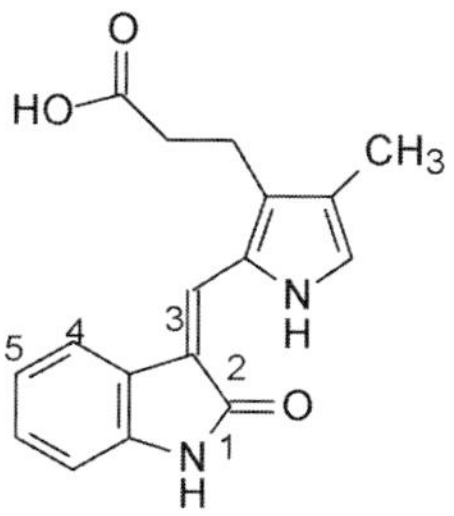　　　　　　　　　　　**2**

为了提高苗头对 c-Met 激酶的选择性作用，分别在母核的两个位置进行修饰，一个是在 4 位连接（取代的）苯基，另一个是在 5 位连接（取代的）苄基磺酰基侧链。通式 3 在苯环上 R_1 为一个或两个简单取代基；酰胺基侧链大都连接在 4 位或 3 位，R_2 多为叔或仲氮原子；R_3 为一个甲基时处于 5 位，酰胺侧链连接于 3 位，R_3 为 2，5- 二甲基时，酰胺侧链连接于 4 位。4- 苯基吲哚啉 -2- 酮系列（通式 3）共合成并专利公布了 435 个实施例（合成的目标化合物可能更多），都不同程度地显示了抑制 c-Met 活性（Cui JR, et al. 4-Aryl substituted indolinones. WO 02/055517）。通式 4 的 R_1、R_2 和 R_3 的含义与通式 3 相同，合成并专利公布了 375 个实施例，也显示了抑制 c-Met 活性（Cui JR, et al. 5-Aralkylsulfonyl-3-(pyrrol-2-ylmethylidene) -2-indolinones as kinase inhibitors. WO 02/096361）。

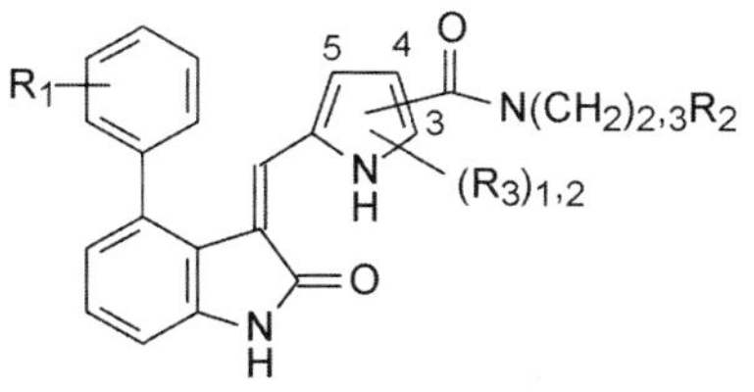

3 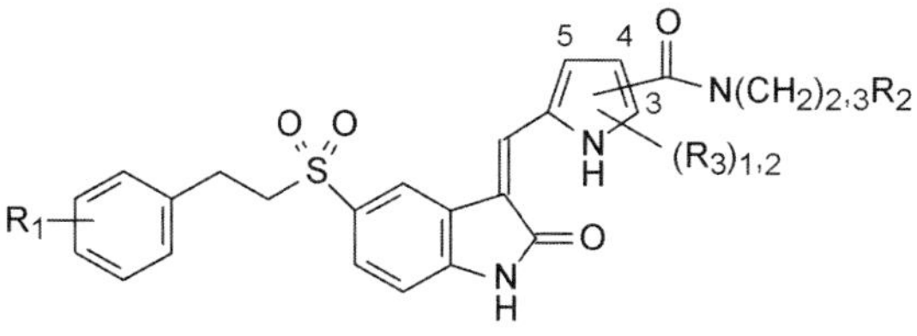　　　　　　　　　　　**4**

1.3　先导化合物

在报道的近千个目标物中，化合物 5（PHA-665752）显示对 c-Met 激酶具有高选择性活性，强于对其他激酶抑制活性 50 倍以上；对高表达 c-Met 的细胞抑制活性 IC_{50} = 9nmol/L，而且显著抑制多株肿瘤细胞的生长、迁移和浸润；体内实验显示 5 能抑制移植性肿瘤细胞的 c-Met 磷酸化，且剂量依赖性地抑制肿瘤生长。5 的物化和活性参数如下：相对分子质量为 641.62，配体效率（LE）为 0.25（LE = 由 IC_{50} 换算成的结合自由能除以非氢原子数，ΔG/ 非氢原子数，是联系化合物分子尺寸和与受体结合强度的量度，表示化合物的活性效率），亲脂性效率 LipE 为 4.85（LipE = pIC_{50}-clog$D$，是联系化合物亲脂性和与受体结合效率的量度，数值越大越趋近于成药性），分布系数 log$D$ = 3.20（于 pH 7.4 测定）。这些数据表明 5 可作为候选化合物进入开发阶段。

　　然而，5 的相对分子质量偏大，尽管结构中含有成盐性基团，但成盐后溶解性仍差，在 pH 7.4 缓冲液中溶解度为 0.9μg/ml。此外 5 在大鼠体内有较高的代谢清除率，CL = 77ml/(min·kg)，这些不利的物化和药代性质，表明不宜作为候选药物进一步研发，因而将 5 作为先导物进行结构优化。优化的目标是在保持对 c-Met 激酶和细胞的高抑制活性和选择性的前提下，降低分子尺寸，以改善物化和药代性质。

5

2. 结构生物学揭示复合物的微观结合特征

　　化合物 5 与 c-Met 激酶（未被磷酸化的结合域）的复合物晶体结构表明有如下结合特征（图 1）：①结合域的 A- 环套（A-loop）采取了独特的自身抑制状态的构象，即在激酶的活化环套残基 1222～1227 形成转折，占据了 αC 螺旋的催化位置，使得 1228～1245 环套残基移位，干扰了 ATP 与底物的结合；②吲哚酮的 -NH 和 -C=O 基团与激酶铰链的残基分别形成氢键；③吲哚酮的 -C=O 与吡咯环的 -NH 形成分子内氢键，因而吲哚酮与吡咯环形成较大的共轭平面，处于 ATP 的腺嘌呤环结合的平面裂隙处；④连接羟基吲哚与二氯苯基的连接基磺酰亚甲基形成 U- 形转折，使二氯代苄基与具有独特构象的 A- 环套上 Tyr1230 的苯酚环发生 π-π 叠合作用；⑤磺酰基的氧原子与 Asp1222 的 -NH 形成氢键，稳定了分子取向；⑥与吡咯环相连的酰胺及延伸的片段进入了水相，未与蛋白结合。

上述结合的信息，为化合物 5 的结构改造与优化提供了微观性的依据。

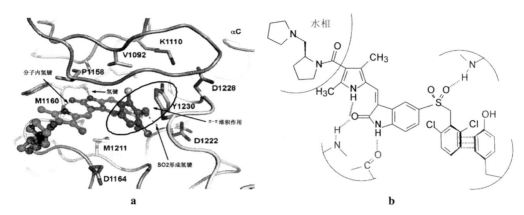

图 1　a：化合物 5 与 c-Met 激酶结合域共结晶的结构图；b：结合的简化图

3. 基于酶结构的分子设计

3.1 骨架迁越——母核的优化

吲哚环经磺酰亚甲基与二氯苯基相连，二氯苯基为了与 Tyr-1230 发生重要的 π-π 叠合，磺酰亚甲基还得作 U 形转折，说明连接链 -SO₂-CH₂- 的长度有些冗赘，加之吲哚酮与吡咯环形成过大的共轭平面，显示出化合物 5 的骨架有不足之处，须加以缩小变换。

采用骨架迁越方法，用可提供两个氢键结合的小尺寸平面结构替换吲哚酮-吡咯母核，以便适配于较小的嘌呤结合腔，并保持形成氢键能力；同时缩短连接基，消除形成 U 形转折的熵损失，使二氯苯基更有利于与 Tyr1230 发生相互作用，将整个分子尺寸降低下来。

在骨架变迁中经历了数个阶段：将 5 的吲哚酮与吡咯的分子内氢键"固化"成共价键，形成氮杂吲哚 6，此时吡咯的 -NH 与吡啶的 N 分别提供氢键的给体和接受体，母核+连接基的非氢原子数由原来的 22 降到 17；继之切断 -C-N 键形成 2-氨基-3-苯基吡啶化合物 7（非氢原子数仍为 17），此时 2-氨基吡啶提供氢键的给体和接受体。再简化连接基，用氧原子替换磺酰苯基，成为化合物 8，非氢原子数降低到 9。

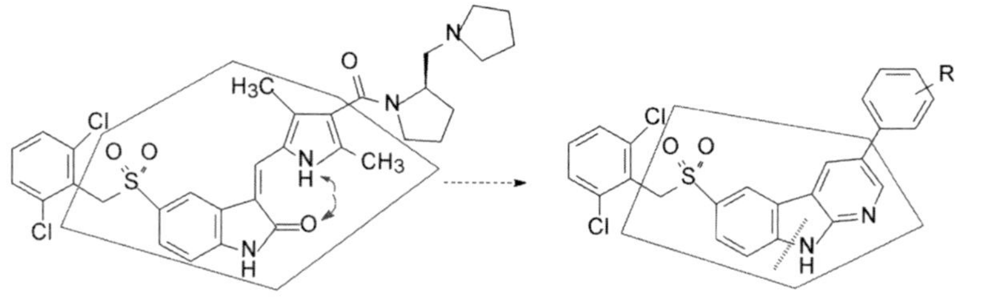

5 → **6**

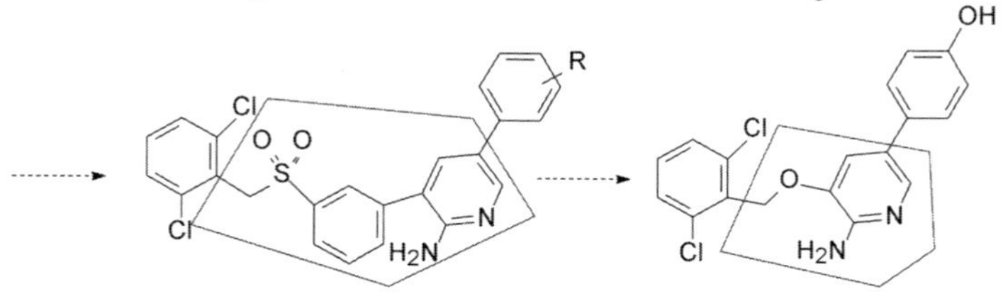

7 → **8**

3.2 新骨架的首轮优化

化合物 8 对 c-Met 激酶的 K_i 值 3.83μmol/L，活性虽然较弱，但因相对分子质量降低，配体效率仍不错，LE = 0.29，高于化合物 3，但亲脂性效率降低到 LipE = 0.35，显然是因活性低的缘故。8 的苯环上留有羟基，成为引出极性侧链的"端口"，将其连接亚乙基吗啉得到化合物 9，活性略有提高，K_i = 2.45μmol/L，但因分子尺寸加大，配体效率降低。进而加长并模仿化合物 3 的末端片段，化合物 10 的 K_i = 0.46μmol/L，LE = 0.24，LipE = 3.70，提高了抑制活性和亲脂性效率。

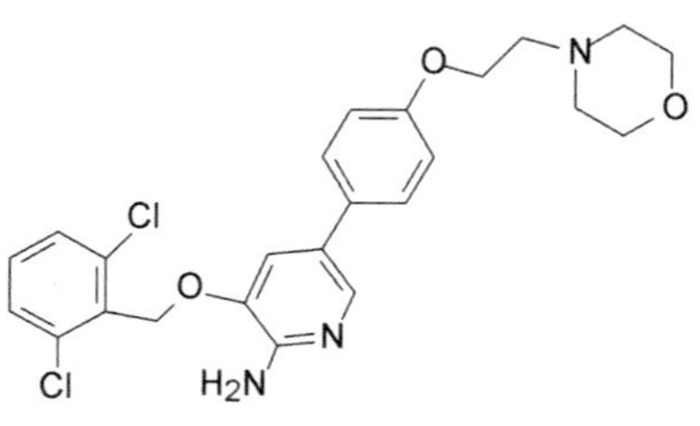

9 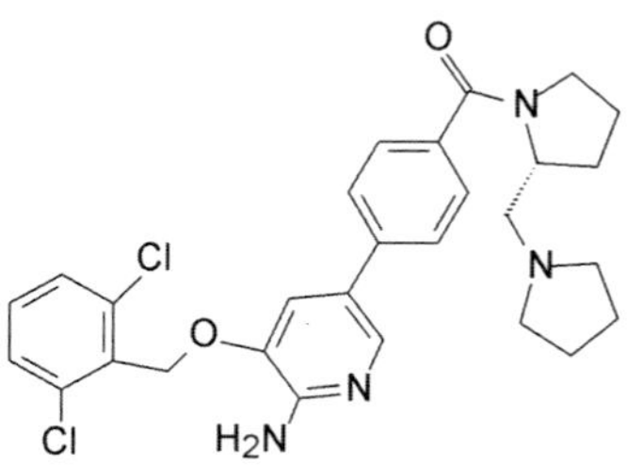 **10**

氨基吡啶系列的化合物与 c-Met 的复合物晶体表明，氨基和吡啶的 N 原子分别与铰链形成氢键，由于缩短了连接基，使得二氯苯基容易同环套 A 上的 Tyr1230 发生 π-π 相互作用，苯甲酰基连接的片段进入水相中，但不同的片段活性不同，例如化合物 10 的活性是 9 的 5 倍，表明虽然亲水性片段进入了水相，没有同酶结合，但却影响了分子的结合。

3.3 二氯苯基的取代基的变换和连接基亚甲基的甲基取代

氨基吡啶骨架系列的二氯苯基与 A 环套的 Tyr1230 的苯酚基发生 π-π 叠合，为了考察环上取代基对活性 K_i 和亲脂性效率 LipE 的影响，合成了通式 11 的化合物，式中 R 代表一个、两个或三个相同或不同的原子或基团，R' 为 H 或甲基，测定化合物对 c-Met 激酶的 K_i 值，计算分子的亲脂性参数 cLog$D$ 值，将各化合物的活性 pK_i 值与 cLog$D$ 作图，图 2 表示了有代表性的化合物的活性与亲脂性效率 LipE 的关系，表明随着苯环上亲脂性的增加，提高了抑制活性。

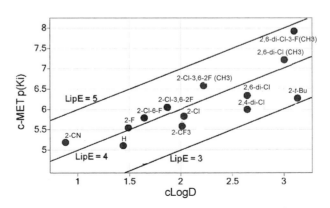

连接基上 R' 为甲基取代比未被取代的相应化合物活性高，提示甲基取代有利于提高活性。其中化合物 12 活性最高，对 c-Met 酶的活性参数为：$K_i = 0.012\mu mol/L$，LipE $= 4.82$；对 c-Met 细胞的活性参数为：$IC_{50} = 0.020\mu mol/L$，LipE $= 4.60$。

图 2　苯环上取代基与连接基变换与活性和亲脂性效率的关系

3.4 5-苯环的变换——5-吡唑环系的确定

研发至此，以化合物 12 为代表的三卤代苯和新连接基的化合物达到最佳优化状态，下一步是在保持活性和选择性前提下，优化物理化学和药代动力学性质。根据复合物的晶体结构，5-苯基结合于 Tyr1159、Ile1084 和 Gly1163 构成的疏水性狭窄裂隙，这需要确保在氨基吡啶的 5 位连接的芳环具有平面性，芳基上连接的基团（片段）延伸到溶剂相中。此外，12 中的酰胺片段已离开疏水裂隙，进入水相，提示延伸的亲水性片段可不必经酰胺键连接。

用五元含氮芳环替换 5-苯基可增加水溶性，例如含 5-吡唑或咪唑化合物的 $cLogD$ 比相应的苯化合物低 2 个单位，并且较小扭角（减少了迫位效应），增加了共面性，有利于结合。

氨基吡啶与吡唑环的连接方式对活性影响很大，例如化合物 13 和 14 的活性（酶的 K_i 和细胞的 IC_{50}）以及 LipE 值相差很大。结构生物学表明，13 的吡唑环氮原子所处的位置使得 c-Met 的残基 Met1160 和 Ile1084 取向与吡唑环邻近，不利于氨基吡啶的氢键结合，而且该吡唑环处于酶蛋白的疏水性界面，为了发生疏水–疏水相互作用，N 原子的孤电子对的去水合作用是不利的熵变；而 14 的 N 原子可进入了水相，没有上述的不利效应，因而活性高于 13，酶或细胞活性提高了 30~40 倍。化合物 14 的 N-甲基化产物 15 的活性更强，提示由这个 N 原子可引出含有极性基团的碳链，以提高活性和水溶性。

	13	**14**	**15**
c-Met $K_i(\mu M)$	3.19	0.0815	0.046
LipE(K_i)	1.38	2.41	2.80
c-Met 细胞 $IC_{50}(\mu M)$	2.64	0.0624	0.0438
LipE(IC_{50})	1.46	2.52	2.83

3.5 *N*-取代的吡唑化合物的优化

鉴于化合物 10 结构中含有延伸到水相的碱性基团能够提高活性和亲脂性效率，因而也在吡咯环系上引入尽可能小的碱性片段，例如链烷基叔胺、氮杂环丁烷、四氢吡咯、哌啶等，以增加活性和改善药学和药代性质。在选择高活性（酶和细胞）和高亲脂性效率的化合物同时，还须评价对人肝微粒体（HLM）的稳定性，从代表性的化合物中优选出 16 和 17，尤其是因 17 的高活性和较好的代谢稳定性，确定为候选药物。

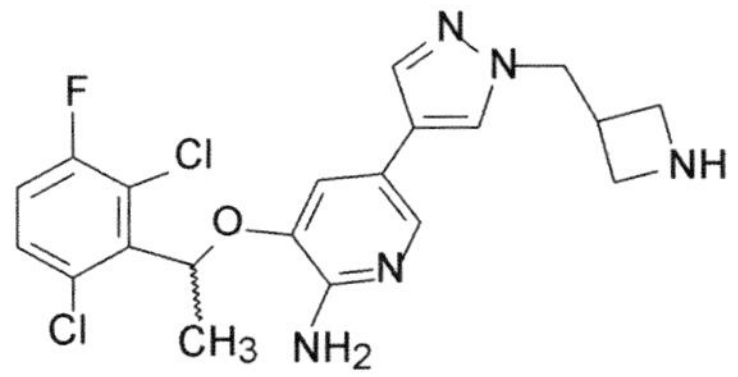

16 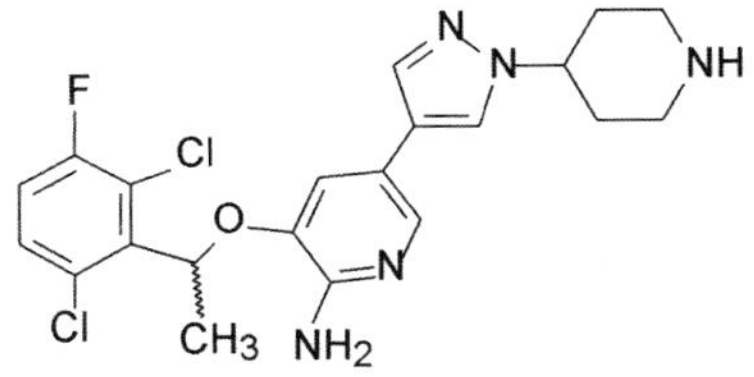　　　　　　　　　　　　　**17**

	16	17
c-Met K_i（μM）	0.0702	0.0193
c-Met 细胞 IC_{50}（μM）	0.0406	0.0183
LipE（IC_{50}）	6.06	5.62
HLM（剩余 % 量）	71	44.6

3.6 光学活性的候选药物——克唑替尼的成功

前述优化过程制备的吡唑系列化合物含有手性碳原子，都是用混旋的样品测定活性的。将优选出的化合物 17 拆分成光学活性物质，活性测定表明 *R*-构型的分子 18 活性强于 *RS* 和 *S* 构型，对酶和细胞抑制活性分别为 $K_i = 0.002\mu mol/L$ 和 $IC_{50} = 0.008\mu mol/L$。作为进一步研发的候选物命名为克唑替尼（crizotinib）。

18　克唑替尼

4. 克唑替尼的作用特征

4.1 克唑替尼的物化和活性参数

以化合物 5 为先导化合物成功研制出克唑替尼 18，体现了结构生物学和药物化学结合应用的成果，表 1 比较了化合物 5 和 18 的物化和生物学参数。在优化的路径上，相对分子质量降低了 191（30%），表征亲脂性的分布系数降低了 1.3 个对数单位（20 倍），对 c-Met 细胞的抑制活性没变，亲脂性效率增加了 1.3 个对数单位。

表 1　化合物 5 与 18 的物化性质和活性参数的比较

化合物	相对分子质量	$LogD$	c-Met 细胞 /IC_{50}(nmol/L)	LE	LipE(IC_{50})
5	641.62	3.20	9	0.25	4.85
18	450.34	1.96	8	0.38	6.14

4.2 克唑替尼与 c-Met 结合特征

克唑替尼（18）与 c-Met 的复合物晶体结构表明，其结合模式与 3 基本相同。α- 甲基苄基与 c-Met 的环套 A 发生相互作用，不仅有助于苄基的定位，而且增加了与疏水腔（由 Val1092、Leu1157、Lys1110 和 Ala1108 的侧链构成）发生的疏水相互作用，甲基处于 R 构型更适配于该疏水腔；三卤苯基与 Tyr1230 发生 π-π 叠合，氟和氯原子还与 Asp1222 的 N-H 发生静电引力，比 3 的 SO_2 形成氢键更有利。而且距离比 3 的苯基更近。母核 2- 氨基吡啶平面结合于铰链区，而没有 3 的羟基吲哚结合时发生构象变化而引起的张力。5-（4- 吡唑）基结合于由 Ile1084 和 Tyr1159 构成的狭窄的亲脂性通道内，哌啶环进入水相之中。图 3 是克唑替尼与 c-Met 酶复合物的晶体结构图（Cui JJ, Tran-Dubé M, Shen H, et al. Structure based drug design of crizotinib(PF-02341066), a potent and selective dual inhibitor of mesenchymal-epithelial transition factor(c-MET)kinase and anaplastic lymphoma kinase(ALK). J Med Chem, 2011, 54: 6342-6363）。

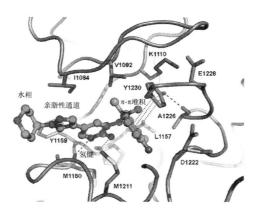

图 3　克唑替尼与 c-Met 酶复合物晶体结构

4.3　克唑替尼对 ALK 激酶的选择性作用

为了证明克唑替尼的选择性抑制作用，评价了它对人的 120 种激酶抑制活性，发现克唑替尼对间变性淋巴瘤激酶（anaplastic lymphoma kinase, ALK）与核磷蛋白（nucleophosmin, NPM）的融合蛋白高表达细胞的抑制活性很高（IC_{50} = 20nmol/L），ALK 融合蛋白是发生间变性淋巴瘤、炎性肌纤维细胞瘤和非小细胞肺癌的关键性酶，因而预计克唑替尼可治疗非小细胞肺癌等恶性肿瘤。

克唑替尼与 ALK 激酶结合域的复合物晶体结构（PDB code 2xp2）表明，其结合模式与同 c-Met 结合特征相似，主要的区别在于 ALK 的环套 A 没有类似于同 c-Met 的 Tyr1230 发生 π-π 叠合作用，因而活性低于 c-Met 激酶；另一个区别是与 2- 氨基吡啶和 3- 卤代苄氧基发生疏水相互作用的残基不同，c-Met 为 Met1211，而 ALK 为 Leu1211。虽然化学结构的构建是基于 c-Met 酶的结构的，但由于同 c-Met 和 ALK 结合的相似性，因而克唑替尼成为作用于双靶标的抗肿瘤药物。

5.　克唑替尼的批准上市

克唑替尼是 c-Met/ALK 激酶双靶标抑制剂，可能成为 ALK 融合蛋白呈阳性的非小细胞肺癌患者的潜在靶向药物。因此辉瑞公司在 2007 年迅速调整了临床试验的研发方向，转向那些 2%～7% 含有 NPM-ALK 瘤源性融合基因的非小细胞肺癌患者。

根据 FDA 关于靶向治疗和伴随诊断的指导意见，在临床试验中辉瑞与 FDA

以及发现 ALK 融合基因的雅培公司的分子诊断业务部门进行了密切合作，确保辉瑞的克唑替尼与雅培的 Vysis ALK Break Apart FISH（荧光原位杂交）探针试剂盒同时获得批准。从 2007 年立项到 2011 年克唑替尼（商品名为 Xalkori）批准上市，仅用了 4 年时间。克唑替尼的研发是个体化治疗的又一个重大突破，美国国家癌症综合网络（NCCN）推荐作为 ALK 阳性的晚期非小细胞肺癌患者标准药物，其地位甚至超越了常规化疗（Roberts PJ. Clinical use of crizotinib for the treatment of non-small cell lung cancer. Biologics, 2013, 7: 91–101 ）。

合成路线

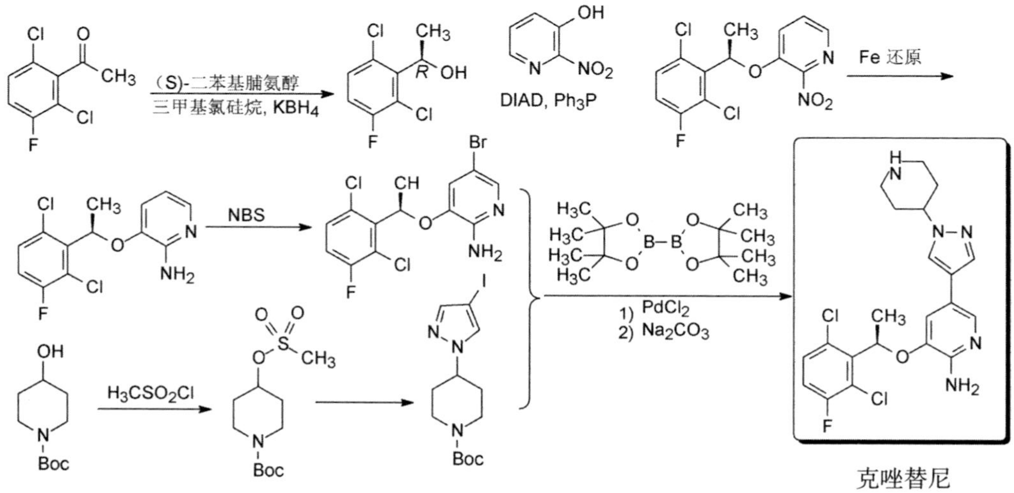

克唑替尼

VI

经典药物化学方法创制的药物

⟨26.⟩ 治疗黑色素瘤的达拉非尼

【导读要点】

　　新药研究中，苗头化合物－先导物－候选化合物的演化和优化过程是千变万化的，取决于对靶标及其结构的认识、苗头物的质量以及采取的研究技术手段等。以 B-Raf^{V600E} 激酶为靶标研发的小分子抗肿瘤药物，第一个上市的是维罗非尼，采用 FBDD 方法从相对分子质量低于 250 的小分子出发，通过理性设计而成功研制；达拉非尼是第二个上市的药物，从普筛得到的苗头经药物化学方法和构效关系分析与试错反馈，演化成先导物，最终优化成药，与维罗非尼的研发路径不同，因而结构也迥异。优化是由非药向成药转化的必由之路，是药物化学原理和方法的具体运用。本品提供了一个应用范例。

1. B-Raf 靶标的重要意义

　　所有的真核生物细胞都有多种丝裂原活化蛋白激酶（MAPK）信号转导通路，MAPK 属于细胞内的丝氨酸／苏氨酸蛋白激酶，具有调节细胞生长、增殖、分化和血管重塑等功能。B-Raf 作为蛋白激酶 Raf 中的一员，在 MAPK 通路中起关键作用。当 B-Raf 调控域发生突变，特别是 V600E 突变，使激酶发生构成性的激活，引起细胞癌变。抑制变异的 B-Raf^{V600E} 激酶，是治疗黑色素瘤和结肠癌的药物靶标。达拉非尼（dabrafenib）是由 GSK 研发、于 2013 年上市的治疗转移性黑色素瘤的抗肿瘤药物。

2. 苗头化合物及其向先导化合物的演化

　　第一个研制成功的抑制 B-Raf^{V600E} 激酶的药物，是维罗非尼（vemurafenib），在 2012 年由 Plexxikon 研制成功，采用的研制策略是基于片段的药物发现

（FBDD）方法，经过理性设计而得的（见本书 23 节，P205）。

作为第二个上市的 B-Raf^{V600E} 激酶抑制剂，达拉非尼的研发策略和路径与维罗非尼不同，是应用药物化学原理和分析构效关系演化而成的。由于苗头化合物与维罗非尼不同，因而不是维罗非尼的模拟物，二者结构类型不同。

研发达拉非尼的苗头化合物（1）来自公司内部的激酶抑制剂，对 B-Raf^{V600E} 激酶活性较高，IC$_{50}$ = 9nmol/L，但在细胞水平上对 pERK 和 SKMEL28 细胞活性很弱。1 可视作以咪唑并吡啶为母核的线形结构，"头部"为苯甲酰片段，"尾部"是四氢异喹啉胺结构，相对分子质量 = 605.62，含 45 个非氢原子，配体效率 LE = 0.24。由于 1 的分子尺寸较大，因而由苗头向先导物的演化，应去除冗余原子以使分子"瘦身"，不宜增大分子尺寸。

虽然是线形分子，但因与咪唑环连接的两个片段处于邻位，分子形成"拐点"，在变换结构片段时应维持分子的折拐形状。设想苗头化合物的头部、核心和尾部都是结构改造的重点。

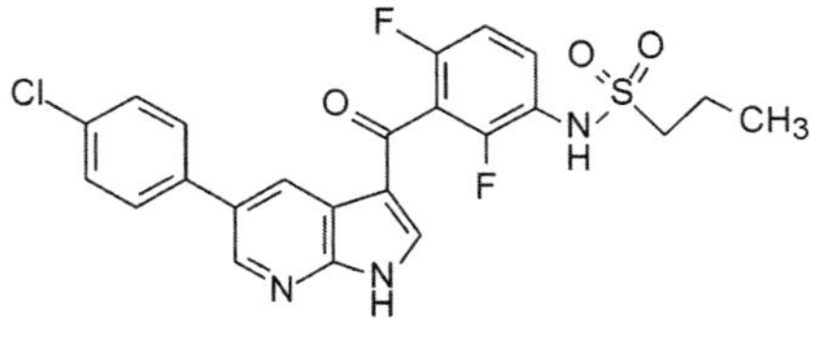

Vemurafenib

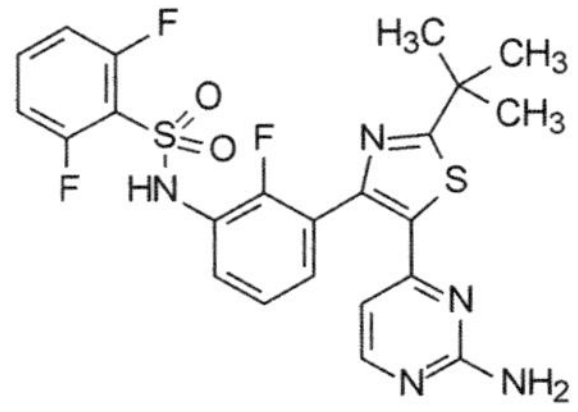

Dabrafenib

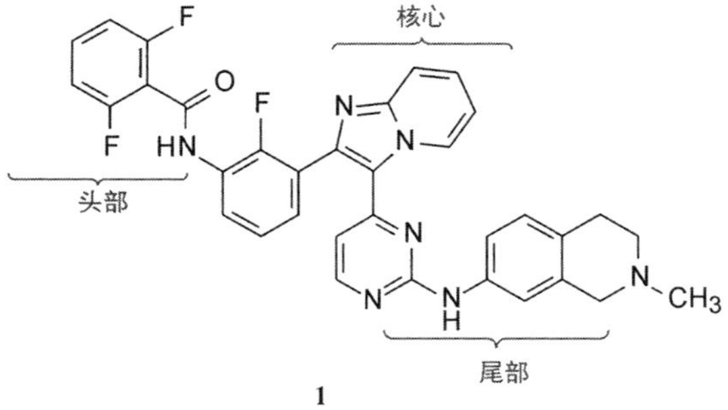

1

B-Raf^{V600E}	IC$_{50}$ = 9nmol/L(LE=0.24)
pERK cell	EC$_{50}$>10μmol/L
SKMEL28	EC$_{50}$ = 5.32μmol/L

2.1 "头部"的变换

核心和尾部的结构保持不变，将头部的酰胺片段更换为脲基、胺酰基和（去氟的）磺酰胺基（两个芳环间连接基的变换），发现磺酰胺基化合物（2）的酶活性虽然降低，但细胞活性明显增高，不过，对 SKMEL28 细胞的抑制增殖作用仍较弱。

2.2 "核心"的变换

将不同取代的杂环替换咪唑并吡啶环，并保持连接"头尾"的位置处于杂环的邻位，以维持拐折的分子形状。研究者发现，用 2- 异丙基噻唑为核心的化合物，无论是二氟苯甲酰胺还是苯磺酰胺，都可提高抑制细胞增殖的活性，尤以磺酰胺基化合物 3 活性最好。

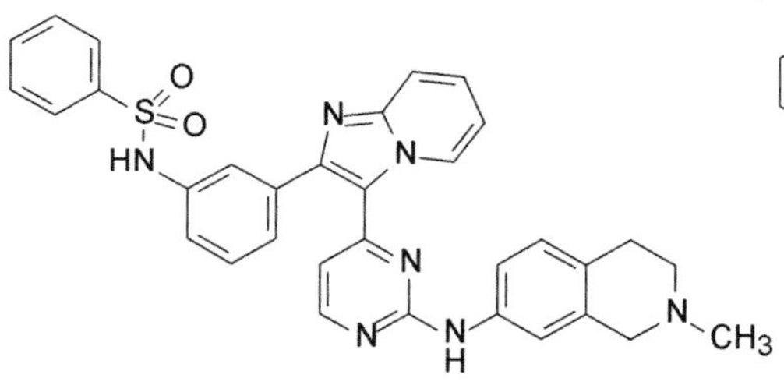

2

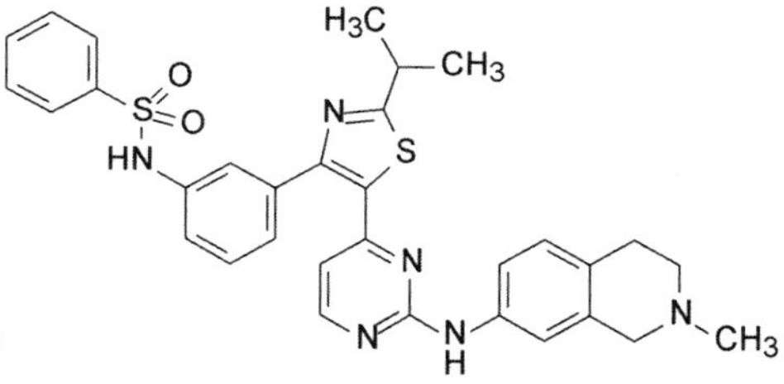

3

B-Raf^{V600E} IC$_{50}$	132nM(LE0.22)	12nM(LE0.26)
pERK cell EC$_{50}$	99nM	52nM
SKMEL28 EC$_{50}$	1.11μM	287nM

2.3 "尾部"的变换

在头部定为苯磺酰胺连接基、核心部位为异丙基噻唑环的基础上，变换尾部的四氢异喹啉环，例如将并环"拆成"哌嗪与吡啶的单键连接片段，以增加基团的可旋转性，发现化合物 4 的酶和细胞活性均有明显提高。然而，磺酰胺的 NH 若被甲基化或被 CH$_2$ 替换成砜基，活性显著降低，提示 N 上氢原子对与酶结合的重要性，这可由分子模拟提供佐证。-SO$_2$NH- 的两端为芳环，-NH 有一定的可离解性（有部分酸性），去质子化的 N$^-$ 可与 Asp594 的 -NH 生成氢键，这在维罗非尼也发生类似的结合。所以当 N 被烷基化或被 -CH$_2$ 替换时，则因缺乏这种氢键结合而降低活性（Stellwagen JC, et al. Bioorg Med Chem Lett, 2011, 21: 4436）。图 1 是含噻唑片段的苯磺酰化合物与酶晶体结构形成氢键的对接图（Tsai J, et al. Proc Natl Acad Sci, 2008, 105: 3041）。

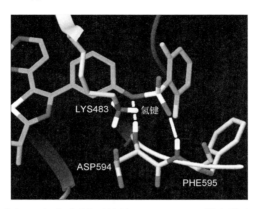

图 1　含磺酰胺抑制剂与 B-RafV600E 结合模式

化合物 4 容易被大鼠肝微粒体代谢而清除 [CL = 20ml/(min·g)liver]，将"头部"的苯环经 2, 6- 二氟取代，得到的化合物 5 的活性基本保持不变，但代谢稳定性提高 [CL = 7ml/(min·g)liver]。进而对连接噻唑的苯环进行取代，2-F 化合物（6）又提高了活性，代谢稳定性基本不变 [CL = 10ml/(min·g)liver]。

3. 先导化合物的优化和候选药物达拉菲尼的确定

化合物 6 体外对 B-Raf^{V600E} 激酶和黑素瘤细胞 的高抑制活性，对啮齿类也具有良好口服利用度和清除率，但对犬和猴的药代动力学性质较差，因而 6 仍作进一步优化。

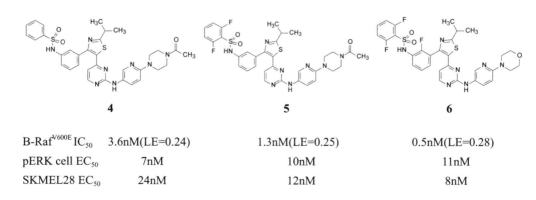

	4	**5**	**6**
B-Raf^{V600E} IC$_{50}$	3.6nM(LE=0.24)	1.3nM(LE=0.25)	0.5nM(LE=0.28)
pERK cell EC$_{50}$	7nM	10nM	11nM
SKMEL28 EC$_{50}$	24nM	12nM	8nM

3.1 降低分子尺寸从"尾部"入手

改善药代从分子"减肥"入手。化合物 6 相对分子质量＝ 667.72，有 46 个非氢原子，将尾部含有 12 个非氢原子的吗啉基吡啶片段（12 个非氢原子）用较小烷基替换，如环丙基、氨酰甲基、二甲胺丙基、甲磺乙基等，非氢原子数减低为 3 ~ 6 个，以降低分子量，其中一些化合物如 7 仍保持较高的体外抑制酶和细胞活性，对大鼠与犬有良好药代性质。研究 7 与犬肝细胞温孵的代谢产物，发现 N- 脱烷基化合物 8 和异丙基的氧化产物 9 是主要代谢物。提供了关于进一步优化尾部和核心部位的结构信息。

7   **8**   **9**

B-Raf^{V600E} IC$_{50}$	0.3nmol/L(LE0.28)	40nmol/L(LE0.29)	未测
pERK cell EC$_{50}$	7nmol/L	78nmol/L	未测
SKMEL28 EC$_{50}$	10nmol/L	61nmol/L	未测

3.2 核心部位的丁基变换和尾部无烷基取代的化合物

将核心部位的异丙基替换成叔丁基，由于去除了 α- 氢原子，提高了化合物的稳定性，并且也提高了生物利用度，化合物 10 的体内外活性很高。进而去除尾部的甲磺酰乙基，使伯胺连接于嘧啶环上，整合头部和中间苯环的优化结构，得到的化合物 11 对 B-Raf^{V600E}、B-Raf^{V600K}、B-Raf^{V600D} 的抑制活性都很高，强于野生型 1 个数量级。其相对分子质量 =519.56，比苗头化合物和先导物的相对分子质量降低了 15% ~ 20%，具有优良的药效、药代和物化性质（Rheault TR, et al. ACS Med Chem Lett, 2013, 4: 358）。

化合物 11 作为候选药物称作达拉非尼（dabrafenib），以口服甲磺酸盐进行了三期临床研究，表明对转移性的黑色素瘤疗效显著，于 2013 年经 FDA 批准上市，成为继维罗非尼（vemurafenib）和易普利单抗（ipilimumab）后批准的第三个治疗转移性黑色素瘤的药物（Vasbinder MM, et al. J Med Chem, 2013, 56: 1996）。

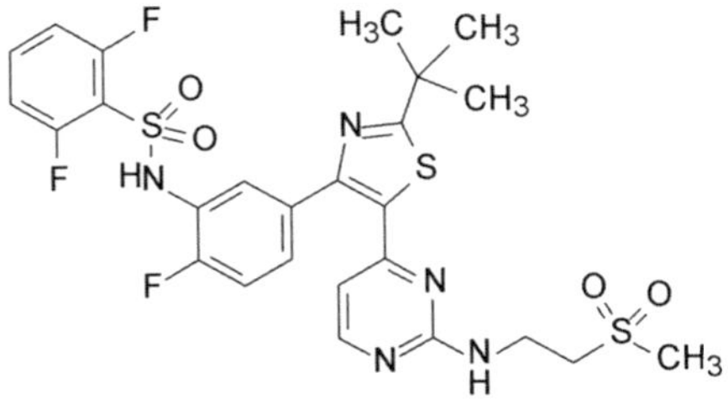

10   **11**

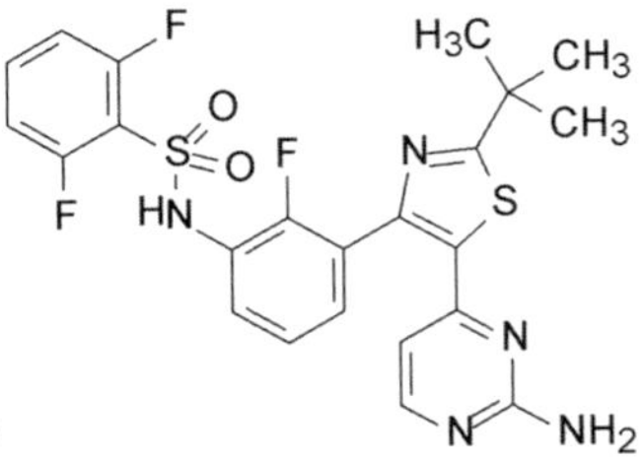

B-Raf^{V600E} IC$_{50}$	13nmol/L(LE=0.26)	0.7nmol/L(LE0.33)
pERK cell EC$_{50}$	11nmol/L	4 4nmol/L
SKMEL28 EC$_{50}$	87nmol/L	3 3nmol/L
Dog po AUC	68	3754

4. 达拉非尼和维罗非尼的参数比较

表1列出了达拉非尼和维罗非尼两个药物的物化参数、药代和活性参数。可以看出，即使针对同一靶标，采用不同的策略和方法，独立研发的两个药物具有不同的结构类型，微观结构的特征（或称药效团的特征和分布）也无明显的相似性，提示两个药物在靶标活性中心的分子取向和结合模式也不尽相同。当然，物化和药代性质的差异更是显而易见的。

表1   达拉非尼和和维罗非尼的参数比较

参　　数	达拉非尼	维罗非尼
结构式/参数	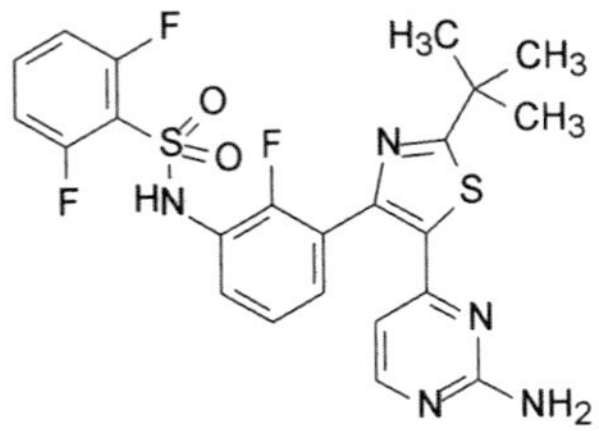	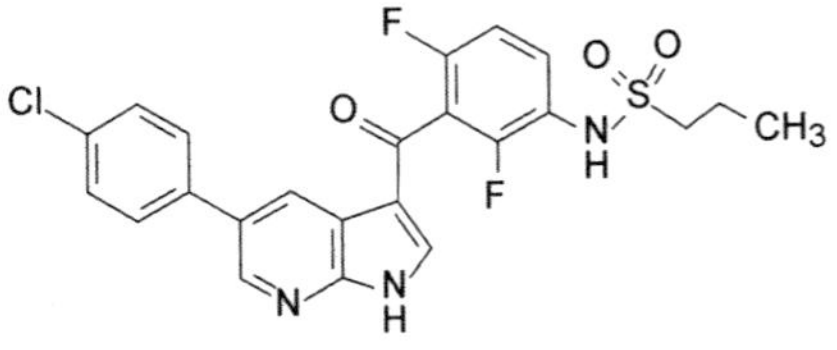
相对分子质量	519.56（游离碱）	489.92
溶解度	3.27mg/L	0.36mg/L
Log P	5.44	4.95
可旋转键	6	8

参　　数	达拉非尼	维罗非尼
氢键给体	3	2
氢键接受体	8	6
极性表面积	110.9Å^2	91.9Å^2
人血浆半衰期 $t_{1/2}$	8h	57h
分布容积 V	70.3L	106L
清除率 CL	17.0 L/h	31.0L/h
IC_{50}	0.7nmol/L	31nmol/L
治疗剂量	一日 2 次，每次口服 150 mg	一日 2 次，每次口服 960mg

合成路线

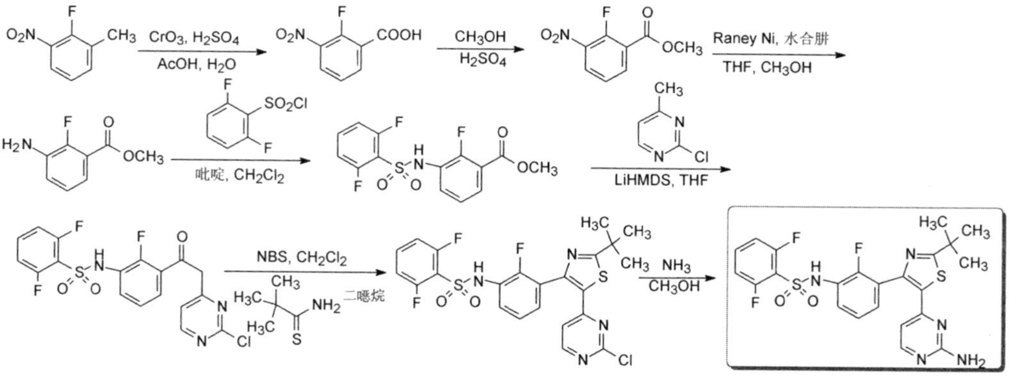

达拉非尼

27. 模拟天然配体结构的抗过敏药孟鲁司特

【导读要点】

　　由发现慢反应物质到确证白三烯为炎症介质，最后研发成功抗哮喘药孟鲁司特，是个漫长的过程。由于受体结构未知，研发的路径是参照配体的结构特征设计拮抗剂，通过试错反馈（trial and error）和构效分析（SAR）而成功的，这是研发膜蛋白受体调节剂的常用策略。默克公司从 1980 年合成了 LTD4 并开始研究受体拮抗剂，到 1998 年批准孟鲁司特上市，跌宕曲折的研发轨迹给我们不少启迪。

1. 抗炎靶标白三烯 D4 受体

早在 1938 年生理学家就发现动物致敏后体内产生不稳定的化学物质，称作慢反应物质，1960 年 Brockelhurst 进一步证明这是免疫组织在受到抗原攻击产生的特殊物质，可引起平滑肌（如气道和十二指肠）的缓慢收缩，称之为过敏性慢反应物质（SRS-A）（Brocklehurst WE, et al. J Physiol, 1960, 151: 416-435）。随着分离方法（如 HPLC）和结构鉴定技术的进步，1979 年瑞典 Samuelsson 等证明了 SRS-A 主要是由 3 种物质组成：白三烯 C4、D4 和 E4（LTC4、LTD4、LTE4），分别是由谷胱甘肽、胱甘二肽和半胱氨酸经硫醚键相连的二十碳四烯酸，白三烯可引起平滑肌强烈收缩，增加肺泡的通透性，增加黏膜上皮细胞的分泌等，导致哮喘和过敏性疾病。

白三烯作为内源性物质，是由花生四烯酸经氧化代谢生成含有环氧乙烷结构的 LTA4，经由谷胱甘肽开环生成 LTC4，进而依次降解成 LTD4 和 LTE4，他们都是致炎因子，其中 LTD4 的活性最强。图 1 是 LTC4、LTD4 和 LTE4 的结构。

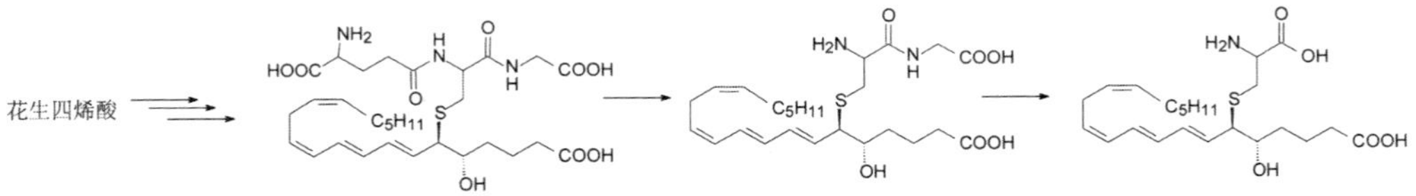

图 1　白三烯的化学结构

用同位素标记白三烯（例如 [³H-LTD4]）的实验表明，它们结合在肺和支气管的炎症细胞膜上，与特定的膜受体结合，该受体称作半胱氨酸白三烯受体 1（CysLT1）。阻断 CysLT1 功能可抑制气道炎症引起的哮喘和过敏症。

2．初始研究

2.1　以色甘酸为先导物的结构优化

1980 年以前，人们研究慢反应物质的拮抗剂是用致敏豚鼠的肺中提取的渗出液引起平滑肌收缩作为筛选模型评价化合物的抑制活性，发现并证明色酮化合物 FPL-55712（1）具有解除上述收缩活性（Appleton RA, Bantick JR, Chamberlain TR, et al. J Med Chem, 1977, 20: 371-379; Adams Ⅲ GK, Lichenstein LM. Nature, 1977, 270: 255-257）。

默克公司是研究白三烯的化学及生物功能的先驱之一，始于 1980 年。该公司合成了 LTD4 作为工具药，得以用体外引起豚鼠平滑肌收缩模型评价化合物活性。分析化合物 1 和 LTD4 的化学结构，共有的结构是羧基、共轭双键、疏水基团等，说明当初在不明配体结构的情况下，1 隐含了白三烯的某些结构特征。公司筛选样品库，发现化合物 2 有中等强度的拮抗活性。他们将 LTD4、化合物 1 和 2 作为设计 LTD4 受体拮抗剂的苗头结构。

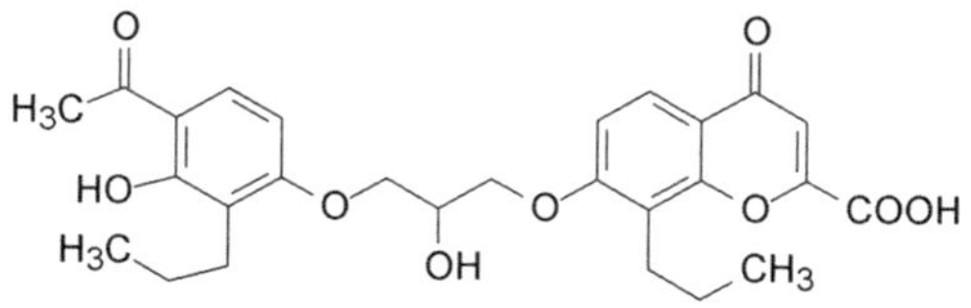

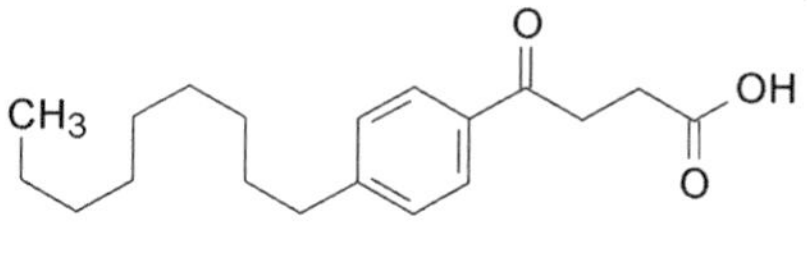

2.2　苗头向先导物的过渡

通过融合化合物 1 和 2 的结构片段，合成了以化合物 3 和 4 为代表的活性化合物，分子中与色酮环相连的羧基相当于 LTD4 中氨基酸的羧基，烷链上的羧基相当于二十碳四烯酸中的羧基，化合物 3 的正壬苯基和化合物 4 含有共轭三烯的烃基链相当于 LTD4 的共轭疏水片段。3 和 4 的体外活性强于 1 和 2，但体内未呈现活性，而且容易发生代谢作用。

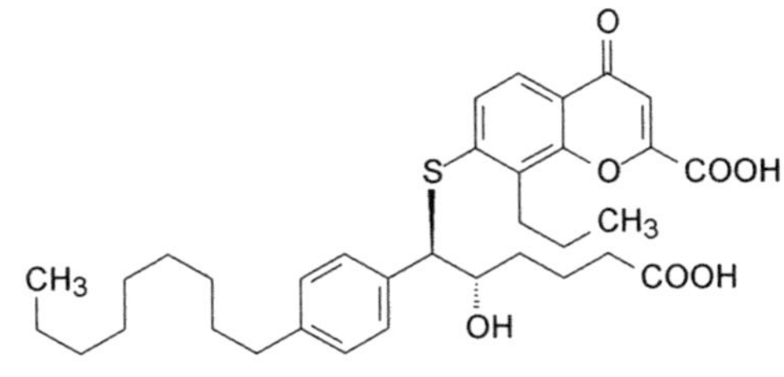

3 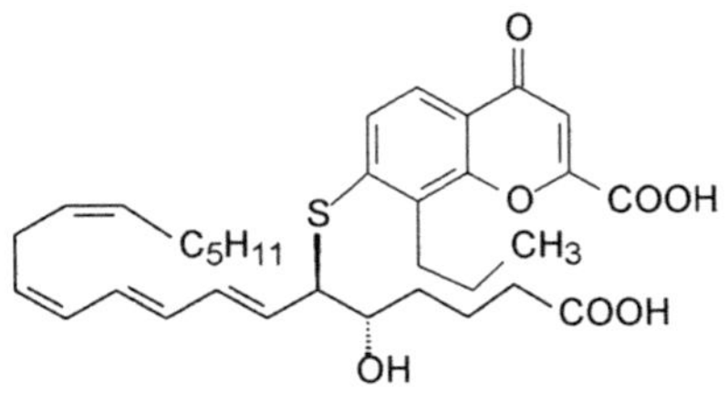　　　　　　　　　　**4**

3 和 4 的代谢不稳定性主要源于色酮片段，将其更换成苯丁酸，保持化合物的左端不变，合成了一系列化合物，有代表性的是化合物 5，具有体外抑制受体 CysLT1 的功能和体内阻止 LTD4 诱导平滑肌的收缩作用。但 5 仍容易被代谢失活，是因为在肝脏中酮基先被还原成羟基，继而发生 β- 氧化生成低活性的代谢产物 6。

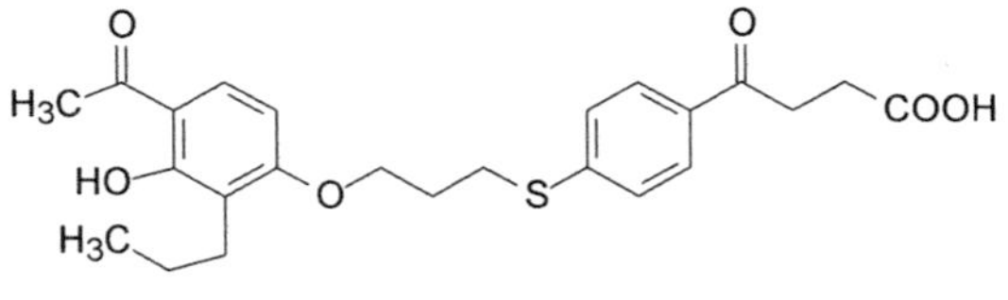

5 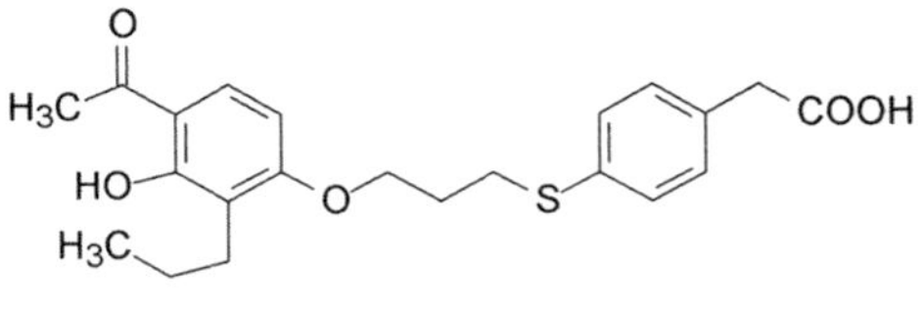　　　　　　　　　　**6**

为了提高 5 的代谢稳定性，在结构修饰中发现 7 具有体外和体内活性，与 [^{3}H-LTD4] 竞争结合受体，$IC_{50}=1\mu mol/L$，灌胃哮喘大鼠的 $EC_{50}=1mg/kg$，而且在消化道是稳定的。7 进入临床研究，发现对肝脏产生不良反应，终止了研究（Jones TR, Young RN, Champion E, et al. Can J Physiol Pharmacol, 1986, 64: 1068-1075）。

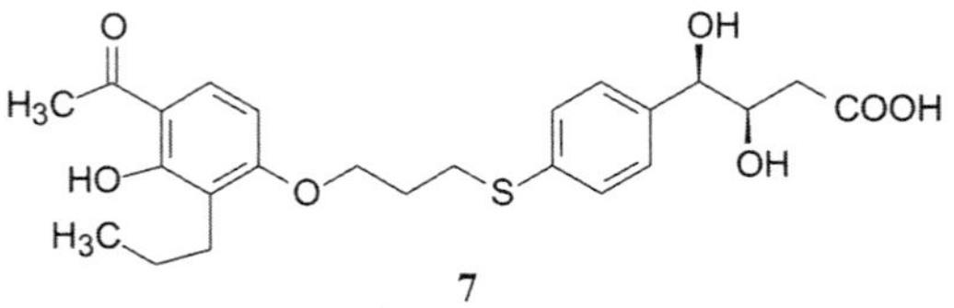

7

3. 韦鲁司特的研发与中止

3.1 确定新的苗头——喹啉化合物

虽然以色甘酸为线索未能研发成药物，但积累了药物化学和药理学经验，默克继续前行。由于活性评价的限制，不能做海量筛选，公司的药物化学家凭借 LTD4 拮抗剂的构效关系知识，对化合物结构作直觉性挑选，之后进行活性评价。在筛选的一万多个样品中发现了喹啉化合物 8，离体活性 $IC_{50} = 6\mu mol/L$，灌胃哮喘大鼠有效剂量 3mg/kg。虽然这些数据逊于化合物 1，但作为新的结构类型有修饰的潜力，例如分子尺寸较小，可加入含羧基的侧链，以及形成氢键的基团等。

3.2 苗头的修饰

对化合物 8 进行结构变换，吡啶环被苯环替换，活性不变，但 3- 羟基苯化合物（9）活性显著提高，$IC_{50} = 0.56\mu mol/L$，而相应的 2- 羟基或 4- 羟基化合物没有活性（$IC_{50} > 50\mu mol/L$）。说明苯环上 3- 位羟基对受体结合的重要性，此外，羟基还为引出羧酸侧链提供了连接"把手"。

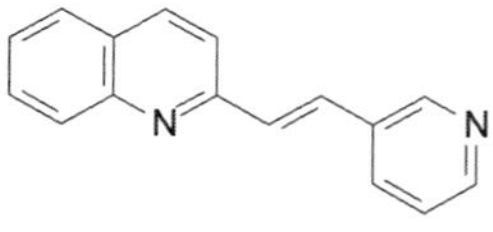

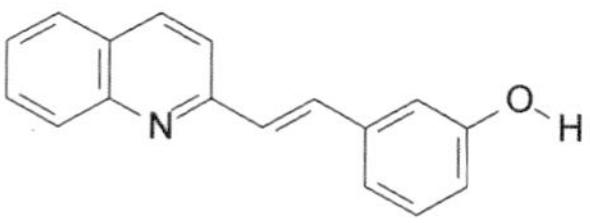

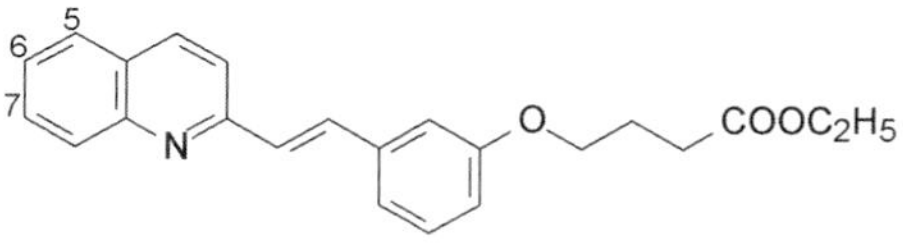

3.3 先导物——烷基羧酸链的引入

LTD4 受体拮抗剂的酸性基团是必需的药效团特征，为了引入羧基，经氧原子合成了一系列烷酸和烷酸酯，体外和大鼠体内活性试验表明，化合物 10 的 $IC_{50} = 0.58\mu mol/L$，灌胃大鼠有效剂量为 1.5mg/kg，化合物 10 作为先导化合物进行优化。

3.4 优化 1——喹啉环上的取代

为了避免未取代的喹啉环在体内发生氧化代谢而出现特质性毒性（IDT），在环上连接化学致钝取代基。通过对化合物 10 与 LTD4 结构的分子叠合，发现在喹啉环的 5、6 和 7 位还存在容纳亲脂性基团的空间，为此，分别用亲脂性氯原子取代，结果表明 7- 氯取代物（11）活性最强，$IC_{50} = 39nmol/L$，灌胃大鼠 0.5mg/kg 剂量的抑制率为 41%。

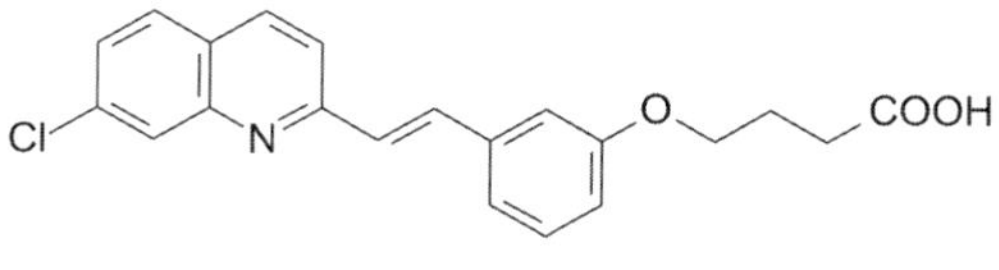

3.5 优化 2——里程碑式的候选药物及其中止

化合物 11 的进一步优化是引入第二个酸性侧链，以模拟 LTD4 结构中含有两个酸性基团。模拟 LTD4 的硫醚结构，以二硫代缩醛引出两个烷酸链，其中化合物 12 活性提高，$IC_{50} = 3nmol/L$，大鼠灌胃 0.15mg/kg 剂量的抑制率为 43%。12 的大鼠和猴的药代性质良好，但对鼠猴（squirrel monkey）的活性不佳，究其原因是亲脂性的双酸与血浆白蛋白的结合率高达 99.9%，血液中游离药物水平低，难以在靶细胞中达到足够的有效浓度。

为了克服 11 的不足，提高向细胞内的分布，优化的策略是将羧基（一个或两个）换成酰胺基。结果表明化合物 13 的活性显著增高，$IC_{50} = 0.8nmol/L$，灌胃大鼠 $ED_{50} = 0.07mg/kg$。13 的代号为 MK-571，进入开发阶段。13 对大鼠和猴有良好的口服吸收和生物利用度，中等水平的血浆结合率，适宜的半衰期，以及对多种致敏动物的支气管收缩有解痉作用（Zamboni R, Belley M, Champion E, et al. J Med Chem, 1992, 35: 3832–3844）。

12　　　　　　　　　　　　　　　　　　**13**

化合物 13 完成了临床前试验，进入临床研究，Ⅰ和Ⅱ期临床试验结果令人满意。然而并行实验的小鼠和大鼠长时间和大剂量用药，发现动物肝脏重量增加，过氧化物酶体的酶活性增高，这些征候对于长期用药的患者可能导致肝癌。基于安全性考虑，中止了 MK-571 的研发。

3.6 光学活性化合物——未成功的挽救

MK-571 含有 1 个手性碳原子，当初临床应用的是消旋物，虽然临床前研究表明，R 和 S 构型的活性和安全性没有显著性差异，但为了挽救 MK-571 的夭折，通过实验深入比较了两个对映异构体的动物安全性，结果表明，在高剂量下 S 异构体引起动物肝脏增重，血清转氨酶升高，而 R 异构体不影响肝脏，并且 R 的药动学优于 S 构型。这样在中止了一年临床试验之后，1990 年又开展了 R 构型的 MK-

571 临床研究，并命名为韦鲁司特（verlukast）。然而，在顺利地进行 Ⅱ 期研究中，发现有 3% 的受试患者转氨酶升高，从而又不得不停止了研发。

4.　备份候选化合物——孟鲁司特的成功

4.1　单硫醚化合物

新药创制需要有备份的候选化合物（back up drug），默克公司在研发韦鲁司特的同时，准备了备份药物。设定的目标是：化学结构类型不同于韦鲁司特；有较强的活性；改善的药动学性质等。

在韦鲁司特结构中，连接喹啉环和苯环键的双键和二硫代缩醛具有潜在的不稳定性，在光照下双键与硫原子可发生分子间缩合反应。为消除该隐患，将双键 -CH=CH- 变换为 $-CH_2-CH_2-$、$-CH_2-O-$ 和 $-CH_2-S-$ 等连接基，并且去除酰胺侧链上的硫原子，同时还对烷基链进行烷基取代或嵌入苯环等结构变换，在合成众多类型的化合物中，发现 14 和 15 的体外活性很高，IC_{50} 分别为 1.5nmol/L 和 0.5nmol/L，15 强于韦鲁司特（$IC_{50} = 1$nmol/L）。

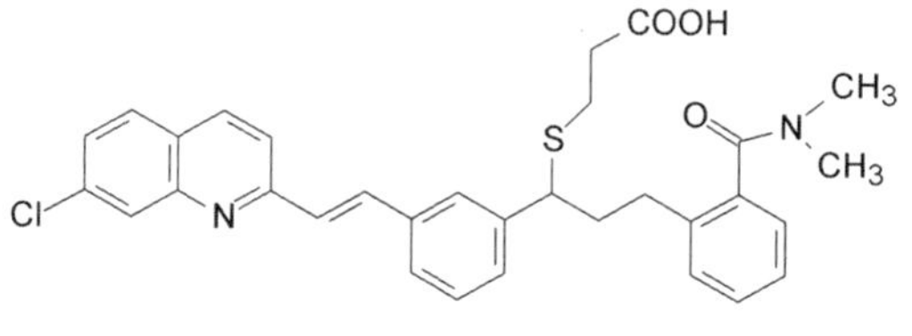

14 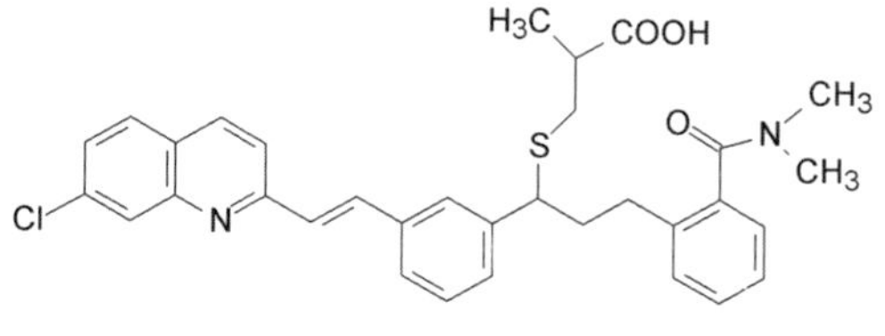　　　　　　　　　　**15**

4.2　单硫醚化合物的优化

化合物 14 和 15 虽然活性强于韦鲁司特，但在大鼠体内被迅速清除，半衰期短，分析原因是酰胺发生了水解作用（韦鲁司特的酰胺不易水解，反映出不同的结构代谢样式的差异）。所以，需要同时优化活性和代谢稳定性，为此，同时评价化合物的 IC_{50} 和大鼠的清除速率。当酰胺片段用其他极性或非极性基团替换，仍保持高活性；含硫醚的羧酸侧链的 α- 碳被甲基取代可提高活性，例如化合物 16 具有代谢稳定性，并且仍保持对 LTD4 受体的高抑制活性。

16

4.3 手性中心的优化

化合物 16 含有两个手性碳，分离成 4 个单体，发现硫醚碳为 R 构型的两个差向异构体可诱发过氧化酶体活性 [以鼠肝的脂肪酸辅酶 A 氧化酶（FACO）为指标]，具有安全性隐患，而 S 构型的两个化合物无诱导作用。例如小鼠灌胃 800mg/kg 的两个 R 构型的诱导酶活性增高作用为 +128% 和 +155%，而 S 构型化合物仅为 -7% 和 +10%，表明连接硫醚的手性碳为 S 构型安全性高。然而对 LTD4 受体的拮抗作用硫醚手性碳的 R 构型化合物强于 S 构型，相差 6 倍和 24 倍。这种活性与安全性的矛盾经综合考虑，确定硫醚手性碳为 R 构型的化合物为优选结构（Labelle M, Prasit P, Belley M, et al. Bioorg Med Chem Lett, 1992, 2: 1141-1146）。

4.4 候选化合物孟鲁司特的确定

对硫醚烷酸链的优化，是在羧基的 α 和 β 碳上分别或同时用甲基或乙基取代（包括构型的变化），评价对 LTD4 受体的拮抗作用、大鼠灌胃诱导 FACO 活性和肝脏增重作用，结果表明，化合物 17 抑制 LTD4 活性 $IC_{50} = 0.5nmol/L$，不影响 FACO 的活性，肝脏增重 +16%。对各种实验动物的药代动力学研究表明，有良好的口服生物利用度、适宜的半衰期等药动学性质（Labelle M, Belley M, Gareau Y, et al. Bioorg Med Chem Lett, 1995, 5: 283-288）。遂确定化合物 17 为韦鲁司特备份替代物，命名为孟鲁司特（montelukast），经三期临床试验，证明用其钠盐 10mg 和 5mg 咀嚼片可有效地控制哮喘和呼吸道过敏症。1998 年 FDA 批准上市，成为继扎鲁司特（zafirlukast, 1997 上市）FDA 批准的第二个 LTD4 受体拮抗剂。

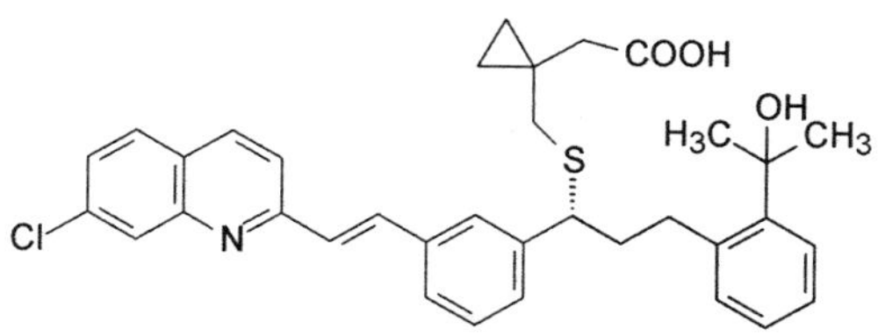

17

孟鲁司特作为备份候选药物获得了成功，而原研药物韦鲁司特因潜在的安全性问题中止于Ⅱ期临床。

合成路线

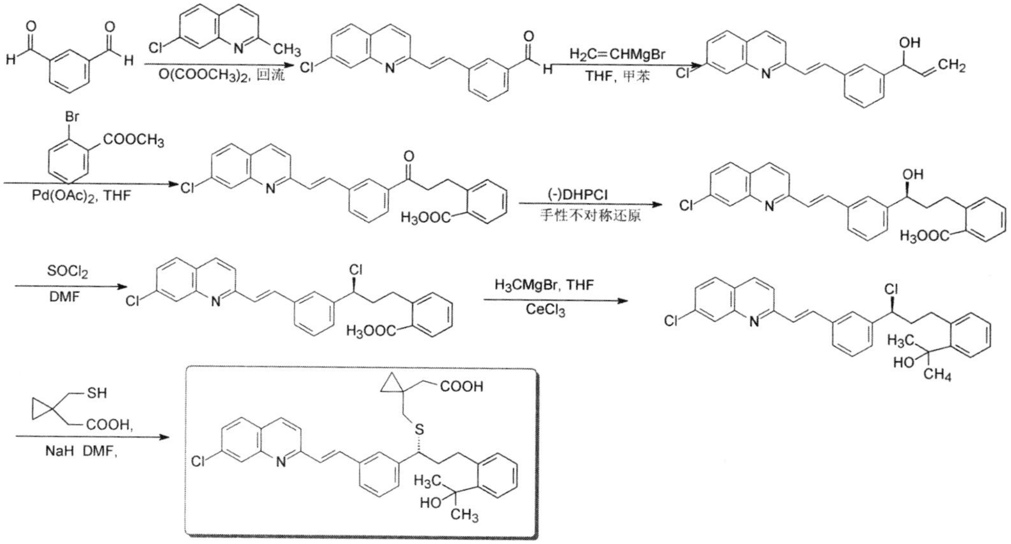

孟鲁司特

28. 由农药研发的新型抗菌药利奈唑胺

【导读要点】

利奈唑胺如同磺胺和喹诺酮类抗菌药物，是源于有机合成的化合物。从20世纪70年代发现苗头化合物，到2000年上市历时20余年，杜邦和Upjohn（后为辉瑞）公司在苗头演化成先导物和先导物的优化中，进行了高密度的结构变换，充分展现了药物化学、有机合成和构效关系研究的潜力，在"众里寻他千百度"的多维探索中，折射出首创药物的艰巨性。

1. 引言

抗感染药物一向是新药研发的重要领域。20世纪30年代Domagk发现百浪多息（prontosil）开创了现代意义的化学治疗领域。20世纪40年代Fleming发现了青霉素，形成了抗生素的治疗和半合成抗生素类药物。20世纪80年代喹诺酮类药物的诞生，对不断出现的耐药菌的感染增添了新的治疗手段。自此以后的20年人们一直期待着新型抗菌药物的出现。所以，2000年以利奈唑胺为代表的噁唑烷酮药物诞生，作为新的作用靶标和药物类型，为耐药菌感染的治疗增添了新的武器。

美国杜邦公司研发农作物病害药物，报道了一组5-卤甲基-3-芳基-2-噁唑烷酮化合物具有抗作物感染活性，通过离体随机筛选发现了化合物1（S1623）具有抑菌活性，对金黄色葡萄球菌的最低抑菌浓度MIC = 22μg/ml，对肺炎球菌的MIC = 7.7μg/ml（Daly JS, Eliopoulos GM, Willey S, et al. Mechanism of action and *in vitro* and *in vivo* activities of S-6123, a new oxazolidinone compound. Antimicrob Agents Chemother, 1988, 32: 1341-1346）。虽然只有弱抑菌作用，但因其新颖的结构类型，公司决定进一步研究。遂以通式2为骨架，对苯环上取代基A和甲基取代的基团B作系统变换，进行结构优化。

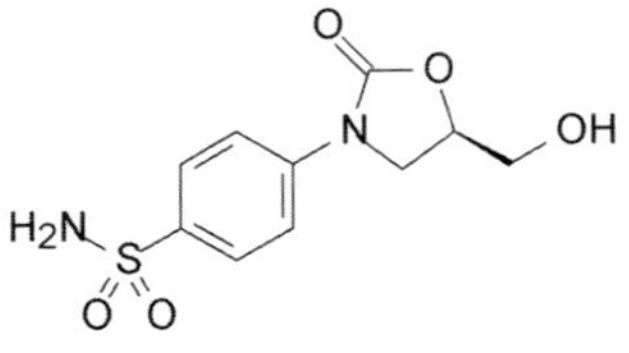

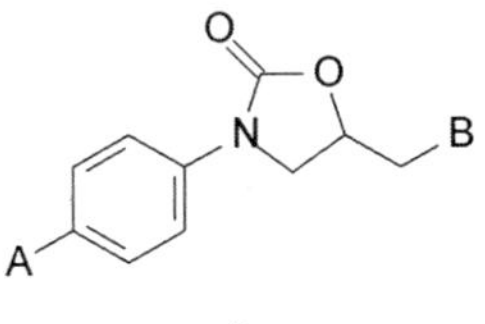

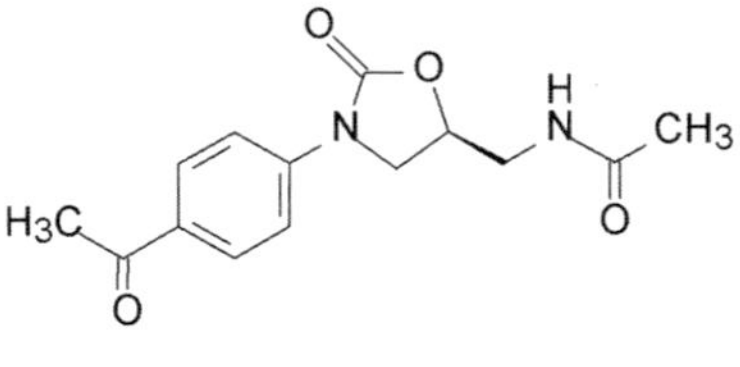

2. 初步优化提高了活性

2.1 噁唑烷酮环上取代基B的变换

首先将A固定为乙酰基，变换基团B，用金黄色葡萄球菌（SFCO-1a）和粪肠球菌（STCO-19）评价化合物的最低抑菌浓度（MIC），发现化合物 3（S 构型）活性最强，对两种球菌的 MIC 分别为 0.5μg/ml 和 1.0μg/ml，与万古霉素活性相当（MIC 分别为 0.5μg/ml 和 2.0μg/ml），而其他取代的化合物活性低 1~2 个数量级。

2.2 同时变换 A 和 B 的亲脂性和亲水性

药物分子结构中某一位置的基团对活性的贡献，往往会因另一位置的基团变化而发生改变，基团的活性贡献也不是一成不变的，因而同时变换通式 2 的 A 和 B，考察极性、亲脂性的不同配置对抑菌活性的影响。表 1 列出了 A 和 B 不同取代化合物的对金黄色葡萄球菌（SFCO-1a）和粪肠球菌（STCO-19）的 MIC 值。

表 1　变换 A 和 B 对金黄色葡萄球菌（SFCO-1a）和
粪肠球菌（STCO-19）的抑制作用 MIC（μg/ml）

B	A					
	COCH$_3$	i-C$_3$H$_7$	CH$_3$S	CH$_3$SO	CH$_3$SO$_2$	H$_2$NSO$_2$
H	-^{a}	128；128^b	>128；>128	–	64；128	–
CH$_3$	–	>128；>128	–	–	128；128	–
Cl	32；64	64；64	>128；>128	32；32	8；4	16；>128
OH	16；16	64；32	128；128	64；64	16；16	>128；>128
OCOCH$_3$	–	128；128	–	–	–	–
NH$_2$	>128；>128	–	–	–	>128；>128	–
N$_3$	>128；>128	>128；>128	–	–	16；8	32；64
NHCOCH$_3$	0.5；1.0	4；4	4；4	4；4	4；4	32；16

a：未合成；b：数据前为 SFCO-1a，后为 STCO-19

表 1 提示，无论 A 为亲脂性或是亲水性基团，B 只要不是乙酰氨基，其他原子或基团取代活性都较弱或很弱，而当 B 为乙酰氨基时，除 A 为氨磺酰基活性较弱外，其余的化合物都有活性。A=H_2NSO_2、B=$NHCOCH_3$ 化合物活性低的原因可能是过强的亲水性（H_2NSO_2 的疏水常数 $\pi = -1.82$，$NHCOCH_3$ 的 $\pi = -1.94$）。同样 A 和 B 均为亲脂性也呈现低活性。

2.3 酰胺片段的优化

化合物 3 显示活性最高，但并未考察 B 的其他酰基对活性的影响。为此合成了有代表性的化合物 4~12，对两种菌株的活性列于表 2。

表 2　化合物 3~12 的抗菌活性

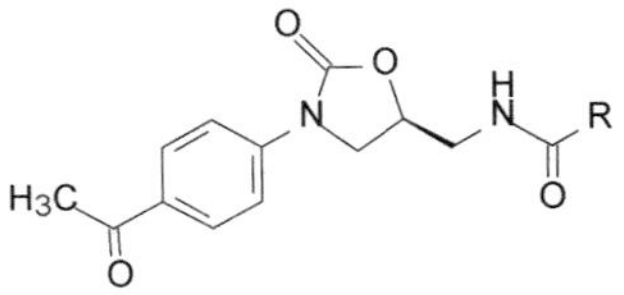

化合物	R	MIC(μg/ml)	
		SFCO-1a	STCO-19
3	CH_3	0.5	1
4	H	4	8
5	C_2H_5	4	4
6	n-C_3H_7	8	8
7	i-C_3H_7	8	16
8	c-C_3H_5	8	4
9	OCH_3	4	4
10	$OC(CH_3)_3$	128	128
11	NH_2	4	1
12	$N(CH_3)_2$	128	128

表 2 的构效关系表明，化合物 3 活性仍为最高，体积小的 H（甲酰基）或大于

CH$_3$ 的活性都低于 3。这样，通过 A 和 B 两个位置的结构变换，确定化合物 3 是优选的化合物（Gregory WA, Brittelli DR, Wang CL, et al. Antibacterials. Synthesis and structure-activity studies of 3-aryl-2-oxooxazolidines. 1. The "B" group. J Med Chem, 1989, 32: 1673-1681）。

化合物 3 的公司代码是 Dup-721，对包括耐甲氧西林金黄色葡萄球菌（MRSA）在内的革兰阳性菌、革兰阴性厌氧菌以及结核杆菌等都有强效抑制作用。经临床前研究后，进入临床试验。但后来发现 3 在小鼠的长期安全性实验中显示有肝脏毒性，因而中止了临床试验。

2.4　苯环上 A 片段的优化

虽然在优化 B 片段时对苯环上的 A 片段进行过乙酰基变换，但没有作系统的优化研究，为此，对通式 13 的 A 做进一步变换。

2.4.1　A 为烃基的变换　考察 A=H、C$_1$～C$_4$ 烷基、乙烯基和乙炔基对活性的影响，表 3 显示无取代的化合物 14 没有活性，碳原子数增加，亲脂性提高，活性提高，正丙基（17）和叔丁基（20）活性最强。

13

表 3　A 为不同烷基的化合物结构与活性

化合物	A	MIC(μg/ml)	
		SFCO-1a	STCO-19
14	H	128	128
15	CH$_3$	32	32
16	C$_2$H$_5$	4	8
17	n-C$_3$H$_7$	2	4
18	i-C$_3$H$_7$	4	4
19	n-C$_4$H$_9$	4	4
20	C(CH$_3$)$_3$	1	2
21	CH=CH$_2$	4	8
22	C≡CH	16	16

2.4.2 A 为酰基的变换 变换 A 为不同酰基的化合物 23～26，与 3 的抗菌活性比较结果列于表 4，23 是苯甲醛类化合物，显然化学活性过强，成药性较低。分析构效关系，提示随着亲脂性增加，活性提高。

表 4 A 为不同酰基的化合物结构与活性

化合物	A	MIC(μg/ml)	
		SFCO-1a	STCO-19
3		0.5	1
23		8	8
24		1	0.5
25		0.25	0.25
26		1	1

2.4.3 A 为羟烷基的变换 将上述的酰基还原成羟烷基，抗菌活性显著低于相应的酰基化合物（数据从略），推论 A 片段与苯环呈共轭的羰基对活性是有利的。

2.4.4 A 为其他原子或基团的活性 A 变换为卤素、硝基、氨基、烷胺基、烷氧基、苯氧基、氰基等化合物的活性变化规律不明显，亲脂性较强的基团活性稍高，但总体活性偏低。

2.4.5 A 为含硫的片段 合成了硫醚、亚砜和砜类化合物，甲硫醚、甲基亚砜和甲基砜有中等活性，增大烷基活性降低。甲基砜的立体结构与叔丁基有相似性，活性也相近。甲基亚砜为手性基团，R 构型强于 S 构型（Gregory WA, Brittelli DR, Wang CL, et al. Antibacterials. Synthesis and structure-activity studies of 3-aryl-2-oxooxazolidinones. 2. The "A" Group. J Med Chem, 1990, 33: 2569-2578）。

2.4.6 苯环双取代对活性的影响 前述的 A 基团变换只限于单取代基。在环上的不同位置作双取代，构效关系表明 3, 4- 双取代的活性比其他位置的组合高活性的概率大，因此集中于这两个位置的基团变换。由于 4- 乙酰基已证明是优化的片段，因而考察 3- 取代 -4- 乙酰基化合物的构效关系。4- 乙酰基对活性有重要贡献（没有 4- 乙酰基、只有 3 位取代的化合物活性很弱），而同时在 3 位有较小取代基的活性与无 3- 取代基化合物 3 相近，在电性方面，无论是推或拉电子基团都可呈现高活性。基团的尺寸对活性影响显著，超过氯原子的临界尺寸（$E_s = -0.97$，E_s 绝对值越大，体积越大）活性降低。所以，3 位为乙基或大于乙基的基团，化合物都会失去活性（Park CH, Brittelli DR, Wang CLJ, et al. Antibacterials. Synthesis and structure-activity studies of 3-aryl-toxooxazolidines. 4. Multiply-substituted aryl derivatives. J Med Chem, 1992, 35: 1156-1165）。

2.5　苯环连接䓬酮的变换

具有吡啶联苯结构的化合物 27 也显示抗菌活性，将化合物 3 的乙酰基与吡啶融合，形成既包含了乙酰基，也有含氮芳香体系的䓬酮结构。由于䓬酮结构的不对称性，苯环与其不同的位置连接成区域异构物 28a、28b 和 28c。表 5 列出了化合物 28 ~ 33 的结构与活性。

表 5　化合物 28 ~ 33 的结构与活性

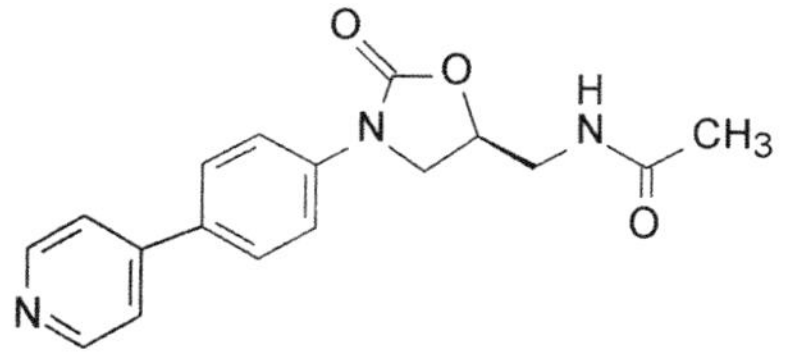

27

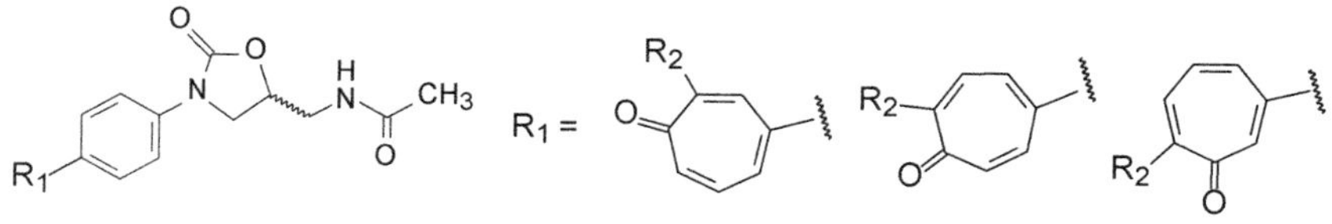

28 ~ 33　　**a**　　**b**　　**c**

化合物	R₂	MIC(μg/ml)	
		耐药金黄色葡萄球菌	耐药表皮金黄色葡萄球菌
28a	CH_3O	16	8
28b	CH_3O	1	0.5
28c	CH_3O	2	0.5
29b	$CH_2=CHCH_2NH$	1	0.5

续表

化合物	R$_2$	MIC(µg/ml)	
		耐药金黄色葡萄球菌	耐药表皮金黄色葡萄球菌
29c	CH$_2$=CHCH$_2$NH	1	0.5
30b	CH$_2$=CHCH$_2$O	1	0.5
31c	HC≋~NH	1	1
32b	⟨O～N⟩	2	0.5
33b	H$_3$CNH	1	0.25

在草酮环上的甲氧基取代，显示出局域异构的活性差异，28a 对两种革兰阳性菌的活性低于 28b 和 28c 大约 16～32 倍，28b 和 28c 的活性相近。同样，烯丙胺 29b 和 29c 的活性也相同。化合物 31c 和 33b 对金黄色葡萄球菌感染小鼠的 ED$_{50}$ 与万可霉素剂量相近，S 构型的化合物因是优映体，剂量会更低（Barbachyn MR, Toops DS, Ulanowicz DA, et al. Synthesis and antibacterial activity of new tropolonesubstituted phenyloxazolidinone antibacterial agens, 1. Identification of leads and importance of the tropone substitution pattern. Bioorg Med Chem Lett, 1996, 6: 1003-1008 ）。

2.6 苯环上氟原子的重要性

在草酮系列的苯环上引入吸电子取代基三氟甲基或氯原子导致活性降低，而且体积大的三氟甲基活性很低。而连接 1 或 2 个氟原子，体外对耐药菌的抑制活性与无取代的相同，但体内活性显著提高，两个氟取代的体内活性强于单氟取代，接近于万古霉素的体内抑菌活性。

进而考察草酮环的不同取代和苯环的氟代（以优映体为载体），评价体内外抗菌活性，草酮环上甲氧基取代，苯环是一氟或二氟取代的 S- 异构体的活性是消旋体的 2 倍，提示 S 构型为优映体，R 构型无活性（Barbachyn MR, Toops DS, GregKC, et al. Synthesis and antibacterial activity of phenyloxazolidinone antibacterial agens. 2. Modification of the phenyl ring – the potentianting effect of fluorine substitution on *in vivo* activity. Bioorg Med Chem Lett, 1996, 6: 1009-1014 ）。

3. 苯环连接含氮杂环

3.1 哌嗪和吗啉环

在探索不同片段连接苯环中，杜邦公司发现了两个芳杂环化合物，一是已提及的吡啶化合物 27，另一是二氢吲哚化合物 34。由于它们具有较强的抗菌活性，而且氮原子所处的位置不同，研究者推想哌嗪环连接在苯环上可能因模拟了吡啶和吲哚环氮原子位置而活性较强（这种推论在药物设计中比较少见，比较勉强），因而设计合成了化合物 35 和 36。

化合物 35 特别是 36（U-100592）综合了以前结构优化的诸多因素，包括连接在噁唑烷酮的 5 位（*S*）-乙酰胺甲基侧链、苯环上 3 位氟取代、4 位环取代以及 *N*-羟乙酰化侧链等。进一步将哌嗪环变换成吗啉环，合成了化合物 37（U-100766），是两个高活性的里程碑式的化合物，体外活性（MIC）与万古霉素相当，而且对结核杆菌有强效抑制作用，高于异烟肼。然而 36 和 37 对大肠杆菌和肺炎克雷白杆菌等革兰阴性菌的活性很低，MIC>64μg/ml。

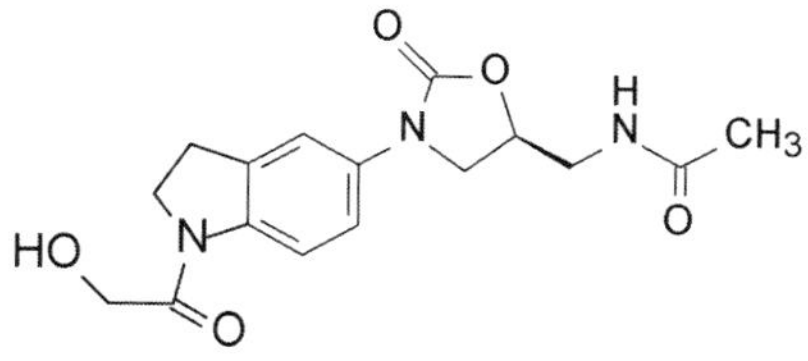

34

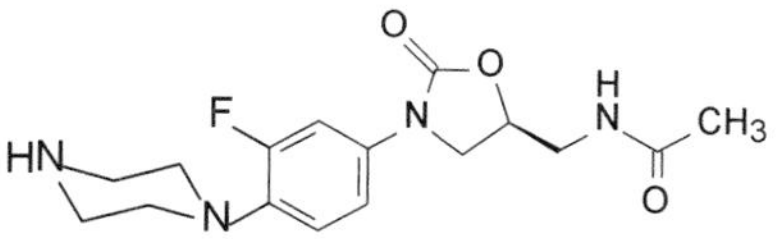

35

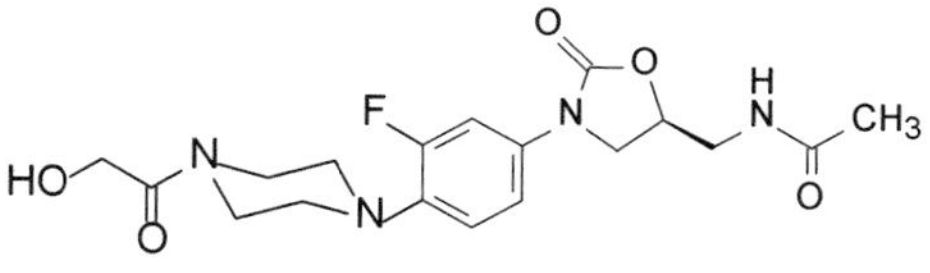

36

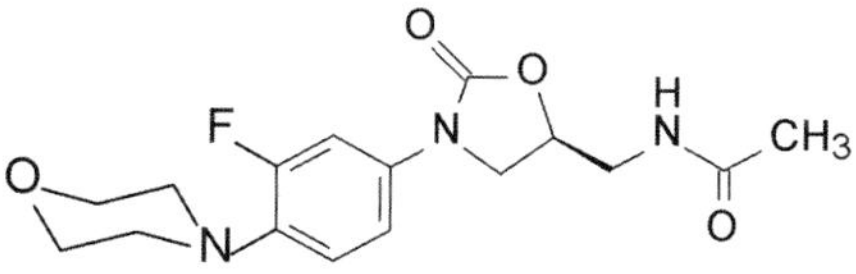

37

用金黄色葡萄球菌或肠粪球菌致死性感染小鼠，灌胃或皮下注射化合物 36 和 37，其抗菌活性与万古霉素相当，而且对万古霉素耐药菌株也有治疗效果。36 和 37 分别命名为艾培唑胺（eperezolid）和利奈唑胺（linezolid）进入临床前和临床研究（Brickner SJ, Hutchinson DK, Barbachyn MR, et al. Synthesis and antibacterial activity of U-100592 and U-100766, two oxazolidinone antibacterial agents for the potential treatment of multidrug-resistant Gram-positive bacterial infections. J Med Chem, 1996, 39: 673–679)。

3.2 连接有吡啶、二嗪和三嗪的哌嗪噁唑烷酮化合物

既然 36 和 37 的体内外抗菌活性与万古霉素相当，促使进一步探索哌嗪环连接吡啶、吡嗪、嘧啶和三嗪等芳杂环对活性的影响，报道了 30 余个有代表性的化合物，其中化合物 38～41 的体内外抗菌活性与 36 和 37 相近（Tucker JA, Allwine DA, Grega KC, et al. Piperazinyl oxazolidinone antibacterial agents containing a pyridine, diazene, or triazene heteroaromatic ring. J Med Chem, 1998, 41: 3727–3735)。

| 38 | 39 | 40 | 41 |

3.3 硫代吗啉环及其氧化物

含有吗啉环的化合物 37 具有高抗菌活性，自然想到合成其电子等排体硫代吗啉（42）以及氧化物亚砜（43）和砜（44）。有意义的是，化合物 42、43 和 44 对结核杆菌 H37Rv 显示有高活性，MIC 值都 ≤ 0.125μg/ml（异烟肼的 MIC = 0.2μg/ml)。在动物体内化合物 42 被代谢氧化成亚砜和砜，而且砜化合物 44 与 42 之间没有交叉耐药现象（Michael R, Barbachyn MR, Hutchinson DK, et al. Identification of a novel oxazolidinone(U-100480)with potent antimycobacterial activity. J Med Chem, 1996, 39: 680–685)。

42 X = S, **43** X = SO, **44** X = SO$_2$

4. 构象限制——苯环与噁唑烷酮环的并合

化合物 3、36 和 37 都显示体内外高抗菌活性，结构中苯环与噁唑烷酮环由单键相连，两个环的扭角决定了分子的构象，影响活性。为了考察分子的活性构象，对结构骨架作限制性连接，即将噁唑烷酮环的 4' 位与苯环的 2 位经亚甲基或二亚甲基连接，成为通式 45 的化合物，式中 $n = 1$ 为三环 [6, 5, 5] 并合，$n = 2$ 为 [6, 6, 5] 并合；R 为乙酰基、吗啉基、砜基、氨磺酰基、取代的苯基、吡啶基、嘧啶基等。由于环的并合产生了另一个手性中心，因而两个手性碳可有 4 个立体异构体。报道的 20 余个有代表性的化合物是 (±)-顺式或 (±)-反式的消旋物。

抗菌活性与化学结构的关系表明，所有的 (±)-顺式化合物都没有活性，(±)-反式体中，[6, 5, 5] 的活性比相应取代的 [6, 6, 5] 结构的活性高，有些化合物可达到未并合化合物的活性。为了证明顺反异构的活性差异，用分子模拟方法进行了研究。

分子力学（MM2）计算了化合物 3 的最低能量构象群的苯环与噁唑烷酮环的扭角平均为 -29°，有活性的反式化合物（R=CH₃CO, $n = 1$）的扭角为 -24°，而无活性的顺式体（R=CH₃CO, $n = 1$）扭角为 +21°，说明未并合为三环的化合物（如化合物 3、36 和 37）与细菌靶标是以类似于反式构象的负性扭角相结合的（Gleave DM, Brickner SJ, Mannine PR, et al. Synthesis and antibacterial activity of [6, 5, 5] and [6, 6, 5] tricyclic oxazlidinones. Bioorg Med Chem Lett, 1998, 8: 1231-1236）。

5. 候选药物的选定和利奈唑胺上市

上述研发噁唑烷酮类新型抗菌药物的过程，呈现出数个体内外抗菌活性高、抗菌谱广的里程碑式化合物，例如化合物 3（代号 DuP-721）、36（艾培唑胺）、37（利奈唑胺）和 42（代号 U-100480）等，经动物的安全性评价和药代动力学性质比较，利奈唑胺优胜于其他候选物，37 的口服生物利用度 F 为 100%，血药浓度几乎与静脉注射相同，口服 1～2h 后血浆浓度达峰，与血浆蛋白结合率约为 30%，血浆半衰期 $t_{1/2}=5h$，遂进入临床研究，经三期临床试验证明对革兰阳性菌感染的患者有显著治疗作用，于 2000 年经 FDA 批准由辉瑞公司上市。

6. 利奈唑胺的作用机制和结合特征

利奈唑胺是细菌蛋白合成的抑制剂，作用环节是阻断核糖体上 mRNA 翻译成蛋白的过程。虽然该过程还不完全清楚，但已证明利奈唑胺作用于蛋白合成的起始阶段，而不是像大多数蛋白合成抑制剂作用于链延长阶段。利奈唑胺的结合位点是核糖体 50S 亚基的 A 位点，即肽转移酶中心（PTC），PTC 是肽键形成的位置（图 1）。

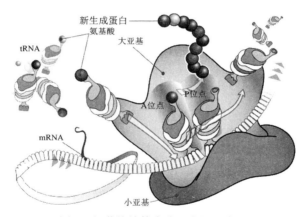

图 1　细菌核糖体合成蛋白的示意图

通过解析利奈唑胺与嗜盐古生菌的 S50 复合物晶体结构，表明当利奈唑胺结合于细菌 S50 的 A 位点之后，进入到由 RNA 构成的 PTC 的腔，改变了一些重要核苷酸的构象，例如 U2539 的位置改变，使尿嘧啶环与噁唑烷酮环发生范德华作用；C2487 移动，胞嘧啶环与苯环发生 π-π 叠合作用；酰胺侧链的氨基与 G2540 的磷酸形成氢键等，由于利奈唑胺的结合，阻止了氨基酸酰化的 tRNA 进入 A 位点，并最终使 tRNA 离开核糖体。图 2 是利奈唑胺与 S50 的 PTC 复合物晶体结构图（Ippolito JA, Kanyo ZF, Wang DP, et al. Crystal structure of the oxazolidinone antibiotic linezolid bound to the 50S ribosomal subunit. J Med Chem, 2008, 51: 3353-3356）。

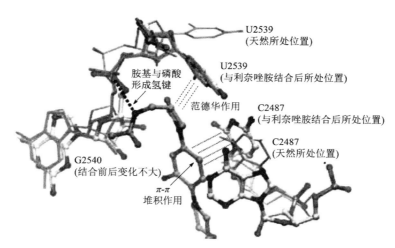

图 2 利奈唑胺与细菌核糖体 S50 的晶体结构

7. 后继研发的噁唑烷酮抗菌药物

首创药物利奈唑胺于 2000 年上市，后继的第二个被 FDA 批准的特地唑胺（46, tedizolid）是 2014 年由 Cubist 上市的同类药物，间隔了 14 年之空白，这与 1986 年首创的诺氟沙星之后，迅速有多种喹诺酮类药物的跟随上市，形成鲜明差异。这可能与首创者对噁唑烷酮的结构优化的比较充分、难以突破知识产权有关，可从本文叙述的内容反映出来。特地唑胺是以磷酸酯为前药，对耐受甲氧西林的革兰阳性菌的抑制作用强于利奈唑胺 4～16 倍。给药途径可口服或注射用药，日用一次（Schaadt R, Sweeney D, Shinabarger D, et al. *In vitro* activity of TR-700, the active ingredient of the antibacterial prodrug TR-701, a novel oxazolidinone. Antimicrob Agents Chemother, 2009, 53, 8: 3236-3239）。

46

合成路线

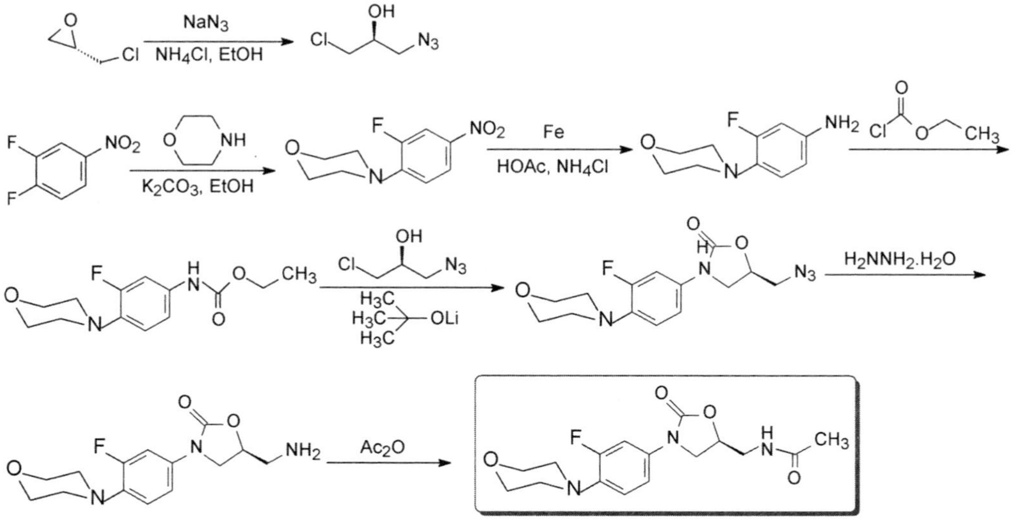

利奈唑胺

29. 首创的 FXa 抑制剂利伐沙班

【导读要点】

利伐沙班是首创的预防血栓形成的 FXa 抑制剂，基于药物化学的理念和方法，通过合成－活性评价的试错反馈（trail and error），优化了药效学和药动学，最终获得了上市的利伐沙班，经结构生物学证实该分子结构演绎的合理性，与基于受体结构的分子设计有异曲同工之妙。

1. 靶标和目标化合物的设定

凝血过程是个复杂的级联反应，在这个过程中，因子 Xa（FXa）的活化至关重要。FXa 属于丝氨酸蛋白酶，其功能是被内源或外源性因素刺激后而致活，将凝血酶原转变成凝血酶，后者具有多种凝血功能：将纤维蛋白原转变为纤维蛋白，使血小板活化，以及反馈性的激活其他凝血因子，从而又放大 FXa 的自身生成。

所以 FXa 抑制剂可降低凝血酶的放大性的生成，阻止凝血和血小板的活化，成为抗凝血药物的理想靶标。

研发 FXa 酶抑制剂的目标是非肽类的小分子药物，可通过口服吸收，最好每日一次，防止手术后深度静脉栓塞以及其他重要脏器的栓塞，同时应有较低的出血风险。

2. 苗头化合物及向先导物的演化

拜耳公司通过高通量筛选方法获得了苗头化合物 1，对 FXa 酶的抑制活性 $IC_{50} = 120nmol/L$。在由苗头演化到先导物（hit-to-lead）的操作中，研究者对 1 进行了三方面的变换：①用不同的连接基替换四氢苯二甲酰亚胺片段，其中之一是用二氢异吲哚酮替换（骨架迁越：保留了必要的功能基和连接基，易于合成）；②降低脒基的碱性和离解性，变换成弱碱性或中性基团，以利于过膜吸收；③变换氯代噻吩甲酰胺片段。在全结构的修饰中，发现化合物 2 的活性提高了 15 倍，$IC_{50} = 8nmol/L$。说明碱性的脒基和连接基可以修饰改造，而氯代噻吩甲酰胺基是必要的药效团。然而 2 的生物利用度低，不能达到先导物的要求。

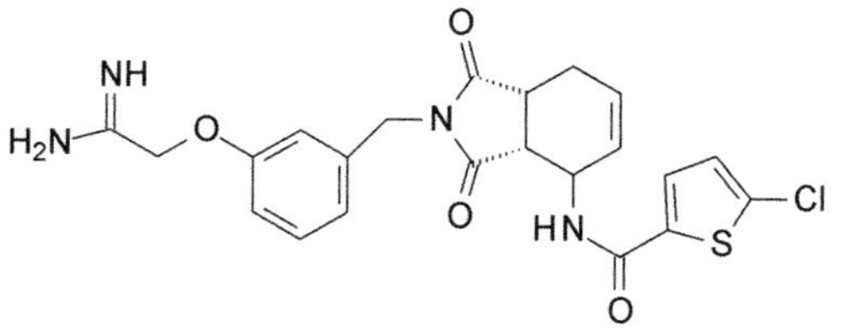

1

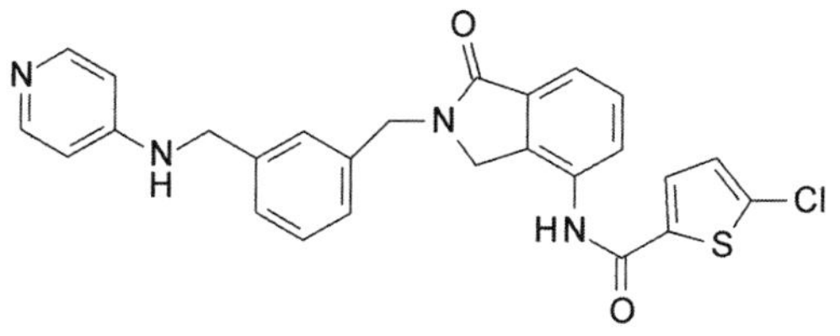

2

进一步进行高通量筛选，目标集中在含有噻吩甲酰胺基类型的化合物，只发现化合物 3 具有非常弱的抑制活性，$IC_{50} = 20\mu mol/L$，但结构中含有噁唑烷酮片段有可取之处，因为对溶解性有利。在噻吩环的 5 位加入氯原子，化合物 4 的活性为 $IC_{50} = 90nmol/L$，比 3 强 200 倍，表明噻吩环的氯代很重要。化合物 4 不含有脒基或形成正离子的基团，纠正了以前认为正离子与 S1 腔结合是活性必需的观点。化合物 4 含有噁唑烷酮有助于溶解与吸收。由于这些有利的条件，将 4 定为先导物进入结构优化。4 的手性中心为 S 构型，合成的 R- 对映体的抑制 FXa 的活性为 $IC_{50} = 2\,300nmol/L$，显著低于 S 异构体，因而优化合成的化合物均为 S 构型。

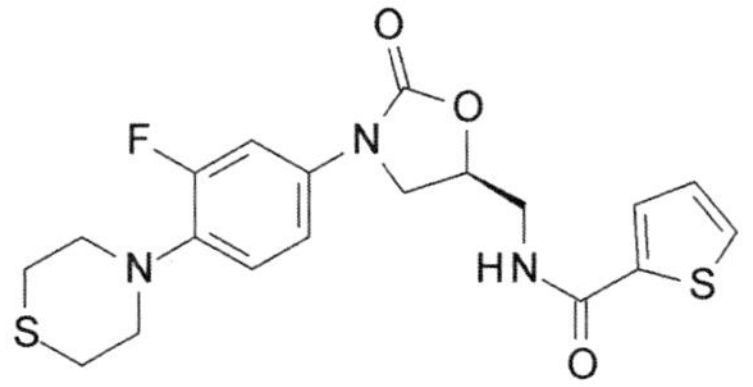

3 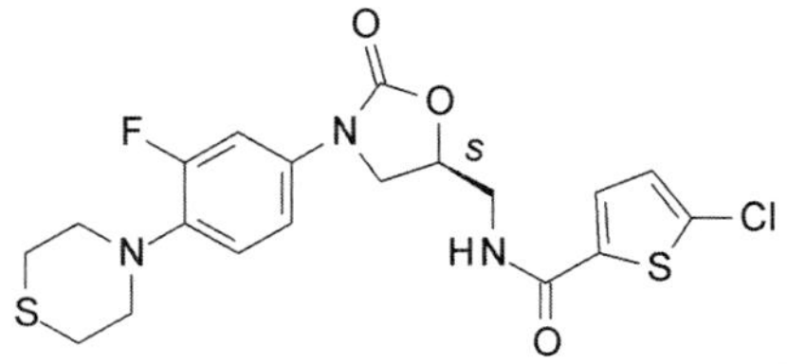　　　　　　　　　　　　　　　　　　**4**

3.　结构优化

在苗头演化成先导物（hit-to-lead）的操作中已经确定了占优的结构因素：简约的连接基噁唑烷酮有利于物化性质；氯代噻吩甲酰胺是必需的药效团的特征之一（但未探索环上的双取代）；手性中心为 S 构型。因而在优化活性和成药性结构时，目标集中在先导物 4 的硫代吗啉和氟代苯的变换。

3.1　硫代吗啉的变换

用吗啉置换硫代吗啉环，化合物 5 活性提高近 2 倍，$IC_{50} = 32nmol/L$；哌嗪环置换的活性显著降低，$IC_{50} = 140nmol/L$；用四氢吡咯替换，化合物 6 的 $IC_{50} = 40nmol/L$；二甲胺基化合物活性降低到 $IC_{50} = 74nmol/L$；吡咯烷酮化合物 7 的活性提高 10 倍，$IC_{50} = 4nmol/L$。引入羰基有利于提高活性，羰基加到吗啉环上得到的化合物 8 活性显著提高，$IC_{50} = 0.7nmol/L$。

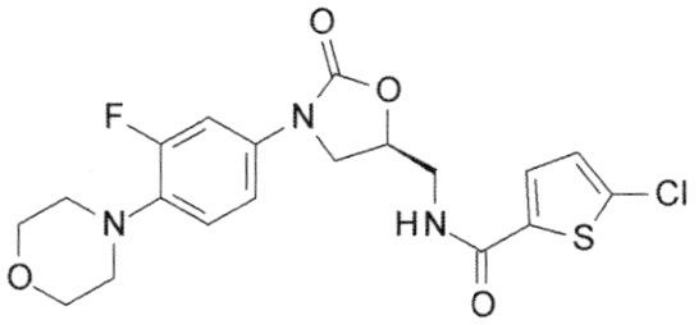

5　　　　　　　　　　　**6**　　　　　　　　　　　**7**

$IC_{50}=32nM$　　　　　　$IC_{50}=40nM$　　　　　　$IC_{50}=4nM$

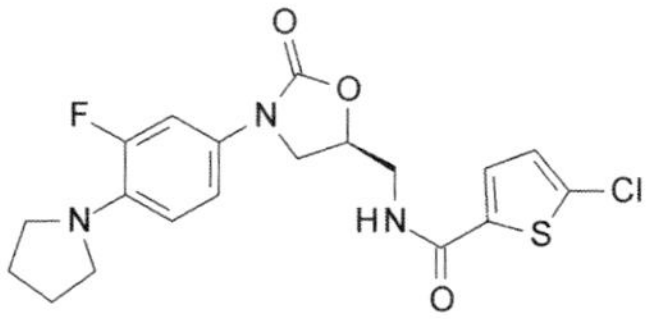

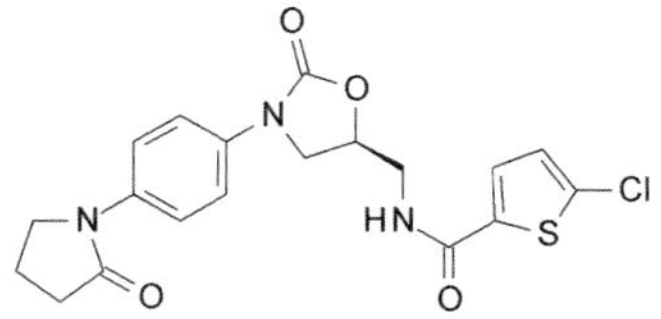

3.2 苯环的取代基变换

苯环上 3 位氟原子的有无，对不同的化合物活性的影响没有规律性变化。例如化合物 6 若无 F 原子，取代（7）活性略高；化合物 8 的 3-F 取代化合物 9 活性略弱（$IC_{50} = 1.4nmol/L$），且 3 位用氨基和三氟甲基取代活性亦略下降，然而苯环若有 2 位取代基则显著降低活性。化合物 8 的 *R* 对映体的 $IC_{50} = 2\,300nmol/L$，再次证明 *S* 构型是优映体（eutomer）。至此，化合物 8 是先导物优化中活性最强的化合物。

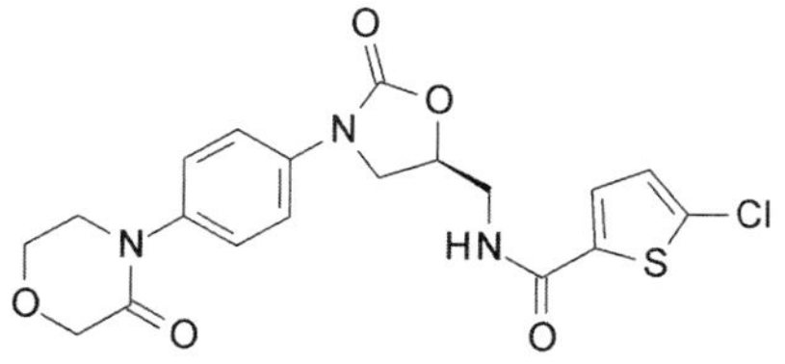

8

$IC_{50}=0.7nmol/L$

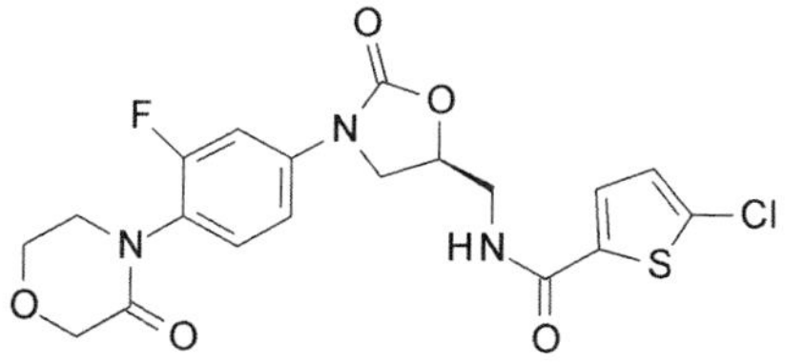

9

$IC_{50}=1.4nmol/L$

3.3 噻吩环的变换——调整药代动力学性质

化合物 8 的溶解性较低，结晶态的水溶解度为 8mg/L，脂水分配系数 log *P* = 1.5，与血浆蛋白结合率为 99.5%（Mueck W, Stampfuss J, Kubitza D, et al. Clin Pharmacokin Clin Pharmacodyn, 2014, 53: 1-16）。

从结构上分析影响脂溶性的主要片段是 5- 氯代噻吩，为了改善药代动力学性质，对该片段进行了广泛的变换，结果是除了 5-Br 代的活性基本不变外（脂溶性强于 5-Cl 化合物），用甲基噻吩、氨基噻吩、氯代噻唑、氯代呋喃、氯代苯、氯代吡啶等置换的化合物活性都下降，表明变换 5- 氯代噻吩对活性影响较大，因此在化合物 7、8 和 9 中选择活性和药代性质综合效应最佳者作为候选药物（Roehrig S, Straub A, Pohlmann J, et al. J Med Chem, 2005, 48: 5900-5908）。

4. 化合物 8 的研发——利伐沙班上市

通过体外测定延长凝血酶原二倍时间所需化合物的浓度（越低越好）和麻醉

大鼠体内动静脉分流模型测定半数有效剂量（越小越好），比较了化合物 7、8 和 9 的药效学性质，表明化合物 8 优于 7 和 9。大鼠和比格犬的药代性质，如口服生物利用度、血浆半衰期和清除率等 8 也优于 7 和 9。化合物 8 对 FXa 有很高的选择性抑制作用，在 20μmol/L 的高浓度下对其他丝氨酸蛋白酶，如凝血酶、胰蛋白酶、纤维蛋白溶酶、尿激酶以及 FⅦa、FⅨa、FⅪa 等未显示抑制作用。综合上述优势，确定化合物 8 为候选药物，定名为利伐沙班（rivaroxaban），进入临床研究。经三期临床试验表明，口服利伐沙班在肠道吸收，一次给药后 4h 后抑制 FXa 达到最大值，并持续 8～12h，24h 后 FXa 的活性复原，因而每日口服一次，用于预防髋关节和膝关节置换术后患者深静脉血栓（DVT）和肺栓塞（PE）的形成。于 2011 年经 FDA 批准在美国上市。

5. 与利奈唑胺的结构相似性

利伐沙班（8）的化学结构与抗菌药利奈唑胺（10, linezolid）有很大的相似性，例如都含有噁唑烷酮片段，而且两端相连的吗啉苯基与酰胺片段也很相似，甚至手性中心的构型也是相同的。但二者的作用机制和适应证完全不同。利奈唑胺抑制细菌蛋白质合成，通过选择性结合细菌 50s 亚单位的 23s 核糖体核糖核酸上的位点，抑制细菌核糖体的翻译过程，是抗革兰阳性菌药物。

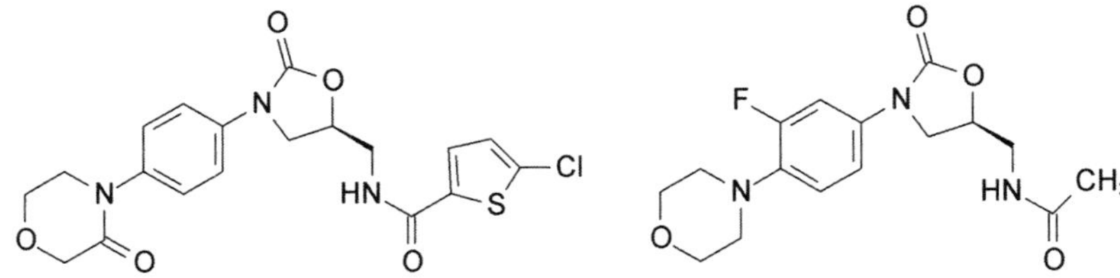

8 利伐沙班   **10 利奈唑胺**

研究表明，利伐沙班及其代谢产物没有抗菌作用，而且对线粒体的作用很弱，这与长期应用利奈唑胺可引起线粒体毒性是不同的。在药物化学中，相似的化学结构具有相似或相关的药理活性，这个一般原则在这里不存在。

6. 利伐沙班与 FXa 的结合模式

　　利伐沙班是基于药物化学的理念和方法设计合成的，而并未借助酶的三维结构作理性设计。通过回顾性分析利伐沙班与 FXa 复合物的晶体结构，揭示了结构成功设计的合理性。在晶体结构中，*S* 构型的噁唑烷酮采取了 L- 形状的构象，使得利伐沙班分子与 Gly219 形成两个重要的氢键：噁唑烷酮的羰基与 HN 形成强氢键结合（2.0Å），酰胺的 NH 与 Gly219 的羰基形成弱氢键结合（3.3Å）。酶的 S4 疏水腔由 Tyr99、Phe174 和 Trp215 构成，吗啉酮环被夹在 Tyr99 和 Phe174 中间，酮基在 S4 腔中没有形成极性键结合，而是由于邻位效应使吗啉环垂直于苯环，从而提高了结合性能，因为没有酮基的化合物 5 吗啉与苯环有共面性，使得活性弱减 60 倍。氯代噻吩环结合于 S1 腔，氯原子与 Tyr228 的苯环发生卤素 -π 电子的相互作用，代替了其他抑制剂的脒基（带正电荷）与 Asp189 在 S1 腔中形成的静电相互作用。在药代行为上，卤素 -π 电子的相互作用显然优于正负电荷的结合作用。图 1 是利伐沙班与 FXa 复合物结合的示意图。

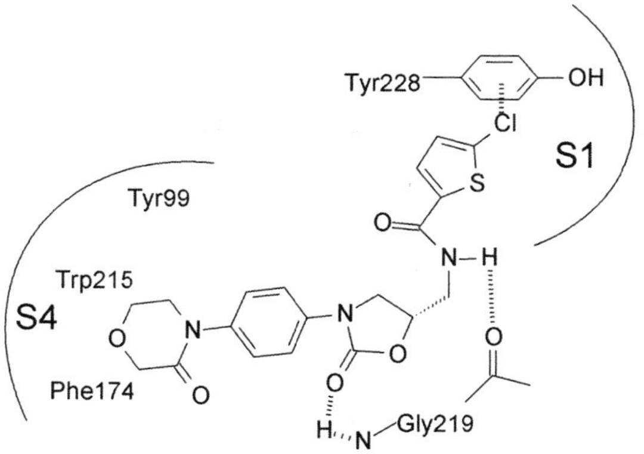

图 1　利伐沙班与 FXa 结合的示意图：与 Gly219 形成两个氢键结合；氯代噻吩结合于 S1 腔，氯原子与 Tyr228 的苯环发生相互作用；吗啉酮环垂直与苯环，插入到 S4 腔的 Tyr99 和 Phe174 环之间

合成路线

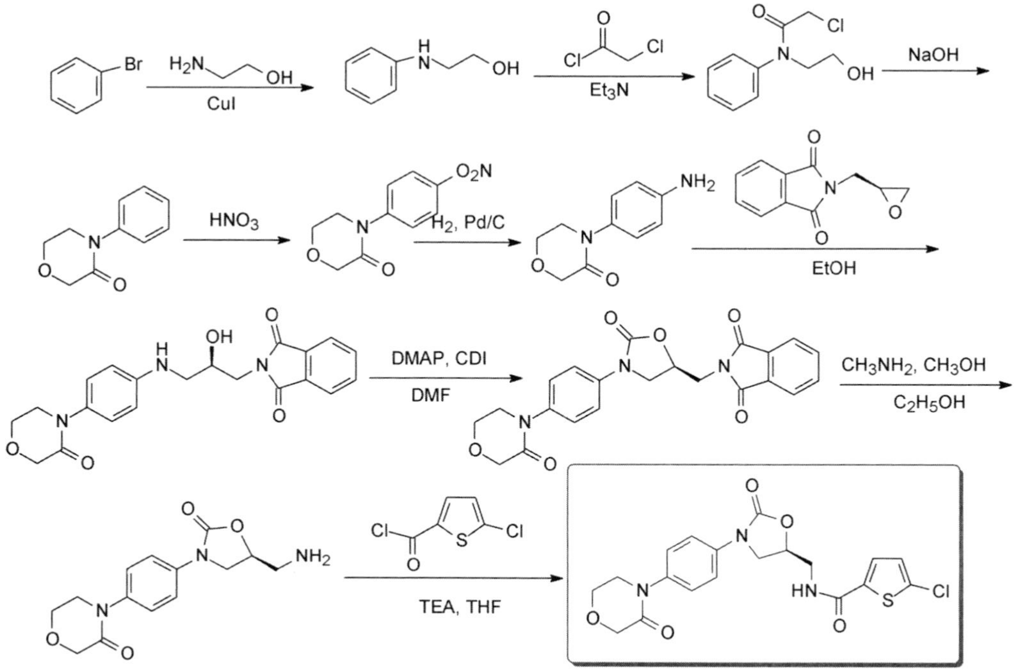

利伐沙班

30. 多维度优化的防治静脉栓塞药阿哌沙班

【导读要点】

本文的篇幅较长，是因为抗血栓药的特殊要求所致。阿哌沙班的研发者在优化活性、选择性、成药性过程中，对结构骨架、键连方式和周边基团做了广泛的探索与研究，在多维层面上进行了优化和构效与构代分析。从苗头化合物到阿哌沙班的上市，虽然研发的主线明确清晰，但难以看出苗头－先导物－候选物的路径，"支流多多"，甚为庞杂。研发中结构的构建和变换应用了药物化学的许多原理和方法，诸如骨架迁越、电子等排、片段拼合及分子模拟等。阿哌沙班的研制映射了新药创制的复杂和难度。

1. 引言

1.1　血栓与抗血栓药物

调控血液流动的生理系统精准而复杂，既要保持在血管内的畅流，又须在血管受损伤的部位迅速形成血凝而止血。如果血管内形成血栓，纤维蛋白溶解系统便被活化，通过消溶血栓，恢复血流。在正常状态下酶系统呈精准的平衡，避免栓塞和出血这一对矛盾。研究和使用抗血栓药物的宗旨是既可消除或预防血栓形成，也要避免出血。已有的抗血栓药物如华法林、肝素、水蛭素类似物及"曲班"类药物等，由于固有的作用环节与机制，存在不同程度的缺陷，需要研究更加安全有效的抗血栓药物。

1.2　靶标——Xa因子

Xa因子（factor Xa, FXa）是凝血级联反应中的一个蛋白水解酶，功能是将凝血酶原转变为凝血酶，它的重要性是在内源的机制或外来的刺激下，引发凝血过程的最后环节。FXa作为酶分子具有放大效应，一个FXa分子可以将上万个凝血酶原水解激活成凝血酶，因而，为防止血栓的形成，FXa抑制剂应是更有效率的抗血栓药。

FXa是胰蛋白酶样的蛋白酶，直接抑制FXa的活性，抑制凝血酶的生成，阻断血栓形成和凝血，FXa不影响血小板功能，因而可降低出血的风险，在作用机制上优于凝血酶抑制剂和抗血小板聚集药物。

2. 苗头化合物

2.1　普筛得到了芳脒化合物

杜邦公司在启动研制FXa抑制剂时，已有多家报道了针对FXa的双芳香脒类抗血栓化合物。杜邦曾经研究过抗血栓形成的糖蛋白Ⅱb/Ⅲa受体拮抗剂，是RGD（Arg-Gly-Asp）的模拟物，考虑到FXa底物凝血酶原的识别位点是EGR（Glu-Gly-

Arg），二者有相似之处，因而他们筛选了 Ⅱb/Ⅲa 受体拮抗剂对 FXa 的活性，发现了数个具有弱作用的化合物，其中化合物 1 对 FXa 的 K_i 值为 38.5μmol/L，虽是含芳脒的化合物，但不是双脒，只是单边，而且化合物拥有知识产权。

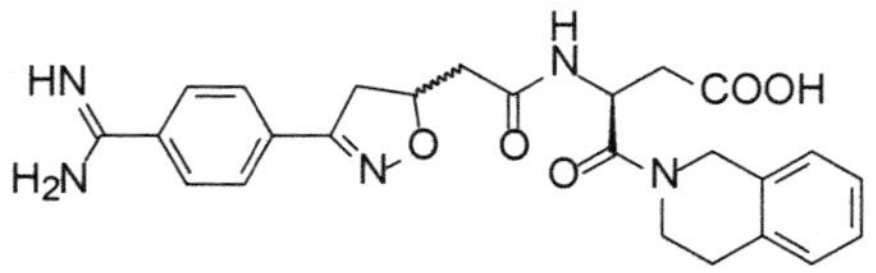

1

2.2 双芳脒结构提高了活性

化合物 1 是含有异噁唑的芳脒化合物，以异噁唑苯脒为母核，将右边的四氢异喹啉丁酮酸片段（即氨基丁二酸片段）换成苯脒，"随大流"地设计合成了双芳脒化合物 2 ~ 5，考察脒基在苯环的位置与活性的关系。在评价对 FXa 活性的同时，测定化合物对凝血酶（越强越好）和胰蛋白酶（越弱越好）的作用，探究选择性活性。表 1 列出了化合物的结构和活性。

表 1 化合物 2 ~ 5 的结构与活性

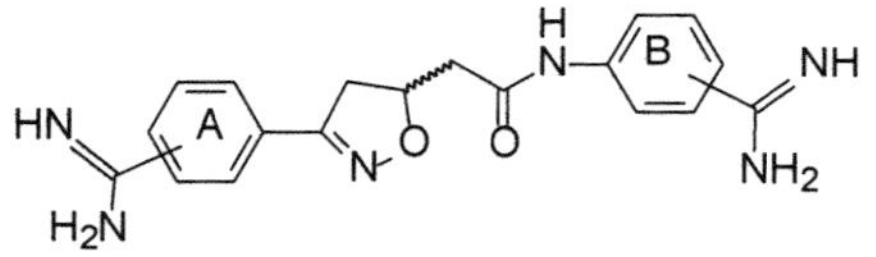

化合物	A	B	K_i(μmol/L)		
			Xa 因子	凝血酶	胰蛋白酶
2	p	p	1.7	2.2	n.d
3	p	m	0.87	2.2	0.51
4	m	m	1.8	11.2	>1.2
5	m	p	1.4	11.1	n.d

分析构效关系，提示双苯脒化合物 2 ~ 5 提高了对 Xa 因子的活性，其中 3 的作用最强，但从选择性上看，在 A 环上间位取代的脒基 4 和 5 对 Xa 因子的选择性

抑制作用最高。

2.3　异噁唑环上的取代

将异噁唑环与酰胺之间的亚甲基除去（降低分子柔性），以及在异噁唑环上引入含脒基的侧链（R），合成并评价了化合物 6～11，列于表 2。

表 2　异噁唑环取代基变换的活性

化合物	A	B	R	K_i(μmol/L)		
				Xa 因子	凝血酶	胰蛋白酶
6	*m*	*p*	H	0.27	16	0.70
7	*m*	*p*	CH₂COOH	0.143	>21	>1.2
8	*m*	*p*	CH₂COOCH₃	0.094	16	0.48
9	*m*	*p*	CH₂CONHCH₂CO₂CH₃	0.018	3.1	0.42
10	*p*	*m*	CH₂COOCH₃	0.117	14.1	>1.2
11	*m*	*p*	CH₂COOCH₃	0.8	11.8	0.23

表 2 的化合物构效关系分析如下：①化合物 6 减少一个亚甲基，活性是 5 的 5 倍。分子模拟对接到酶的活性部位，发现 A 环的间位脒基进入 S1，与 Asp189 形成静电和氢键结合。羰基与 Gly318 的 NH 形成较弱的氢键结合（5 的羰基不能发生氢键结合）。B 环的对位脒基（带正电荷）与 Phe174 和 Tyr99 的芳环发生阳离子 -π 相互作用，这些信息对于以后的结构设计提供了有意义的指导。②在羰基的 α 碳上引入含羧基或其甲酯的侧链，7 和 8 活性进一步提高，引入的羰基与 Tyr99 和 Gln192 形成氢键。而 9 为甘氨酸甲酯的酰胺，酯羰基与 Tyr99 形成强力氢键结合，因而活性很高。③8 和 10 的两个脒基位置调换，活性和选择性均相近。间位的脒基进入 S1 腔，羰基结合的位点则不同。8 对 FXa 有较高的选择性，静脉

灌注大鼠 1mg/(kg·h) 或 5mg/(kg·h) 可显著抑制血栓的形成，而且存在量效关系（Quan ML, Pruitt JR, Ellis CD, et al. Bisbenzamidine isoxazole derivatives as factor Xa inhibitors. Bioorg Med Chem Lett, 1997, 7: 2813-2818）。

3. 联苯结构——削减一个苯脒片段

3.1 联苯结构和远端苯环的取代基变换

将 8 作为结构变换的新起点，用联苯基替换 B 环的苯脒基，是为了降低双苯脒的极性，以利于过膜吸收。12 的活性虽然降低了 2 倍，但显示只保留一个脒基仍可呈现活性的趋势，不同于当时研制的双苯脒化合物的潮流。联苯基与 FXa 的结合腔 S4 是由 Trp215、Tyr99 和 Phe174 等氨基酸残基构成的疏水腔。为此，合成了取代的联苯化合物，列于表 3 中。

表 3　变换联苯外端苯环取代基的化合物结构与活性

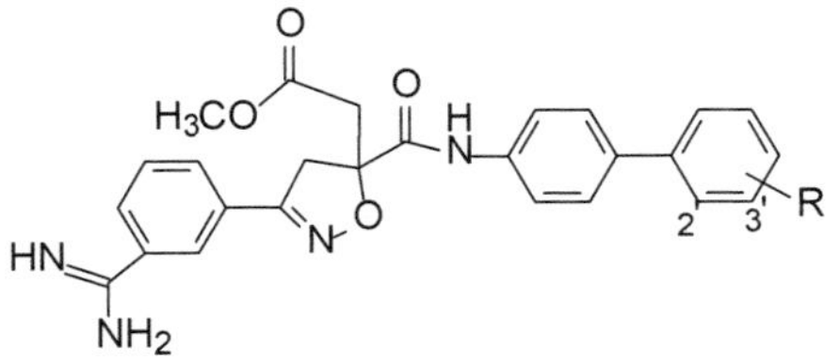

化合物	R	K_i(nmol/L)		
		Xa 因子	凝血酶	胰蛋白酶
8	–	94	16 000	480
12	H	220	3 500	470
13	3'-CH$_3$	240	2 100	n.d
14	2'-CH$_3$	210	1 800	390
15	3'-CF$_3$	240	1 200	570
16	2'-CF$_3$	28	1 400	230
17	3'-OCH$_3$	200	2 700	390

化合物	R	K_i(nmol/L)		
		Xa 因子	凝血酶	胰蛋白酶
18	2'-OCH$_3$	62	2 800	310
19	3'-SO$_2$NH$_2$	68	3 100	340
20	2'-SO$_2$NH$_2$	6.3	3 100	110
21	2'-SCH$_3$	66	1 200	260
22	2'-COOCH$_3$	53	2 100	300
23	2'-SO$_2$CH$_3$	4.2	600	100

表 3 中化合物的构效关系概括如下：①联苯的 2' 位连接取代基，活性高于相应的 3'- 取代，是因为分子模拟显示 3'- 基团与酶活性部位的 Lys76 和 Glu97 存在位阻效应的缘故；②18 和 22 分别为 2'- 甲氧基和 2'- 酯基，活性高于 2'- 甲基，推测是氧原子参与形成氢键有利于结合；③20 和 23 分别是 2'- 氨磺酰基和 2'- 甲磺酰基取代的化合物，活性最强，而且 20 的选择性很高。分子模拟化合物 20 与 FXa 的结合特征表明，磺酰基的氧原子与 Tyr99 发生强力的氢键结合。图 1 是 20 与 FXa 活性部位分子对接图。

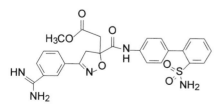

20

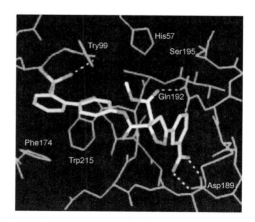

图 1　化合物 20 与 FXa 活性部位的分子对接图

3.2 联苯片段的近端苯环优化

联苯的远端苯环以 2'- 磺酰基取代为优选，但尚未探索另一（中间）苯环取代的构效关系，为此，固定 A 环的间位脒基、异噁唑环的乙酸甲酯基，考察中间的芳环对活性的影响。表 4 列出了化合物的结构和活性。

表 4　变换联苯的中间苯环的化合物活性

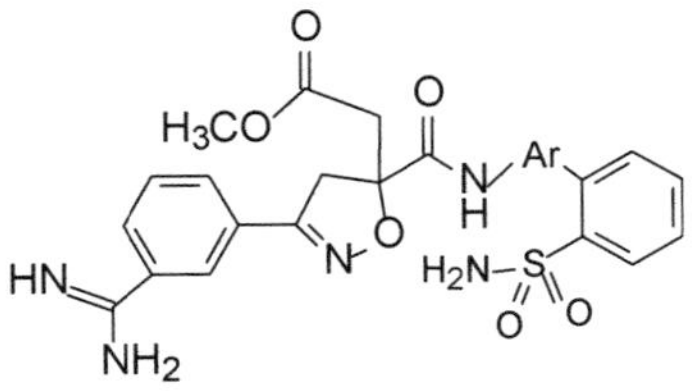

化合物	Ar	K_i(nmol/L)		
		Xa 因子	凝血酶	胰蛋白酶
20		6.3	4 900	110
24	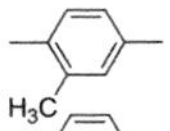	8.8	3 100	300
25	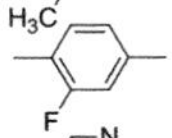	4.2	3 800	120
26	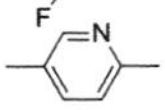	19	10 800	180
27	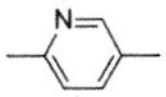	0.96	3 900	25
28	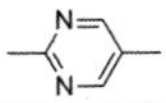	4.3	12 000	336

表 4 中 27 和 28 的活性和选择性（尤其对凝血酶）与 20 相近或更优，将这 3 个化合物拆分后，比较光活体与消旋体的活性和选择性，都是（−）对映体活性和选择性优于（＋）和（±）化合物。用灌注受试物给家兔动静脉旁路血栓形成模型表明，这 3 个（−）优映体抑制血栓形成 ID_{50} 为 0.15 ~ 0.26μmol/(kg·h)，提示有较高的活性（Quan ML, Liauw AY, Ellis CD, et al. Design and synthesis of isoxazoline derivatives as factor Xa inhibitors. J Med Chem, 1999, 42: 2752−2759）。

4. 侧链酯基的变换——提高稳定性

具有高活性和选择性的化合物如 20 结构中含有酯基，在体内会发生水解，在动物的血浆中有相当比例的游离酸存在，该游离酸对 FXa 的体内活性显著低于未水解的酯，$ID_{50}>4.8\mu mol/(kg \cdot h)$，20 的 $ID_{50} = 0.6\mu mol/(kg \cdot h)$。

为克服该不稳定性质，对 20、27 和 28 的侧链进行了广泛的变换，包括甲基、烷醚基、烷砜基、烷硫醚基、四唑基等。表 5 列出代表性的化合物结构和活性。

表 5 变换酯基片段的化合物活性

化合物	R	X	Y	K_i(nmol/L)		
				Xa 因子	凝血酶	胰蛋白酶
20	$CH_2CO_2CH_3$	CH	CH	6.3	4 900	110
29	H	CH	CH	7.2	3 900	83
30	CH_3	CH	CH	11	5 800	120
31	CH_2OCH_3	CH	CH	3.4	2 400	70
32	$CH_2OCH_2CH_3$	CH	CH	3.5	3 100	70
33	$CH_2SO_2CH_2CH_3$	CH	CH	3.5	2 100	72
34	CH_2-tetrazole	CH	CH	1.6	900	91
35	$CH_2CO_2CH_3$	N	CH	2.3	3 900	52
36	CH_3	N	CH	4.1	8 100	41
37	CH_2OCH_3	N	CH	2.5	7 400	45
38	$CH_2OCH_2CH_3$	N	CH	2.8	8 400	40

续表

化合物	R	X	Y	K_i(nmol/L)		
				Xa 因子	凝血酶	胰蛋白酶
39	CH$_2$SO$_2$CH$_2$CH$_3$	N	CH	1.7	58	72
40	CH$_2$-tetrazole	N	CH	0.17	1 100	31
41	CH$_2$CO$_2$CH$_3$	N	N	4.3	14 000	330
42	CH$_2$OCH$_3$	N	N	9.9	16 000	390
43	CH$_2$OCH$_2$CH$_3$	N	N	6.8	>21 000	330
44	CH$_2$SO$_2$CH$_2$CH$_3$	N	N	5.3	13 000	290
45	CH$_2$-tetrazole	N	N	1.3	7 700	500

表 5 的构效关系提示，联苯系列去除羧酸酯侧链或用甲基取代（29 和 30），活性和选择性变化不大；3 个系列（联苯、嘧啶 - 苯和吡啶 - 苯）换成甲氧甲基或乙氧甲基，与相应的乙酸甲酯的活性相近，说明侧链的羰基对于酶结合的贡献不大。换成砜基的活性也未见显著变化，这个位置对代谢的作用也比较"皮实"，更换不同的链状片段或基团，对活性和选择性影响较小。

然而侧链换成四唑甲基，3 个化合物（34、40 和 45）的活性和选择性都有明显的提高，进而拆分成光学异构体，也是 (−) - 光活体活性高于 (±) - 消旋体。用家兔研究 (−) -34 和 (−) -40 的药代动力学和药效学，数据列于表 6（Quan ML, Ellis CD, Liauw AY, et al. Design and synthesis of isoxazoline derivatives as factor Xa inhibitors. J Med Chem, 1999, 42: 2760−2768）。

表 6　P 化合物 34(−) - 和 40(−) - 对映体的药代参数

化合物	FXaK_i(nmol/L)	CL[L/(h·kg)]	$t_{1/2}$(h)	ID$_{50}$[μmol/(kg·h)]
(−) -34	0.52	0.3	0.6	0.035
(−) -40	0.11	0.5	0.7	0.032

化合物 (−) -40 与凝血酶的复合物单晶经 X- 射线衍射分析三维结构，表明脒基

进入 S1 腔内，与 Asp189 的侧链发生二齿氢缝结合；联芳基处于 S2/S3 腔中，末端苯基与 Trp215 发生"边-面"π-π 相互作用；异噁唑未与酶发生氢键结合；四唑环靠近 Glu192，因都带有负电荷而相互排斥，所以只有弱结合作用。晶体结构证明优映体 (-)-40 为 S- 构型。(-)-40 以同样的分子取向对接到 FXa 活性部位，能量优化的四唑环靠近 Gln192 和 Arg143，他们之间可形成氢键结合。图 2a 是 (-)-40 与凝血酶复合物的晶体衍射图，图 2b 是 (-)-40 与 FXa 的分子对接图，相差较小。

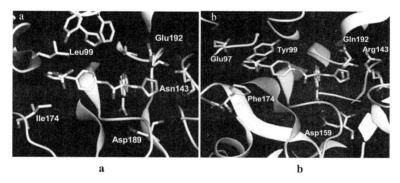

图 2　a：40-（-）-优映体与凝血酶晶体结构的 X- 射线衍射图；
b：40-（-）-优映体与 FXa 活性部位的分子对接图

5. 母核中异噁唑环的变换

5.1 吡唑替换异噁唑环

前述化合物的异噁唑啉不是芳香环，含有手性碳原子，并已证明 5- 位的碳链对活性影响不大，因而合成了平面型的异噁唑化合物 46，$IC_{50} = 0.15 nmol/L$，活性强于 20。进而用吡唑替换异噁唑，47 的活性 $IC_{50} = 0.13 nmol/L$，与 46 相同。分析 20 的结构，异噁唑啉连接出的片段是在 3,5 位结合，间隔一个原子，而 46 和 47 则是邻位相连，连接位置的区别改变了分子的形状和结合走向，应是活性提高的结构因素。后经研究 47 与大鼠胰蛋白酶的晶体衍射表明，苯脒与联苯片段在吡唑环的邻位连接，使分子更加刚性，并有利于远端的苯磺酰胺进入 S4 腔内，容易与 Trp215 发生边对面的 π-π 相互作用。此外，47 是咪唑的氮原子连接脒基苯，方便了合成。所以 47 成为结构优化的新起点。

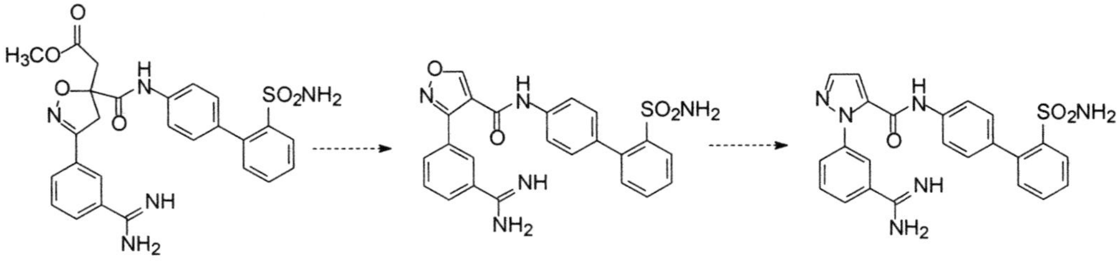

20
FXa IC50=6.3nmol/L

46
FXa IC50=0.15nmol/L

47
FXa IC50=0.13nmol/L

5.2 甲基吡唑活性更强

进而合成了 3- 甲基取代的吡唑化合物 48，对 FXa 的抑制活性提高了 1 个数量级，结构生物学研究表明，甲基接近溶剂可及的表面，与 Gly218 和 Cys220 相结合。以 48 为先导物变换远端苯基和磺酰胺基，合成的代表性化合物列于表 7 中，以探索化合物结合于 S4 的片段的构效关系。

表 7 末端苯环上取代基变换的化合物活性

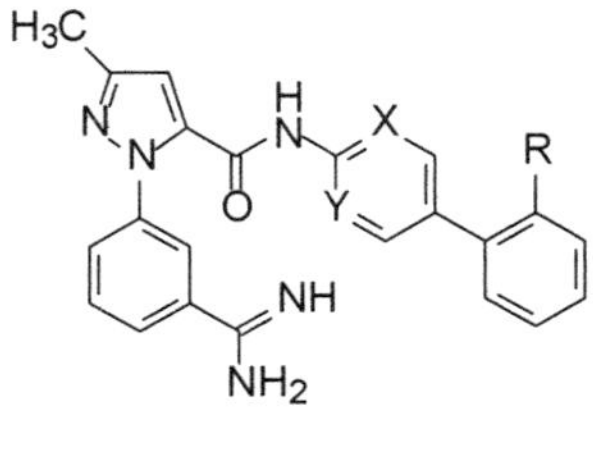

化合物	X	Y	R	K_i(nmol/L)		
				Xa 因子	凝血酶	胰蛋白酶
48	CH	CH	SO_2NH_2	0.013	300	16
49	CH	CH	SO_2CH_3	0.008	180	13

续表

化合物	X	Y	R	K_i(nmol/L)		
				Xa 因子	凝血酶	胰蛋白酶
50	CH	CH	CF_3	0.040	300	49
51	CH	CH	F	0.460	450	100
52	CH	CH	H	1.300	600	87
53	N	CH	SO_2NH_2	0.007	1 400	59
54	N	N	SO_2NH_2	0.041	7 400	150
55	C-F	CH	SO_2NH_2	0.005	200	4.6
56	C-Br	CH	SO_2NH_2	0.010	300	17
57	C-Cl	CH	SO_2NH_2	0.009	230	15
58	C-F	CH	SO_2CH_3	0.020	16	–

表 7 中化合物的构效关系表明，吡唑系列与异噁唑啉的化合物活性水平相当，在联苯、联吡啶－苯和联嘧啶－苯化合物中，远端苯环的取代基对活性的贡献依次为 $SO_2CH_3 > SO_2NH_2 > CF_3 > H$。这个次序也表现在后来的优化中。

5.3　吡唑环上取代基的变换

母核中的 3-甲基吡唑是个良好的片段，但增大烷基取代，活性则下降，提示该位置结合的空间不宜有大基团。三氟甲基替换甲基仍保持较高的活性，表 8 列出的代表性化合物，是含有三氟甲基吡唑的母核，变换联芳基和磺酰氨基对活性的影响。

表 8　三氟甲基吡唑系列的化合物及其活性

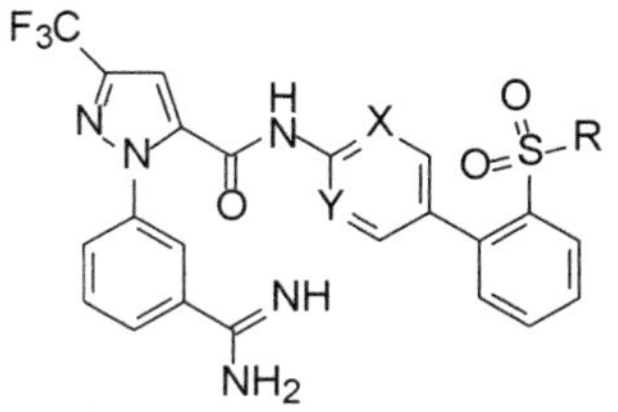

化合物	X	Y	R	K_i(nmol/L)		
				Xa 因子	凝血酶	胰蛋白酶
48	–	–	–	0.013	300	16
55	–	–	–	0.005	200	4.6
59	CH	CH	NH_2	0.015	40	3.9
60	N	CH	NH_2	0.009	400	59
61	N	N	NH_2	0.010	900	20
62	C-F	CH	NH_2	<0.005	120	4.0
63	CH	CH	CH_3	0.008	70	4.3
64	C-F	CH	CH_3	<0.005	50	3.4

　　分析上述化合物的构效关系，联苯系列的 3- 三氟甲基与 3- 甲基的活性相近，而联嘧啶 – 苯的 3- 三氟甲基取代活性强于相应的甲基化合物。62 和 64 整合了所有的优势基团，因而有最强的活性。

5.4　苯脒 – 吡唑 – 联芳基化合物的体内活性

　　对上述高活性和选择性的化合物用静脉注射或灌胃比格犬，考察药代动力学和药效学性质（表 9）。

表 9　代表性化合物的药效和药代参数

化合物	CL[L/(kg·h)]	V_{dss} (L/kg)	$t_{1/2}$(h)	F(po, %)	Caco-2 ($P_{app} \times 10^{-6}$ cm/s)	家兔 IC_{50} [μmol/(kg·h)]
48	0.67	0.29	0.82	4	0.30	0.02
50	0.47	0.47	3.72	n.d	n.d	0.24
53	0.76	0.21	0.31	<1	n.d	0.07
54	0.36	0.20	3.32	<5	n.d	0.03
61	0.33	0.25	1.40	n.d	0.10	n.d
64	1.10	3.80	3.80	0	0.20	n.d

　　表 9 列出的数据表明，多数化合物有较低的清除率分布容积和较长的半衰期。

但口服生物利用度低于 5%，未能达到口服给药的要求。分子结构中含有碱性较强的脒基（$pK_a \sim 10.7$），在体内分子带有正电荷，不易过膜吸收，因而口服吸收差，这也可从体外 Caco 细胞的过膜性能差反映出来。

6. 脒基的变换

6.1 苄胺代替苯脒基

脒基的强碱性不利于胃肠道吸收，却是与 FXa 的 Asp189 形成盐或氢键的基团。用碱性较弱的苄胺（$pK_a = 7.8$）代替苯脒，活性弱于脒基化合物 1~2 个数量级，但因脒基具有 pM 水平的高活性，经得起活性的消减，以弥补过膜吸收性，优化药代 + 药效的总效果。表 10 列出了有代表性化合物的结构与活性。

表 10　苄胺类化合物结构与活性

化合物	R_1	X	R_2	K_i(nmol/L)		
				Xa 因子	凝血酶	胰蛋白酶
48	–	–	–	0.013	300	16
64	CF_3	C-F	CH_3	<0.005	50	3.4
66	CH_3	C-F	NH_2	1.60	12 000	120
67	CH_3	CH	CH_3	0.89	21 000	220
68	CH_3	C-F	CH_3	0.48	14 000	130
69	CF_3	CH	NH_2	0.91	14 000	120
70	CF_3	C-F	NH_2	0.36	2 000	53
71	CF_3	CH	CH_3	0.38	5 800	100
72	CF_3	C-F	CH_3	0.15	6 000	60

分子模拟方法将 72 对接于 FXa 活性部位，苄氨基与 Asp189 形成氢键（但不是脒基的二齿型氢键），而且也未能与 Ser180 形成氢键，这可能是活性略低的原因。

由于降低了分子的碱性，增加了过膜吸收性。表 11 列出了上述化合物的部分药代动力学参数。

表 11　苄胺类化合物的药代动力学参数

化合物	R_1	X	R_2	$t_{1/2}$(h)	$F(po, \%)$	Caco-2($P_{app} \times 10^{-6}$ cm/s)
48	–	–	–	0.83	4.40	0.30
65	CH_3	CH	NH_2	9.30	13	0.20
66	CH_3	C-F	NH_2	2.80	10	0.95
67	CH_3	CH	CH_3	5.80	–	1.20
68	CH_3	C-F	CH_3	1.90	73	3.14
64	CF_3	C-F	CH_3	3.80	<1	0.20
69	CF_3	CH	NH_2	7.88	35	-
70	CF_3	C-F	NH_2	4.70	22	0.91
71	CF_3	CH	CH_3	9.50	39	3.38
72	CF_3	C-F	CH_3	7.50	57	4.86

表 11 的构－代关系提示，在苄胺化合物中，吡唑环上有三氟甲基取代、联苯的中间苯环 2 位被氟取代、远端苯环 4-甲磺酰基取代的化合物 72 的口服生物利用度最佳，半衰期长达 7.5h，用家兔动静脉分流血栓形成模型测定的 $ID_{50} =$

1.1μmol/(kg·h)，$IC_{50} = 0.15$μmol/L。这些较好的活性和药代动力学性质，使杜邦公司定为候选化合物，编号为 DPC-423，进入临床前研究（Pinto DJP, Orwat MJ, Wang SG, et al. Discovery of 1-[3-(aminomethyl)phenyl]-N-[3-fluoro-2'-(methylsulfonyl) -[1, 1'-biphenyl]-4-yl]-3-(trifluoromethyl) -1H-pyrazole-5-carboxamide(DPC423), a highly potent, selective, and orally bioavailable inhibitor of blood coagulation factor Ⅹa1. J Med Chem, 2001, 44: 566-578）。

6.2　苯环（或并合环）上其他弱碱性基团的变换

在变换成苄胺的同时，还考虑了碱性更弱的原子或基团的变换，因为根据离子对相互作用对 pK_a 的扰动，碱性弱到接近中性的基团也可能与正离子形成氢键或盐（Yamazaki T, Nicholson LK, Torchia DA, et al. NMR and X-ray evidence that the HIV protease catalytic aspartyl groups are protonated in the complex formed by the protease and a non-peptide cyclic urea-based inhibitor. J Am Chem Soc, 1994, 116: 10791-10792），因而合成了苄胺的等排体片段。图 3 是连接于 N1- 吡唑的取代片段，按照 pK_a 由低到高自左到右顺序排列的。

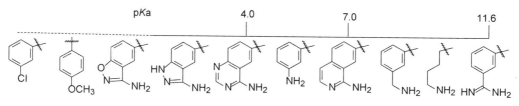

图 3　与吡唑环连接的碱性片段

6.2.1　脂肪胺和苯胺系列　设计合成的与吡唑 N1 相连的脂肪胺和苯胺化合物结构与活性列于表 12。

表 12　连接于吡唑环上的脂肪胺基和芳香胺基化合物活性

化合物	P$_1$	pK_a	K_i(nmol/L)		
			Xa 因子	凝血酶	胰蛋白酶
48	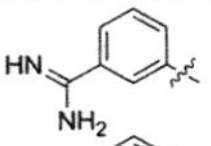	10.7	0.013	300	16
65	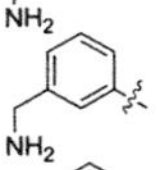	8.8	2.70	>21 000	250
73	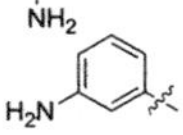	4.7	63	>21 000	1 600
74	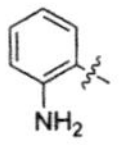	4.7	600	>21 000	n.d
75	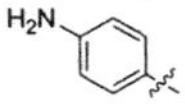	4.7	3 000	>21 000	n.d
76	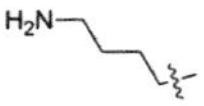	10	12 000	>21 000	n.d
77	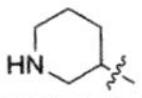	10	21 000	>21 000	n.d

表 12 的构效关系提示：苯脒化合物 48 是活性最强的分子，但碱性过强而质子化，吸收差。苄胺 65 的碱性降低，活性虽降低 200 倍，但仍属高活性。间位苯胺 73 的碱性很弱，活性又降低 20 倍。但邻、对位苯胺（74 和 75）活性很低，可能是氨基不能与 Asp189 结合的缘故。丁胺 76 和哌啶 77 也因为链的偏移或环的固定构象都不利于形成氢键结合，失去活性。

6.2.2　中性的左侧片段　左侧换成碱性更弱乃至中性基团取代的苯环，代表性的化合物列于表 13 中。其中最突出的是对位甲氧基化合物 78，$K_i = 11$nmol/L，活性比苯脒低 850 倍。78 是意外筛选发现的并非特意设计合成的化合物，因为对位氨基活性很低。间位酰胺和间氯化合物 79 和 80 有中等活性，而其余氰基、硫代亚胺和磺酰胺基等化合物（81~84）都没有活性。总之，对位甲氧基对活性的贡献是意外独特的。

表 13　与吡唑连接的中性片段的还是活性

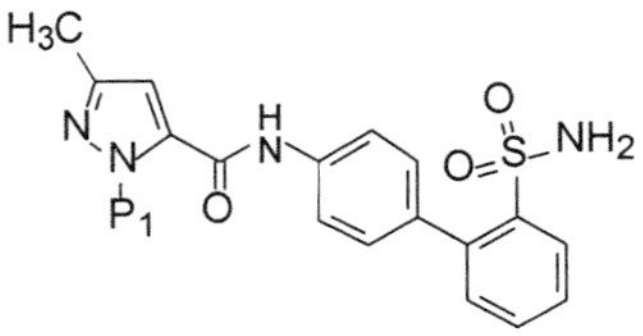

化合物	P_1	K_i(nmol/L)		
		Xa 因子	凝血酶	胰蛋白酶
78	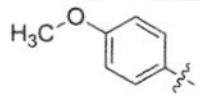	11	>21 000	>1 600
79	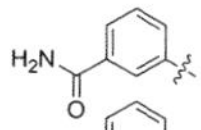	19	>21 000	>1 600
80	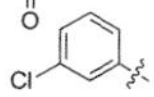	37	>21 000	>1 600
81	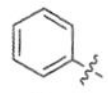	198	>21 000	>1 600
82	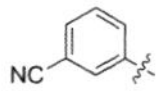	310	>21 000	n.d
83	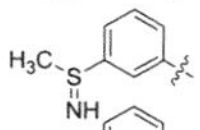	2 700	>21 000	n.d
84	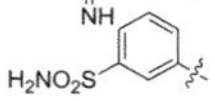	5 000	>21 000	n.d

6.2.3　可形成二齿结合的 P1 片段　苯脒化合物 48 与 Asp189 形成二齿氢键/静电结合是高活性的重要贡献，为了模拟脒基形成二齿结合的结构特征合成了氨基苯并杂环和有机硼酸等，代表性的化合物列于表 14 中。

表 14　左侧含双齿结合片段的化合物活性

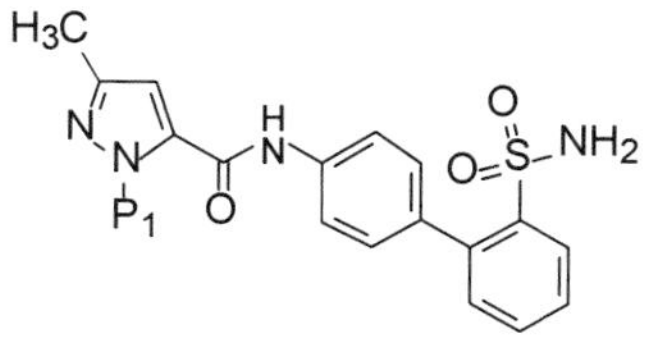

化合物	P_1	K_i(nmol/L)		
		Xa 因子	凝血酶	胰蛋白酶
48	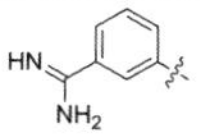	0.013	300	16
85	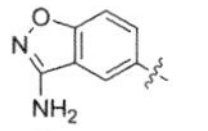	1.4	>21 000	>1 600
86	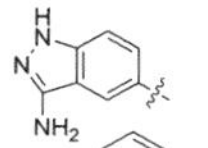	29	>21 000	n.d
87	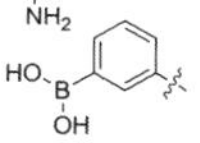	61	>21 000	>1 600
88	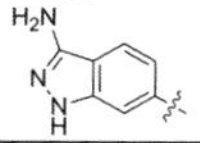	2 800	>21 000	>1 600

表 14 的 3- 氨基苯并异噁唑（85）有较高的活性 $K_i = 1.4nmol/L$，其余为中等或无活性，苯硼酸虽可形成二齿结合，但因离解成负电荷不利于同 Asp189 结合。

6.2.4　P1 为可形成二齿结合的氨基杂环　将碱性基团与形成二齿氢键结合的特征组合在一起，合成了化合物 89 ~ 94（表 15）。

表 15　含有碱性基团二齿结构的化合物活性

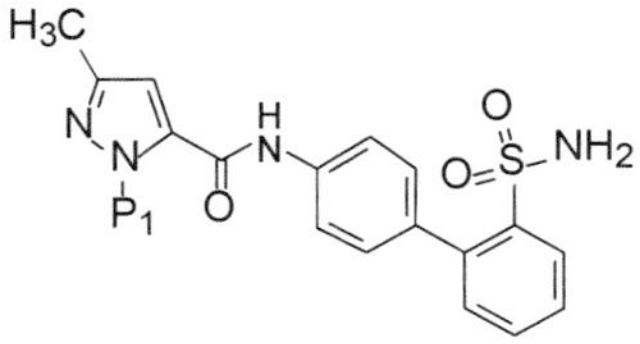

化合物	P₁	pKₐ	K_i(nmol/L)		
			Xa 因子	凝血酶	胰蛋白酶
48	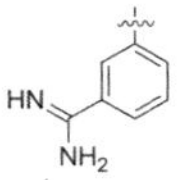	10.7	0.013	300	16
89	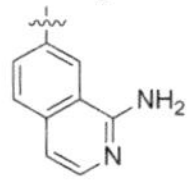	6.7	0.33	6 500	2 600
90	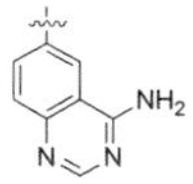	8.1	16	>21 000	>1 600
91	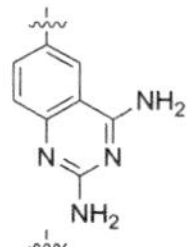	5.7	29	>21 000	>1 600
92	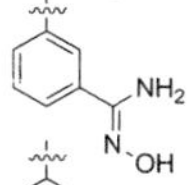	7	19	>21 000	>1 600
93	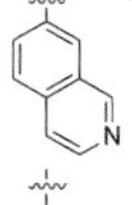	5.4	370	>21 000	>1 600
94	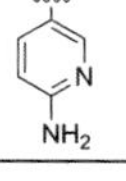	7	1 300	>21 000	n.d

构效关系表明，氨基异喹啉化合物 89 的活性仍维持在亚纳摩尔的高水平，对胰蛋白酶的活性很弱，选择性比苯脒基化合物 48 高 6 倍，可能是由于并环的稳固

构象与胰蛋白酶的 Ser190（FXa 的相应残基为 Ala190）的结合受阻。环内增加氮原子的喹唑啉 90 和 91 则活性减弱。93 的低活性佐证了碱性和二齿的双重重要性。

结构演化至此（不称其为优化，是因为结构骨架一直在变换中），高活性和选择性的化合物 89 的结构已有相当大的变迁。然而 89 与 FXa 复合物的晶体结构分析显示结合的模式没变：进入 S1 精氨酸识别腔的氨基异喹啉完全质子化（89 的 pKa 值 6.7，在生理 pH 条件下，理论上只有 13% 被质子化），是由于同 Asp189 形成离子对相互作用而加大了质子化程度，还与 Gly218 形成氢键；异喹啉环与 Ala190 有疏水作用；S2/S3 处的 Gly216 与吡唑环上羰基形成氢键；由 Tyr99、Trp215 和 Phe178 的芳环构成的 S4 疏水腔与远端苯环发生疏水相互作用。图 4a 和 4b 分别是 89 与 FXa 活性部位晶体衍射图和结合位点的示意图。

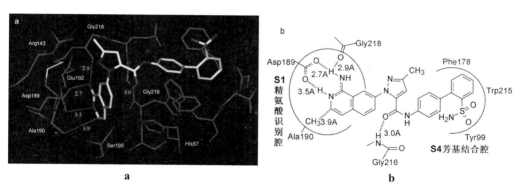

图 4　a：89 与 FXa 活性部位结合的 X- 射线晶体学结构；
b：89 与 FXa 活性部位结合示意图

　　6.2.5　高活性化合物的药代动力学性质　结构演化获得的高活性与高选择性的化合物，具有里程碑式的意义，表 16 列出了部分高活性化合物的活性、物化、药代参数。

表 16　代表性活性和的物理化学和药代动力学参数

化合物	P1	FXa K_i(nmol/L)	pK_a	Log P HPLC	$t_{1/2}$（h）iv	$t_{1/2}$（h）po	F(po, %)
48	(结构式)	0.013	10.7	1.5	0.82	1.3	4
65	(结构式)	19	8.8	1.7	3.9	9.3	13
89	(结构式)	0.33	6.7	2.6	3.4	4.4	13
85	(结构式)	1.4	<2.3	2.3 2.9	2.8	3.2	26
79	(结构式)	19	<0	2.1.	3.1	3.9	46
78	(结构式)	11	<0	2.9	4.5	4.5	48

表 16 的活性化合物按照 pK_a 值从大到小排列，从强碱性的脒基到中性的甲氧基，体外活性逐渐降低，最大相差 800 多倍。作为亲脂性量度的脂－水分配系数大致也是由小到大，亲脂性增加。清除率渐小，半衰期延长，由脒基的 1.3h 提高到近 10h。口服生物利用度增高，最大相差 12 倍（Lam PYS, Clark CG, Li R, et al. Structure-based design of novel guanidine/benzamidine mimics: potent and orally bioavailable factor Xa inhibitors as novel anticoagulants. J Med Chem, 2003, 46: 4405-4418）。从这些趋势性数据可以看出，优化体外活性要伴随化合物物化性质和体内药代的调整，选择的候选化合物应兼顾活性和成药性等多重因素，为了优化某一性质，往往要对另一性质作出一定的让步和通融。

7. 联苯远端苯环的变换

7.1 P1 为氨基异苯并噁唑化合物作为起点

分析构效关系发现进入 S1 腔内的 P1 片段，不仅影响对 FXa 的抑制活性

（与 Asp189 的结合能力），而且片段的大小影响选择性作用。化合物 72（代号 DPC423）的氨甲基置换为 3- 氨基苯并异噁唑化合物（95），活性和选择性显著强于 72。然而 95 的药代性质欠佳。表 17 列出了 72 和 95 的活性、选择性和药代的参数。

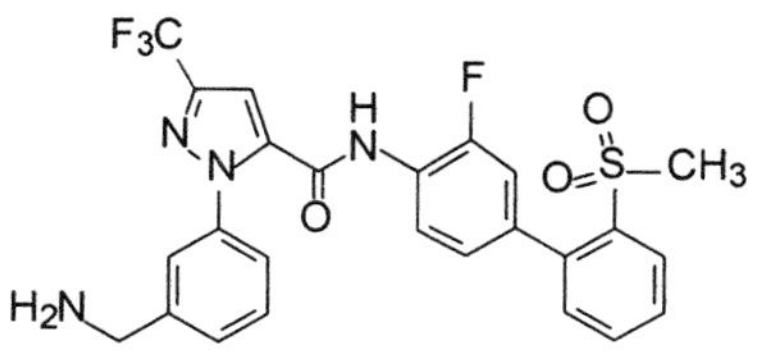

72 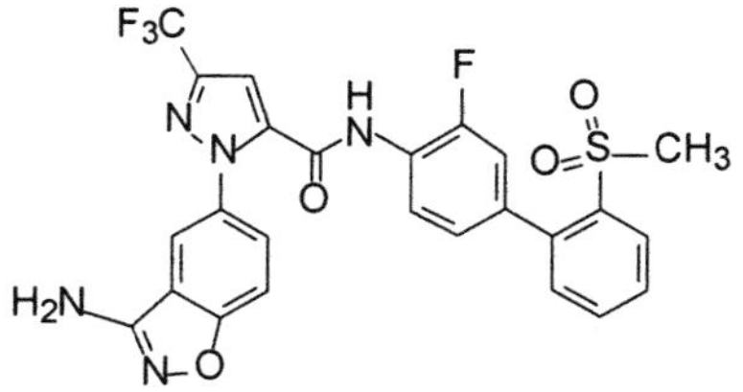   **95**

表 17   化合物 72 和 95 活性与药代参数的比较

化合物	K_i(nmol/L)			Caco-2 $(P_{app} \times 10^{-6} cm/s)$	F(%)
	Xa 因子	凝血酶	胰蛋白酶		
72	0.15	6 000	60	4.86	46
95	0.09	6 300	>5 200	<0.1	2

7.2   远端取代苯基的优化

7.2.1   杂环的变换   化合物 95 的主要问题，是体外活性的优势与体内药代缺陷之间的矛盾，解决的方法是保持 P1 片段不变，变换远端苯基以优化物化和药代性质。为此，用杂环置换末端苯环的化合物，结构和活性列于表 18。

表 18   末端苯基变换的化合物活性

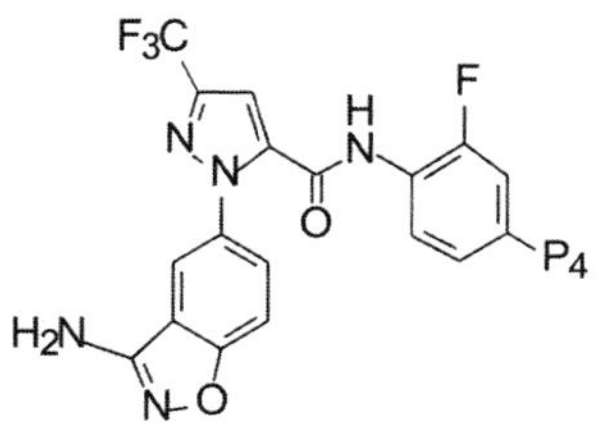

化合物	P4	K_i(nmol/L)			Caco-2
		Xa 因子	凝血酶	胰蛋白酶	(Papp × 10^{-6} cm/s)
96	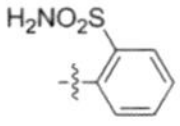	0.16	2 300	>1 600	<0.1
97	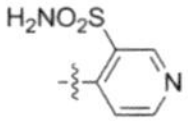	0.10	740	>4 200	0.54
98	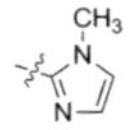	0.51	34	>2 500	4.69
99	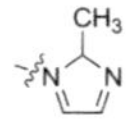	0.70	900	>2 500	7.41
100	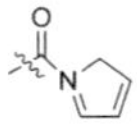	0.92	8 000	>2 500	24.9
101	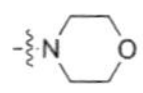	6.30	20 000	>2 500	n.d

表 18 的构效关系分析如下：① 72 的甲磺酰基变换成氨磺酰基，活性未变，选择性提高了，但过膜性显著降低，系因增加了分子极性的缘故；②远端苯环换成吡啶环，活性未变，过膜性仍较低；③用咪唑、四氢吡咯或吗啉置换远端苯环，增加了助溶基团，提高了过膜性，但也因此与血浆蛋白的结合率 >97%，也是活性降低的原因；④ 98 的选择性显著低于 99，对凝血酶的抑制作用相差近 30 倍。因而为调整药代、维持活性强度和选择性，宜用 1-（2-甲基咪唑）基取代远端苯基。

7.2.2　咪唑环上取代基的变换　以 99 为模板，变换咪唑环上的取代基，得到 102～108，列于表 19 中。异丙基的体积过大，活性降低，羟甲基和氨甲基可能因极性强而降低活性，但 106～108 的活性、选择性和蛋白结合率优于 99，尤其是 107。

表 19　末端咪唑环上取代基变换的化合物活性

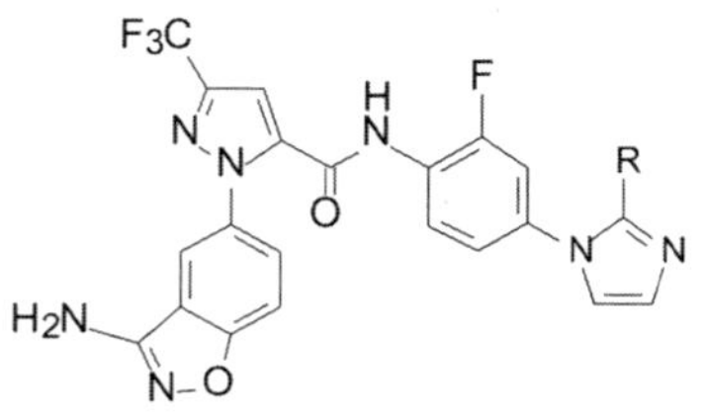

化合物	R	K_i(nmol/L)		Caco-2 $(P_{app} \times 10^{-6}\,cm/s)$	血浆结合率（%）
		Xa 因子	凝血酶		
99	CH$_3$	0.70	900	7.41	98.0
102	CH$_2$CH$_3$	0.73	900	3.32	95.0
103	CH$_3$(CH$_3$)$_2$	1.6	900	n.d	n.d
104	CH$_2$OH	1.0	1 700	0.1	n.d
105	CH$_2$NH$_2$	3.0	3 500	n.d	n.d
106	CH$_2$N(CH$_3$)$_2$	0.17	1 700	0.2	85.6
107	CH$_2$N(CH$_3$)$_2$	0.19	600	5.56	90.5
108		0.37	600	23.00	n.d

7.2.3　候选化合物雷扎沙班的确定　化合物 106 和 107 除过膜性的差异较大外，其余活性参数相近，进而用比格犬比较了药代动力学性质，列于表 20。

表 20　化合物 106 和 107 的活性和药代参数

化合物	Xa 因子 K_i(nmol/L)	Caco-2 $(P_{app} \times 10^{-6}\,cm/s)$	消除率 [L/(h·kg)]	$t_{1/2}$(h)po	V_d(L/kg)	$F(po, \%)$
106	0.17	0.2	1.1	3.7	4.6	27
107	0.19	5.56	1.1	3.4	5.3	84

107 的口服生物利用度显著高于 106，提示在咪唑环的 2 位含有二甲胺甲基对活性、选择性和药代性质的优良贡献，于是将 107 确定为候选化合物，进行了全面的临床前评价，定名为雷扎沙班（razaxaban），以盐酸盐形式进行临床研究，口服预防和治疗深度静脉栓塞病，并进入到Ⅱ期临床研究阶段（Quan ML, Lam PYS, Han Q, et al. Discovery of 1-(3'-aminobenziso-xazol-5'-yl) -3-trifluoromethyl-N-[2-fluoro-4-[(2'-dime-thylamino-methyl)imidazol-1-yl]phenyl]-1H-pyrazole-5-carboxyamide hydrochloride(razaxaban), a highly potentand selective, orally bioavailable factor Xa inhibitor. J Med Chem, 2005, 48: 1729−1744 ）。

8. 吡唑环的并合——酰胺融入环状结构

研制的雷扎沙班（107）、72 和 109 等是里程碑式的化合物，结构中 P1 片段完全不同，分别是氨基苯并异噁唑、苄胺和苯甲醚，P4 的联芳基也有差异。分子中共有的结构因素是吡唑酰胺。考虑到酰胺键可能在体内被水解成吡唑甲酸和联芳胺，后者具有潜在的致突变作用的风险，因而需要避免产生毒性的警戒结构（structural alert），基于结构变换最小原则，将酰胺环合到吡唑环上，形成并合的杂环结构，以提高代谢稳定性。

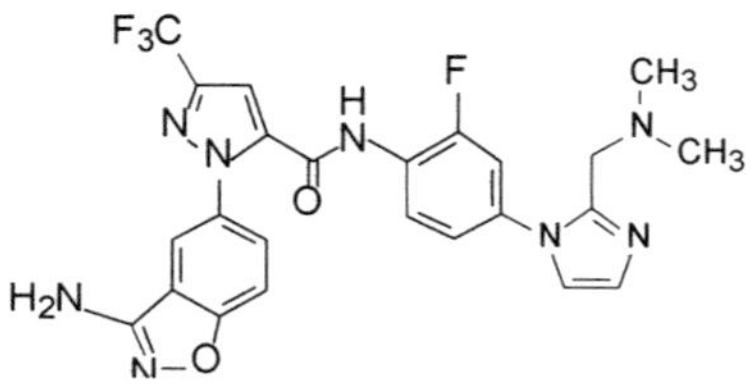

107 雷扎沙班 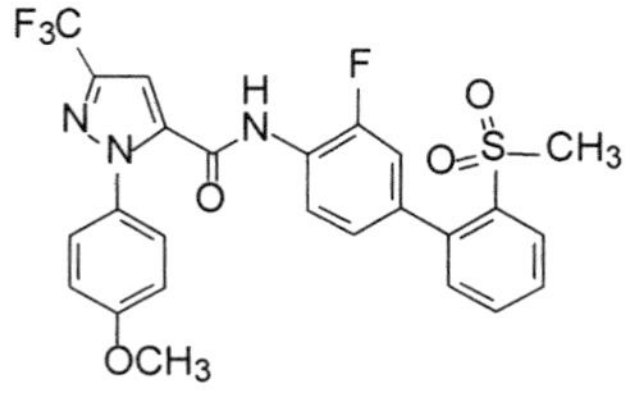　　　　　　**72** 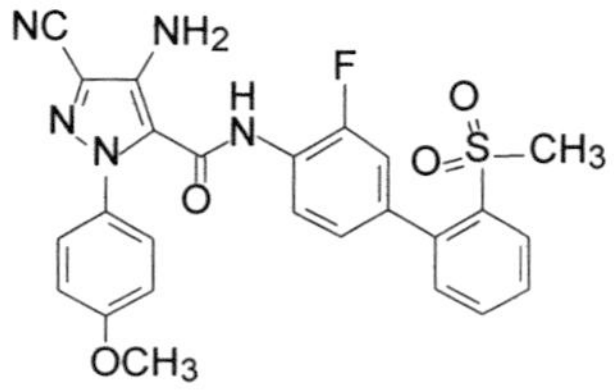　　　　　　**109**

8.1 吡唑并嘧啶酮——苯甲醚为母核

为了合成方便，固定远端苯基为苯磺酰胺，吡唑的 3- 三氟甲基用 3- 氰基替换，制备了含有苯甲醚的嘧啶酮的并合物，包括中间体 110 和含氰基化合物 111，氰基的衍生物（112-118）以及吡唑并吡嗪酮化合物 119，一并列在表 21 中。

表 21　左端为稠合环的化合物及其活性

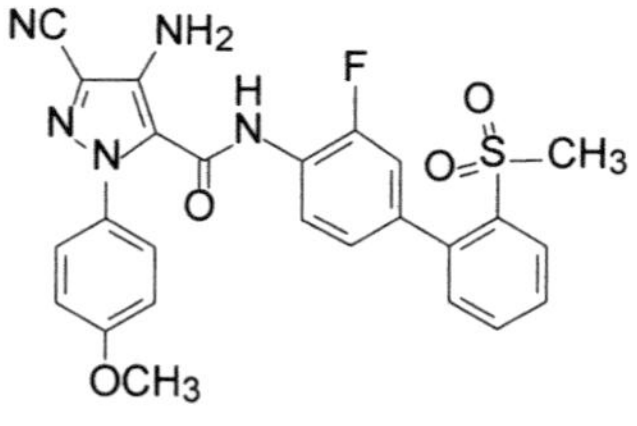

110 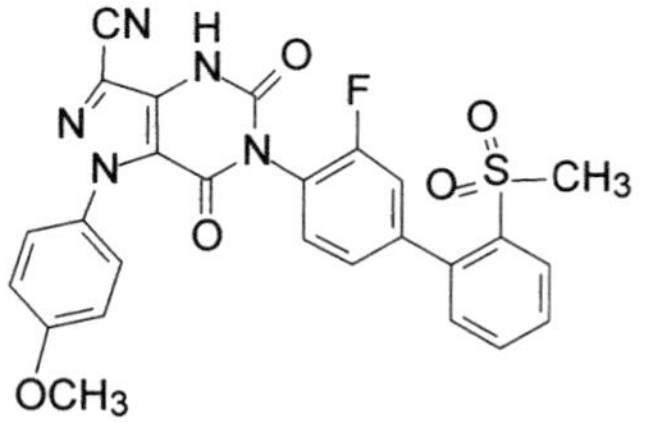　　　　　　　　　**111**

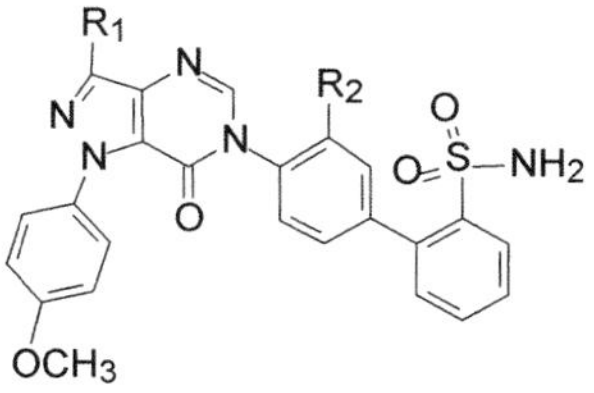

112 ~ 118 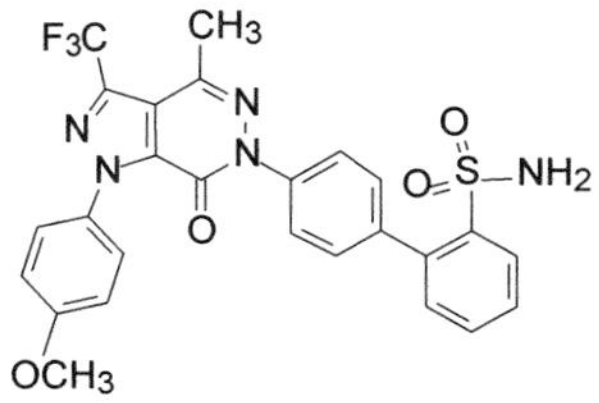　　　　　　　　　**119**

化合物	R₁	R₂	FXa K_i(nmol/L)	aPTT* IC$_{2x}$(μmol/L)
107	–	–	0.19	6.8
72	–	–	3.5	104
110	–	–	8.4	n.d
111	–	–	3.0	197
112	CO₂CH₃	H	2.8	7.1
113	CO₂CH₃	F	1.8	n.d
114	CONH₂	H	1.7	8.7
115	CONH₂	F	1.2	9.8
116	CN	H	1.9	5.8
117	CO₂H	H	32	n.d
118	CH₂NH₂	H	22	n.d
119	–	–	2.8	n.d

*aPTT：化合物离体凝血测定活化部分凝血活酶时间的浓度

化合物 111 对 FXa 的抑制活性与 72 相近，但 aPTT 值很高，提示吡唑并嘧啶酮与血浆蛋白的结合率很高。然而吡唑并嘧啶酮化合物 112 ~ 116 对 FXa 的活性和 aPTT 活性都较高，优于 111 和 112，可与雷扎沙班（107）媲美，提示苯甲醚连接的吡唑并嘧啶酮母核是有价值的片段。而且也表明酯基、酰胺基和氰基可以替换三氟甲基仍保持高活性。吡唑并吡嗪酮化合物 119 也有类似的活性。在吡唑并嘧啶酮母核的基础上，将雷扎沙班的 P4 的二甲胺甲基或环状胺基侧链替换磺酰胺基，合成的化合物 120 ~ 127 列于表 22 中。

表 22　变换 P4 侧链的叔胺结构的化合物活性

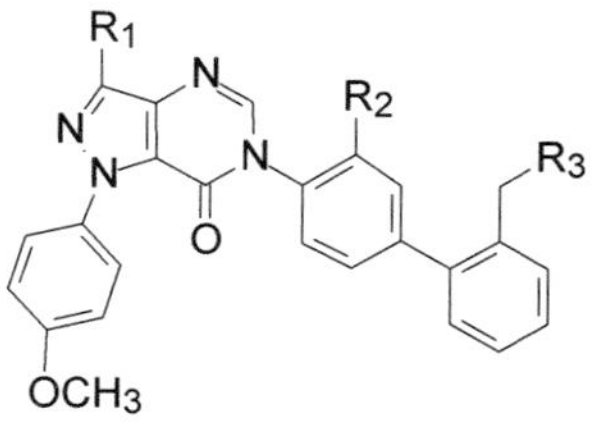

120～127 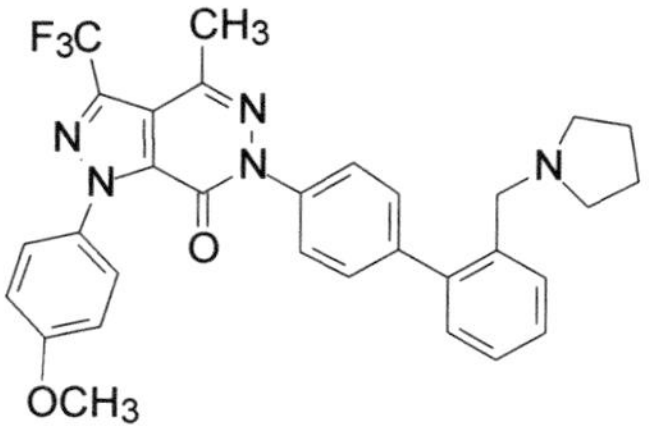　　　　　128

化合物	R_1	R_2	R_3	FXa K_i(nmol/L)	aPTT IC_{2x}(μmol/L)
雷扎沙班	–	–	–	0.19	6.8
120	$CO_2CH_2CH_3$	H	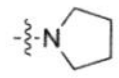 ⸺N⟩	3.8	1.8
121	$CO_2CH_2CH_3$	F	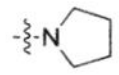 ⸺N⟩	3.6	n.d
122	$CO_2CH_2CH_3$	H	OH	45	n.d
123	$CONH_2$	H	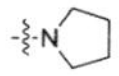 ⸺N⟩	1.1	4.0
124	$CONH_2$	F	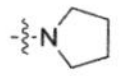 ⸺N⟩	0.74	3.9
125	$CONH_2$	H	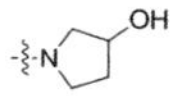 ⸺N⟩OH	1.5	5.0
126	CN	H	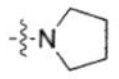 ⸺N⟩	1.7	n.d
127	CN	H	$N(CH_3)_2$	2.1	n.d
128	–	–	–	2.8	53

　　表中化合物的 P4 部位含有叔胺碱性侧链，体外仍有较高抑制 FXa 活性，羟甲基化合物 122 活性降低 1 个数量级，提示碱性侧链的重要性。吡唑并吡嗪酮化合物 128 对 FXa 活性较高，但 aPTT 的活性弱，说明该化合物与血浆蛋白结合率高。

　　选择高活性化合物评价比格犬的药代动力学性质，列于表 23 中，可以看出吡唑环以酰胺取代三氟甲基对药代性质有优良的影响，而氰基没有优势。这为以后的优化提供了新的结构组件。

表 23　代表性化合物对犬的药代动力学参数

化合物	CL[L/(h·kg)]	V_{dss}(L/kg)	$t_{1/2}$(h)po	F(po, %)	Caco-2 ($P_{app} \times 10^{-6}$ cm/s)
123	0.55	3.9	5.4	94	12
124	0.76	4.9	5.1	96	15
126	6.8	75	8.3	77	3.1
雷扎沙班	1.1	5.3	3.4	84	5.6

化合物 123 和 124 虽然有良好的药代动力学性质，但家兔体内实验抗凝血作用低于雷扎沙班 3～4 倍，因而不能遴选为候选物（Fevig JM, Cacciola J, Buriak Jr J, et al. Preparation of 1-(4-methoxyphenyl) -1H-pyrazolo[4, 3-d]pyrimidin-7(6H) -ones as potent, selective and bioavailable inhibitors of coagulation factor Xa. Bioorg Med Chem Lett, 2006, 16: 3755-3760 ）。

8.2　吡唑并二氢吡啶酮－氨基苯并异噁唑为母核

将吡唑甲酰胺环合成并环以提高代谢稳定性，表明仍保持较高的活性，将雷扎沙班的氨基苯并异噁唑与杂环并合吡唑连接，合成了新的一类化合物，列于表 24。

表 24　杂环并吡唑为母核的化合物的活性

化合物	稠合杂环	R	FXa K_i(nmol/L)	aPPT IC$_{2x}$(μmol/L)
129		H	0.04	2.7

续表

化合物	稠合杂环	R	FXa K_i(nmol/L)	aPPT IC_{2x}(μmol/L)
130	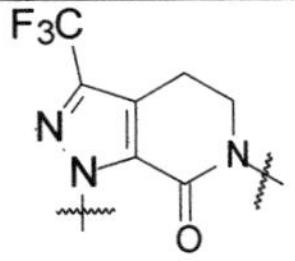 （含 F_3C 稠合杂环结构）	F	0.13	5.6
131	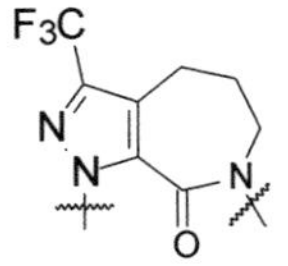 （含 F_3C 稠合杂环结构）	H	0.81	4.0
130	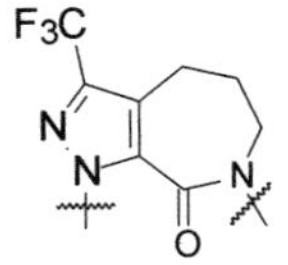 （含 F_3C 稠合杂环结构）	F	0.85	8.5
132	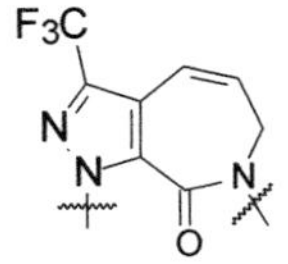 （含 F_3C 稠合杂环结构）	H	0.60	6.9
133	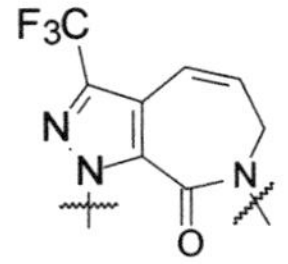 （含 F_3C 稠合杂环结构）	F	0.60	15
134	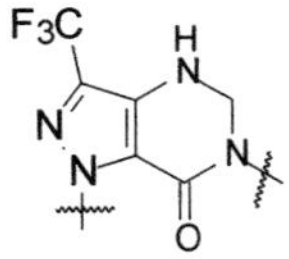 （含 F_3C 稠合杂环结构）	H	0.25	1.4
135	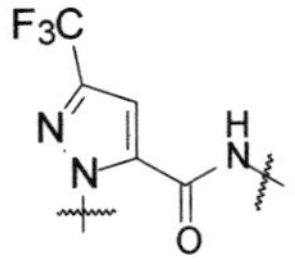 （含 F_3C 稠合杂环结构）	H	0.26	4.2
雷扎沙班	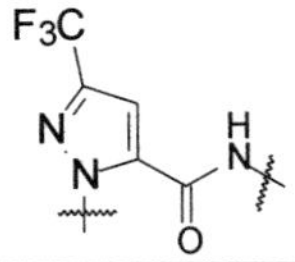 （含 F_3C 稠合杂环结构）	F	0.19	2.1

表 24 的数据表明，化合物 129 对 FXa 的抑制活性强于雷扎沙班，在中间苯环的邻位连接氟原子（130）活性和体内抗血栓作用都减弱。将吡啶酮扩环成七元环，无论有无双键都使活性下降。二氢嘧啶酮 134 对 FXa 的活性虽比 129 弱，但体内抗凝活性强于 129。

吡唑并二氢吡啶酮提示是优良的片段，进而固定该结构对 P4 部分进行变换，合成的化合物及其活性列于表 25。

表 25 吡唑并二氢吡啶酮为母核的化合物活性

化合物	R₁	R₂	R₃	Xa 因子 K_i(nmol/L)	凝血酶 K_i(nmol/L)	aPTT IC$_{2x}$(μmol/L)
129	CF$_3$	H	N(CH$_3$)$_2$	0.04	43	2.7
136	CF$_3$	H	NEt$_2$	0.11	94	3.0
137	CF$_3$	H	NMeEt	<0.1	57	3.2
138	CF$_3$	H	NHMe	0.34	150	3.7
139	CF$_3$	H	吡咯烷基	0.15	58	3.2
140	CF$_3$	H	吡咯烷基-OH	0.03	35	3.6
141	CF$_3$	H	吡咯烷基-OH	0.12	59	4.8
142	CF$_3$	H	哌啶基-OH	0.22	71	4.9
143	CF$_3$	H	吗啉基	0.35	130	41
144	CF$_3$	H	哌嗪基-NH$_2$	0.64	280	14
145	CF$_3$	H	哌嗪基-CH$_3$	0.71	230	31
146	CF$_3$	F	N(CH$_3$)$_2$	0/13	75	5.6
147	CF$_3$	F	吡咯烷基	0.24	n.d	6.1
148	CF$_3$	F	吡咯烷基-OH	0.16	72	8.4
149	CH$_3$	H	N(CH$_3$)$_2$	0.55	380	2.1
150	CH$_3$	H	吡咯烷基	0.31	120	1.4
151	CH$_3$	H	吡咯烷基-OH	0.27	130	2.8
152	CH$_3$	F	吡咯烷基-OH	0.34	250	4.9
雷扎沙班				0.19	540	2.1

表中化合物的构效关系总结如下：①变换远端苯环上的叔胺基，二甲胺甲基（129）和 3-R- 羟基四氢吡咯（140）活性最强，体内抗凝作用也最强；②在中间苯环的邻位引入氟原子（146～148），比相应的化合物活性弱；③ 3- 羟基四氢吡咯 R 构型（140）比 S 构型（141）强 3 倍，体内抗凝活性也强于 S 构型；④吡唑环上的三氟甲基用甲基代替，活性降低。

比格犬的药代动力学研究表明，化合物 129 和 140 有良好的性质，其中 140 最好。

表 26 列出了这两个化合物与雷扎沙班的数值（Pinto DJP, Orwat M, Quan ML, et al. 1-[3-Aminobenz-isoxazol-5'-yl]-3-trifluoromethyl-6-[2'-(3-(R) -hydroxy-N-pyrrolidinyl)methyl-[1, 1']-biphen-4-yl]-1, 4, 5, 6-tetrahydropyrazolo-[3, 4-c]-pyridin-7-one(BMS-740808)a highly potent, selective, efficacious and orally bioavailable inhibitor of blood coagulation factor Xa. Bioorg Med Chem Lett, 2006, 16: 4141-4147 ）。

表 26　代表性吡唑并二氢吡啶酮类化合物药代动力学参数

化合物	CL [L/(kg·h)]	V_{dss} (L/kg)	$t_{1/2}$(h) po	F (po, %)	Caco-2 ($P_{app} \times 10^{-6}$ cm/s)	Rabbitc AVShunt IC_{50}(nmol/L)
129	0.98	4.5	3.8	50	4.7	223
140	0.35	1.6	5.1	82	1.7	135
雷扎沙班	1.1	3.4	5.3	84	5.56	340

9. P1 和 P4 的优势片段再组合

研究至此，对 P1 片段优化，获得的优势片段有取代的吡唑并二氢吡啶酮、连接苯甲醚、苄胺或氨基苯并异噁唑，P4 的优势片段为氨（甲）磺酰联苯和联苯甲基叔胺等。代表性的化合物和候选物为化合物 72（DPC423）、107（雷扎沙班）、123 和 140（BMS740808）等。

72　　　　　　**107**

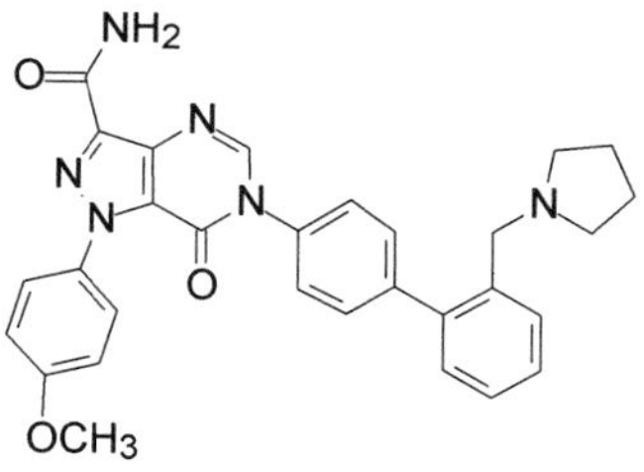

123 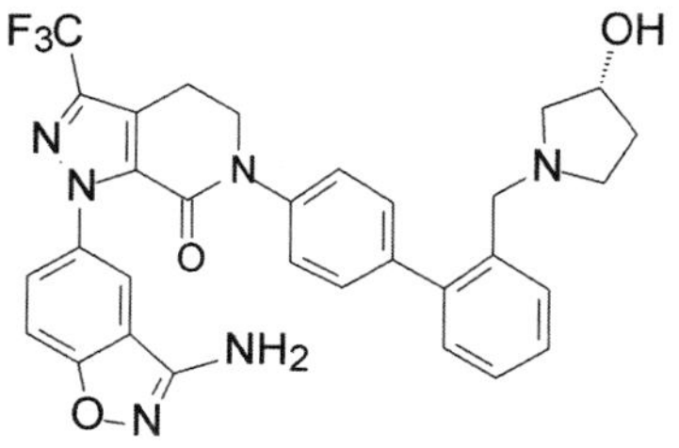   **140**

下一步是将这些片段作进一步的优化组合，对体外 FXa 活性、选择性、体内抗凝作用和药代性质作多维度的优化，以确定候选化合物。

9.1 苯甲醚－吡唑并二氢吡啶酮－联苯叔胺系列的吡唑环上取代基的变换

将苯甲醚、吡唑并二氢吡啶酮、联苯叔胺等优势片段加以组合，变换吡唑环上的取代基，合成的化合物列于表 27 中。

表 27 变换吡唑环上取代基的化合物活性

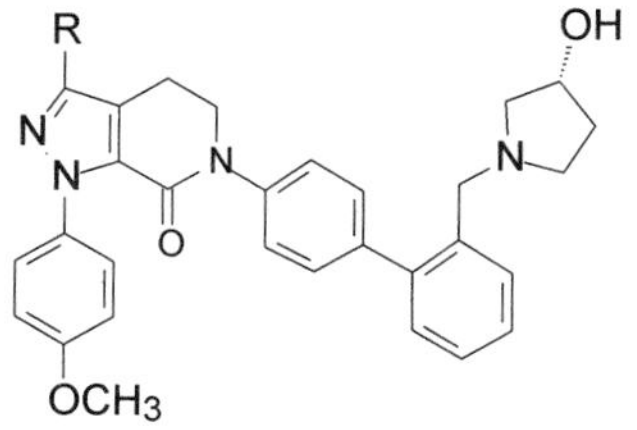

化合物	R	Xa 因子 K_i(nmol/L)	凝血酶 K_i(nmol/L)	aPTT IC_{2x}(μmol/L)
153	CF_3	0.18	330	33.1
154	SO_2CH_3	0.25	180	1.5
155	$CONH_2$	0.07	140	1.3
156	$CON(CH_3)_2$	1.7	11 000	2.7
157	CN	0.33	100	2.8
158	$N(CH_3)_2$	0.31	1 800	n.d
159	CH_2-tetrazloe	0.85	970	1.9

表中的化合物如甲磺酰基、氨甲酰基、氰基和四唑基等与三氟甲基化合物 153 相比，都有较高的活性和选择性，体内抗凝作用显著强于 140，提示这些基团可以移植在不同的母核上。化合物 155 有良好的药代动力学性质，清除率较低，CL = 0.32L/(kg·h)，半衰期 $t_{1/2}$ 为 5.6h，口服生物利用度 F 为 100%，因而将氨甲酰基固定，进一步优化 P4 片段。

9.2 P4 片段优化的化合物

固定吡唑环为 3- 氨酰基，变换远端苯环的叔胺取代基，有代表性的化合物的活性、选择性和药代性质列于表 28 中。表中所列的代表性的化合物中 155 仍属优势化合物。

表 28　变换末端苯环上叔胺的化合物活性

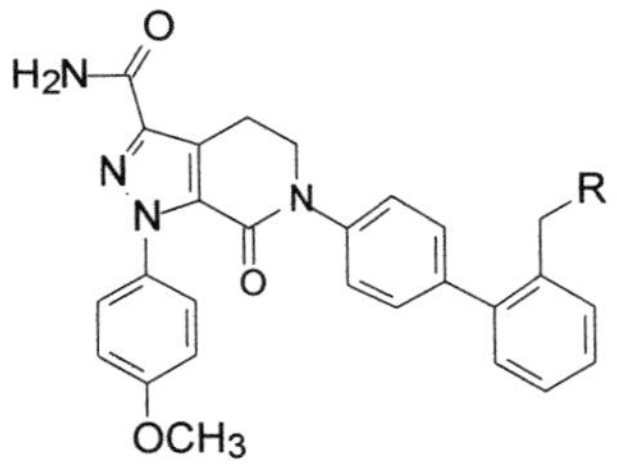

化合物	R	FXa K_i(nmol/L)	aPTT IC_{2x}(μmol/L)	家兔动静脉瘘管 IC_{50}(nmol/L)	CL [L/(kg·h)]	$t_{1/2}$(h) po	F(%)
155	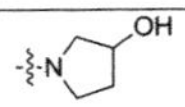 ‑N◯OH	0.07	1.2	120	0.32	5.6	100
160	N(CH₃)₂	0.24	0.9	175	2.0	3.6	56
161	N(C₂H₅)₂	0.08	1.4	n.d	2.4	3.7	20
162	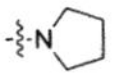 ‑N◯	0.3	1.1	n.d	1.5	3.5	53

9.3 P4 的联苯简化为取代的单苯片段

在进行上述结构优化中，另一个同时研究的是探索 P4 的变换对活性影响，发现化合物 163 的活性和选择性很高（Jia ZJ, Wu Y, Huang W, et al. 1-(2-Naphthyl) -

1H-pyrazole-5-carboxamides as potent factor Xa, inhibitors. Part 2: a survey of P4 motifs. Bioorg Med Chem Lett, 2004, 14: 1221-1227），这个发现突破了联苯片段，简化了化学结构。单苯环的对位 N- 甲基乙酰氨基取代是独特的，因为游离氨基或其他相关的基团活性都很差，如表 29 所示，提示酰化的仲胺应是参与结合的重要基团。

表 29　单苯基化合物的活性

化合物	R	FXa K_i(nmol/L)	凝血酶 K_i(nmol/L)	aPTT IC$_{2x}$(nmol/L)
163	N(CH$_3$)COCH$_3$	0.5	>6 300	8.2
164	NH$_2$	1 600	>6 300	n.d
165	NHCOCH$_3$	180	>6 300	n.d
166	NHCOCH$_3$	610	>6 300	n.d
167	N(CH$_3$)$_2$	6	>13 400	40.6
168	—N(piperidine)	2.1	3 900	3.7
169	—N(piperidinone)	0.23	4 400	36
170	—N(azepanone)	0.47	3 300	26

分子模拟考察了化合物 163 结合于 S4 腔内的特征，发现 N- 甲基与 S4 腔底部的 Trp215 发生 π-π 相互作用，垂直于苯环的乙酰基与腔内的疏水基团结合。氮上甲基是非常重要的，因为没有甲基的化合物 165 活性很弱，说明只是平面结构的乙酰基不利于结合。环状的内酰胺化合物 169 和 170 的活性也较强，但体内活性弱，可能是因为脂溶性过强（clog P>7）和较高的血浆蛋白结合率（＞99%）的缘故。

9.4 调节脂－水溶性——氨甲酰基取代和候选物的确定

为了纠正三氟甲基过强的脂溶性，将证明有效的氨甲酰基连接于 163 和 169 吡唑的 3 位处，分别得到 171 和 172，活性列于表 30 中。

表 30　化合物 171 和 172 的药效、药代和物化性质的比较

171　　　　　　　　　　**172**

| 化合物 | K_i(nmol/L) | | PT | aPTT | Caco-2 | 溶解度 |
	Xa 因子	凝血酶	EC$_{2x}$(μmol/L)	IC$_{2x}$(μmol/L)	($P_{app} \times 10^{-6}$cm/s)	(μg/ml)
171	0.61	2 520	3.12	5.6	2.5	n.d
172	0.08	3 100	3.8	5.1	0.9	50

这两个化合物的体外抑制 FXa 和体内抗凝血作用以及选择性都很强。对人体的蛋白酶和肝脏 CYP 的活性很弱，如 172 与肝微粒体温孵的半衰期 >100min，Caco-2 细胞的过膜性也非常高。172 的血浆蛋白结合率为 87%，家兔抗血栓的 IC$_{50}$ ＝ 329nmol/L，口服半衰期为 5.8h，口服生物利用度 F 为 58%。遂确定 172 为候选化合物，定名为阿哌沙班（apixaban），经临床前研究和临床试验，美国 FDA 于 2014 年批准百时美施贵宝公司的阿哌沙班上市，用于预防和治疗深度静脉栓塞和肺栓塞（Pinto DJP, Orwat MJ, Koch S, et al. Discovery of 1-(4-methoxyphenyl) -7-oxo-6-(4-(2-oxopiperidin-1-yl)phenyl) -4, 5, 6, 7-tetrahydro-1*H*-pyrazolo[3, 4-c]pyridine-3-carboxamide(Apixaban, BMS-562247), a highly potent, selective, efficacious, and orally bioavailable inhibitor of blood coagulation factor Xa. J Med Chem, 2007, 50: 5339‒5356）。

9.5 阿哌沙班与 FXa 的结合特征

阿哌沙班与 FXa 酶的复合物单晶 X-射线衍射表明，与雷扎沙班的结合模式相似。图 5 中深色的分子是阿哌沙班，黑点构成的虚线代表氢键，数字为距离 Å，圆点代表水分子。苯甲醚进入 S1 腔，甲氧基未显示与特定的基团结合。吡唑环的 N2 与 Gln192 的骨架 NH 形成氢键（3.2Å）；与 C3 相连的酰胺的羰基与水缔合；NH 与 Glu146 的羰基形成氢键（3.1Å）；母核的内酰胺羰基与 Gly216 的 NH 发生氢键结合（2.9Å）；苯基哌啶酮结合于 S4 腔中，处于 Tyr99 与 Phe174 之间，与 Trp215 发生"边与面"的 π-π 相互作用；虽然未见哌啶酮的羰基与酶有结合作用（只与水分子结合），但发生了构象的变化，取向于 Tyr99、Phe174 和 Trp215 构成的空间中。

图 5　阿哌沙班与 FXa 活性部位复合物晶体结构的 X-射线衍射图

合成路线

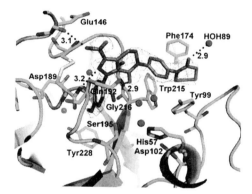

阿哌沙班

31. 基于 QSAR 方法首创的诺氟沙星

【导读要点】

　　作用于细菌拓扑异构酶的沙星类抗菌药物如今广泛地应用于临床，首创药物诺氟沙星的研发路径却与一般的药物研发不同，可认为它是计算机辅助设计出的一个药物。20 世纪 80 年代，以线性自由能相关分析为依据的 Hansch- 藤田分析，研究与应用达到高潮，物理化学原理作为药物 - 受体相互作用和药物转运的理论依据，辅以统计学方法处理，形成新药研究中的一个新途径。在尚未解析细菌拓扑异构酶三维结构时代，不同层次的 QSAR 方程，映射了活性化合物与"未知靶标"的结合特征，并在不断地精修方程过程中，深化了人们的认识，揭示出高活性抑制剂，催生了诺氟沙星的成功。令人深思的是，用 20 世纪 80 年代得出的 QSAR 模型来分析 21 世纪上市的数代沙星药物结构，发现仍然被包括在该模型的框架之下。

1. 前期的研究发现

　　最早发现喹诺酮酸结构及其抗菌作用的是 Lesher 等在合成氯喹的过程中，分离出一个副产物，具有微弱的抗菌活性，遂合成了萘啶酸为母核的系列化合物，对 N1 和 C7 作不同的烷基置换，对 C3 上的羧基进行不同的酯化，经体外和体内的抗菌实验，发现萘啶酸（1, nalixilic acid）具有显著杀伤革兰阴性菌的作用，1963 年成为第一个试用喹诺酮类抗菌药（Lesher GY, Froelich EJ, Gruett MD, et al. 1, 8-Naphthyridine derivatives. A new class of chemotherapeutic agents. J Med Pharm Chem, 1962, 5: 1063–1065）。

　　由于发现了新结构类型的抗菌药，引起了世界范围的研究热潮，进而发现了奥索利酸（2, oxolinic acid）、吡哌酸（3, pipemidic acid）和氟甲喹（4, flumequine）等具有更强和更广抗菌谱的活性物质。在药物化学上，重要的是萘啶环可变换成喹啉或嘧啶并吡啶环，为后期的研究提供了较多的结构选择性。

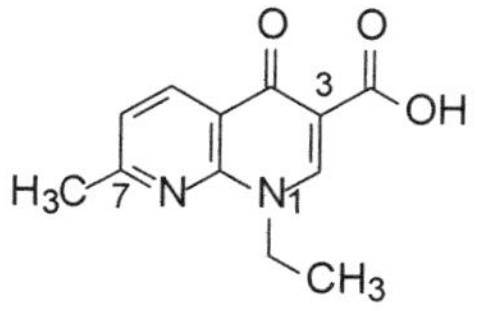

1 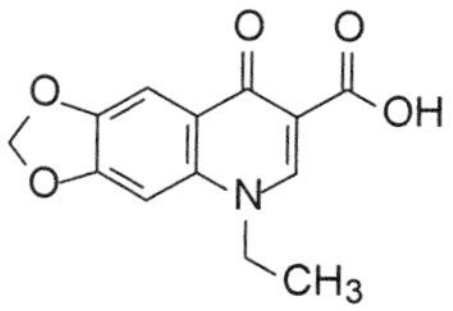　　　　　　　2 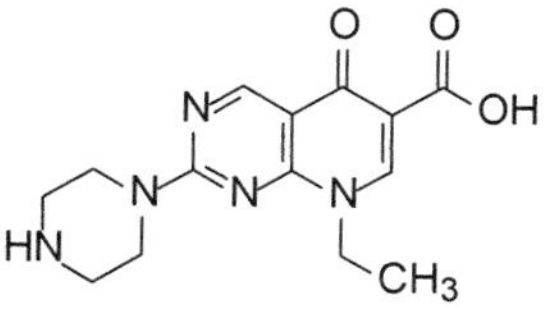　　　　　　　3 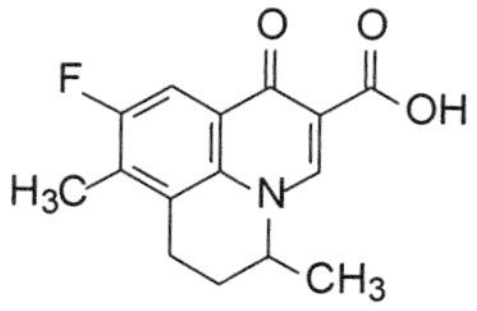　　　　　　　4

2.　多位点的取代基变换——定量构效关系研究

日本杏林公司 Koga 等基于已有的结构－抗菌活性的关系，推测抗菌母核具有可变性，而且可在环的 1、6、7 和 8 位进行不同的取代，以提高和扩大抗菌谱。遂以二氢喹啉酮为母核，以通式 5 的多个位置进行系统的取代基变换，定量地研究结构与活性的关系。

彼时正是 Hansch- 藤田以线性自由能相关（LFER）为基础的定量构效关系分析法（QSAR）研究的火热年代，Koga 等用化合物对大肠杆菌的最低抑菌浓度（MIC）定量地评价受试化合物的活性作为因变量，用分子结构中变换的原子或基团的电性、立体性、疏水性等参数作为自变量，通过回归分析和显著性检验，得出的 QSAR 方程，定量地分析构效关系。

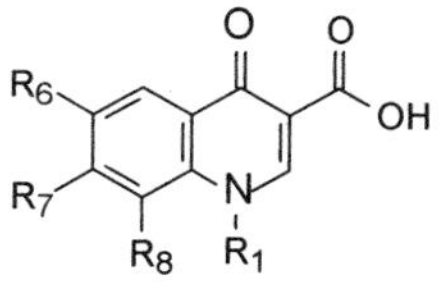

5

2.1　考察化合物通式 5 中 6 位取代基对活性的影响

第一批合成的化合物为 R_1 固定为 C_2H_5、R_7 和 R_8 均为 H，只变换 R_6 为 H、F、Cl、NO_2、Br、CH_3、OCH_3 和 I。表 1 列出了合成的化合物和测定抗菌活性，表 1 的实测值经回归分析得到式（1），活性的计算值是根据式（1）计算所得。

$$\lg 1/MIC = -3.318(\pm 0.59)[E_{s(6)}]^2 - 4.371(\pm 0.85)[E_{s(6)}] + 3.924 \qquad （1）$$

$$n = 8,\ r = 0.989,\ s = 0.108,\ F_{2,5} = 112.29$$

表 1 变换 6 位基团的化合物结构和活性.

化合物	R_6	$Es_{(6)}$	实测值 lg 1/MIC(mol/L)	计算值 *lg 1/MIC(mol/L)
6	H	0	3.939	3.924
7	F	−0.46	5.178	5.233
8	Cl	−0.97	5.208	5.042
9	Br	−1.16	4.374	4.529
10	I	−1.40	3.535	3.540
11	NO_2	−1.01	4.923	4.910
12	CH_3	−1.24	4.267	4.242
13	OCH_3	−1.31	3.995	3.956

* 按式（1）计算的结果

式 1 中 MIC 为最低抑菌浓度，单位是 mol/L，lg 1/MIC 表示化合物的活性值，数值越大，活性越高（因是 MIC 的倒数）；$E_{s(6)}$ 为 6 位取代基 R_6 的立体参数；n 是参与回归分析的样本数（即化合物数）；r 为相关系数（越接近于 1 相关性越强）；s 为标准偏差（越小表明拟合的越好）；F 是方程的显著性检验值。方程中影响活性的只有 $E_{s(6)}$，而且含有二次项，表明在最适 $E_{s(6)}$ 值下活性可达到最高值，经求解最适 $E_{s(6)}$ 为 -0.66，大约相当于氟原子（$E_{s(F)}$=-0.55），提示 6 位的取代基以氟原子取代最佳。

2.2 考察化合物通式 5 中 8 位取代基对活性的影响

为了优化 8 位取代基，固定了 R_1 为 C_2H_5、R_6 和 R_7 为 H，变换 R_8 合成了 7 个化合物，结构和活性列于表 2。得到构效方程式（2）：

$$\log 1/MIC = -1.016(\pm 0.46)[B_{4(8)}]^2 + 3.726(\pm 2.04)[B_{4(8)}] + 1.301 \qquad （2）$$

$$n = 7，r = 0.978，s = 0.221，F_{2,4} = 44.05$$

表 2 变换 8 位基团的化合物结构和活性

化合物	R_8	$B_{4(8)}$	实测值 lg 1/MIC(mol/L)	计算值 *lg 1/MIC(mol/L)
14	H	1.0	3.939	4.011
15	Cl	1.80	4.606	4.716
16	F	1.35	4.575	4.479
17	CH_3	2.04	4.868	4.634
18	C_2H_5	2.97	3.088	3.032
19	OCH_3	2.87	3.694	3.626
20	OC_2H_5	3.36	2.514	2.350

*按式（2）计算的结果

式（2）2 中 $B_{4(8)}$ 是另一种立体参数，系指与 C_8 相连的原子或基团在某个方向上的空间距离，代表了基团的体积因素，该参数在式（2）中也含有 2 次项，提示存在一个最佳值，可使活性达到最大值，经计算 $B_{4(8)}$ 的最佳值 1.83，与甲基值（$B_{4(CH3)} = 2.04$）相近。

2.3 第三轮考察 7 位取代基对活性的影响

研究 7 位取代基的变换对活性的影响，固定 R_1 为乙基，R_6 和 R_8 为氢，合成了 7 个化合物，结构和活性列于表 3。虽然在 7 位引入基团使活性提高了 10 ~ 30 倍（相对于 $R_7 = H$），但回归分析未能看出对活性的影响因素（7 个样本的回归方程不具备显著性）。电性效应表明，由拉电子的硝基到推电子的二甲氨基，lg 1/MIC 的变化范围为 1 ~ 1.5。但当 7 位取代基用指示变量表征对活性的影响时，综合 6、7、8 位基团的变换与活性的关系，得到了式（3）：

$$\log 1/MIC = -3.236(\pm 0.89)[E_{s(6)}]^2 - 4.210(\pm 1.26)[E_{s(6)}] - 1.024(\pm 0.32)[B_{4(8)}]^2$$

$$+3.770(\pm 1.43)[B_{4(8)}] + 1.358(\pm 0.40)I_{(7)} + 1.251 \qquad （3）$$

$$n = 21, \quad r = 0.978, \quad s = 0.205, \quad F_{5,15} = 67.50$$

表3 变换7位基团的化合物结构和活性

化合物	R₇	$I_{(7)}$	实测值 lg 1/MIC(mol/L)	计算值 *lg 1/MIC(mol/L)
21	NO₂	0	4.923	4.449
22	COCH₃	0	5.521	4.586
23	Cl	0	5.509	4.818
24	CH₃	1	5.471	3.149
25	OCH₃	1	5.199	3.881
26	N(CH₃)₂	1	5.222	2.386
27	N◯NH	1	5.636	5.924

* 按式（3）计算的结果

式（3）中 $I_{(7)}$ 为7位取代基的指示变量，设定推电子基团为1，拉电子基团为0，该项的回归系数为 +1.358，提示7位的推电子取代基比拉电子基团的活性高1个数量级。为了进一步探索7位取代基的影响，只变换7位基团成四氢吡咯、哌嗪、N-取代的哌嗪，测定抗菌活性。由于哌嗪的N4呈碱性，可被质子化，也可被酰化，所以电性的变化可以很大。为进行 QSAR 研究，用指示变量 $I_{(7N-CO)}$ 表征哌嗪的N4的状态，若哌嗪的N4被酰化赋值为1，未酰化（可呈正电荷）的为0，得到式（4）：

$$\lg 1/MIC = -0.244(\pm 0.05)[\pi_{(7)}]^2 - 0.675(\pm 0.15)\pi_{(7)} - 0.705(\pm 0.27)I_{(7N-CO)}$$
$$+ 5.987 \qquad\qquad (4)$$

$$n = 22,\ r = 0.943,\ s = 0.242,\ F_{3,18} = 47.97$$

式（4）中 $\pi_{(7)}$ 表示7位基团的疏水性常数，$\pi_{(7)}$ 含有二次项，提示7位具有最适疏水性的取代基可致抗菌活性最强。指示变量项 $I_{(7N-CO)}$ 的系数为负值，表明哌嗪环未被酰化有利于提高活性。这就是为什么所有的沙星药物都在6位保持有碱性氮原子。

2.4 探索 N1 取代基对活性影响

进一步考察 N1 位取代基对活性的影响。固定 C_6 和 C_8 位为 H，7 位为哌嗪基，变换 1 位合成的化合物及活性列于表 4。

$$\lg 1/\text{MIC} = -0.492(\pm 0.18)[L_{(1)}]^2 + 4.102(\pm 1.59)[L_{(1)}] - 1.999 \qquad （5）$$

$$n = 8，r = 0.955，s = 0.126，F_{2,5} = 25.78$$

表 4　变换 1 位基团的化合物结构和活性.

化合物	R_1	$L_{(1)}$	实测值 lg 1/MIC(mol/L)	计算值 *lg 1/MIC(mol/L)
28	CH_3	3.00	5.942	5.879
29	C_2H_5	4.11	6.629	6.548
30	$CH=CH_2$	4.29	6.501	6.542
31	$CH_2CH_2CH_3$	5.05	6.267	6.168
32	$CH_2CH=CH_3$	5.11	6.264	6.114
33	CH_2CH_2OH	4.79	6.269	6.360
34	$CH_2C_6H_5$	3.63	6.280	6.406
35	$CH_2CH_2N(CH_3)_2$	5.47	5.470	5.717

*按式（5）计算的结果

式（5）中 $L_{(1)}$ 是取代基 R_1 的 STERIMOL 长度参数，是表征立体效应的另一种参数，其最适值大约为 4.2，接近于乙基的长度（$L_{乙基} = 4.11$）。

2.5 多位点的同时优化

至此，各个位置的最佳取代基已经确定，即 $R_1 = C_2H_5$，$R_6 = F$，$R_7 =$ 甲基哌嗪基，$R_8 = Cl$ 或 CH_3。将上述合成的化合物以及其他一些喹诺酮共 71 个化合物，作综合性回归处理，得到式（6）：

$$\lg 1/\text{MIC} = -0.362(\pm 0.25)[L_{(1)}]^2 + 3.036(\pm 2.21)[L_{(1)}] - 2.499(\pm 0.55)[E_{s(6)}]^2$$
$$-3.345(\pm 0.73)[E_{s(6)}] + 0.986(\pm 0.24)I_{(7)} - 0.734(\pm 0.27)I_{(7N\text{-}CO)}$$
$$-1.023(\pm 0.23)[B_{4(8)}]^2 - 3.724(\pm 0.92)[B_{4(8)}] - 0.205(\pm 0.05)[\Sigma\pi_{(6,7,8)}]^2$$
$$-0.485(\pm 0.10)\Sigma\pi_{(6,7,8)} - 0.681(\pm 0.39)\Sigma F_{(6,7,8)} - 5.571 \tag{6}$$

$$n = 71, \quad r = 0.964, \quad s = 0.274, \quad F_{11,59} = 70.22$$

式（6）比前几个方程复杂得多，因为取代基位置的变化和化合物样本数多的缘故（参与回归分析的样本数越多，可允许有较多的参数描述）。式中除含有前述的 $L_{(1)}$、$E_{s(6)}$、$I_{(7)}$、$I_{(7N\text{-}CO)}$、$B_{4(8)}$ 外，新参数 $\Sigma\pi_{(6,7,8)}$ 表示 6、7 和 8 位取代基疏水常数之和，由于其他位置基本是固定不变的，因而 $\Sigma\pi_{(6,7,8)}$ 与化合物的分配系数 $\lg P$ 呈线性相关。式中 $\Sigma\pi_{(6,7,8)}$ 含有二次项，表明这 3 个位置的疏水性之和有 1 个最适值，能够达到最高抑菌作用，这可能也同时反映了化合物穿越细胞膜的转运过程。$\Sigma F_{(6,7,8)}$ 是 6、7 和 8 位基团的场效应之和，是电性诱导效应的一种综合量度，$\Sigma F_{(6,7,8)}$ 项为负系数，表明 6、7、8 位基团的推电子的诱导效应有利于提高活性。推测这些位置共同输送电子，丰富了 4 位酮基的电荷，有利于同酶的作用位点结合。这在后述的作用机制中得到回应。

式（6）中含有二次项的参数都有最适值，分别是 $L_{(1)} = 4.19$、$E_{s(6)} = 0.66$、$B_{4(8)} = 1.83$、$\Sigma\pi_{(6,7,8)} = -1.18$，与前述方程得出的最适值相近，说明各个位置的取代基变化对抑菌活性的影响是稳定的。具体地说，R_1 为乙基、R_6 为氟原子、R_8 为甲基或氯、$\Sigma\pi_{(6,7,8)}$ 中除去 π_F 和 π_{CH3}，π_7 应为 -1.88，这与哌嗪的 π 值 -1.74 相近，所以 7 位的取代基以哌嗪为宜。[Koga H. Structure-activity relationships and drug design of the pyridinecarboxilic acid typ3(nalidixic acid type)synthetic antibacterial agents. In "药物の构造活性相关 [Ⅱ]，化学の领域，增刊 136 号 南江堂"，1982：177-202；Koga H, Itoh A, Murayama S, et al. Structure-activity relationships of antibacterial 6, 6-disubstituted and 7, 8-disubstituted 1-alkyl 1, 4-dihydro-4-oxiquinoline-3-carboxylic acids. J Med Chem, 1980, 23: 1358-1363]。

3. 诺氟沙星的诞生

基于上述 QSAR 分析的结论，应当合成 2-乙基、6-F、7-N-甲基哌嗪、8-甲基-喹诺酮酸。然而考虑到 8-甲基化合物的合成难度，杏林公司最终选择化合物 36 为候选药物，命名为诺氟沙星（norfloxacin）。诺氟沙星的生物利用度 $F =$ 30%～40%，血浆蛋白结合率 15%，血浆半衰期 $t_{1/2} = 3 \sim 4h$。经临床研究后，最初在意大利上市，1986 年经 FDA 批准在美国上市。

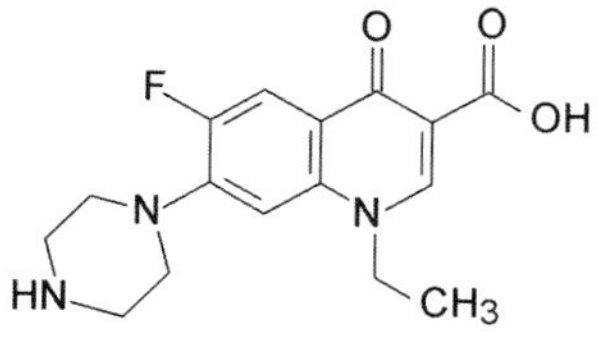

36 诺氟沙星

4. 诺氟沙星的作用机制

诺氟沙星是杀菌剂，通过抑制细菌的 DNA 回旋酶（gyrase）和拓扑异构酶 Ⅳ（topoisomerase Ⅳ）抑制 DNA 的复制而起到抗菌作用。这两个酶负责调控细菌 DNA 分子的解旋、松弛、切断和闭合。抑制过程是诺氟沙星通过 3 位羧基和 4 位羰基，以及 1、7 和 8 位的基团，形成沙星－拓扑异构酶 -DNA 三元复合物，导致 DNA 末端的重链被抑制，使细菌 DNA 发生断裂 [Hawkey PM. Mechanisms of quinolone action and microbial response. J Antimicrob Chemoter, 2003, 51(S1): 29-35]。

5. 后续的沙星

5.1 环丙沙星

由德国 Bayer 公司研发的环丙沙星（37, ciprofloxacin）是继诺氟沙星上市一年后的另一沙星，借助了 Koga 等的研发经验，只在 N1 的乙基增加一个碳原子成环丙基，化合物对革兰阴性菌的活性提高了 2～10 倍，尤其对铜绿假单胞菌的抗菌作用强于诺氟沙星 4 倍。环丙沙星的口服生物药代 $F = 70\%$，与血浆蛋白结合率为 20%～40%，血浆半衰期 $t_{1/2} = 4 \sim 6h$。作为跟随性的模拟创新药物，环丙沙星的药效学和药代动力学性质显著超越首创药物，这种后来者居上，在 20 世纪 80 年代是常见的现象，反映出首创药物在优化活性或成药性方面的不足。

37   38

5.2 左氧氟沙星

日本第一制药的 Hayakawa 等在 1980 年合成了消旋的氧氟沙星。氧氟沙星的骨架可视作氟甲喹（4）的电子等排体，即与 8 位连接的次亚甲基被氧原子替换。虽然氟甲喹是喹诺酮类第一个含氟的上市药物，只因 7 位没有含氮杂环，吸收性较差。氧氟沙星含有一个手性碳，拆分为光学异构体，证明 S- (−) - 构型为优映体，其抗菌活性为消旋体的 2 倍，强于 R- (+) - 劣映体 1 ~ 2 个数量级，对于革兰阴性和阳性菌有强效广谱抗菌活性。左氧氟沙星的结构特征是用含氧烷链连接了 N1 和 C8 形成六元杂环，这个结构因素其实在 Koga 的 QSAR 模型中已经预示了 N1 和 C8 结构可变性。左氧氟沙星口服后可完全吸收到血液中，血浆半衰期为 6 ~ 8h，主要以原形药从尿中排出（Hayakawa I, Atarashi S, Yokohama S, et al. Synthesis and antimicrobial activities of optically active ofloxacun. J Antimicrob Chemother, 1986, 29: 163-164）。

5.3 21 世纪上市的沙星

细菌耐药性的出现不断催生新一代的沙星的研发，在 21 世纪已有多个新的沙星药物上市，2002 年诺华上市的巴洛沙星（39, balofloxacin）和三菱制药研发的帕珠沙星（40, pazufloxacin），2003 年 Oscient 研发的吉米沙星（41, gemofloxacin），2008 年第一制药三共株式会社上市的西他沙星（42, sitafloxacin）以及 2009 年辉瑞（原研 Baunsch & Lomb）上市的贝西沙星（43, besifloxacin）。这些沙星的化学结构基本保持了首创药物诺氟沙星的原形，只是在 C7、C8 和（或）N1 作些改动罢了。有趣的是，改动的幅度仍然在 Koga 推导的 QSAR 的框架之内。上海药物所杨玉社等研制的安妥沙星（44, antofloxacin）为 (S) -5- 氨基氧氟沙星，是具有抗耐药菌谱广和安全性高的跟随性创新药物，也是当初 Koga 等未曾考察的结构位置。安妥沙星于 2009 年经 CFDA 批准在我国上市。

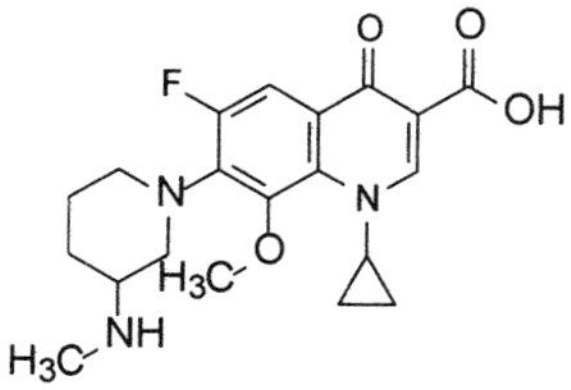

39

40

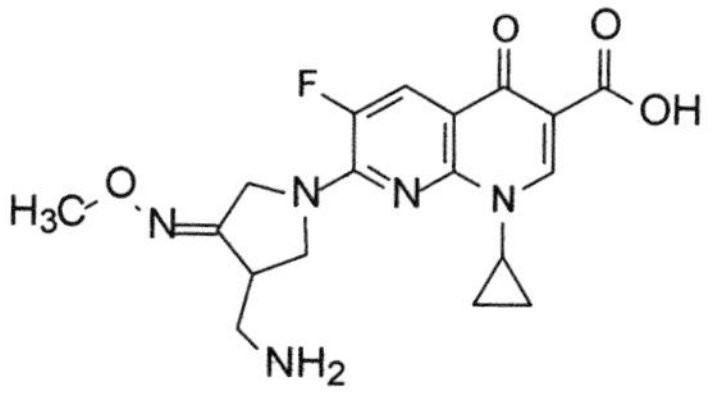

41

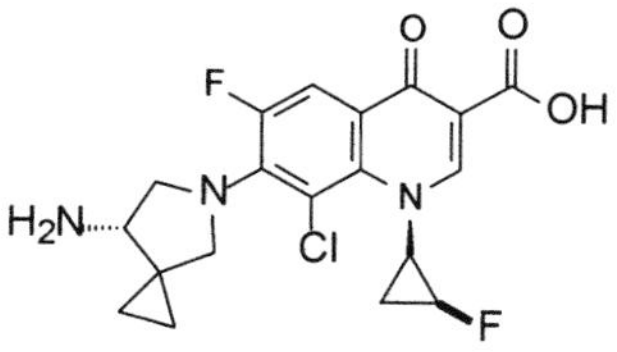

42

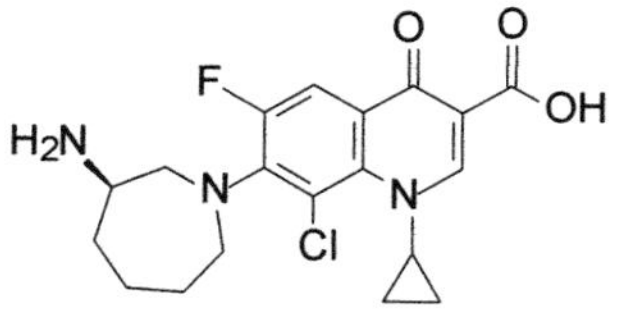

43

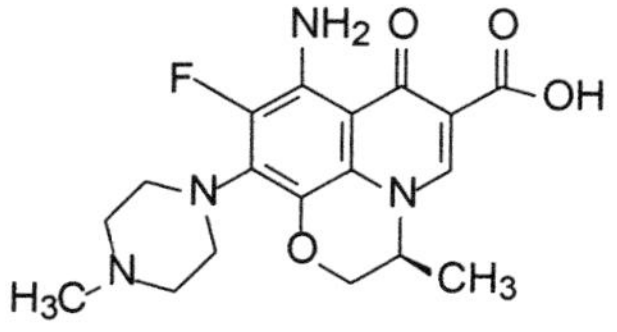

44

合成路线

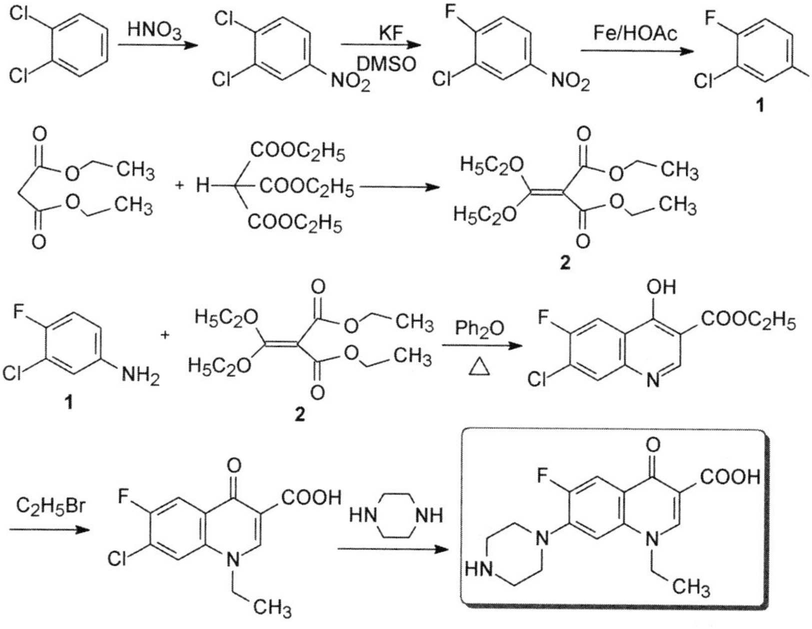

诺氟沙星

32. 结构类型不同的跟随性抗阿尔茨海默病药多奈哌齐

【导读要点】

抗阿尔茨海默病药物多奈哌齐是通过经典药物化学方法，由普筛发现苗头化合物，经结构变换实现了苗头向先导化合物的转化，先导物的优化是用分段逐步完成的，前后合成了 700 多个目标物，综合优选出的多奈哌齐，临床证明是有效的抗老年痴呆药物。后续研究的多奈哌齐与乙酰胆碱酯酶晶体结构表明，其微观结构的各个因素都得到了与酶分子结合的印证。

1. 研究背景

阿尔茨海默病的发生原因之一是大脑皮层缺失了胆碱乙酰转移酶（ChAT），不能或降低了由胆碱合成乙酰胆碱的能力，皮层的胆碱能传导功能降低，造成记忆障碍和痴呆。所以，提高神经元的胆碱能活性是治疗痴呆患者的一个切入点。此外，胆碱酯酶（AChE）抑制剂也是治疗阿尔茨海默病的重要手段。多奈哌齐的研制就是从寻找新结构类型的胆碱酯酶抑制剂入手的。

2. 苗头化合物及其向先导物的演化

2.1 随机筛选得到苗头化合物——连接基 $-O(CH_2)_3-N-$ 的变换

日本卫材公司为了研发与他克林结构不同的新型胆碱酯酶抑制剂，用随机筛选方法，发现公司内部为研制抗动脉硬化药物而合成的化合物 1 对胆碱酯酶有弱抑制作用，抑制 AChE 的活性 $IC_{50} = 12.6\mu mol/L$。以 1 作为苗头化合物，对结构作逐步修饰，例如将哌嗪环变换为哌啶，化合物 2 降低了分子的极性，活性提高了 36 倍，$IC_{50} = 0.34\mu mol/L$。进而将烷氧链的 -O-CH$_2$- 变换成酰胺片段 -CO-NH-，化合物 3 的 $IC_{50} = 0.055\mu mol/L$，活性提高了 5 倍，提示虽然化合物 3 的极性强于 2 但降低了分子的柔性，可能有利于与酶的结合。

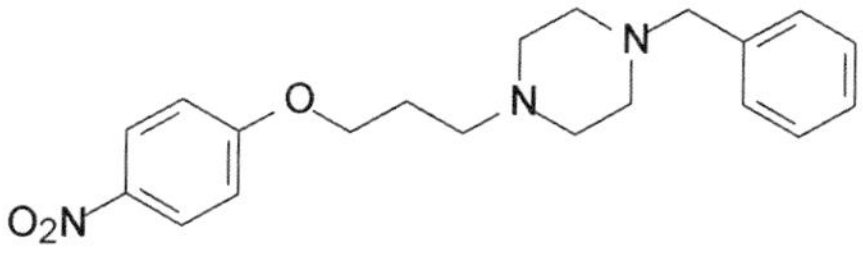

1

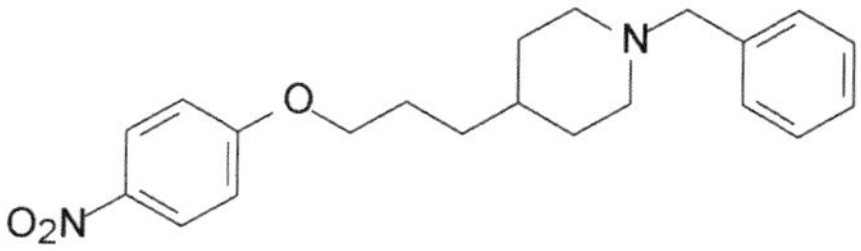

2

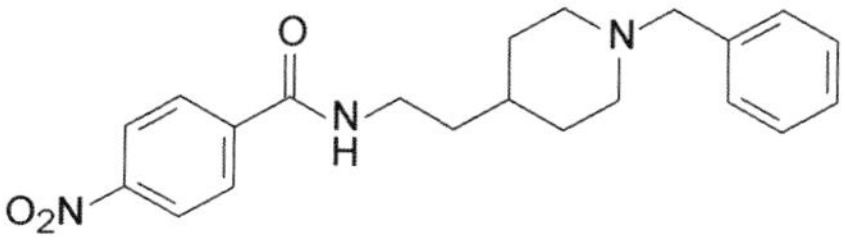

3

2.2 变换构象和硝基的替换

去除 3 中的硝基，化合物 4 的 $IC_{50} = 0.56\mu mol/L$，活性的下降提示硝基可能提供了与酶结合的因素。而若将酰胺的 NH 换成 CH$_2$，化合物 5 的活性与 4 相当，$IC_{50} = 0.53\mu mol/L$，这为以后消除氮原子提供了依据。另外，若将 4 中 N 原子甲基化，化合物 6 的活性提高 2 倍，$IC_{50} = 0.17\mu mol/L$，可认为 N- 甲基化产物 6 不仅消除了氢键供体，而且由于甲基的阻转异构，改变了分子的形状（构象）。在 6 的苯甲酰对位引入苯甲磺酰基（模拟 3 的硝基，并提高脂溶性），化合物 7 的活性有显著提升，$IC_{50} = 0.6nmol/L$，活性提高了 280 倍（Sugimoto H, Tsuchiya Y, Sugumi H, et al. Novel piperidine derivatives. Synthesis and anti-acetylcholinesterase activity of 1-benzyl-4-[2-(*N*-benzoylamino)ethyl] piperidine derivatives. J Med Chem, 1990, 33: 1880~1887）。

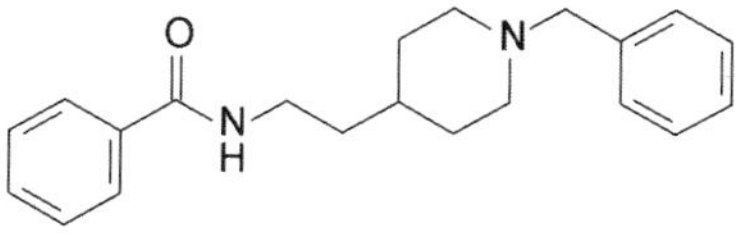

4

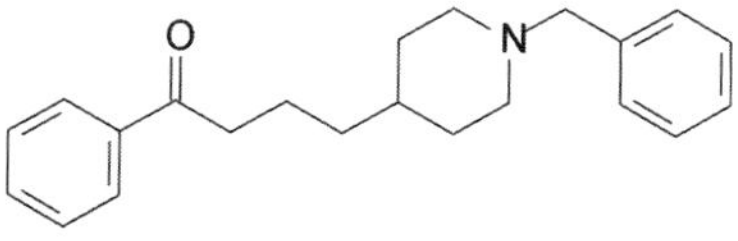

5

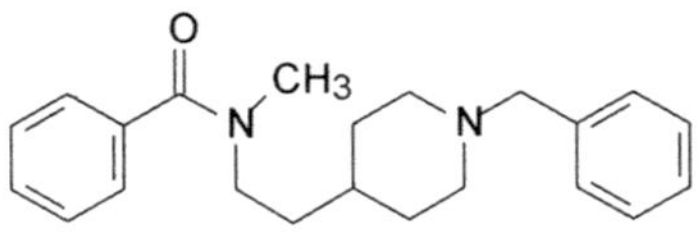

6 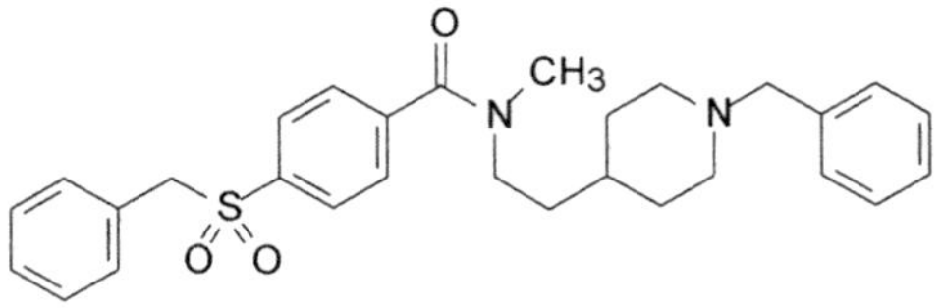　　　　　　　　　　　　　　　　**7**

2.3　由内酰胺环演化为二氢茚酮母核——先导物的确定

将化合物 6 的 N-CH₃ 与旁侧的苯基形成脂环，得到内酰胺化合物 8，其抗乙酰胆碱酯酶活性略有提高，$IC_{50} = 98nmol/L$，将 8 中的酰胺氮原子换成 CH，即内酰胺环变成二氢茚酮母核，化合物 9 的 $IC_{50} =230nmol/L$（消旋物），活性稍有降低。将 9 中连接茚酮与哌啶的亚乙基缩短为亚甲基，化合物 10 的 $IC_{50} =150nmol/L$（消旋物）。可以看出，将柔性的开链骨架演化成具有刚性的二氢茚酮为母核的骨架，活性没有显著的改变。从而将化合物 10 确定为先导化合物进行系统的结构优化。

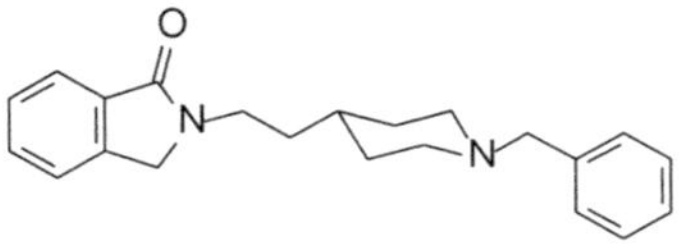

8 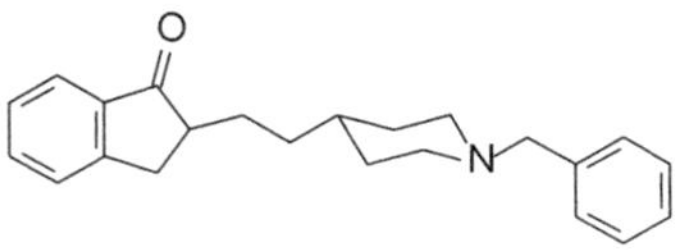　　　　　　　　　　**9** 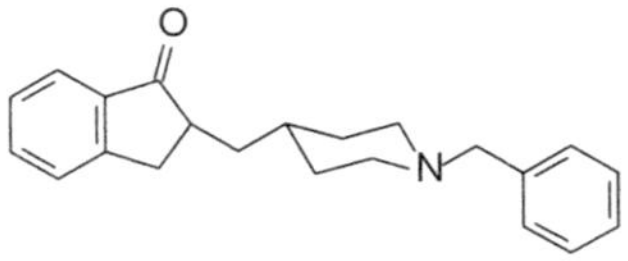　　　　　　　　　　**10**

3.　先导化合物的优化

前述的苗头演化成先导物是分散的非系统性的变换，先导物的系统优化策略则不同。下述的优化过程是将化合物 10 分成 4 个片段（图 1），进行逐段优化。

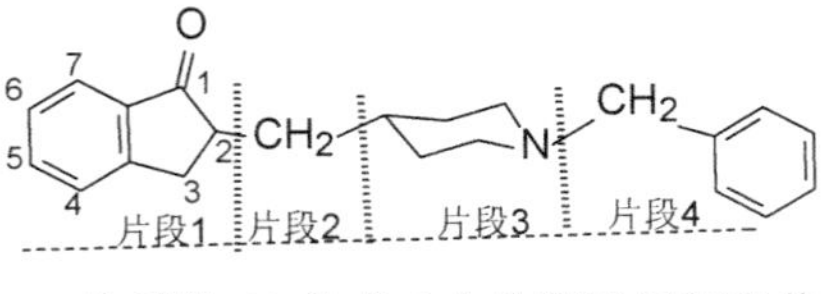

图 1　先导物 10 分成 4 个片段进行逐段优化

3.1　片段1——苯并环酮的优化和苯环上的修饰

化合物 10 的二氢茚酮扩环成四氢萘酮 11 和苯并环庚酮 12，评价对 AChE 的抑制活性，表明 IC_{50} 分别是 2 100nmol/L 和 15 000nmol/L，提示扩环对活性有不利影响，所以仍以二氢茚酮为基础骨架进行优化。

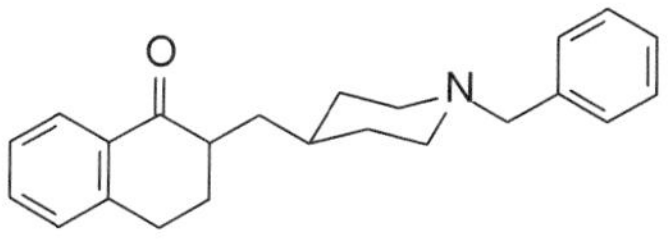

11 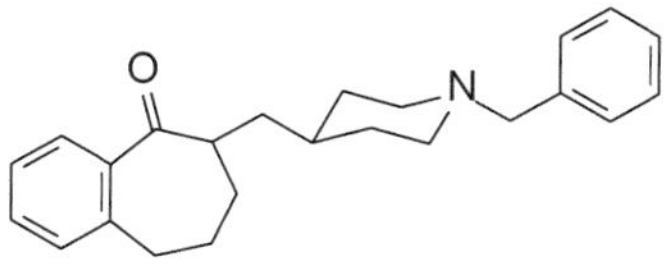　　　　　　　　　　　　　　　　**12**

在化合物 10 的并苯环的 4、5、6 和 7 位置上分别用甲氧基作单取代或双取代，报道了 9 个化合物，对 AChE 的抑制活性都强于无取代的 10，IC_{50} 值为 5.7～85nmol/L。其中化合物 13 和 14 活性最高，IC_{50} 值分别为 6.4nmol/L 和 5.7nmol/L。

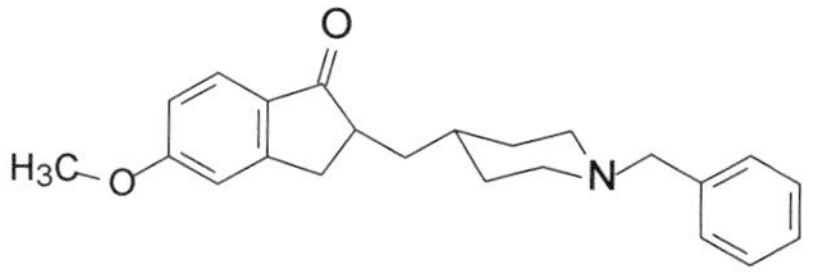

13 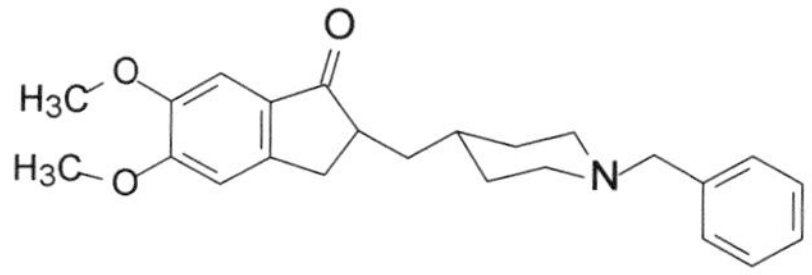　　　　　　　　　　　　　　　　**14**

3.2　片段 2——亚甲基的变换

将活化 14 的片段 2（-CH$_2$-）用单键替换，或用不饱和的 =CH、CH= 替换，抑制活性都有不同程度的下降；延长为二亚甲基、三亚甲基、四亚甲基或五亚甲基置换，其中三亚甲基化合物的 IC_{50} = 1.5nmol/L，强于 14，而其余的活性都弱于 14，有趣的是亚甲基链为奇数的化合物比相邻的偶数链化合物的活性高。

3.3　片段 3——哌啶环的变换

将化合物 14 的片段 3 哌啶环的连接方式变换 180°，化合物 15 的活性降低 80 多倍，IC_{50} = 480nmol/L，提示氮原子位置的重要性。用哌嗪环替换的化合物 16，活性仍不及 14，IC_{50} = 94nmol/L，说明化合物 14 的片段 3 环的配置和连接方式不宜改变。

15　　　　　　　　　　　　　　　　　**16**

3.4　片段4——苄基的变换

化合物 14 苄基的苯环上作不同位置的甲基或硝基取代，发现间位取代的化合物 17 和 18 的活性略强于 14，IC_{50} 分别为 2.0nmol/L 和 4.0nmol/L，而其他位置的取代均低于 14，说明间位取代有利于同酶的结合。用环己甲基、苯乙基或2- 萘甲基替换苄基，所得的化合物活性都降低（Sugimoto H, Iimura Y, Yamanishi Y, et al. Synthesis and structure-activity relationships of acetylcholinesterase inhibitors: 1-benzyl-4-[(5, 6-dimethoxy-l-oxoindan-2-yl)methyl]piperidine hydrochloride and related compounds. J Med Chem, 1995, 38: 4821-4829）。

17　　　　　　　　　　　　　　　　　**18**

4.　候选化合物的选择——多奈哌齐

通过上述的诸片段的依次优化，综合构效关系，仍显示化合物 14 为优良的化合物，进一步评价 14 的选择性作用，表明对 BuChE 的抑制作用很弱，IC50 = 7 138nmol/L，与抑制 AChE 的 IC50 = 5.7nmol/L 相差 1 252 倍。对大鼠灌胃 5mg/kg，4h 后脑中的乙酰胆碱酯酶仍然受到完全抑制。化合物 14 制成盐酸盐，命名为盐酸多奈哌齐（donepezil hydrochloride），患者口服生物利用度 F 几近 100%，血浆半衰期 $t_{1/2}$ =70h，适于日服一次，经临床研究，于 1997 年首先在美国上市（1999 年在日本上市），治疗中度阿尔茨海默病患者。多奈哌齐分子中含有 1 个手性碳原子，该碳原子处于羰基的 α 位置，容易发生酮 - 烯醇的互变异构而消旋化，所以临床应用的多奈哌齐是消旋体。

5. 多奈哌齐与乙酰胆碱酯酶的结合模式

多奈哌齐作为 AChE 可逆性抑制剂，与底物乙酰胆碱同 AChE 的结合模式有相当大的区别。AChE 的活性中心是个由多个芳香性氨基酸残基构成的峡道（4.5 Å × 20 Å），ACh-AChE 复合物晶体结构表明，季铵离子在峡道的底部，与 Trp84 发生 N$^+$-π 相互作用，Gly118 与 Gly119 构成的氧负离子穴接近于乙酰胆碱的羰基氧。然而多奈哌齐与 AChE 的结合则复杂得多，图 2a 是多奈哌齐 -AChE 复合物晶体结构的结合图，图 2b 是多奈哌齐与 AChE 的分子对接模拟图，二者非常相似。

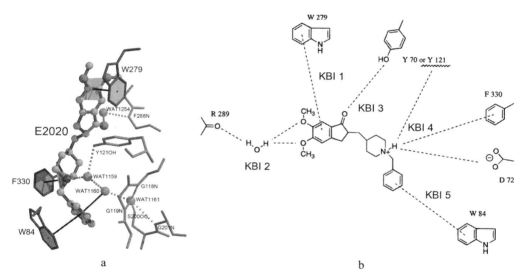

图 2 　a：多奈哌齐与 AChE 复合物晶体结构的结合位点；
　　　　b：多奈哌齐与 AChE 分子模拟示意图

多奈哌齐与乙酰胆碱酯酶大体由 5 个关键结合位点（KBI）构成：①茚酮的苯环与 Trp279 形成 π-π 叠合作用（KBI 1）；②甲氧基与 Arg289（经结构水分子介导）形成氢键结合（KBI 2）；③茚酮的羰基氧原子经水分子介导与 Phe288 氢键结合（分子模拟的羰基与 Tyr70 或 121 氢键结合）（KBI 3）；④哌啶经质子化形成的铵离子没有像乙酰胆碱的季铵离子沉入底部与 Trp84 结合，而是在"半途"与 Phe330 形成 N$^+$-π 相互作用、与 Asp72 成盐以及与 Tyr121 氢键结合（KBI 4）；

⑤苄基沉入到峡道底部，与 Trp84 发生 π-π 叠合作用（KBI5）(Inoue A, Kawai T, Wakita M, et al. The simulated binding of((±)-2, 3-dihydro-5, 6-dimethoxy-2-[[1-(phenylmethyl)-4-piperidinyl] methyl]-1H-inden-1-one hydrochloride(E2020)and related inhibitors to free and acylated acetylcholinesterases and corresponding structure-activity analyses. J Med Chem, 1996, 39: 4460–4470; Sussman JL, Harel M, Frolow F, et al. Atomic structure of acetylcholinesterase from Torpedo californica: a prototypic acetylcholine-binding protein. Science, 1991, 253: 872–879)。

合成路线

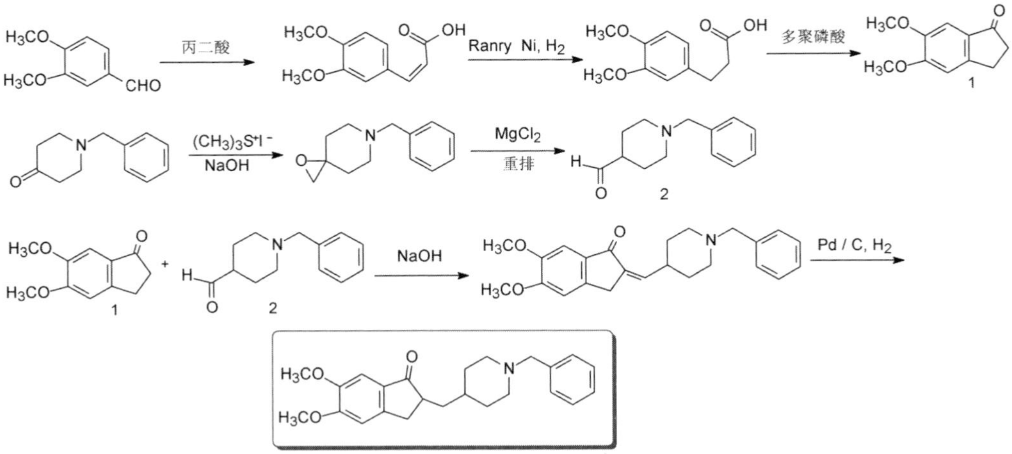

多奈哌齐

33. 基于构效分析和试错反馈研制的首创药物维莫德吉

【导读要点】

分子和细胞生物学研究揭示了刺猬信号通路在生命过程的作用和与某些癌发生的关系。但基于异常蛋白和与受体的作用到新药的创制，反复验证靶标的作用贯穿于研发的全过程。构建维莫德吉的化学结构，是在修改骨架、更换片段、变换基团的分子操作中，提高了生物活性，完善了成药性，最后成为抗基底细胞癌的首创性药物，同时也确证了刺猬信号通路是药物作用的靶标。维莫德吉在药物研究中的地位可用 FDA 的专家帕兹杜尔的评价加以诠释，他说："我们对涉及肿瘤的信号通路（如刺猬通路）的理解，使研发治疗特殊疾病的靶向药物成为可能，这种方法变得越来越普通，并有可能使抗肿瘤药物研发更快。这对可获得更有效、不良反应少的治疗的患者很重要"。

1. 刺猬通路和 SMO 靶标

在动物发育的过程中，刺猬蛋白（hedgehog, HH）信号通路是重要的调控因子，某些癌症的发生也与 hedgehog 通路异常有关。刺猬通路名称的起源，是果蝇的刺猬蛋白基因若发生突变，其胚胎呈多毛团状，酷似受惊的刺猬，故而得名。

哺乳动物中存在 3 个 hedgehog 同源基因：*Sonic hedgehog*（*Shh*）、*Indian hedgehog*（*Ihh*）和 *Desert hedgehog*（*Dhh*），分别编码 SHH、IHH 和 DHH 蛋白。HH 蛋白由两个结构域组成：氨基端结构域（HH-N）及羧基端结构域（HH-C），其中 HH-N 有 HH 蛋白的信号活性，而 HH-C 具有自身蛋白水解酶活性及胆固醇转移酶功能。HH 前体蛋白在内质网中通过自身催化分裂成 HH-N 及 HH-C 两部分，其中 HH-C 共价结合胆固醇分子并将其转移到 HH-N 的羧基端，随后在酰基转移酶的作用下 HH-N 氨基端的半胱氨酸发生棕榈酰化。HH 蛋白只有通过这些翻译后的修饰过程才能获得完全的功能。HH 信号传递受靶细胞膜上两种受体 Patched（PTCH）和 Smoothened（SMO）的控制。受体 PTCH 是由 12 个跨膜区的肽链构成，是 HH 蛋白的受体，却对 HH 信号起负调控作用。受体 SMO 由 7 个跨膜区的单一肽链构成。

在正常情况下，PTCH 抑制 SMO 蛋白活性，从而抑制下游的通路，这时下游的 Gli 蛋白在蛋白酶体内被截断，并以羧基端被截断的形式进入细胞核内，抑制下游靶基因的转录。当 PTCH 和 HH 结合以后，解除对 SMO 的抑制作用，使得全长 Gli 蛋白进入核内，激活下游靶基因转录。若 PTCH 发生突变或缺失，或者 SMO 发生突变，则对 PTCH 的抑制作用不敏感，使基因活化，导致 HH 信号通路失控，使 Gli 持续激活，启动靶基因转录。图 1 是 hedgehog 信号通路的活化和抑制剂作用的示意图。

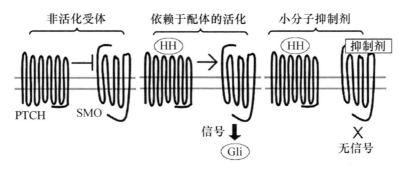

图 1　Hedgehog 信号通路的活化和抑制剂作用的示意图

一些癌症如基底细胞癌的发生和发展与异常的 hedgehog 信号通路密切相关。以 SMO 受体为靶标是研制这类抗肿瘤药的重要环节。

2. 活性评价方法

评价化合物对 SMO 受体的抑制活性，是用小鼠胚胎成纤维细胞完成的。成纤细胞中装有 Gli 结合位点的荧光素酶报告基因下游的质粒，用 SHH 刺激细胞，经光学方法测定荧光素酶的活性。当 SMO 受体被拮抗剂阻断，通过测定该光学信号的下降值，计算化合物抑制细胞的 IC_{50}。

3. 苗头化合物

最初发现从北美山藜芦（*Veratrum californicum*）分离的天然产物环帕胺（1, cyclopamine）具有抑制 SMO 受体、阻断 Hedgehog 通路的作用，但环帕胺有强致畸作用，且结构复杂，不能作为先导物。

3.1 苗头化合物——探索可简化性

Genetech 公司用随机筛选方法，发现曾为研发趋化因子受体而合成的喹唑啉酮化合物 2 对 SMO 受体有弱抑制作用，$IC_{50} = 1.4 \mu mol/L$。2 作为苗头化合物分子较大，相对分子质量为 586，含非氢原子 35 个，配体效率 LE = 0.23，反映了分子中存在无用的冗余原子，缺少必需的药效团因素。为了将 2 改造成先导物，合成了保留两个环的化合物 3 和 4，发现 3 和 4 活性显著下降，在 10μmol/L 浓度下未呈现抑制作用，提示被切割掉的苯胺甲酰片段（即含有脲连接基）是不容去除的，说明总体结构框架不能简约。

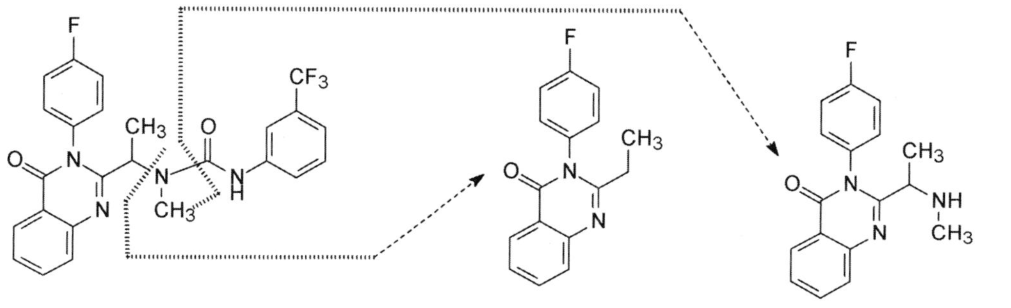

2　　　　　　　　　　　3　　　　　　　　　　　4

3.2　结构的微调

苗头化合物 2 的骨架既然不能大动，但鉴于化合物容易合成，可以通过合成不同结构的化合物来探索构效关系，即分别或同时变换不同位置的基团，合成的代表性化合物列于表 1。首先得到去除甲基的两个化合物 5 和 6。5 的活性比 2 提高 1 倍，而 6 的活性降低大约是 2 的 30%，提示 R_1 和 R_2 宜为氢原子。进而变换 R_3，合成了代表性的化合物 7~9，9 的活性最强。

表 1　化合物 2 和 5~9 的结构和抑制 SMO 受体的活性

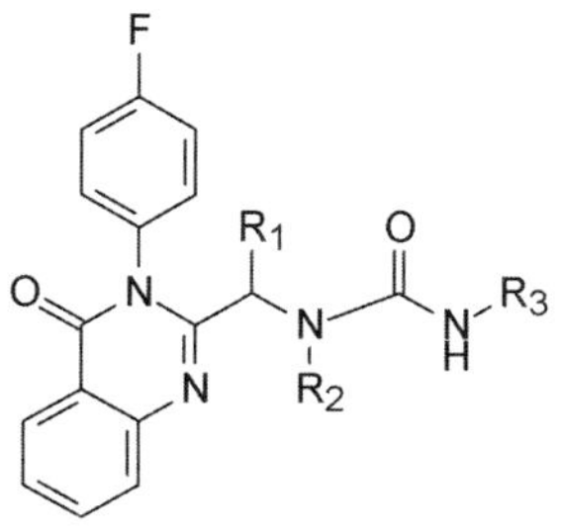

化合物	R_1	R_2	R_3	$IC_{50}(nmol/L)$
2	CH_3	CH_3	⟨苯基-CF_3⟩	1 400
5	H	H	⟨苯基-CF_3⟩	700
6	CH_3	H	⟨苯基-CF_3⟩	4 700
7	H	H	⟨苯基-CF_3, OCH_3⟩	250
8	H	H	⟨吡啶基-Cl, Cl⟩	110
9	H	H	⟨苯基-CF_3, Cl⟩	70

3.3 含苯并噻吩的激动剂和含有苯并咪唑基的拮抗剂

Genetech 公司还发现骨架相近的含有氯代苯并噻吩的化合物对 SMO 受体具有（相反的）激动作用，经结构改造获得了活性较高的激动剂 10，$EC_{50} = 3nmol/L$ (Baxter AD, Boyd EA, Guicherit OM, et al. Small organic molecule regulators of cell proliferation. PCT Int. Appl., 2001, WO 2001-US10296)。激动剂 10 作为工具药对于揭示信号通路和作用机制有重要意义。进而发现了含有苯并咪唑的化合物 11 具有阻止激动剂结合 SMO 受体的活性，$IC_{50} = 30nmol/L$（Chen JK, Taipale J, Young KE, et al. Small molecule modulation of smoothened activity. Proc Nat Acad Sci USA, 2002, 99: 14071–14076）。

10

11

12

4. 先导化合物的优化

4.1　拼合优势结构因素

化合物 11 具有较强的抑制 SMO 受体的活性，化学结构骨架也比较简约；前述的化合物 8 的吡啶环和 9 的苯环上取代基对提高活性有利，遂将这些有利的结构因素组合在一起，设计合成了化合物 12，12 具有较强的活性（$IC_{50} = 12nmol/L$），是个里程碑式的化合物。

4.2　苯并咪唑环的变换——构效关系分析

然而化合物 12 在成药性上有两个缺点，一是较低的代谢稳定性，用犬和人肝微粒体温孵，可被氧化代谢，预测的清除率较高，分别为 22ml/(min·kg) 和 9.4ml/(min·kg)；另一缺点是溶解性差，在 pH6.4 的水溶解度仅为 0.3μg/ml，所以不能成为候选化合物。此外，在结构变换中合成联（苯并咪唑）－氯苯的难度也较大。由于右边的酰胺片段的合成相对容易，因而首先对苯并咪唑环加以变换，以尽快优化出活性骨架。表 2 列出了用各种芳环替换苯并咪唑的结构和活性。

表 2　化合物 12、13～31 的结构和活性

化合物	R	IC$_{50}$(nmol/L)	化合物	R	IC$_{50}$(nmol/L)
12		12	22		256
13		500	23		450
14		9	24		9 000
15		150	25		550

续表

化合物	R	IC$_{50}$(nmol/L)	化合物	R	IC$_{50}$(nmol/L)
16	苯并噻唑-2-基	70	26	2-吡啶基	42
17	吡唑并吡啶	170	27	3-吡啶基	10 000
18	吲唑	80	28	4-吡啶基	2 400
19	吲哚嗪	4 200	29	嘧啶-2-基	8 000
20	咪唑并噻唑	200	30	嘧啶-4-基	1 700
21	苯胺甲酰	140	31	喹喔啉-2-基	52

　　分析芳环的变换与活性的关系，总结如下：①与氯苯连键的邻位（即迫位）须有氢键接受体的原子或基团，如化合物12的N^{3}原子，12的电子等排体（13）由于吲哚环缺少3-位的氢键接受体因素（吲哚的N-H只是氢键给体），活性下降了40倍，12的N-甲基化合物14，两个氮原子都是氢键接受体，活性与12相同。苯并噻唑16和喹喔啉31也因此有较强的活性；②邻位氮原子若碱性弱，难于形成氢键，导致活性下降，例如吡唑并吡啶17和吲唑18的碱性弱于咪唑化合物，活性因此减弱。单环吡唑23有中等强度活性，而其异构体24活性很低，这是因为24存在互变异构现象，降低了接受氢键的能力。但24经N-甲基化得到的25，因阻止了互变异构，活性与23相近；③单环2-吡啶化合物26的活性很高IC$_{50}$＝42nmol/L，将氮原子移至3或4位，27和28的活性很低，也是因为缺少邻位氮原子的缘故。2-吡啶基结构小而简单，是个优选的结构片段。④非杂环的苯胺甲酰化合物21也有中等强度活性，推测羰基氧为氢键接受体。

　　在这些优化的分子中，14具有最高的活性（IC$_{50}$＝9nmol/L），不过它对CYP2C9有中等强度的抑制作用（IC$_{50}$＝1.5μmol/L），而且代谢清除率较快，比化合物12和26快4～6倍。所以，14的成药性缺陷不能成为候选物。化合物31因溶解性低影响了吸收和成药性。

4.3　芳胺的变换

在以苯并咪唑为母核的系列化合物中，结构右侧的芳酰基是 2, 6- 二取代的烟酸时活性最强，例如化合物 26。下一步探索的是若用结构简单的吡啶替换苯并咪唑（如化合物 14），右侧的构效关系可能发生新的变化。为此合成了以联吡啶 – 氯苯为母核的化合物 32 ~ 42，考察右侧酰基变换的构效关系，表 3 中列出化合物的结构和活性。

表 3　化合物 26、32 ~ 42 的结构和活性

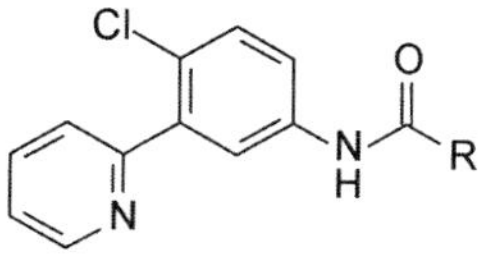

化合物	R	IC$_{50}$(nmol/L)	化合物	R	IC$_{50}$(nmol/L)
26	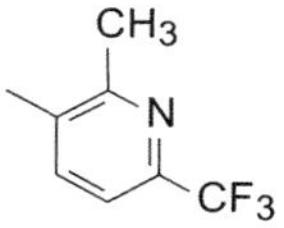 3,4-二甲基-6-三氟甲基吡啶基（CH$_3$, CH$_3$, CF$_3$）	42	37	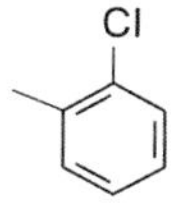 2-氯苯基（Cl）	110
32	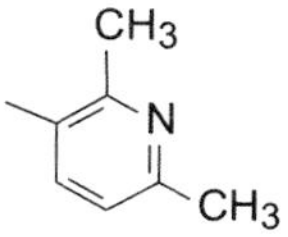 2,6-二甲基-3-甲基吡啶基（CH$_3$, CH$_3$, CH$_3$）	130	38	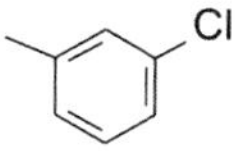 3-氯苯基（Cl）	1 500
33	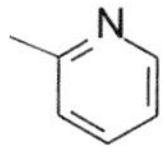 2-吡啶基	3 000	39	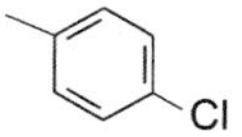 4-氯苯基（Cl）	1 500
34	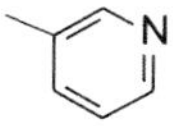 3-吡啶基	600	40	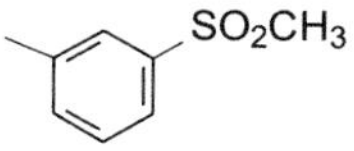 3-甲砜基苯基（SO$_2$CH$_3$）	120
35	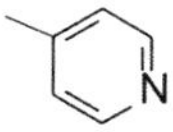 4-吡啶基	700	41	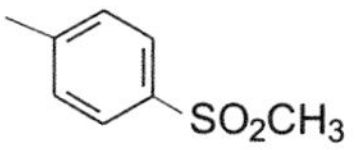 4-甲砜基苯基（SO$_2$CH$_3$）	40
36	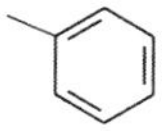 苯基	800	42	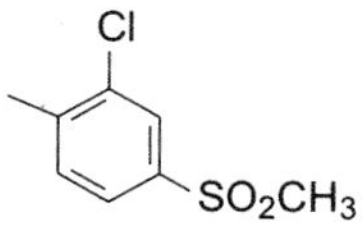 3-氯-4-甲砜基苯基（Cl, SO$_2$CH$_3$）	13

构效关系的要点总结如下：①右侧吡啶环上的氮原子并非必需。将化合物 26 吡啶环上的 2'- 甲基和 4'- 三氟甲基去除，无取代的 2- 吡啶甲酸（33）、烟酸（34）和异烟酸（35）的活性虽然下降，但与苯甲酸化合物 36 的活性相近，提示该氮

原子没有参与受体的结合作用；②芳环 2- 位取代基的贡献是显著的。2- 甲基或 2- 氯取代可提高活性，推测可能有两个因素起作用：甲基或氯原子的亲脂性，有助于化合物与受体的疏水腔发生疏水－疏水相互作用；也可能是 2- 位基团的阻迫效应使芳环与酰胺平面的夹角增大，致使稳固的芳环－酰胺近于正交的构象有利于同受体的结合（根据对剑桥数据库的统计，苯甲酰胺的苯基与酰胺的平面夹角为 30º/150º，2- 氯苯甲酰胺的夹角为 60º/120º）。2- 氯苯甲酰胺化合物 37 的 IC_{50} = 110nmol/L，比无取代的苯甲酰胺活性提高 7 倍。若将氯原子移到 3- 或 4- 位，解除了阻迫效应，活性显著下降，提示氯在 2- 位的重要性；③芳环上引入吸电子基团如甲磺酰基，可提高活性，而且 4- 位优于 3- 位取代，如化合物 41 比 40 的活性高 2 倍；④ 将 2- 氯和 4- 甲磺酰基的优势基团集合于苯甲酸上，合成的化合物 42 具有很高的活性（IC_{50} = 13nmol/L）。

5. 高活性化合物的综合比较——候选物的确定

由联（苯并咪唑）- 苯胺－烟酰胺为骨架的起始化合物，优化成联 2- 吡啶 - 苯胺 -2- 氯苯甲酰胺类化合物，主要是以对细胞内 hedgehog 通路的 SMO 受体的抑制活性作为评价标准的，其间虽然也考虑到化合物的代谢稳定性、对 CYP 的抑制作用，以及溶解性能等性质，但并没有对活性较高的化合物在成药性上作系统的比较。下一步是对高活性化合物作药代和物化性质的比较，表 4 列出了 6 个高活性化合物的一些代谢参数和物化性质，可以看出化合物 42 具有明显的优势：具有很高的抑制 SMO 受体的活性，在哺乳动物体内有较低的清除率，以及水溶解性较好等优点（Robarge KD, Brunton SA, Castanedo GM, et al. GDC-0449-a potent inhibitor of the hedgehog pathway. Bioorg Med Chem Lett, 2009, 19: 5576-5581）。

表 4 代表性化合物的活性、药代和物化性质的比较

化合物	结构式	IC_{50} (nmol/L)	人肝清除率（微粒体）[ml/(min·kg)]	大鼠清除率（整体）[ml/(min·kg)]	犬清除率（整体）[ml/(min·kg)]	Clog P	溶解度 pH 6.4 (μg/ml)
12		1 2	9.4	3.0	124	3.9	0.3

续表

化合物	结构式	IC_{50} (nmol/L)	人肝清除率（微粒体）[ml/(min·kg)]	大鼠清除率（整体）[ml/(min·kg)]	犬清除率（整体）[ml/(min·kg)]	Clog P	溶解度 pH 6.4 (μg/ml)
18	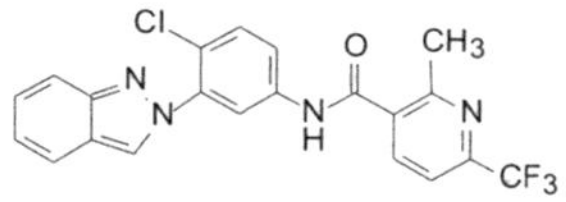	80	7.6	99.3	未测	3.8	未测
26	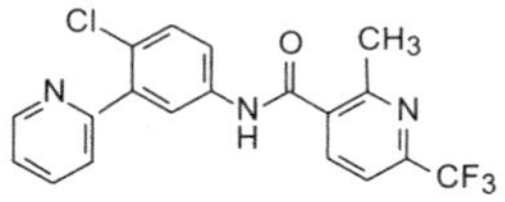	42	0.6	4.5	1.9	3.7	1.8
31	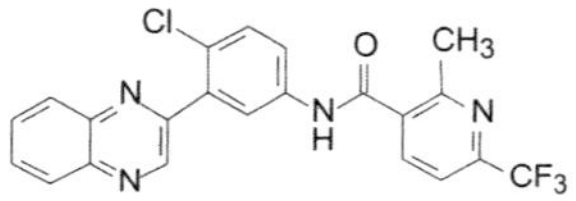	52	7.4	10.7	7.4	4.1	0.1
41	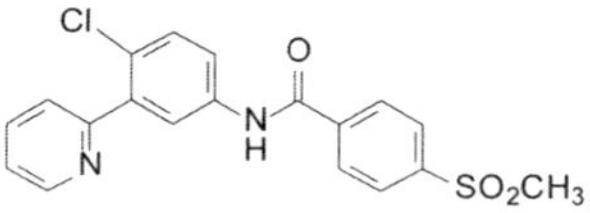	40	5.9	1.2	1.4	3.2	0.5
42	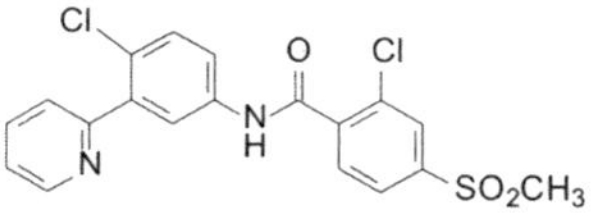	13	4.5	3.7	0.4	4.0	9.5

进一步还用移植依赖于 hedgehog 通路的髓母细胞瘤的裸鼠评价了化合物 26、41 和 42 的抑瘤作用，也表明化合物 42 有显著作用。化合物 41 与 42 的区别是后者的端基有 2- 氯取代，二者活性和药代性质相近，41 的分配系数 log$P$ 值更适宜，但溶解度显著低于 42, 2- 氯取代提高溶解性的原因可能是邻位效应阻止了苯环与酰胺共面性，降低了分子间的晶格能。Genetech 公司确定化合物 42 作为候选物，定名为维莫德吉（vismodegib）进入临床研究，于 2012 年经 FDA 批准成为首创的抗基底细胞癌药物，用于不能手术或放疗的局部晚期皮肤基底细胞癌患者和肿瘤已转移的患者。

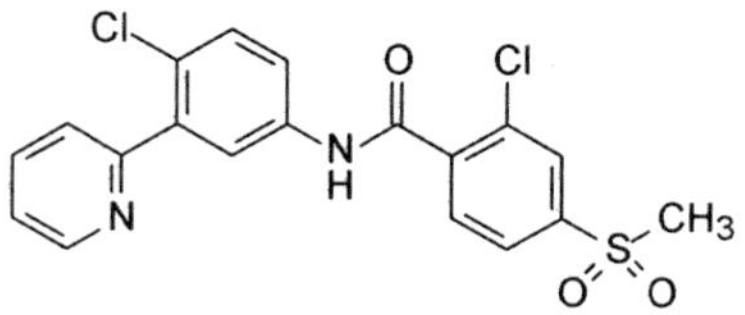

42　维莫德吉

合成路线

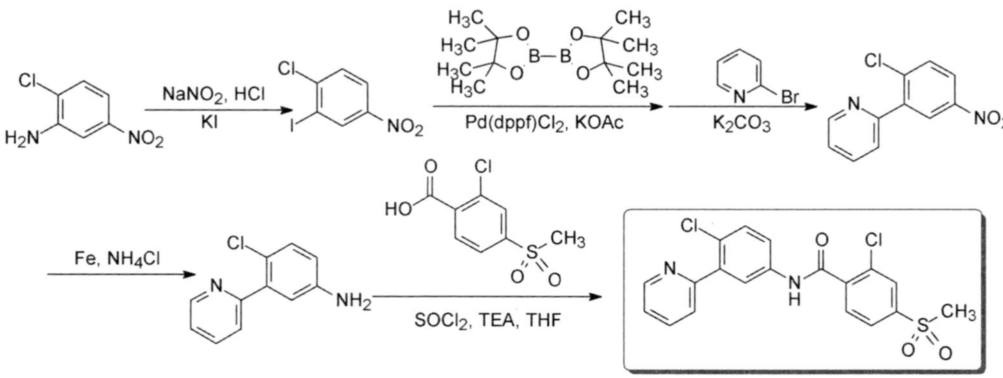

维莫德吉

34. 第一个蛋白 - 蛋白相互作用抑制剂 venetoclax

【导读要点】

　　Venetoclax 是全球第一个针对蛋白 - 蛋白相互作用的小分子抑制剂，研发路径曲折多变，例如屡改靶标和先导物，甚至在确定了候选物乃至进入临床试验后仍更换作用靶标和候选物，研发历经 20 年，彰显出首创性药物的风险与艰辛，也说明确证靶标贯穿于研发的全过程，风险亦贯穿始终。Venetoclax 的研发包含了多种技术的综合运用，用 SAR by NMR 方法和片段连接策略构建苗头化合物，在由苗头演化到先导物、优化活性、提高选择性及消除脱靶作用等过程中，NMR 二维核磁和 X- 射线衍射分析微观结构起到指导作用，构效关系则是验证与反馈的重要手段。此外，作为口服药物，venetoclax 的结构和物化性质几乎完全突破了类药 5 规则，因为指望相对分子质量在 500 以下的小分子阻断两个蛋白的结合是难以实现的。创新不能墨守成规。

1. 引言

干扰蛋白–蛋白相互作用的小分子，批准上市的第一个药物是 venetoclax。一些蛋白酶抑制剂或激酶抑制剂虽然也是干预蛋白与蛋白的作用，但由于反应位点有特定的结构特征、特异的结合腔或辅酶的参与，分子设计有"着力点"，相对容易实现。Venetoclax 干预的两个蛋白相互作用，是一个广泛而表浅的弱结合作用，难以确定切入点。本文解析的研发历程，涉及了高通量筛选，NMR 和 X- 射线衍射揭示微观结构和作用，以及在确定靶标蛋白的可药性等方面，有许多值得借鉴之处。

2. 作用靶标

细胞程序化死亡（凋亡）是机体清除衰老的、受损伤的和无用细胞的首要机制，对于机体正常发育、组织重塑和免疫应答等都起重要作用，许多疾病的发生是由于凋亡过程的损坏，例如肿瘤、自身免疫疾病和阿尔茨海默病等。B 细胞淋巴瘤（Bcl）蛋白家族中包含有抗凋亡蛋白如 Bcl-2 和 Bcl-xL，也有促凋亡蛋白如 Bak、Bax 和 Bad，二者精确地调控表达，处于平衡状态。一些肿瘤为了避免和逃逸凋亡，高表达 Bcl-2 或 Bcl-xL，因而成为研发抗肿瘤药物的靶标，通过结合 Bcl-2 或 Bcl-xL，释放促凋亡蛋白如 Bak、Bax 和 Bad 的功能，达到治疗的目的。

3. 蛋白结构和结合特征

Bcl-2 蛋白家族的三维结构有相同的折叠形式：两个疏水性螺旋，由 $5 \sim 7$ 个两亲性的 α 螺旋包围，后者形成抗凋亡蛋白 Bcl-xL 和 Bcl-2 的疏水性沟槽，是结合促凋亡蛋白 Bak、Bax 和 Bad 的部位。蛋白–蛋白相互作用的面积广泛（ $750 \sim 1500 Å^2$ ），表浅且无特征性结合位点，增加了设计药物的难度。Bak 的 BH3 肽与 Bcl-xL 的结合面积相对较小，大约 $500 Å^2$ ，而且结合 Bcl-xL 的位点是较深的疏水沟槽，Bak 蛋白的 BH3 肽为两亲性螺旋，占据并结合于疏水沟槽，这些信息为分子设计提供了线索（Petros AM, Nettesheim DG, Wang Y, et al. Rationale for Bcl-

XL/Bad peptide complex formation from structure, mutagenesis, and biophysical studies. Protein Sci, 2000, 9: 2528-2534)。

4. 活性评价

4.1 标记的 Bcl-xL 蛋白制备

含有 Bcl-xL 质粒的细菌在 ^{15}N 标记的氯化铵（唯一氮源）介质中温孵，制备均一的 ^{15}N 标记 Bcl-xL 蛋白（去除了过膜螺旋）：^{15}N 和 ^{13}C 双标记的 Bcl-xL 蛋白在 ^{15}N 标记的氯化铵和 ^{13}C 标记的葡萄糖（唯一碳源）介质中制备。用于 NMR 测定的蛋白浓度为 0.5 ~ 1.0mmol/L。

4.2 活性测定

评价化合物活性是用 NMR 测定与 Bcl-xL 蛋白的结合力，结合性能越强预示活性越高。这种基于 NMR 的筛选方法是通过对 Bcl-xL 蛋白与受试物（或无受试物）增敏 $^{15}N/^{1}H$ HSQC 谱来确定的。通过比对有或无受试物情况下 Bcl-xL 中特定氨基酸残基的 ^{15}N 二维核磁变化，确定化合物的结合能力。

荧光偏振检测法测定化合物抑制 Bcl-xL 活性，用荧光素标记的 BH3 肽（来源于 Bad 蛋白）作为探针（与 Bcl-xL 结合常数 K_d 值 20nmol/L），不同浓度的受试物加入到 Bcl-xL 和探针的混合液中，用连续的荧光素灯测定偏振光，计算受试物的 K_i 为活性值。

高表达 Bcl-xL 或 Bcl-2 蛋白的细胞，用来测定受试物的功能和强度。

5. 化合物筛选

5.1 方法

采用基于片段的分子设计方法（SAR by NMR），确定片段及其定位。首先用 9 373 个化合物筛选 Bcl-xL 的第一结合位点。化合物的相对分子质量低于 210。筛选结果得到 49 个 K_d 值低于 5mmol/L 的苗头片段。第二结合位点的筛选是在有结合于第一位点的受试物存在下，筛选相对分子质量低于 150 的 3 472 个小分子，得到 24 个 K_d 值低于 5mmol/L 的另一苗头片段。受试物的离解常数 K_d 值是基于不同浓度与化学位移的变化值求出的。

5.2　第一结合位点的苗头化合物及其构效关系

与 Bcl-xL 第一位点结合的有代表性的化合物 1 是 4'- 氟－联苯 -4- 甲酸骨架的分子，二维核磁显示苗头化合物引起 Bcl-xL 疏水沟槽内的 Gly94 和 Gly138 的 ^{15}N 化学位移发生变化，计算得出 K_d 为 300μmol/L。以化合物 1 为起点，合成的周边化合物列于表 1。

表 1　联苯（萘）类化合物的结构与活性

$$R_2 \text{———}\bigcirc\text{———}\bigcirc\text{———} R_1$$

化合物	R_1	R_2	NMR K_d(μmol/L)
1	4-F	4-COOH	300
2	H	4-COOH	1 200
3	4-F	4-OH	>5 000
4	H	4-COOCH₃	>5 000
5	H	3-COOH	>5 000
6	H	4-CH₂COOH	2 000
7	H	4-CH₂CH₂COOH	1 990
8	4-CH₃	4-COOH	383
9	4-Cl	4-COOH	238
10	2, 3- 苯并	4-COOH	250

表 1 的构效关系提示，4 位羧基是重要基团，用酚羟基（3）和酯基（4）置换或改为 3- 羧基（5）都失去活性。4- 氟用其他原子或片段替换仍有活性（8～10）。NMR 研究还提示，化合物 1 结合于 Bcl-xL 疏水沟槽的中部，羧基与 Arg139 发生静电结合，羧基相当于 Bak 的 Asp83 残基。

5.3 第二结合位点的苗头化合物及其构效关系

联苯甲酸的结合能力弱，不能阻断 Bcl-xL 与 Bak 的结合，通过比对化合物 1 与 Bcl-xL 的复合物与 Bak、Bcl-xL 复合物的 NMR，发现远处存在第二个结合位点。为发现结合于第二位点的苗头分子，在化合物 1 的存在下，用 NMR 方法筛选了 3 500 个相对分子质量低于 150 的小分子。发现结合于第二位点的有代表性分子列于表 2。

表 2　稠合环类化合物与 Bcl-xL 的结合活性

化合物	结构式	NMR $K_d(\mu mol/L)$	化合物	结构式	NMR $K_d(\mu mol/L)$
11		4 300	16		13 000
12		13 000	17		9 000
13		5 000	18		4 000
14		2 000	19		6 000
15		11 000	20		6 000

表 2 中的化合物活性低于化合物 1，其中化合物 11 与 Bcl-xL 的复合物 NMR 表明，除 1 结合第一位点引起 Gly94 和 Gly138 变化外，11 结合于第二位点，导致 Gly196 的位移变化。两个分离的分子同时结合于 Bcl-xL 蛋白的不同部位。

5.4　片段的连接

5.4.1　连接位点和连接基的筛选　结合于不同位点的两个片段性分子连接成一个分子，变三元复合物成二元体系，由于减少了熵损失，理论上可提高结合能力，显然，连接基的长度和取向对结合有重要影响。混合化合物 1 和 11 与 Bcl-xL 三组分的 NMR 确定了低能量体系下化合物的相对位置，提示 1 的羧基邻位是最佳的连接位置，从而用不同的连接基连接 1 和第二位点的结合片段，表 3 列出了合成的化合物。

表 3 与化合物 1 连接的结合于第二位点的片段和连接基

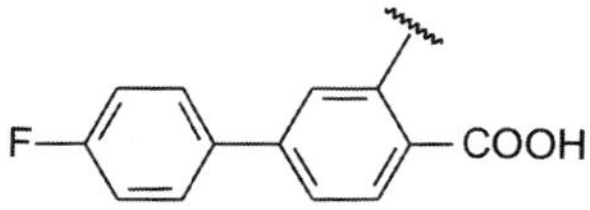

1

第二片段	连接基				
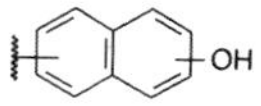 —OH	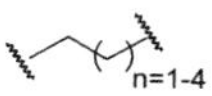 (n=1-4)	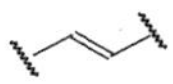	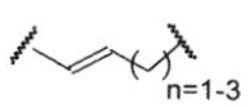 (n=1-3)	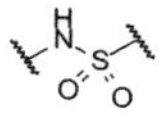	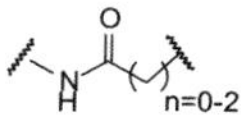 (n=0-2)
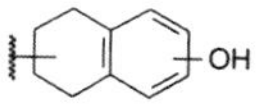 —OH	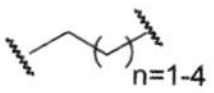 (n=1-4)	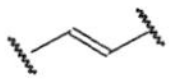	-	-	-
				-	-

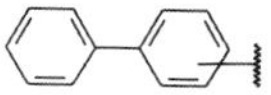

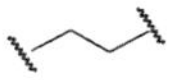

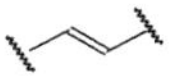

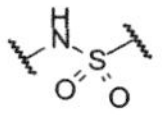

上述化合物经荧光偏振检测，大多数化合物没有抑制 Bcl-xL 的活性（K_i >10μmol/L），只有化合物 21 呈现抑制活性，K_i 为 1.4μmol/L，比 1 强 200 倍。进而 NMR 研究 21 与 Bcl-xL 的结合特征，发现乙烯基并非是最佳的连接基。

5.4.2 磺酰胺基的双重作用 为了优化连接基的结构与连接方式，设想用 *N*-酰化的磺酰胺基作为连接基，氮上有氢的 *N*-酰化的磺酰胺基由于两侧的酰基和磺酰基的拉电子效应而有酸性，pKa 为 3～5，与羧基相近，用它连接两个片段，融合了处于邻位的乙烯基和羧基的作用，初试的 NMR 测定证实与 Bcl-xL 发生结合，从而合成了有 120 个化合物的集中库，经荧光偏振测试，发现化合物 22 抑制 Bcl-xL 活性，K_i 值为 0.245μmol/L，比 21 强 5 倍。

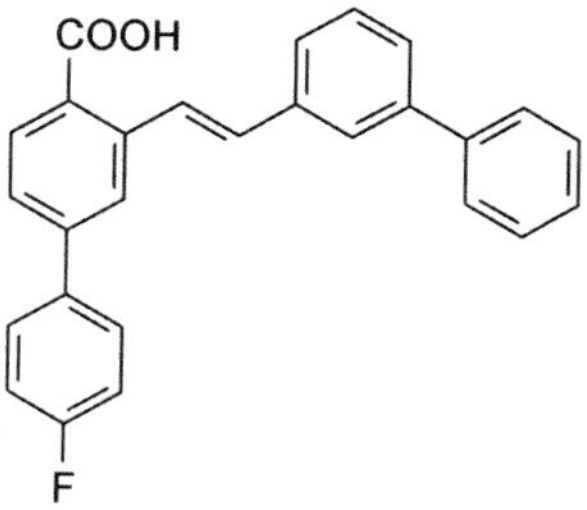

21

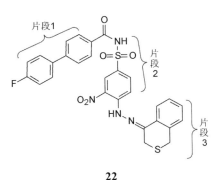

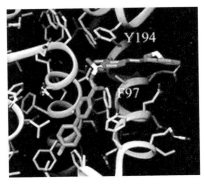

22

图 1　NMR 研究的化合物 22 与 Bcl-xL 的结合模式

　　图 1 是 NMR 确定的化合物 22 与 Bcl-xL 的结合模式，联苯基处于两个 α 螺旋之间，化合物 22 可视作 3 个片段构成：第一片段是联苯基，第二片段为硝基苯磺酰胺，第三片段为苯并异硫代吡喃。Bcl-xL 的 Phe97 区分开两个片段，Phe97 的苯基与 Tyr194 同硝基苯片段发生 π-π 叠合作用。

　　5.4.3　片段 3 的优化　确定了 N- 酰化的磺酰胺为良好的连接基后，对片段 3 进行优化，合成了 125 个化合物，其中化合物 23 为高活性化合物，K_i 值为 36nmol/L。图 2 是 NMR 方法显示的 23 与 Bcl-xL 的结合特征，表明第一结合片段氟代联苯，第二片段 N- 酰化的磺酰胺和硝基苯的位置与 22 相同，但不同的是第三个片段的硫苯基弯曲回到硝基苯的下方，此时硫苯基处在蛋白的 Phe97 与 23 的硝基苯之间，而硝基苯在 Tyr194 下方，形成夹心式的 π-π 叠合。这样的相互作用体现了 23 的活性强于其他化合物（Petros AM, Dinges J, Augeri DJ, et al. Discovery of a potent inhibitor of the antiapoptotic protein Bcl-xL from NMR and parallel synthesis. J Med Chem, 2006, 49: 656-663）。

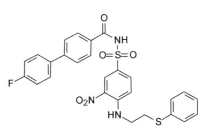

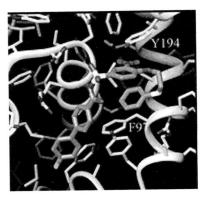

23

图 2　NMR 揭示的化合物 23 与 Bcl-xL 结合的模式

5.5　改构以消除血清蛋白的失活作用

5.5.1　人血清对抑制剂的失活　化合物 23 高活性抑制 Bcl-xL，K_i 值为 36nmol/L，但测试介质中若含有 1% 人血清，活性下降 69 倍，10% 血清则完全失活，提示血清中含有使 23 失活的成分。后来证明是被白蛋白（HSA）结合，而 α1 酸性糖蛋白不影响其结合。进而证明是 HAS-Ⅲ 的结构域与 23 的酸性基团 *N*- 酰化的磺酰胺相结合，白蛋白的这个结构域可结合酸性分子和含阴离子的化合物。化合物 23 与 HAS-Ⅲ 的 K_i <100nmol/L。

5.5.2　类似物的启示　在合成的 125 个化合物中，24 是 23 的类似物，第三片段的苯基多两个甲基。NMR 研究表明，24 与 Bcl-xL 和 HSA-Ⅲ 的结合模式与 23 不同。表现在第三和第一片段处：24 的第三片段与 HAS-Ⅲ 的结合呈伸展形，苯硫乙基埋入非极性的氨基酸残基中，提示 Bcl-xL 的末端为极性特征（因此 23 的苯环向回折曲），HSA-Ⅲ 的末端为非极性的组成，因而设想变换乙基为有极性基团可不影响与 Bcl-xL 的结合，并促使末端进入溶剂相，从而削弱与 HAS-Ⅲ 的结合力，例如胺、酰胺或砜基不利于同 HAS-Ⅲ 结合（Hajduk PJ, Mendoza R, Petros AM, et al. Ligand binding to domain-3 of human serum albumin: a chemometric analysis. J Comput. -Aided Mol Des, 2003, 17: 93-102 ）。

24

23 的第一片段与 Bcl-xL 和 HAS- Ⅲ 相结合的氟代联苯基所处的环境不同，Bcl-xL 在氟端尚有空间，而且发生部分溶剂化，而 HAS-Ⅲ 结合的氟苯基被非极性残基满满地包围，没有空隙。提示该片段也可加入或变换为极性基团，以区分与 Bcl-xL 和 HAS- Ⅲ 的结合，这样设计的化合物保留与 Bcl-xL 的结合而不与 HAS-Ⅲ 结合。

图 3 是化合物 23 分子设计的示意图（Wendt MD, Shen W, Kunzer A, et al. Discovery and structure-activity relationship of antagonists of B-cell lymphoma 2 family proteins with chemopotentiation activity *in vitro* and *in vivo*. J Med Chem, 2006, 49: 1165-1181）。

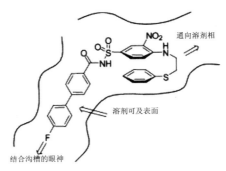

图 3　23 以弯回构象与 Bcl-xL 结合的示意图

5.5.3　氟代联苯基的变换　依照上节的分析，为了消除化合物被 HAS-Ⅲ失活的缺陷，变换氟代联苯基部分，引入含有极性基团的不同长度的碳链，合成的化合物列于表 4，由于之前合成的 4'-氟-2'-甲氧基化合物活性略强于 23，故表 4 的化合物都含有 2'-甲氧基。

表 4　变换氟代联苯基后的化合物结构与活性

化合物	R	Bcl-xL，K_i(μmol/L)	Bcl-xL+1% HS，K_i(μmol/L)
23	F	0.036	2.50
25	$CH_2N(CH_3)_2$	0.426	1.00
26	$CON(CH_3)_2$	0.476	>10.0

化合物	R	Bcl-xL，K_i(μmol/L)	Bcl-xL+1% HS，K_i(μmol/L)
27	$(CH_2)_2N(CH_3)_2$	0.665	0.998
28	$CH_2CON(CH_3)_2$	0.251	>10.0
29	$(CH_2)_3N(CH_3)_2$	0.106	0.73
30	$(CH_2)_2CON(CH_3)_2$	0.039	1.00
31		0.010 4	0.58
32		0.058	0.79
33	$CH_2CH_2CH_2OH$	0.021 5	2.96
34		0.019	0.652

表中的构效关系表明：①链长为 1 或 2 个碳的胺基（酰胺）抑制 Bcl-xL 活性显著下降；②链长为三碳的活性与 23 的活性相当，推测短侧链未能将胺基"顶出"疏水沟槽进入水相，而三碳够长；③表中 Bcl-xL+1% HS 的数据是在 Bcl-xL 蛋白中加入 1% 人血清的受试物活性，降低的越少，提示化合物抗失活作用越强。化合物 30 和 32 降低人血清的抑制活性；④叔胺基在介质中易被质子化，为 HAS-Ⅲ 所不容，即使短侧链的 25 和 27 也有降低失活作用；⑤ 31 的活性明显高于 29，抑制 HAS-Ⅲ 的失活作用也强，是系列中优质化合物。从 31 和 33 的数据可以判断，第一位点引入极性基团可以将活性与失活性（HAS-Ⅲ）分开，也证明了前述的 NMR 研究得出的该区域有空闲空间的推断。

与此同时还合成了 R 为取代的哌嗪化合物，虽然降低了 HAS-Ⅲ 的失活能力，但抑制 Bcl-xL 的活性也显著降低。然而 4'，4'- 二甲基哌啶化合物 34 的活性和抑制 HAS-Ⅲ 的结合作用都强于 23，因而也成为一个优化切入点。

5.5.4　另一端的变换　以化合物 31 的丙基吗啉或 34 的 4'，4'- 二甲基哌啶为固定基团，变换片段 3 的结构，即在乙硫基的 α 位连接含胺基的侧链，以提高抑制 Bcl-xL 的活性和降低 HAS-Ⅲ 的失活作用。由于 α 碳为手性原子，可形成对映体。表 5 列出了化合物的结构与活性。

表5 取代基组合变换的结构与活性.

化合物	R_1	R_2	$K_i(\mu mol/L)$		FL5.12 cell $EC_{50}(\mu mol/L)^*$	
			Bcl-xL	Bcl-xL+10% HS	+gelatin	+3% FBS
35R	A	$R\text{-}(CH_2)_2N(CH_3)_2$	0.000 8	0.360	0.470	5.10
35S	A	$S\text{-}(CH_2)_2N(CH_3)_2$	0.252	3.85	9.50	16.1
36	A	$R\text{-}(CH_2)_3N(CH_3)_2$	0.002 6	0.728	2.00	14.1
37	A	$R\text{-}(CH_2)_4N(CH_3)_2$	0.001 2	0.174	1.08	3.89
38	A	$R\text{-}(CH_2)_4NH_2$	0.001	0.256	4.13	20.8
39R	A		0.001 1	>10.0	0.368	7.0
39S	A		0.075	6.05	4.2	9.31
40	A	$R\text{-}CH_2CON(CH_3)_2$	0.003 1	1.79	2.14	15.0
41R	B	$R\text{-}(CH_2)_2N(CH_3)_2$	<0.000 5	0.148	0.399	2.08
41S	B	$S\text{-}(CH_2)_2N(CH_3)_2$	0.250	1.14	32.5	59.2
42	B	$R\text{-}(CH_2)_3N(CH_3)_2$	0.000 9	0.071	3.01	8.60
43	B	$R\text{-}(CH_2)_4N(CH_3)_2$	<0.000 5	0.215	1.20	6.0
44	B	$R\text{-}(CH_2)_4NH_2$	0.000 8	0.029 5	2.05	9.0
45	B		0.001 7	>10.0	0.382	2.11
46	B	$R\text{-}CH_2CON(CH_3)_2$		1.0	1.28	7.63

* 转染 Bcl-xL 的小鼠 FL5.12 细胞

表 5 的构效关系提示：① α 碳连接碱性侧链的构型对活性影响显著，R 的活性强于 S 构型，提示 R 构型引出的侧链有利于结合于 Bcl-xL 的第三位点，活性可高达 1nmol/L。而 S 构型的方向使侧链进入水相，不发生结合；② A 和 B 两种片段如 31 和 34 一样，都显示对抗 HAS-Ⅲ 的失活作用；③ 酰胺化合物 40 和 46 以及含吗啉的 39R 和 45 抑制 HAS-Ⅲ 的失活作用很弱，是由于不能被质子化，不能回避与 HAS-Ⅲ 的结合；④ 35R 和 41R 在细胞模型上呈现高活性，即使加入胎牛血清活性仍优于其他化合物，与 HAS-Ⅲ 结合很弱，K_i 值分别为 13.6μmol/L 和 94μmol/L，佐证了两端加入可质子化的基团避免了与 HAS-Ⅲ 的结合。

5.6　里程碑式化合物

具有高抑制 Bcl-xL 活性和高对抗 HAS-Ⅲ 作用的化合物 35R 进一步证实可促进放射治疗或紫杉醇治疗引起非小细胞肺癌（高表达抗凋亡蛋白 Bcl-xL）的死亡，表明有促凋亡作用。小鼠移植对多种细胞毒药物无效的人肿瘤 A549 细胞，用 35R 联合紫杉醇给药，抑制率达 60%～70%，且未见增加毒性。由此体内外功能性实验表明 35R 是 BH3 蛋白的小分子模拟物。

35R

6.　作用于双蛋白靶标 Bcl-xL 和 Bcl-2 的抑制剂

6.1　作用于单靶标 Bcl-xL 的不足

然而，化合物 35R 对多种人癌细胞的抑制效果并不高。由于 35R 是基于 Bcl-xL 结构设计的，没有考虑对 Bcl-2 蛋白的抑制，对人体多种高表达 Bcl-2 的肿瘤的抑制作用很弱，不能阻止 Bcl-2 蛋白的抗凋亡作用，所以抑瘤谱窄。项目研究至此，意识到当初对靶标的可药性（druggability）的认识有局限性。

Bcl-xL 与 Bcl-2 蛋白序列的同源性虽然只有 49%，其三维结构却很相似（Petros AM, Olejniczak ET, Fesik SW. Structural biology of the Bcl-2 family of proteins. Biochim Biophys Acta, Mol Cell Res, 2004, 1644: 83–94），例如两个蛋白都有疏水型

沟槽，是结合促凋亡蛋白的 BH3 结构域的位置，沟槽的取向与定位都处于两个 α 疏水螺旋的中间，只是 Bcl-2 的沟槽较宽和深，这个区别为继续修饰结构提供了着力点。为了提高抗肿瘤活性，设定的新目标是对 Bcl-xL/Bcl-2 双靶标作用，评价化合物的活性分别用两种蛋白作荧光偏振检测。

6.2 契机——化合物 47 的启示

化合物 47 是变换片段 1 时所合成的化合物，NMR 研究 47 与 Bcl-xL 的结合，发现片段 1 的苯乙基呈伸展型构象结合于疏水沟槽；研究与 Bcl-2 的结合模式，发现该苯乙基深入到疏水沟槽的深部，埋入疏水腔中。这为设计双靶标抑制剂提供了修饰位置。图 4 是 47 经 NMR 研究确定的与 Bcl-xL（a）和 Bcl-2（b）的结合模式。然而 47 对 Bcl-xL/Bcl-2 的活性不强，还不够作为先导物进行优化。

47

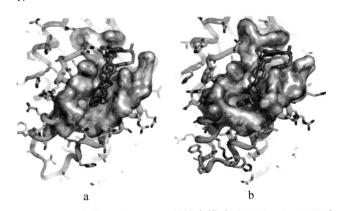

a   b

图 4   a：NM 确定的 47 与 Bcl-xL 的结合模式（PDB code 2O2M）
b：NMR 确定的 47 与 Bcl-2 的结合模式（PDB code 2O2F）

6.3 以 35R 为新的起点

6.3.1   多片段探索位点 1 的构效关系   化合物 35R 的 4'，4'- 二甲基哌啶是引长疏水链的位置，因为二甲基作为"把手"可进行基团变化或引长。为此，首先设计了 8 种片段，以发现双活性化合物的设计方向。表 6 列出了取代的哌啶和哌嗪片段的有代表性化合物活性。

表6 S4-取代的哌啶与哌嗪化合物的结构与活性

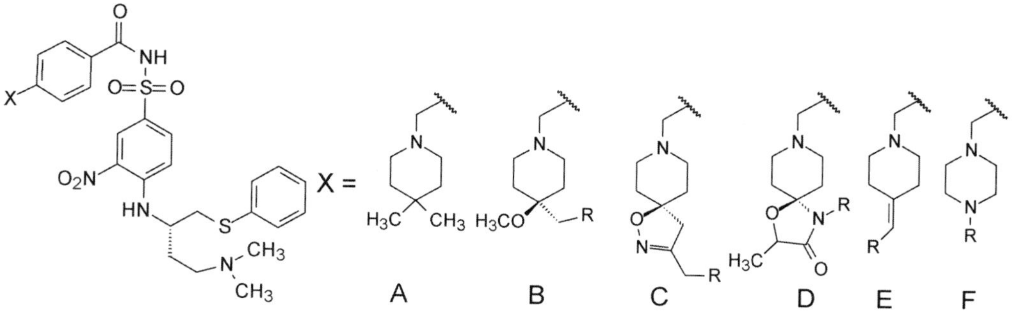

化合物	X	R	FPA K_i(μmol/L)		FL5.12 cell EC$_{50}$(μmol/L)	
			Bcl-2	Bcl-xL	Bcl-2	Bcl-xL
35R	A	—	67	0.8	2.2	0.47
48	B	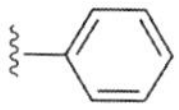 苯基	8.1	1.8	0.93	0.68
49	C	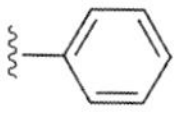 苯基	35.2	4.4	>50	>50
50	C	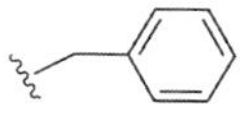 苄基	6.5	1.7	2.93	2.34
51	D	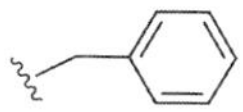 苄基	9.6	3.7	>50	>20
52	E	 4-氟苯基	3.4	<0.5	0.60	0.38
53	F	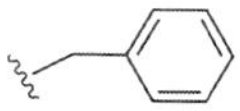 苄基	39.8	2.6	1.7	1.1
54	F	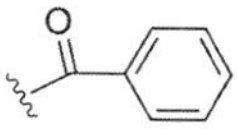 苯甲酰基	61.9	<1	>50	14.6
55	F	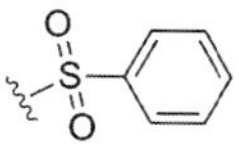 苯磺酰基	61	4.0	>20	>20
56	F	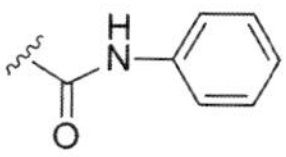 苯氨基甲酰基	300	2.5	>50	>50

化合物35R哌啶环的4位两个甲基换作不同基团，一个疏水性基团，与疏水

沟槽结合，另一个极性基团进入溶剂相，4 位连接甲氧基和苄基的 48，对 Bcl-xL（蛋白和高表达细胞）的活性与 35R 相同，但提高了抑制 Bcl-2（蛋白和细胞）活性。异噁唑 49 和 50 都提高了抑制 Bcl-2 活性。亚苄基化合物 52 对两种蛋白和细胞的抑制作用都很强。哌啶环换成哌嗪的化合物虽然方便于合成，但除化合物 53（N- 苄基哌嗪）对两种蛋白和细胞有中等活性外，酰基取代的 54 ~ 56 活性都差。基于这些结果，下一步的研究集中于 B、E 和 F 片段的变换。

6.3.2　确定哌嗪构成的骨架　化合物 48 的 R 基作烷基、取代苯基和联苯基等变换，测定对 Bcl-xL 和 Bcl-xL 蛋白以及高表达的细胞抑制活性，发现 57 为高活性化合物。对 52 的 R 基用取代苯基和吡啶基连接，发现化合物 58 为高活性化合物。对 N- 苄基哌嗪的苯环作不同的取代，发现 59 为高活性化合物。这 3 个化合物对双靶标的活性列于表 7。

表 7　代表性化合物的结构与活性

57　　　　　　　　　　58　　　　　　　　　　59

化合物	FPA(μmol/L)			FL5.12 cell EC$_{50}$(μmol/L)	
	Bcl-2	Bcl-xL	Bcl-xL+10%HS	Bcl-2	Bcl-xL
57	<1	<0.5	<60	0.02	0.35
58	<1	<0.5	83	0.18	0.16
59	<1	<0.5	<60	0.016	0.018

这 3 个化合物的片段 1 具有共同特点，都连接了联苯结构，延伸了疏水性，深入到 Bcl-2 蛋白的疏水腔穴中（结合图省略），也不影响与 Bcl-xL 的结合。化合物 59 活性显著强于 57 和 58，用 3 株高表达 Bcl-2 蛋白的滤泡性淋巴瘤细胞评

价 59 活性，即使含有 3% 胎牛血清，IC_{50} 也低于 1μmol/L。移植滤泡性淋巴瘤细胞的小鼠用 59、依托泊苷和 59 加依托泊苷实验，表明单独应用 59 的抑制作用相当于依托泊苷的最大耐受剂量，联合用药可达到 90% 的抑制率（Bruncko M, Oost TK, Belli BA, et al. Studies leading to potent, dual inhibitors of Bcl-2 and Bcl-xL. J Med Chem, 2007, 50: 641–662）。59 进入了临床研究（ABT-737）。但由于水溶性很低，静脉用药有很大困难，口服的吸收性因人波动性很大，显示出 59 的物化和药代性质存在缺陷。

7. 优化药代动力学性质

进一步优化目标是改善药代性质。为了不影响与靶标蛋白的结合强度，主体结构不作变动，在非药效团部位加以改动，评价活性也因此以细胞模型为主，包括 Bcl-2 和 Bcl-xL 依赖性的人小细胞肺癌（H146）细胞模型。

化合物 59 的相对分子质量 799.40，含有 5 个苯环、1 个脂环、11 个氢键接受体以及 2 个氢键给体。分子尺寸大，脂溶性强，虽然不大符合 Lipinski 的口服类药 5 规则（ROF），而作为蛋白 - 蛋白相互作用的抑制剂却是需要的。ROF 是小分子药物大数据的统计概率，不能成为药物设计的羁绊。59 的代谢位点是 N- 去甲基化，二甲胺基也是结构改造的位点。

7.1　变换硝基

硝基拉电子性有利于提高磺酰胺的酸性，有助于结合，但不利于溶解性。换成其他拉电子基团如氰基、三氟甲基、三氟乙酰基和甲磺酰基等化合物的活性都有下降，其中三氟甲磺酰基化合物 60 活性较好，也增加了生物利用度和体内暴露量。

7.2　变换联苯基

联苯基刚性过强，不利于吸收，将中间的苯环用不同大小的环烯烃替换，以保持片段 1 的构象的同时，改善物化性质。结果表明都有一定的细胞活性，环的大小对活性影响很大，其中环己烯化合物 61 活性最强。

7.3　变换二甲胺乙基侧链

去除二甲胺乙基侧链的化合物 62 的口服生物利用度为 28%，提高了 37 倍，但细胞活性显著下降，增加了与血清的结合，因为设计这个侧链本意就是抑制与人血白蛋白的结合。用吗啉环（$pK_a \approx 7.5$）代替二甲胺基，化合物 63 的细胞活性仍在亚微摩尔水平，生物利用度提高了 4 倍（$F = 16\%$），所以吗啉环是维持活性提高吸收性的基团，可与其他优化基团搭配。表 8 列出了这些化合物的细胞活性、药代性质与优化前的 59 的比较。

表 8　代表性化合物的结构与活性

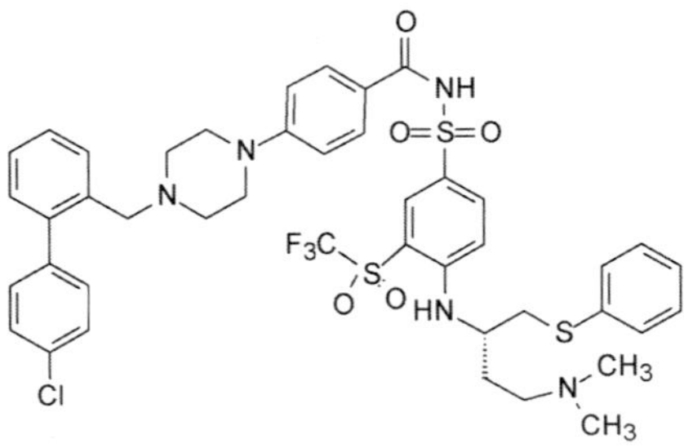

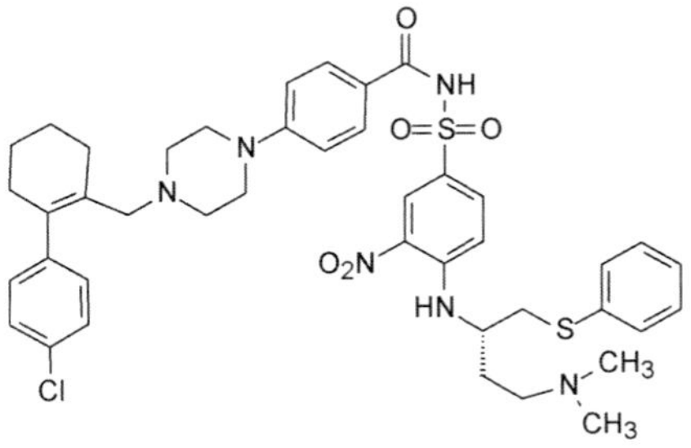

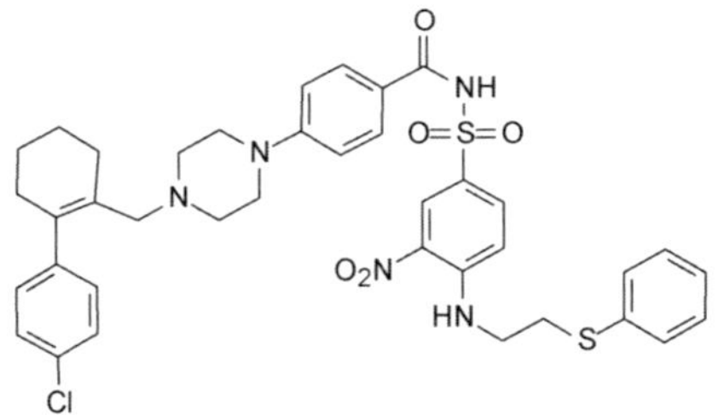

化合物	H146/10% HS EC$_{50}$(μmol/L)	C_{max}(μmol/L)	AUC[μmol/(L·h)]	F(%)	AUC/EC$_{50}$(h)
59	0.087	0.039	0.28	6	3.2
60	0.039 4	−	0.83	−	21.0
61	0.026	−	0.65	−	25.3
62	33.0	1.15	10.4	28	0.32
63	0.61	0.20	1.16	16	1.9

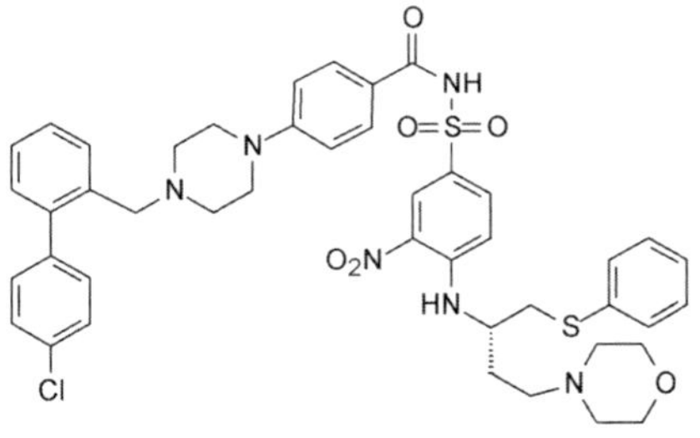

分析表中化合物的不同位置优化的构效（SAR）和构代关系（SPR），曲线下面积（AUC，代表一定时程内的药物暴露量）与药效的比值（AUC/EC$_{50}$可表征化合物的药代和药效的综合质量），60 和 61 显著提高了活性，AUC 也优于化合物 59，提示三氟甲磺酰基和环己烯分别替换硝基和苯环是优势选择：62 没有碱性侧链，活性很差，说明 62 是不可取的：63 的吗啉基对药代呈正贡献。

7.4 优势片段的组合

将片段 1 换成 4- 氯代苯基环己烯，片段 2 的硝基换成三氟甲磺酰基，片段 3 换作吗啉基，拼合成新的分子，化合物 64 和 65 是代表性的化合物，药效学和药代动力学性质如表 9 所示。

表 9 化合物 64 和 65 的药效和药代性质

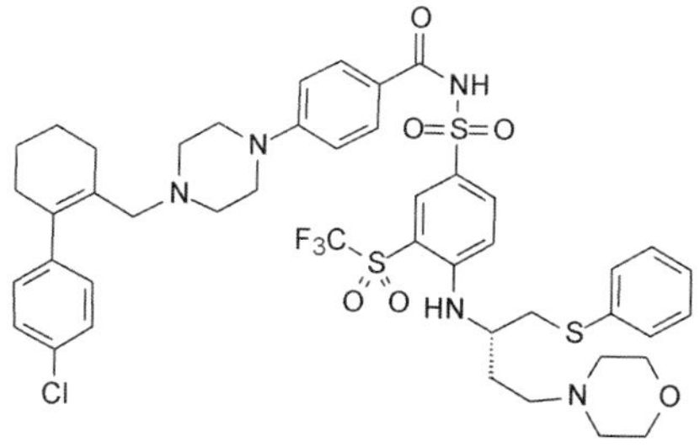

64 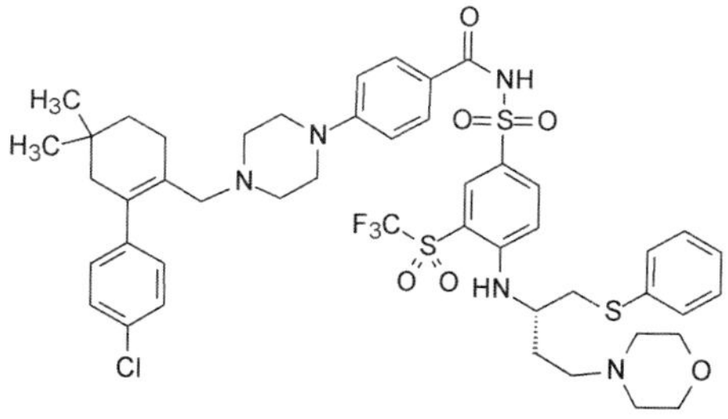 **65**

化合物	EC$_{50}$(nmol/L)			AUC [μmol/(L·h)]	AUC/ EC$_{50}$(h)
	FL5.12/Bcl-2	FL5.12/Bcl-xL	10% HS，H146c		
59	7.7	30	87	0.28	3.2
64	1.1	0.7	58.9	3.87	65.7
65	5.9	4.2	86.7	6.26	72.2

表中数据表明，化合物 64 和 65 由于整合了环己烯（替换苯环）、三氟甲磺酰基（替换硝基）、吗啉（替换二甲胺基）诸因素，几乎是加和性地改善了药代性

质，比 59 提高了 20～30 倍，药理活性也有所提高。由于蛋白－蛋白相互作用的热域（hot sots）具有播散性，热域之间相对独立存在，相互影响较小，因而这种加和性（药效和药代）比较直观明显，与作用于酶或受体的药物（基团间相互影响显著）有所不同。用小鼠、大鼠、犬和猴系统地比较了 64 和 65，绝对生物利用度都达到 20%，65 优于 64。进而用小鼠多种移植性肿瘤模型灌胃 65，表明有抑制作用。65 的代号为 ABT-263，定名 navitoclax，确定为候选化合物，进入临床试验研究（Park CM, Bruncko M, Adickes J, et al. Discovery of an orally bioavailable small molecule inhibitor of prosurvival B-cell lymphoma 2 proteins. J Med Chem, 2008, 51: 6902-6915）。

8. 结构再改造——消除抑制血小板的不良反应

8.1 降低血小板的不良反应

Navitoclax（65）的 II 期临床试验，显示对患者有抗肿瘤作用，但同时出现血液毒性，与临床前实验发现剂量依赖性的降低血小板相吻合。研究表明是由于抑制 Bcl-xL 蛋白的缘故。这个不良反应限制了给药剂量，致使治疗窗口狭窄。这个结果提出了对靶标蛋白 Bcl-xL 的进一步质疑，也由此可见首创性药物靶标风险时刻存在，靶标的可药性被不断地考量。因而拟从化学结构上改造，去除对 Bcl-xL 抑制作用，保留和提高抑制 Bcl-2 的活性。

8.2 分析结合特征

促凋亡的 Bcl-xL 和 Bcl-2 蛋白与抗凋亡蛋白的 BH3 结构域的结合模式非常相似，这是分开两种活性的困难所在，但有必要深入分析结合的微观特征，为设计稿选择性分子结构提供信息。

Bcl-xL 与 Bcl-2 共同的结构域是两个疏水性 α 螺旋被 5～7 个两亲性的 α 螺旋围绕，其中 4 个螺旋形成了长度为 20Å 疏水沟槽，与抗凋亡蛋白的 BH3 多肽域结合。丙氨酸扫描提示，Bcl-xL 和 Bcl-2 沟槽中主要结合位点是 P2 和 P4 疏水腔，以及精氨酸与 BH3 的天冬氨酸残基的静电结合。

Navitoclax 与 Bcl-2 复合物晶体结构显示，苯硫基进入 P4 疏水腔中，还与磺酰胺发生 π-π 叠合作用。4-氯代苯基环已烯片段结合于 P2 疏水腔。

8.3　结构变换

8.3.1　去除苯硫基侧链　上述分析并不能分辨 Bcl-xL 与 Bcl-2 的结构差异，因而通过变换小分子结构，分析构效关系方法，即药物化学的试错法（trial and error），提高对 Bcl-2 的选择性作用。通过系统地除去或变换重要的结合基团，发现去除苯硫基的化合物 66 对 Bcl-2 失去了部分活性（$K_i = 59$ nmol/L），但明显降低了抑制 Bcl-xL 作用（$K_i = 5\,540$ nmol/L），提示有可能区分两个靶标蛋白。

化合物 66 与 Bcl-2 的晶体结构显示结合模式与 navitoclax 相似，但片段 3 占据的 P4 腔穴的空间变小。另一个特征是 66 与 Bcl-2 二聚体结合，第 2 个 Bcl-2 蛋白的色氨酸残基（Trp30）嵌入到 66 结合的 P4 腔内，吲哚环与硝基苯形成 π-π 叠合作用，与 navitoclax 的苯硫基的 π-π 叠合相似。Trp30 的吲哚氮原子与 Bcl-2 的 Asp103 发生氢键结合（Bcl-xL 的残基为 Glu103）。图 5 是 66 与 Bcl-2 二聚体的晶体图，深色的吲哚环与硝基苯发生 π-π 叠合，氮原子与 Asp103 发生氢键结合。

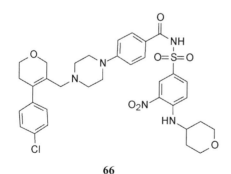

66

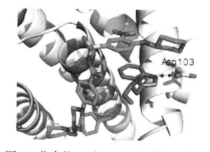

图 5　化合物 66 与 Bcl-2 复合物晶体图

8.3.2　片段 3 连接吲哚环　模拟上述的结合特征，将吲哚环经醚键连接在母核苯环上，化合物 67 结合 Bcl-2 有高度选择性，$K_i < 0.1$ nmol/L，与 Bcl-xL 结合的 $K_i > 660$ nmol/L，活性相差千倍。与 Bcl-2 二聚体的晶体图（图 6）显示吲哚环处于 Trp30 的位置，氮原子与 Asp103 发生氢键结合，此外，吲哚的并合苯环与 Asp107

的距离适于氢键结合，提示可利用该位置换作氮杂吲哚以增强结合作用。

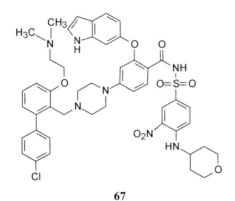

67

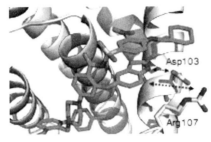

图 6　化合物 67 与 Bcl-2 复合物晶体图

8.4　新的候选化合物和 venetoclax 的上市

优化至此，将原来作用于双靶标蛋白的 navitoclax 改造成只选择性结合于 Bcl-2 的化合物。整合的结构因素包括有利于药代性质、不与血浆白蛋白结合、增强对 Bcl-2 结合和消除对 Bcl-xL 的作用等结构因素，经药物化学和构效关系的反馈，优化出化合物 68（ABT-199）。

68　venetoclax

化合物 68 选择性抑制 Bcl-2，而对 Bcl-xL 作用很弱，表 10 列出了对靶标蛋白和高表达细胞的作用。例如对 Bcl-2 高表达的急性淋巴白血病细胞（ALL）EC_{50} = 8nmol/L，而对 Bcl-xL 高表达的 H146 细胞 EC_{50}>4 000nmol/L。68 消除了抑制血小板的不良反应，小鼠灌胃 100mg/kg，AUC = 2261(μg · h)/ml，血小板计数未见变化，而 navitoclax 犬口服 5mg/kg ，AUC = 115(μg · h)/ml，用药后 6h 的血小板降低 95%，是由于作用靶标不同的缘故。

表 10　化合物 68 对 BCL-2 的选择性作用

K_i(nmol/L)		EC_{50}(nmol/L)			
Bcl-2	Bcl-xL	FL5.12 Bcl-2	FL5.12 Bcl-xL	RS4；11/ALL Bcl-2	H146 Bcl-xL
< 0.01	48	4	261	8	4260

68 可口服吸收，6 ~ 8h 血药浓度达峰，半衰期 26h。定为候选化合物，名为 venetoclax，经临床实验，证明对 17 号短臂染色体缺失的慢性淋巴白血病有效，于 2016 年 4 月 FDA 批准上市（Souers AJ, Leverson1 JD, Boghaert ER, et al. ABT-199, a potent and selective BCL-2 inhibitor, achieves antitumor activity while sparing platelets. Nat Med, 2013, 19: 202-208 ）。

9.　后记

Venetoclax 是全球第一个针对蛋白 - 蛋白相互作用的小分子抑制剂，屡改靶标和先导物，研发历程 20 年，彰显出首创性药物的风险与艰辛。由开始以 Bcl-xL 为靶标，中间改换为作用于 Bcl-xL 和 Bcl-2 双靶标，后来才聚焦于 Bcl-2 靶标，是在确定了候选物乃至进入临床试验后的更换，提示确证药物靶标贯穿于研发的全过程，风险贯穿始终。

Venetoclax 是基于片段的药物发现（FBDD）的成功范例，用 SAR by NMR 方法和片段连接策略构建苗头化合物，在由苗头演化到先导物、优化活性、提高选择性、消除脱靶作用等过程中，NMR 和 X- 射线衍射分析微观结构起到指导作用，分子模拟和构效关系则是验证与反馈的重要手段。Venetoclax 的成功也体现了概念验证是至关重要的。此外，venetoclax 的结构和物化性质几乎完全突破了类药 5 规则，创新不能墨守成规，因为指望相对分子质量在 500 以下的小分子阻断两个蛋白的结合是难以实现的。

合成路线

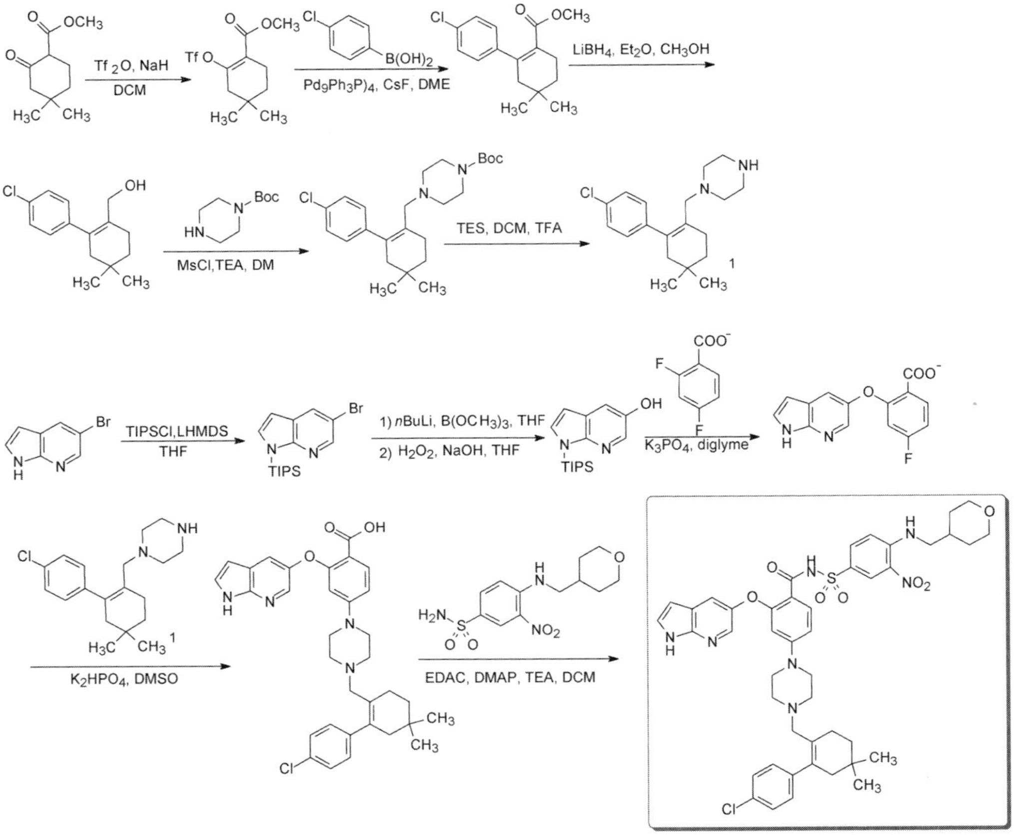

venetoclax

35. 作用于多靶标的抗肿瘤药物尼达尼布

【导读要点】

作用于多靶标的药物对防治复杂性疾病比单一靶标的药物更为有效，而当前却可遇不可求，因为理性设计水平还达不到精确的要求。尼达尼布可以同时抑制与肿瘤血管形成相关的 3 个激酶，却又对大多数激酶无活性，是高选择性药物。然而研发者优化先导物对三靶标的活性和成药性，对结构的各个部位做到精雕细刻的分析与设计。分子模拟虽然给出了启示，但更多的是药物化学家的灵感、判断和娴熟的知识运用，才得以成功。

1. 研制与外周血管形成相关的多重激酶抑制剂

肿瘤的发生和生长，需要形成新生血管以提供氧和营养物，抑制血管的生成可使肿瘤萎缩，因而是药物治疗实体瘤的重要环节。血管内皮生长因子（VEGF）引起受体 VEGFR 的信号转导，在血管形成过程中起关键作用，因而最先成为肿瘤药物治疗的靶标，已经上市的小分子药物索拉菲尼（1, sorafinib）和舒尼替尼（2, sunitinib）就是 VEGFR 酪氨酸激酶抑制剂。另一个与血管生成相关的靶标是血小板来源的生长因子（PDGF）及其相应受体（PDGFR），通过调控血管周细胞的增殖促进血管形成和稳定化。

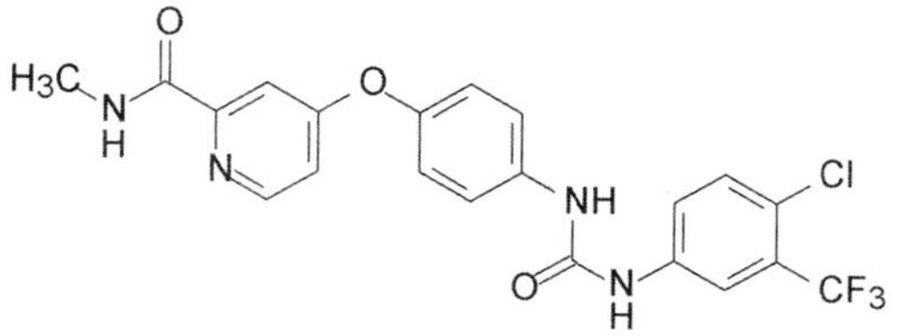

1 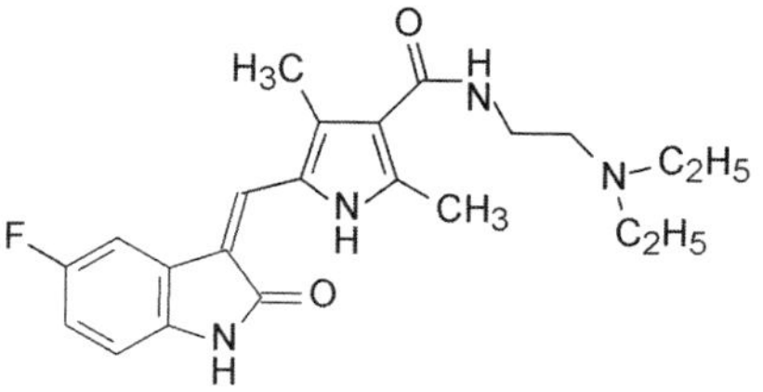　　　　　　　　　　　　　　**2**

第三个与血管形成相关的重要环节是成纤维细胞生长因子（FGF）及其相应受体 FGFR。当肿瘤细胞的 VEGFR 通路受到抑制时，会采取逃逸机制，将 VEGFR 通路转轨到 FGFR 通路，以继续存活。所以单打一的策略对肿瘤的抑制有局限性，而同时抑制 VEGFR、PDGFR 和 FGFR 的多靶标化合物，会是更强效且不易产生耐药的抗肿瘤药物。勃林格殷格翰公司研究的初期只是以 VEGFR 为靶标，后来拓展成基于 3 个受体激酶的多靶标抑制剂。

2. 评价活性的模型

用于通量筛选和初筛的体外模型，是用 VEGFR-2 胞质内激酶的结构域 797～1335 片段克隆到与谷胱甘肽 -S 转移酶（GST）融合的 pFastBac 蛋白上，表达于 SF-9 昆虫细胞中，经提取构建成筛选模型，测定化合物对酶提取液的抑制活性（IC_{50} 值）。对细胞的抑制活性是用 VEGF 刺激人脐静脉内皮细胞（HUVEC）测定半数抑制浓度（IC_{50} 值）。实验表明，化合物抑制 HUVEC 细胞增殖的活性与抑制 VEGFR 的活性具有相关性，提示对 HUVEC 细胞的抑制是由于抑制 VEGFR-2 激酶而引起的。

3. 先导化合物

通过高通量筛选公司的化合物库，并对曾是为了研发依赖于细胞周期蛋白 4（CDK4）激酶抑制剂而合成、但未呈现 CDK4 抑制活性的化合物进行筛选，发现母核为吲哚啉酮的化合物 3 对 VEGFR2 有较高的抑制活性，IC_{50} = 763nmol/L，抑制 HUVEC 细胞的活性 IC_{50} = 342nmol/L。化合物 3 对 CDK4 没有抑制作用，对其他激酶的活性也非常弱，IC_{50}>10μmol/L。因为对 VEGFR-2 激酶较强的特异性抑制作用，被确定为先导化合物。

3.1 先导物的结构特征分析

粗略地看，化合物 3 与 2 相当类似：共有的吲哚啉酮母核，经反式双键连接的芳香环，后者引出碱性端基。但仔细分析，3 的结构与 2 异同各半。相同处是吲哚啉酮的内酰胺经两个氢键结合于铰链区；不同处是 6 位的氨酰基可能处于一个特异性腔内，履行选择性结合的职能；未取代的苯环可能结合于 ATP 核糖所处的腔内；哌啶环未必在结合腔内。这些预估，后经分子模拟和合成 - 测定 - 构效分析得到了验证，深化认识了各个部位结构的作用。图 1 是这些分析和验证的示意图。

3 图1 化合物3预计的结合方式和后来验证的构效关系

3.2 6-氨酰基的特异性作用

去除6-氨酰基的化合物活性降低2倍。将氨基更换为取代的苯胺，活性都显著降低。若将氨酰基由6位移至5位，失去活性，这些提示6-氨酰基吲哚啉酮是不可改动的。

3.3 分子模拟——化合物3的结合特征

为了揭示化合物3与激酶的结合方式和6-氨酰基的结合特征，采用了分子模拟和计算化学方法。由于当时尚未解析VEGFR-2结构，用同源模建方法由已知VEGFR-1的结构构建了VEGFR-2三维结构，并根据多数激酶的杂环占据活性中心ATP的嘌呤环所处的位置，定位了3的吲哚啉酮的位置和取向。分子模拟的结果如下：①吲哚啉酮环与疏水性氨基酸Lys868、Val919和Phe1047构成的疏水腔发生疏水–疏水相互作用；②1，2位内酰胺与激酶铰链区的氨基酸发生两个氢键结合：C=O与Cys919的NH以及NH与Glu917的氧原子形成氢键；③6-氨酰基进入ATP所处的疏水腔内，该特异性疏水腔由Val916和Lys868把守门户，Lys868与酰基形成氢键结合；④末端的哌啶环未与激酶接触，处于水相介质中。图2是化合物3与VEGFR2

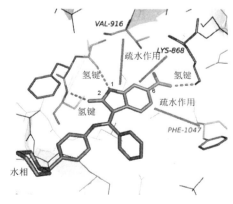

图2 化合物3与VEGFR2对接示意图

激酶分子模拟的示意图。以上提示 1, 2 和 6 位形成多个氢键以及亲脂性母核有利于提高活性和选择性；末端的碱性基团可以变换以调整物化性质。

4. 先导物的优化——构效关系研究

4.1　6 位氨酰基的变换

前述的 6 位氨酰基对活性影响很大，分析 H_2NCO- 片段具有亲水性（$\pi = -1.49$），却处于疏水腔内，应是不适宜的，为了增加亲脂性，氨基上连接烷基以探究对活性的影响，合成了化合物 4~7，结果活性显著减弱，可能是由于体积增大，该特异的疏水腔容纳不下，产生位阻的缘故。将 6- 氨酰基"调转方向"成乙酰氨基（$\pi = -0.97$），化合物 8 完全失去活性。变换成乙酰基（9，$\pi = -0.55$）活性仍然很低，再增加脂溶性，如 6- 羧甲酯（10，$\pi = -0.01$）和 6- 羧乙酯（11，$\pi = 0.51$），活性提高，超过了化合物 3，推测是亲脂性提高而体积并未加大，还保留了氢键接受体 C=O 基团。此外，氯或比较简单的基团如氨基或氰基化合物（12~14）的活性都强于 3, 6- 硝基化合物（15）活性最强。表 1 列出了变换 6 位取代基化合物的结构和活性。

表 1　化合物 3~15 的结构和活性

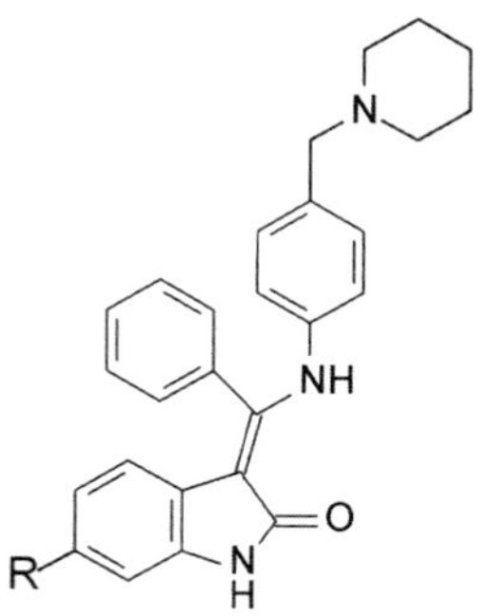

化合物	R	VEGFR2IC$_{50}$(nmol/L)	HUVEC/VEGFEC$_{50}$(nmol/L)
3	NH_2CO-	763	342
4	iProNHCO-	1 230	1 070

化合物	R	VEGFR2IC$_{50}$(nmol/L)	HUVEC/VEGFEC$_{50}$(nmol/L)
5	MeNHCO-	2 099	1 097
6	Me$_2$NCO-	1 312	542
7	EtMeNCO-	1 447	715
8	CH$_3$CONH-	>3 000	–
9	CH$_3$CO-	1 752	–
10	CH$_3$OCO-	36	103
11	EtOCO-	109	47
12	Cl	129	49
13	NH$_2$	132	414
14	CN	248	281
15	NO$_2$	7	60

综合分析表 1 这些代表性的化合物的构效关系，提示 6 位取代基对活性的影响含有多种因素：基团尺寸、疏水性、氢键形成能力等对结合力有多重复杂影响，构成"陡峭"的构效关系。但 6 位的电性效应对活性的影响较小，推论 6 位的推拉电子效应对 1 和 2 位的氢键形成没有显著影响变化。

其中两个活性最强的是化合物 15 和 10，对 VEGFR2 的 IC$_{50}$ 分别是 7nmol/L 和 36nmol/L，抑制 HUVEC 细胞的活性 IC$_{50}$ 分别是 60nmol/L 和 103nmol/L。然而 15 和 10 都有缺点，硝基在体内可发生多种代谢产物，有潜在的不良反应；羧酸酯可能发生水解作用，都涉及药代的成药性问题。氯取代的化合物 12 抑制细胞活性较强，但对其他激酶有脱靶作用（off-targeting），故不可取。

10 优于所有合成的化合物在于对于 PDGFR 和 FGFR 激酶也有强效抑制活性，IC$_{50}$ 分别是 54nmol/L 和 71nmol/L，对其他 23 种激酶没有抑制作用，提示 6 位酯基取代选择性较强。虽然化合物 10 存在发生水解的羧酸酯基，但灌胃小鼠的药代实验结果尚可：灌胃 50mg/kg，C_{max} = 952ng/ml，$t_{1/2}$ 为 3.5h，AUC 为 5 246(ng · 3h)/ml，因此确定化合物 10 作为新一轮优化的先导物。

4.2 新一轮的优化

继续进行结构优化的目标是对 3 个靶标 VEGFR、PDGFR 和 FGFR 激酶都要有较高抑制活性，而对其他激酶（off-target）没有或低活性，还需有良好的物理化学性质和药代动力学性质。优化的策略是以化合物 10 为起始物，变换连接于苯胺对位的碱性片段（哌啶环）和连接基（亚甲基），与双键连接的苯基保持不变。

分子模拟显示，哌啶环处于活性部位以外的水相中，由于没有与激酶结合，可以对该片段做较大的变换，合成了长度不同的碱性链 16～20。这些化合物对 3 种酶和对细胞的抑制活性都比较高。化合物 21 没有碱性氮原子仍然有高活性，提示侧链上带有碱性基团并不是呈现活性的必要前提（但对成盐性和调整物化性质很重要）。化合物 23 和 24 的侧链尺寸较小，活性显著降低或失去活性。侧链上有含氮杂环的化合物 25～27 都呈现活性，活性强弱的结构差异在下节讨论。表 2 列出了变换碱性侧链的化合物结构及其活性。

表 2　不同碱性侧链的化合物结构及其活性

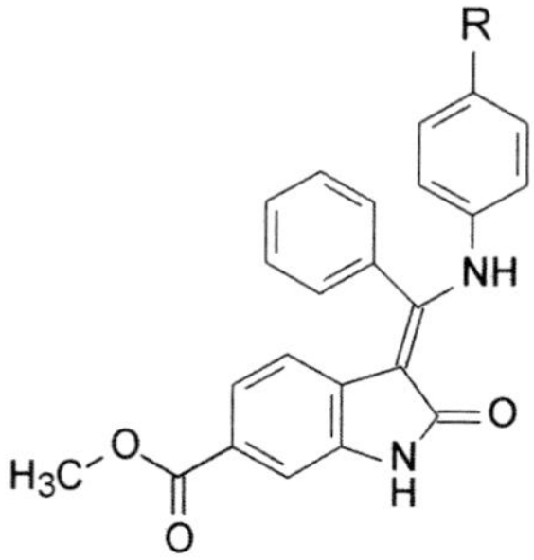

化合物	R	VEGFR2 IC$_{50}$(nmol/L)	FGFR1 IC$_{50}$(nmol/L)	PDGFRα IC$_{50}$(nmol/L)	HUVEC/VEGF EC$_{50}$(nmol/L)
10	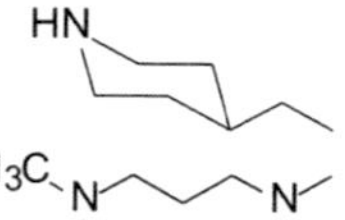	36	71	54	103
16	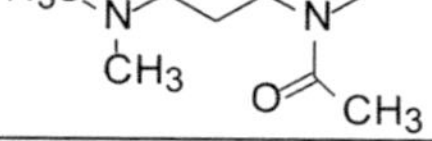	9	17	7	15

化合物	R	VEGFR2 IC$_{50}$(nmol/L)	FGFR1 IC$_{50}$(nmol/L)	PDGFRα IC$_{50}$(nmol/L)	HUVEC/VEGF EC$_{50}$(nmol/L)
17		12	18	8	15
18		23	25	12	14
19		24	88	11	25
20		61	50	20	22
21		8	54	9	37
22		119	–	–	–
23		150	–	–	–
24	H	>8 000	–	–	–
25		5	38	18	10
26		83	219	164	83
27		6	66	8	52

4.3 候选化合物的确定——尼达尼布的上市

综合分析表 1 和表 2 所列的代表性化合物的构效关系，可以归纳出的规律性

353

结论较少，即或经分子模拟的微观分析，也难以对多数化合物的活性强弱（或有无）做出理性的解释，何况同时对 3 个靶标的作用。一方面说明影响这些靶标的结构因素的复杂性，也说明现阶段的计算生物学存在局限性，回顾性解释多于前瞻性的预测。

上述高活性化合物群中存在一个现象就是 20、21 和 22 之间以及 25 和 26 之间的构效关系。当与苯胺环相连的 4 位为叔氮原子，活性显著高于相应的仲氮相连的化合物，如 20 和 21 强于 22；25 强于 26。叔氮原子引出的侧链与苯胺的环平面呈垂直取向，仲氮原子连接的侧链与苯胺的共面性概率较大，推论侧链在空间的取向对活性是有影响的，侧链与环系呈垂直取向的活性强于侧链与环的共面的化合物。

这样，候选化合物的选择更集中在 20 和 25，不仅是由于对 VEGFR、PDGFR 和 FGFR 激酶以及 HUVEC 细胞的高抑制活性，而且对常见的 23 种激酶的活性很弱，预示有较少的脱靶作用。20 和 25 可抑制多种移植人肿瘤的裸鼠肿瘤生长，小鼠灌胃也有良好的药代动力学性质。

化合物 25 还对 Src 家族的激酶有抑制作用，对 Flt-3 激酶的 $IC_{50} = 26nmol/L$，预示可能对急性髓细胞白血病有治疗效果。全面综合考虑，确定 25 为候选化合物，公司代码为 BIBF1120，定名为尼达尼布（nintedanib）。

尼达尼布大鼠和猕猴的口服生物利用度（F）分别为 12% 和 24%，半衰期 $t_{1/2}$ 分别为 4h 和 7.1h。口服生物利用度低的原因主要是首过效应酯水解的缘故（Roth GJ, Heckel A, Colbatzky F, et al. Design, synthesis, and evaluation of indolinones as triple angiokinase inhibitors and the discovery of a highly specific 6-methoxycarbonyl-substituted indolinone(BIBF 1120). J Med Chem, 2009, 52: 4466-4480）。

该项目自 1998 年启动，2001 年即确定尼达尼布为候选化合物，经临床前和临床研究，长时间大规模的一波三折的临床研究，说明了创新药物的艰辛与风险，直到 2015 年 FDA 批准上市，目前的适应证是治疗非小细胞肺癌和特质性肺纤维化病（IPF），后者是 FDA 首次同年批准的两个治疗 IPF 小分子药物之一（另一个药物是吡非尼酮）（Roth GJ, Binder R, Colbatzky F, et al. Nintedanib: from discovery to the clinic. J Med Chem, 2015, 58: 1053-1063）。

5. 尼达尼布与 VEGFR 的结合特征和持续的抑制作用

X- 射线研究与 VEGFR2 复合物单晶结构表明，尼达尼布结合于 ATP 结合位点，定位于激酶的 N 末端和 C 末端结构域之间的裂隙处（图 3），连接有甲酯基的吲哚啉酮环处于疏水性氨基酸构成的疏水腔内，内酰胺的 -CO-NH- 分别与铰链上的氨基酸 Cys919 和 Glu917 残基形成氢键，这与前面叙述的分子模拟的结果相一致。甲基哌嗪环的位置与前述的哌啶环相同，进入到水相中，只是 4 位氮原子与 Glu850 的羧基的两个氧原子形成二齿型离子键，距离分别为 3.2Å 和 3.3Å，增加了结合强

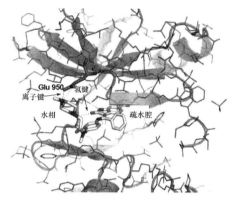

图 3　尼达尼布与 VEGFR 晶体衍射结构

度，这一点在分子模拟中因化合物 3 是哌啶环，不可能预测到这种结合。

尼达尼布与激酶结合的另一个特征是持续性抑制作用。用 VEGFR2 转染的细胞脉冲追踪（pulse-chase）实验证明，细胞暴露于尼达尼 1h 后彻底洗除药物，继续温孵细胞 8h、24h 和 32h 之后用 VEGF 刺激细胞，Western 印迹分析表明，VEGFR2 受体的磷酸化一直处于被抑制状态（32h 以上）。推测是尼达尼布在细胞内酯基被水解，游离酸难以穿越细胞膜逃逸，被封闭在胞内。由于游离酸活性也很高（$IC_{50} = 62nmol/L$），这或许是其持续性抑制的原因之一（Hilberg F, Roth GJ, Krssak M, et al. BIBF1120: triple angiokinase inhibitor with sustained receptor blockade and good antitumor efficacy. Cancer Res, 2008, 68: 4774-4782）。笔者认为也可能有其他因素。一是尼达尼布与酶的强力结合（$IC_{50} = 5nmol/L$），几乎成为不可逆状态，类似于共价键结合导致的持续抑制状态。也可能由于生成的酶 - 尼达尼布复合物具有慢离解速率，即或循环中药物已不复存在，因药物有较长的驻留时间（residence time）使酶分子持续处于与抑制剂结合状态。当然，这需要结合动力学实验证明。

合成路线

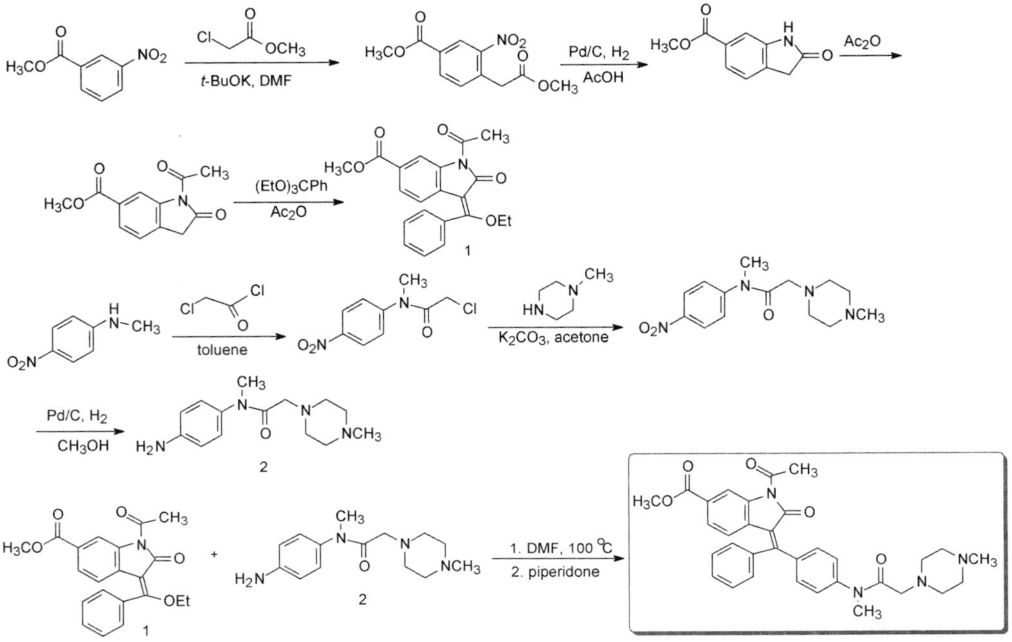

尼达尼布

36. 首创的"跟随性"药物色瑞替尼的研制

【导读要点】

色瑞替尼是首创药物克唑替尼的后续药，作用机制明确，靶标相同，二者上市相距三年。实际上，色瑞替尼虽貌似跟踪，却胜于跟踪，因为它对克唑替尼发生耐药的患者效果显著而有重大突破，具有鲜明的创新性。尽管迄今尚不完全清楚其抗耐药性的结构基础，发明色瑞替尼包含有幸运的色彩，但诺华的研究者将先导物的结构"精雕细刻"地优化，为了在酶和细胞水平上提高活性和选择性，消除警戒结构和强化成药性，对遍及骨架周遭的基团和片段进行了多方位变换和探索，成为运用药物化学理念和构效关系分析的一个成功范例。

1. 研究背景

有一种肿瘤称作间变性大细胞淋巴瘤（ALCL），是一类罕见的非霍奇金 T 细胞淋巴瘤，多发生在皮肤、骨骼、软组织和多种脏器中，这种全身性肿瘤的发生原因，大多是发生了 t（2；5）（p23；q25）染色体易位，产生了由间变性淋巴瘤激酶（anaplastic lymphoma kinase, ALK）与核磷蛋白（nucleophosmin, NPM）胞内结构域的融合基因，高表达的 ALK-NPM 蛋白是发生间变性淋巴瘤、炎性肌纤维细胞瘤和非小细胞肺癌等关键性酶，因而是研发这类罕见病个性化治疗的重要靶标。

以 ALK 激酶为靶标首创性的药物是由辉瑞研发的克唑替尼（1a, crizotinib），上市于 2011 年，治疗非小细胞肺癌。诺华创制的本品色瑞替尼（1b, ceritinib），上市于 2014 年，三年的间隔使色瑞替尼沦为后续研发的药物，然而由于与克唑替尼有相当长时间的研发重合期，他们的研发路径和结构优化过程以及候选化合物的确定，显然是独立进行和较少借鉴的，反映在结构上，1a 和 1b 具有不同的结构骨架和药效团的特征。而且，尽管是作用于同一靶标，但本品的特点是对克唑替尼发生耐药的患者有效，被称为抢救性抗肿瘤药物。

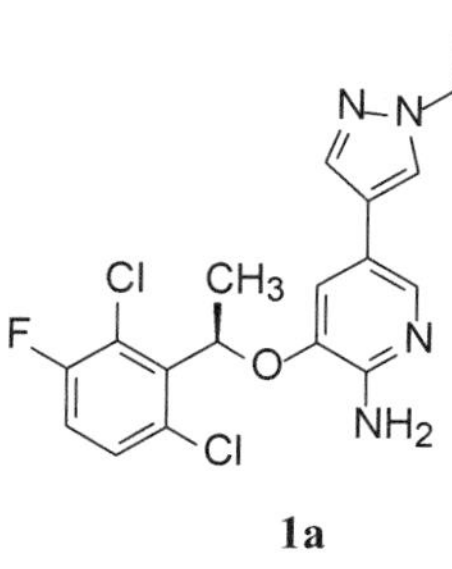

| 1a | 1b |

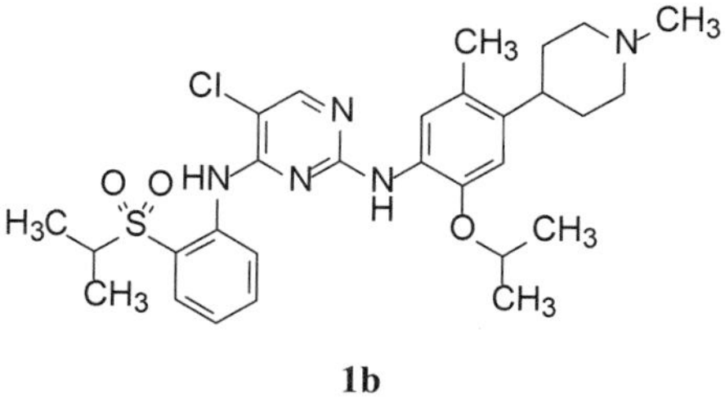

2. 活性评价

色瑞替尼是晚于首创药物克唑替尼的第二代药物，但由于起始的先导物的活性很高，起点高，因而评价优化的化合物活性在用 ALK-NPM 激酶测定的同时，还用高表达 ALK-NPM 激酶的 Ba/F3 细胞评价抑制生长活性（目标是酶和细胞水平的高活性）；也由于 ALK 激酶属于胰岛素受体家族的成员，为了评价化合物对 ALK 的特异性抑制，还评价对高表达 Tel-InsR 融合蛋白的 Ba/F3 细胞的作用（目标是低或无活性）；为了消除细胞毒的非特异性作用，还测定了对野生型（WT）Ba/F3 细胞的活性（目标是低或无活性）；还用具有表达 ALK-NPM 蛋白、人 ALKL 肿瘤的 ALK 呈阳性的 Karpas 299 细胞评价化合物的抗增殖活性（目标是高活性）。

3. 先导化合物的发现

3.1 具有高活性化合物的发现

诺华公司为了研发针对 ALK-NPM 激酶为靶标的抑制剂，用已有针对其他激酶而合成的小分子化合物库进行了随机筛选，从中发现了化合物 2（代号 TAE684）对高表达 ALK-NPM 的 Ba/F3 细胞有强抑制活性，$IC_{50} = 3nmol/L$，而对野生型 Ba/F3 细胞在 $1\mu mol/L$ 浓度下没有抑制作用，提示该先导物是选择性高的强效抑制剂。图 1 是化合物 2 与 ALK 激酶分子对接图。

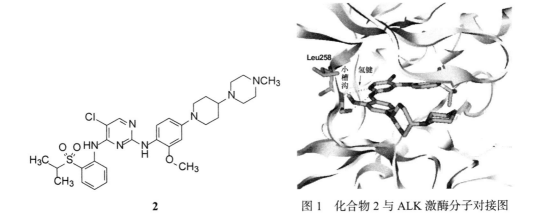

2

图 1　化合物 2 与 ALK 激酶分子对接图

3.2 分子模拟——解析先导物的结合方式

用分子模拟方法研究了化合物 2 与 ALK 激酶的结合特征，以揭示 2 在 ALK

活性部位的分子取向和定位，以及各个基团和片段的结合模式，指导新化合物的设计。由于当时尚未解析 ALK 激酶的三维结构，故采用同源模建方法，根据同源性强的已知 InsR 的三维结构，构建了 ALK 的结构。分子对接显示，化合物 2 占据的位置是 ATP 结合腔，结构中 2- 氨基嘧啶片段通过两个氢键固定于 ALK 的铰链处，2 并没有延伸到变构区的疏水腔中。皆知，Abl 特异性抑制剂伊马替尼与激酶的结合位点是 ATP 旁边的变构区的疏水腔，与激酶的非活性 "DFG-out" 构象结合，因而呈现出比结合于 ATP 位点的抑制剂具有更高的选择性活性（Schindler T, Bornmann W, Pellicena P, et al. Structural mechanism for STI-571 inhibition of abelson tyrosine kinase. Science, 2000, 289: 1938-1942）。然而，化合物 2 结合于 ATP 位点却显示有高选择性抑制活性，推测可能是由于在苯胺片段的 2 位存在甲氧基，该甲氧基处于 ALK 铰链处的 Leu258 和 Met259 残基侧链构成的疏水性沟槽内，而其他激酶的相应氨基酸尺寸都比较大，位阻效应阻止了化合物 2 的甲氧基进入。分子模拟揭示了甲氧基的重要性（Galkin AV, Melnick JS, Kim SJ, et al. Identification of NVP-TAE684, a potent, selective, and efficacious inhibitor of NPM-ALK. Proc Natl Acad Sci USA, 2007, 104: 270-275）。

4. 先导化合物的优化

4.1 甲氧基的变换

分子模拟揭示了苯胺环上的 2- 甲氧基对于选择性作用的重要性，首先考察变换为其他烷氧基对活性的影响。在合成的化合物中，2- 异丙氧基化合物 3 仍保持高活性和选择性，提示疏水性沟槽可容纳异丙氧基，同时还降低了氧化代谢的程度，表明 2- 异丙氧基是一个可替换甲氧基的优选基团。

3

4.2 消除警戒结构

化合物 2 对体外 ALK 激酶、高表达 ALK 的细胞以及体内接种 Karpas-299- 或 Ba/F3 NPM-ALK- 细胞的小鼠都有强效抑制活性，药代动力学性质也可以，但不能作为候选药物。因为 2 在体内发生氧化代谢，产生有反应活性的代谢产物。2 与肝微粒体温孵，LC-MS 证明有 20% 原药转化为有反应活性的亲电性物质，例如可被谷胱甘肽捕获生成加合物（图 2）。

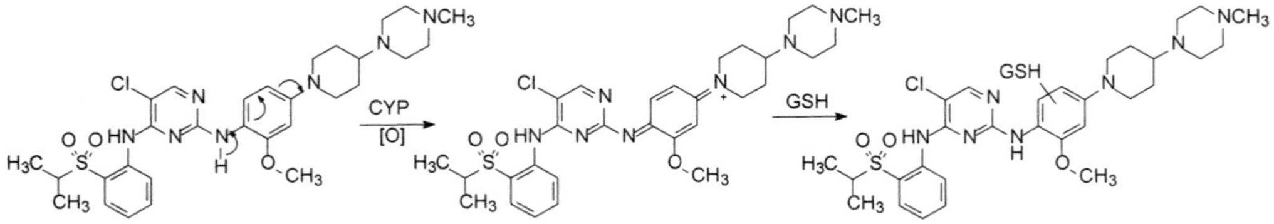

对苯二胺被氧化　　生成亲电性醌式亚铵离子　　与亲核基团生成加合物

图 2　化合物 2 氧化产物和与谷胱甘肽（GSH）的加合物

亲电性物质源于分子中的对苯二胺结构（称作警戒结构，structural alert），对苯二胺有较高的电荷密度，是细胞色素 P450 的氧化位点，生成带有正电荷的 1,4 亚胺醌，为强亲电性基团，容易同体内亲核基团发生亲核取代反应，具有产生特质性药物毒性（ITD）的风险（Orhan H, Vermeulen NPE. Conventional and novel approaches in generating and characterization of reactive intermediates from drugs/drug candidates. Curr Drug Metab, 2011, 12: 383-394）。

4.3 变换哌嗪为哌啶环

氧化代谢生成亲电性基团的原因是分子中存在的对苯二胺片段，生成具有正电荷的亚胺醌式结构易于结合亲核基团，以便恢复成稳定的芳香系统，所以是强亲电性基团。氮原子含有未偶电子对，电荷密度高于 sp^3 杂化碳原子，因而容易被氧化成亲电性醌式结构。为免于此，将通式 3 的哌嗪环变换成 4- 哌啶结构，消除了对苯二胺的结构因素，设计合成了有代表性的化合物 4～7。由于 2 和 3 已有高活性和选择性，不宜对骨架结构大动，因而固定 2,6- 二苯胺基嘧啶母核不变，将右端的哌嗪环（可能是助溶基团）换成 4- 哌啶基，并将异丙磺酰基

（R_1）、嘧啶环上的 R_2 和苯环的 R_3 加以变换，代表性的化合物 3～7 结构与活性列于表 1 中。

表 1 化合物 2～7 的活性和选择性

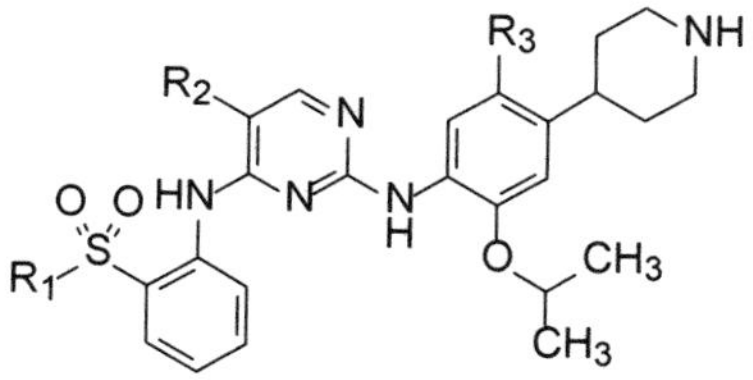

4~7

化合物	R_1	R_2	R_3	IC_{50}(nmol/L)			
				Ba/F3-NPM-ALK	Ba/F3-Tel-InsR	Ba/F3-WT	Karpas299
2	结构见前			3.7	43.7	1 336	2.4
3	结构见前			24.8	414	3 395	22.5
4	i-Pr	Cl	H	26.0	319.5	2 477	22.8
5	i-Pr	Cl	CH_3	40.6	541.5	2 884	13.1
6	i-Pr	CH_3	CH_3	38.1	197.2	2 460	13.5
7	c-Bu	Cl	CH_3	17.3	510.9	2 517	13.1

表 1 的数据提示，嘧啶环上的 R_2 为氯原子或甲基对活性和选择性有相同的影响，苯环上 R_3 为甲基取代可提高对人癌细胞 Karpas299 的活性。

4.4 哌啶环 N- 取代基的变换

将左端的连接磺酰基 w 的基团固定为异丙基（变换为甲基、氨基或环丁基的化合物不如异丙基，故被优选），右侧苯环上固定为甲基取代，变换嘧啶环的取代（氯和甲基）和哌啶 N- 取代基，合成一系列化合物，有代表性的化合物 8～12 的结构与活性列于表 2。

表2 化合物8～12的结构、活性和选择性

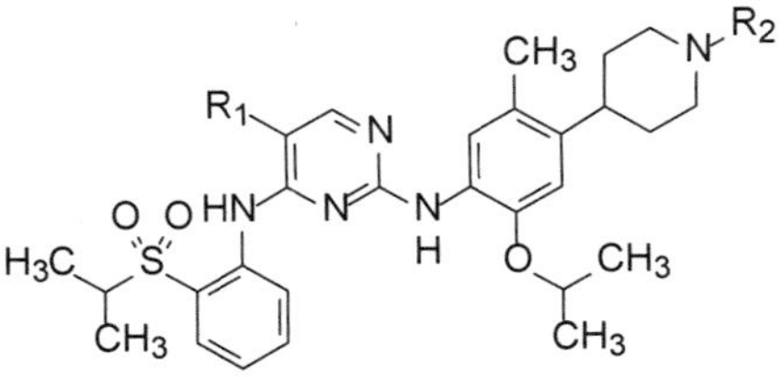

8~12

化合物	R1	R2	IC$_{50}$(nmol/L)			
			Ba/F3-NPM-ALK	Ba/F3-Tel-InsR	Ba/F3-WT	Karpas299
8	Cl	C$_2$H$_5$	32.1	344.5	4 120	11.1
9	Cl	CH$_2$CH$_2$OH	8.1	326.5	4 336	8.1
10	Cl	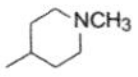 (NCH$_3$)	258.4	1 186	1 420	100.3
11	CH$_3$	COCH$_2$NMe$_2$	25.8	416	2 737	21.7
12	CH$_3$	CH$_3$	14.6	375.3	4 077	15.6

从表2的数据可以看出，除化合物10的活性和选择性较低外，其余都具有较高的活性和选择性。哌啶的 N- 取代基的极性或非极性，基团大小的变换对活性没有显著影响，提示氮原子和相连的基团没有参与同酶蛋白结合。

5. 良好成药性的选择

5.1 评价化合物产生亲电性基团的警戒结构

安全性是成药性的前提，应摒弃有潜在毒性的化合物。为此，评价了上述高活性和选择性化合物发生代谢氧化而产生亲电性基团的化合物，方法是将受试化合物与肝微粒体温孵，加入 NADPH、谷胱甘肽（GSH）和尿苷 -5'- 二磷酸（UDPGA），反应后，用 LC-MS 检测反应液中生成加合物的含量，并换算成受试物的百分含量。表3列出了代表性化合物的数据，表明含有对苯二胺结构的化合物 2（存在哌嗪片段）有 20% 转化成亲电性物质，与 GSH 生成加合物，而含有吡啶、哌啶的化合物（4、8、10 和 12）没有发生代谢转化，未见形成与 GSH 的加合物。

表 3 代表性化合物与 GSH 生成加合物的百分率

化合物	2	4	8	10	12
捕获 GSH/%	20	< 1	< 1	< 1	< 1

5.2 药代动力学性质的优选

对高活性化合物进行了药代动力学性质的测定，包括在啮齿动物和人肝微粒体的清除率（CL），对重要的药物代谢酶 CYP3A4 的抑制作用（以咪达唑仑为底物）、化合物的溶解度以及对 hERG 的抑制作用（采用多非利特竞争性结合试验）。结果表明，这些化合物对肝微粒体都有较好的稳定性；对 CYP3A4 的抑制作用尚可；有不同的水溶解度，发现与碱性氮原子的 pK_a 相关；对心肌钾通道 hERG 的作用变化也较大，这也与化合物的 pK_a 相关。对化合物 4 和 12 进一步用膜片钳方法测定对 hERG 抑制作用的 IC_{50} 值，分别为 46μmol/L 和 20μmol/L，预示 4 和 12 对心脏是安全的。表 4 列出了这些化合物的药代数据。

表 4 代表性化合物的药代动力学性质。

化合物	肝微粒体清除 CL [μL/(min·mg)]			CYP3A4(μmol/L) pH 6.8 缓冲液	溶解度 (μmol/L)	hERG(μmol/L)
	小鼠	大鼠	人			
4	15	15	15	1.4	4	5.3(46μmol/L)*
5	15	10	19	1.5	24	1.25
9	15	14	15	2.5	36	2.64
11	45	21	46	0.6	4	24.5
12	15	14	8	9.8	144	1.1(20μmol/L)*

* 括弧内数据是用膜片钳方法测定的 IC_{50} 值

6. 候选化合物的确定——色瑞替尼的上市

综合体外对酶和细胞的活性和选择性、药代、安全性和物化性质，确定了化合物 4 为候选药物，进一步测定 4 对其他 30 多种激酶的抑制活性，结果显示，IC_{50} 低于 100nmol/L 的激酶只有 3 个：IGF-IR、Ins-R 和 STK22D，IC_{50} 分别为 8nmol/L、7nmol/L 和 23nmol/L，由于对 ALK 激酶的 IC_{50} 为 2nmol/L，选择性范围为 70～230 倍。对 18 种激酶高表达的 Ba/F3 细胞增殖试验表明化合物 4 的 IC_{50} 都高于 400nmol/L 的浓度，而对作用靶标 EML4-ALK 和 Tel-ALK 高表达的 Ba/F3 细胞的 IC_{50} 值分别为 2.2nmol/L 和 40.7nmol/L，显示了对细胞的高选择性。

化合物 4 对小鼠、大鼠、犬和猴的药代动力学试验表明，口服生物利用度 F（%）分别为 55%、60%、100% 和 56%；静脉注射的清除率 CL 分别为 27ml/(min·mg)、37ml/(min·mg)、9ml/(min·mg) 和 13ml/(min·mg)；半衰期 $t_{1/2}$ 为 6h、9h、21h 和 26h，提示在不同动物种属之间也有良好的药代参数。进而对裸鼠移植性间变性大细胞淋巴瘤（ALCL）和非小细胞肺癌（NSCLC）做治疗性实验，证明在可耐受剂量下有显著抑制生长作用。遂进入临床研究，命名 4 为色瑞替尼（ceritinib），经三期临床研究后，FDA 认为对于间变性淋巴瘤激酶（ALK）阳性转移、经克唑替尼治疗无效的 NSCLC 肺癌患者有效，作为突破性治疗药物，于 2014 年批准上市（Marsilje TH, Pei W, Chen B, et al. Synthesis, structure-activity relationships, and *in vivo* efficacy of the novel potent and selective anaplastic lymphoma kinase(ALK)inhibitor 5-chloro-N2-(2-isopropoxy-5-methyl-4-(piperidin-4-yl)phenyl) - N4(2-(isopropylsulfonyl)phenyl)pyrimidine-2, 4-diamine(LDK378)currently in phase 1 and phase 2 clinical trials. J Med Chem, 2013, 56: 5675~5690）。

诺华研制的色瑞替尼，是继辉瑞于 2011 年上市的克唑替尼的"第二代"产品，但它不是模仿跟进性药物。克唑替尼是个性化治疗罕见病药物的重大突破，而色瑞替尼则是针对发生耐药和不能耐受的患者，所以具有鲜明的创新性。

7. 色瑞替尼与 ALK 激酶的分子对接

化合物 2 与 ALK 激酶复合物的单晶结构于 2010 年解析（Bossi RT, Saccardo MB, Ardini E, et al. Crystal structures of anaplastic lymphoma kinase in complex with ATP competitive inhibitors. Biochemistry, 2010, 49: 6813-6825），图 3 是将色瑞替尼分子对接到 ALK 晶体结构中的示意图，嘧啶的氮原子和氨基与 Met1199 的氮和氧原子分别形成氢键（图中未显示出氨基与氧形成的氢键，虽然距离很近，但未在同一平面之故，若在溶液中会因柔性构象能够结合）；嘧啶环夹在 Ala1148 和 Leu1256 中间，氯原子在疏水腔后面，与门户氨基酸 Leu1196 发生疏水相互作用；与磺酰基相连的异丙基向下弯入到由 Arg1253、Asn1254、Cys1255、Leu1256、Gly1260 和 Asp1270 组成的疏水腔内；异丙氧基则进入由 Arg1120 和 Glu1132 的侧链以及铰链的氨基酸残基 Leu1198-Ala1200-Gly1201-Gly1202 组成的疏水腔。

图 3　色瑞替尼与 ALK 激酶的分子对接图

合成路线

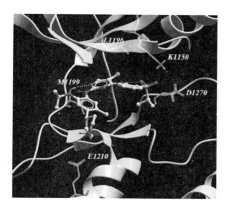

色瑞替尼

37. 活性与成药性多维优化的马拉韦罗

【导读要点】

HIV1 病毒衣壳蛋白 gp120 与宿主细胞膜受体 CCR5 的结合是病毒侵入细胞的重要环节，用小分子阻止这种蛋白－蛋白相互作用、干预 gp120-CCR5 广泛而平坦的结合界面是药物设计的难题。研制马拉韦罗，由普筛获得苗头、苗头演化为先导物、优化活性和成药性直至确定候选物，药物化学和分子模拟方法贯穿于全过程。在解析受体结合实验与抗病毒功能的矛盾、解决活性与抑制 CYP450 以及 hERG 通道的交叉平行的难题中，多维度地展现了结构优化的技巧，使得马拉韦罗成为首创性药物，自 2008 年至今仍是唯一上市的作用于 CCR5 环节的抗艾滋病药物。

1. 干预 HIV 病毒进入宿主细胞的环节

1.1 HIV1 进入宿主细胞的过程

HIV 病毒感染宿主细胞是衣被与胞膜的融合过程，融合是分步进行的：① 识别与结合 CD4 受体：病毒颗粒的外膜糖蛋白 gp120 与跨膜糖蛋白 gp41 识别宿主细胞表面受体 CD4，并与之结合附着在细胞膜上；② 与 CCR5 受体结合：结合于 CD4 的 gp120 构象发生变化，识别并结合于宿主细胞的辅受体趋化因子受体 CCR5，遂之 gp41 与 gp120 分离；③ 核酸进入：gp41 的 α 螺旋变构，形成管束状构象，与膜蛋白融合，病毒的核酸穿越胞膜进入宿主细胞。研制抗 HIV1 药物可以在不同的环节干预病毒进入细胞，例如屏蔽和抑制 CD4 受体或者 CCR5 受体。

1.2 CCR5 受体的特征与功能

CCR5 是一种趋化因子受体，由 352 个氨基酸残基组成，为跨膜 G 蛋白偶联受体，7 个跨膜 α 螺旋可分为胞外 N- 末端、3 个胞外环套、3 个胞内环套和 C- 末端。激动 CCR5 受体的配体有巨噬细胞炎症蛋白 1α(MIP1α)、1β(MIP1β) 和 RANTES 等趋化因子家族成员，功能是趋化细胞以定向运动调控淋巴细胞的迁移、增殖与免疫的功能。由于介导炎症反应和自身免疫性疾病的发生，因而 CCR5 是研发抗炎药物和免疫调节药物的重要靶标。另一方面，它又是 HIV 病毒侵入细胞的重要辅受体（coreceptor），参与病毒蛋白与细胞膜的融合过程，所以 CCR5 也是抑制 HIV1 感染的重要靶标。图 1 是 CCR5 与配体趋化因子的结合位点以及病毒颗粒与 CD4 结合的示意图。

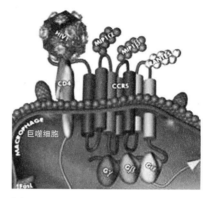

图1　巨噬细胞胞膜的 CD4 与 CCR5 受体同趋化因子（MP1αβγ）与 HIV1 结合的示意图

2.　抑制剂的活性评价

用稳定表达 CCR5 的 HEK-293 细胞作为体外细胞模型评价化合物活性，将放射性标记的趋化因子 MIP1β 从与 CCR5 受体结合的复合物中置换出 50% 的化合物浓度（MIP1β IC_{50}）作为受试化合物抑制活性的指标，在一定程度上该 IC_{50} 代表了化合物阻断病毒融合和侵染宿主细胞的活性强度。然而用竞争抑制实验作为阻止病毒侵入的指标有一定的风险，因为化合物的 MIP1β IC_{50} 值有时与抑制病毒侵入的活性不相关联（在研发马拉韦罗和其他 CCR5 抑制剂中已显示出来，见后）。但作为初筛，仍是有价值的。另一种模型是抑制 50% HIV_{BAL} 病毒复制所需的化合物浓度 AV IC_{50}，用以表征化合物的抗病毒功能。

3.　苗头化合物和向先导物的演化

3.1　随机筛选获得苗头化合物

研发 CCR5 受体拮抗剂以抑制 HIV1 对宿主细胞膜的融合与侵入，本质上是干预 gp120 与 CCR5 之间的蛋白－蛋白相互作用。由于缺乏结构生物学信息，发现阻断蛋白－蛋白相互作用的有机小分子所常用的方法是随机筛选获得苗头化合物。辉瑞公司设定了遴选苗头化合物的标准：MIP1β IC_{50}<2.5μmol/L、配体效率 LE>0.2

（LE =配体-受体结合自由能 ΔG/ 配体分子的非氢原子数，ΔG 可由 K_i 计算得到，LE 是同时表征化合物活性和分子大小的量度）以及 clog$P$<5（clog$P$ 为化合物疏水性或亲脂性的量度）。这 3 个指标用以控制和确保苗头化合物处于成药性的化学空间。

经随机筛选发现了化合物 1 和 2 达到了上述标准，IC_{50} 分别为 0.40μmol/L 和 1.1μmol/L。

1   **2**

3.2 消除抑制 CYP 的作用

化合物 1 结构中含有咪唑并吡啶片段，基于已有的经验，该片段具有抑制 CYP2D6 的作用，测试结果表明 1 对 CYP2D6 有显著抑制作用，IC_{50} = 0.04μmol/L，分子模拟研究表明吡啶 N 原子与卟啉环上的 Fe 形成配位键，如图 2 所示。

由于 1 占据了 CYP2D6 与底物结合的空间，降低了酶的代谢转化能力，因而呈现抑制作用。推论将 1 的吡啶环换成苯环会消除抑制 CYP2D6 的作用，化合物 3 对 MIP1β 有很强的抑制活性，IC_{50} = 4nmol/L，并消除了抑制 CYP 作用。然而 3 未显示抑制病毒的功能。

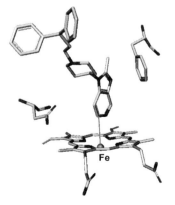

图 2　分子模拟化合物 1 与 CYP2D6 结合示意图

3

3.3　引入酰胺基团以降低脂溶性

化合物3有较高的亲脂性，而且邻近的两个苯环可发生疏水折拢作用（hydrophobic collapse）导致构象变化。将化合物3中的苯环用苯甲酰胺片段取代得到脂溶性降低的化合物4，虽然抑制CCR5的作用略弱（MIP1β IC$_{50}$ = 0.045μmol/L），但呈现出抑制病毒复制的活性（AV IC$_{50}$ = 0.21μmol/L）。因而以4为模板，用通式5考察不同酰基对活性的影响。

R=PhCH$_2$, (CH$_3$)$_2$CH,
(CH$_3$)$_2$N, CH$_2$=CHCH$_2$, CH$_3$

4　　　　　　　　　　　　**5**

3.4　不同酰胺取代的构效关系

不同的酰基替换苯甲酰基，测定化合物抑制CCR5和病毒复制的活性表明，苄基的活性低于苯基，异丙基和环丁基活性强于4，尤其是环丁基活性很高（MIP1β IC$_{50}$ = 0.040μmol/L, AV IC$_{50}$ = 0.050 μmol/L）；极性更强的如二甲胺基甲酰基和烯丙酰基化合物活性降低，体积小的乙酰基活性更弱。提示基团过大或过小或增加极性都不利于活性的提升。

3.5　手性对活性的影响——先导化合物的确定

化合物4含有一个手性碳原子，测定了两个光学异构体的活性，表明S异构体为优映体，MIP1β IC$_{50}$ = 0.013μmol/L，R构型MIP1β IC$_{50}$ = 0.58μmol/L，相差44倍。同样制备了环丁基取代的光学活性化合物，也表明S构型的化合物（6）有良好的活性，MIP1β IC$_{50}$ = 0.020μmol/L，AV IC$_{90}$ = 0.073μmol/L。6也降低了对CYP2D6的抑制作用，IC$_{50}$ = 5μmol/L。（Armour D, de Groot MJ, Edwards M, et al. The discovery of CCR5 receptor antagonists for the treatment of HIV infection: hit-to-lead studies [J]. ChemMedChem, 2006, 1: 706-709）。

6

4. 先导物的优化

4.1 降低对 CYP 的抑制作用

以化合物 6 为先导化合物，经分子模拟的理性设计，优化结构以进一步降低对 CYP2D6 的抑制作用。文献报道 CYP2D6 的抑制剂和底物的药效团具有共同的特征，即在距离苯环的 5~7Å 处有碱性氮原子的存在（de Groot MJ, Ackland MJ, Home VA, et al. Novel approach to predicting P450-mediating drug metabolism: development of a combined protein and pharmacophore model to CYP2D6 [J]. J Med Chem, 1999, 45: 1515-1524）。化合物 6 也是这样，分子对接显示，6 的哌啶 N 原子与 CYP 的 Asp301 发生相互作用。为了消除这种作用，设计具有位阻的哌啶环或降低 N 原子的碱性，以阻止 N 原子与 Asp301 的结合。在报道的化合物 7~15 中，7（exo- 异构体）和 8（endo- 异构体）不仅对 CCR5 具有高抑制活性（MIP1β IC$_{50}$ 分别为 2nmol/L 和 6nmol/L），而且抑制病毒复制的活性也很高（AV IC$_{90}$ 分别为 13nmol/L 和 3nmol/L），而其他化合物（9 无活性除外）虽也有强效的抑制 CCR5 作用，但没有或只有很弱的抑制病毒活性（再次证明受体与细胞活性的不平行性）。endo- 化合物 8 由于苯并咪唑环的存在，迫使桥连的哌啶环采取假船式结构。

此外，7 和 8 都消除了抑制 CYP2D6 的作用，说明增加位阻效应阻止了氮原子与 Asp 301 的结合。因而以 7 和 8 为新的起点作进一步研究。（Armour DR, de Groot MJ, Price DA, et al. The discovery of tropane-derived CCR5 receptor antagonists [J]. Chem Biol Drug Design, 2006, 67: 305-308）。

化合物 7 和 8 的安全性试验表明有抑制 hERG 钾通道的作用，例如 7 在

0.3μmol/L 浓度下抑制率达 80%，这种潜在的心脏毒性，需进一步优化结构加以消除。

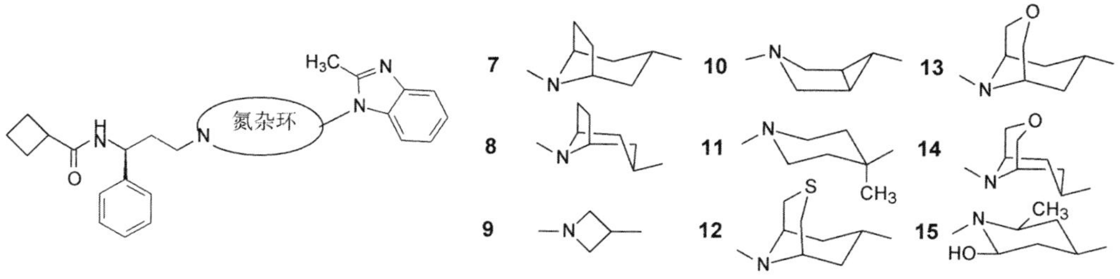

4.2　消除抑制 *h*ERG 钾通道作用——马拉韦罗的设计

4.2.1　变换环丁甲酰胺基片段，降低疏水性　化合物 7 和 8 对心脏的潜在毒性需要去除。以化合物 8 为起始物，变换环丁甲酰胺基片段，提高分子的极性以抑制 *h*ERG 通道的作用，合成了化合物 16，保持了抗病毒活性，AV IC$_{90}$ = 2nmol/L，但 16 不能吸收。

化合物 17（UK-396794）的 AV IC$_{90}$ = 0.6nmol/L，未显示抑制 *h*ERG 作用，可在动物体内吸收，但体内代谢快，不能作为候选化合物。

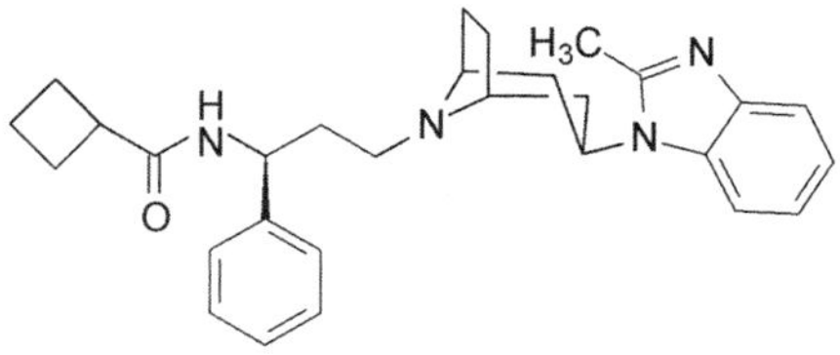

16 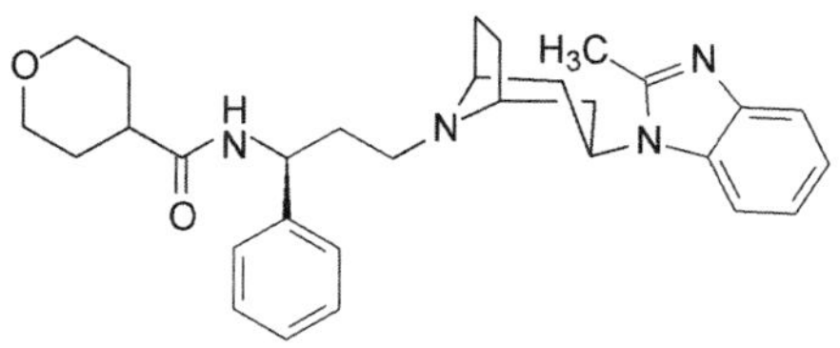　　　　　　　　　**17**

4.2.2　变换苯并咪唑以降低疏水性结合　再回到 7 和 8 先导物上。将化合物 7 与 *h*ERG 作分子对接，显示苯并咪唑的苯环与通道蛋白的疏水区域高度重合，这或许是与 *h*ERG 亲和力的结构因素，为此，可向苯并咪唑环上引入极性基团或去除苯环以降低疏水性。前者会增加分子量，并且合成难度加大，因而采用降低杂环疏水性策略。为了方便合成，考察苯并咪唑的影响用哌啶系列（暂时不用托品系列）作为模型化合物，报道了合成 18～23 等分子。

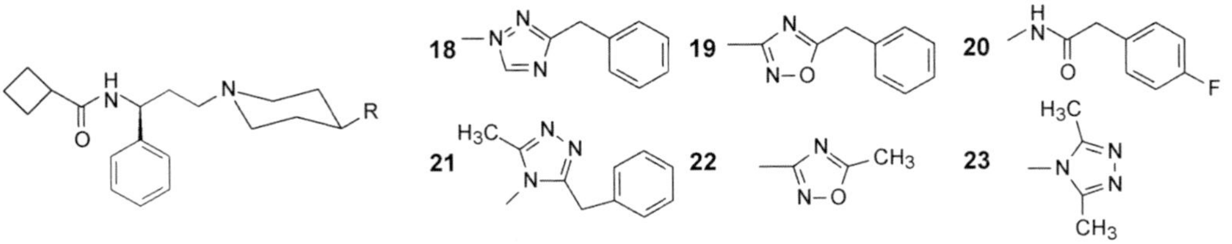

化合物 18～20 虽有活性但呈现较强抑制 $hERG$ 的作用，可能是苄基与通道蛋白的疏水区域相结合的缘故。化合物 21 的苄基位置与 18 不同（互为区域异构体），对 CCR5 的抑制作用很弱。22 和 23 对 CCR5 的 MIP1β IC$_{50}$ 分别为 70nmol/L 和 50nmol/L，抑制 $hERG$ 的作用很弱，表明去除苯基有可能在保持活性前提下去除抑制 $hERG$ 通道作用。

遂将 23 的哌啶环换成托品环，保持了高抗 HIV 的增殖活性，基本消除了抑制 $hERG$ 作用。例如化合物 24 的 AV IC$_{90}$ = 13nmol/L，在浓度为 100nmol/L 下抑制 $h24ERG$ 仅 10%。其中一个甲基换成异丙基时，得到的化合物 25 的抗 HIV 活性更强，AV IC$_{90}$ = 8nmol/L，而且浓度为 300nmol/L 时对 $hERG$ 的抑制率为 30%。这样，化合物 25 确定为新的里程碑式化合物，再变换结构中的环丁酰基。

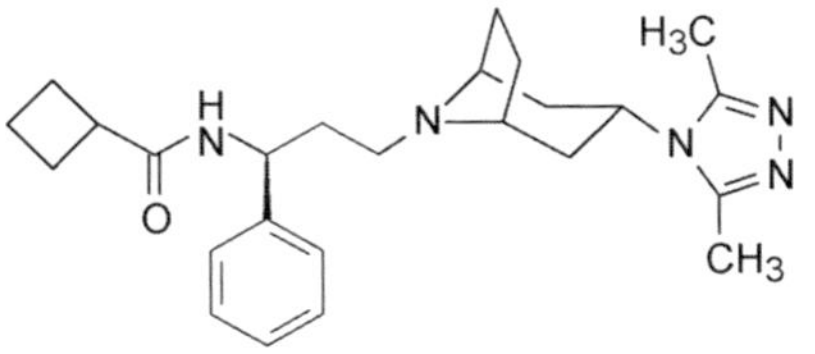

24 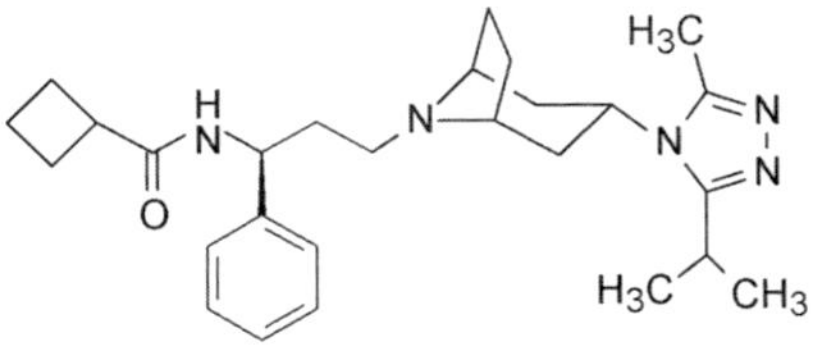　　　　　　　　　　　**25**

4.2.3　变换环丁酰胺片段，再降低分子的疏水性　研发至此，化合物 25 的抗 HIV 增殖活性、对 CYP2D6 和 $hERG$ 的作用已经达到优化的目标，剩下的问题是降低整体分子的疏水性，以便提高体内的代谢稳定性，因为疏水性越强，药物代谢越复杂，而且降低疏水性还有利于生物药剂学性质。

分布系数 $\log D$ 是表征化合物的疏水性或亲脂性的参数，数值越大疏水性越强，容易产生复杂的代谢产物，也不利于剂型设计。该项目设定目标化合物的 $\log D$ 值在 1.5～2.3，这是药代动力学和生物药剂学的适宜范围。表 1 列出了有代表性化合物 25～28，它们的 $\log D$ 都在 2.3 以内。

表 1 代表性的化合物 25 ~ 28 的结构、log*D* 和生物学参数

化合物	R	log*D*	AV IC$_{90}$(nmol/L)	*h*ERG 通道的抑制活性 (300nmol/L)
25		1.6	8	30%
26		2.1	2	18%
27	F$_3$C	1.8	14	14%
28		2.1	2	0

用环戊基置换环丁基，化合物 26 提高了抗病毒活性，抑制 *h*ERG 作用有所降低。R 为三氟丙基的化合物 27 的活性略有减弱，但抑制 *h*ERG 作用进一步下降。合并 26 和 27 的结构特征，设计合成了 4, 4- 二氟环己基化合物 28，不仅具有强效抑制病毒复制活性，甚至在 1μmol/L 浓度下也未显示抑制 *h*ERG 通道的作用，说明环己基的位阻和氟原子的极性阻止了与 *h*ERG 的结合。（Price DA, Armour D, de Groot M, et al. Overcoming hERG affinity in the discovery of the CCR5 antagonist maraviroc [J]. Bioorg Med Chem Lett, 2006, 16: 4633-4637）。

5. 候选物的确定和马拉韦罗的上市

该项目从随机筛选出的苗头化合物（hits），经过结构变换演化到先导物（hit-to-lead），再经先导物的优化（optimization），最终确定了候选化合物（candidate），共合成了上千个目标分子。其中化合物 28 具有良好的药代动力学性质，口服生物利用度 $F = 23\%$，血浆半衰期 $t_{1/2} = 16h$，被遴选为候选化合物，命名为马拉韦罗（maraviroc）。经Ⅲ期临床研究证明是治疗 HIV1 感染安全有效，成为抑制 CCR5 阻止病毒进入宿主细胞的首创性药物。

28 马拉韦罗

6. 马拉韦罗的结合特征

马拉韦罗抑制了作为辅助受体 CCR5 的功能，从而阻断了 HIV-1 包膜蛋白与宿主细胞的表面蛋白的融合，阻止了病毒对细胞的侵染。马拉韦罗究竟怎样同 CCR5 结合呢？吴蓓丽等解析了马拉韦罗与 CCR5 复合物的晶体结构，X 射线衍射表明马拉韦罗的结合位点与趋化因子和病毒的糖蛋白 gp120 对 CCR5 的结合位点是不同的，马拉韦罗是与 CCR5 的变构区结合，导致受体构象发生改变，非竞争性地阻止了 gp120 与 CCR5 之间的蛋白–蛋白相互作用。图 2 是马拉韦罗与 CCR5 复合物的晶体结构（Tan QX, Zhu Y, Li J, et al. Science, 2013, 341: 1387-1390）。在药物化学和构效关系指引下，成功地研发出抑制病毒侵入环节的第一个口服小分子药物马拉韦罗，又从微观上诠释了结合特征和可能的作用机制。

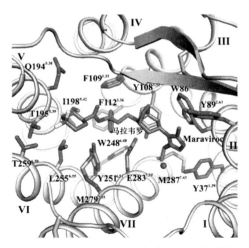

图 2　马拉韦罗与 CCR5 复合物的晶体结构

合成路线

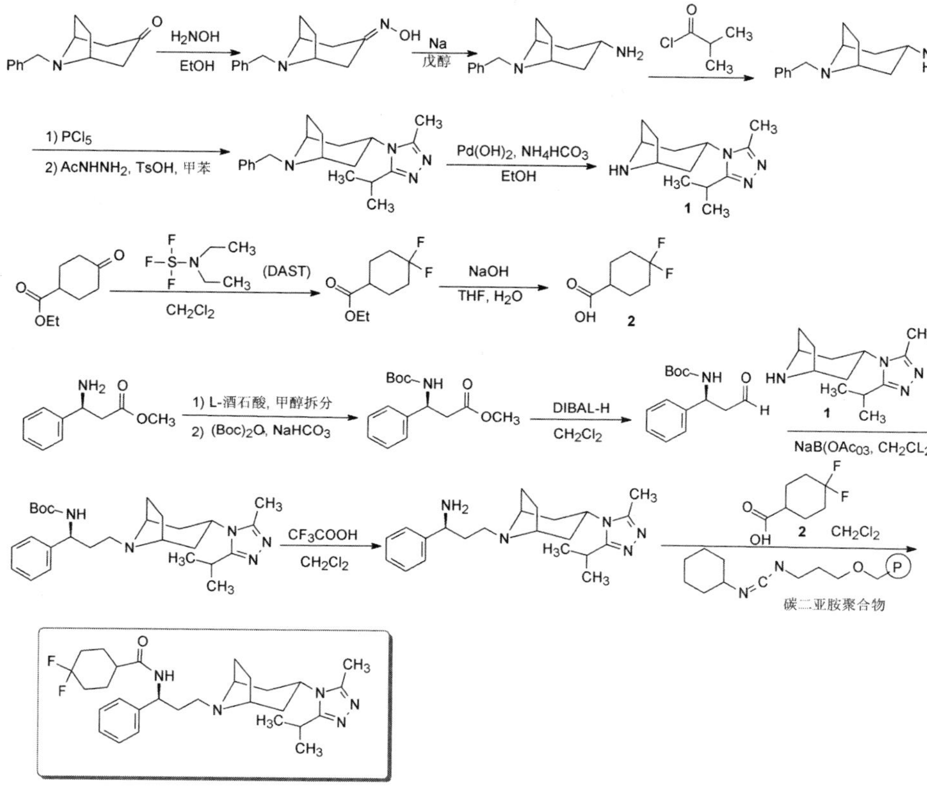

马拉韦罗

38. 后来居上的降脂药阿托伐他汀

【导读要点】

在现代药物研发史上，阿托伐他汀占有重要的一页。作为安全有效的降脂、心血管保护药，曾是多年来全球销售额第一的重磅药物，年销售过百亿美元。然而阿托伐他汀的研制并非首创，而是第五个上市跟随性他汀药物，它以后来居上的姿态雄踞鳌头，虽然有一定商业运作因素，但主要归因于其品质优良。本文简要介绍了阿托伐他汀研发的药物化学过程。

1. 研发背景

1.1 依据——抑制体内的胆固醇合成

体内低密度脂蛋白（LDL）胆固醇水平的提高，引起了动脉硬化和冠心病。人体中胆固醇三分之二是体内合成的，由乙酰辅酶 A 经大约 30 步生化反应合成。其中的限速反应是羟基甲基戊二酸（HMG）在 HMG-CoA 还原酶催化下，生成二羟基甲基戊酸，抑制后者的生成，切断了胆固醇的生物合成链（Tavormina PA, Gibbs MH, Huff JW. The utilization of β-hydroxy-β-methyl-δ-valerolactone in cholesterol biosynthesis. J Am Chem Soc, 1956, 78: 4498-4499）。

1.2 项目启动时的同类研发状态

1.2.1 美伐他汀的发现 20 世纪 70 年代，日本三共制药的远藤等在橘青霉菌（*Penicillium citrium*）中发现抗生素美伐他汀（1, mevastatin，又称 compactin），证明是 HMG-CoA 还原酶抑制剂，可降低实验犬和猴的血浆中低密度脂蛋白胆固醇和总胆固醇。但进入临床研究，因犬的长期毒性实验呈现有致癌作用而终止。这也为后继的洛伐他汀研究留下了阴影（Endo A, Kuroda M, Tsujita Y. ML-236A, ML-236B, and ML-36C, new inhibitors of cholesterogenesis produced by *Penicillium citrium*. J Antibiot(Tokyo), 1976, 29: 1346-1348）。

1.2.2 洛伐他汀率先上市 受远藤工作的启发，1978 年默沙东公司的 Alberts 从土曲霉菌（*Penicillium terreus*）分离出另一个抑制 HMG-CoA 还原酶的天然成分，即洛伐他汀（2, lovastatin，原称 mevinolin）（Alberts AW, Chen J, Kuron G, et al. Mevinolin: a highly potent competitive inhibitor of hydroxymethylglutaryl-coenzyme A reductase and a cholesterol-lowering agent. Proc Natl Acad Sci U S A, 1980, 77: 3957-3961），化学结构与美伐他汀极其相似，只在六氢萘环上多一个甲基。经过曲折的历程（因美伐他汀致癌而一度停顿），于 1987 年上市，为首创性的降胆固醇药物，他汀类第一个药物（first in class），本书前文已作了解析。

1.2.3 辛伐他汀和普伐他汀的上市 洛伐他汀在专利和市场销售方面，在三共与默沙东公司间出现的纠纷很快被它们各自研制的半合成的产品上市而消解，默沙东在美伐他汀的基础上成功地研发出辛伐他汀（3, simvastatin），于1988年在瑞典上市。三共在美伐他汀的六氢萘环上引入羟基，称作普伐他汀（4, pravastatin），是打开的内酯环为二羟基戊酸的结构，于1989年在日本上市。

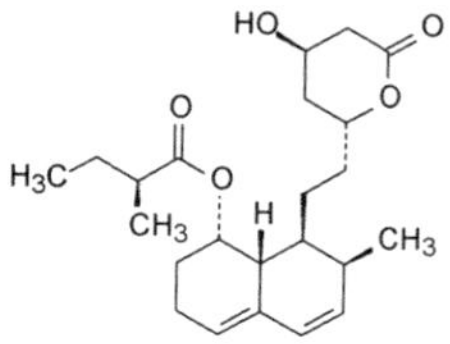

1.2.4　氟伐他汀上市　山度士公司研发的他汀改换了六氢萘母核，以吲哚为骨架，支撑二羟基戊酸的药效团，连接了必要的疏水片段，成功地上市了第一个合成的药物氟伐他汀（5, fluvastatin），于1994年在英国上市。

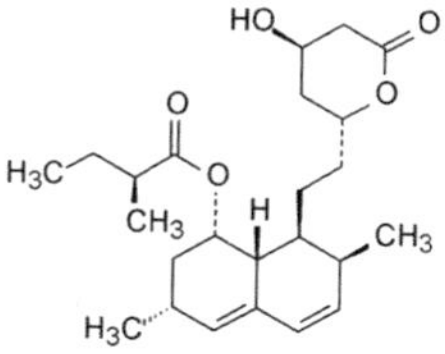

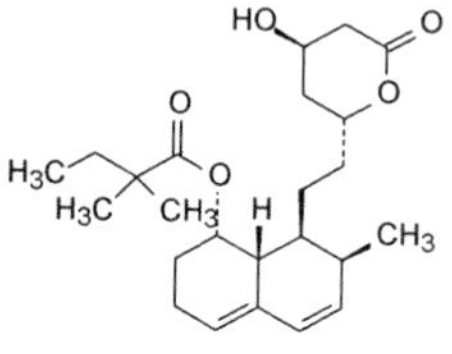

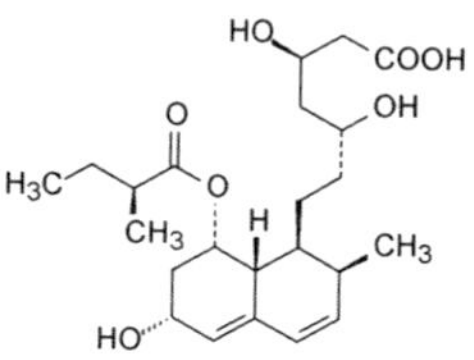

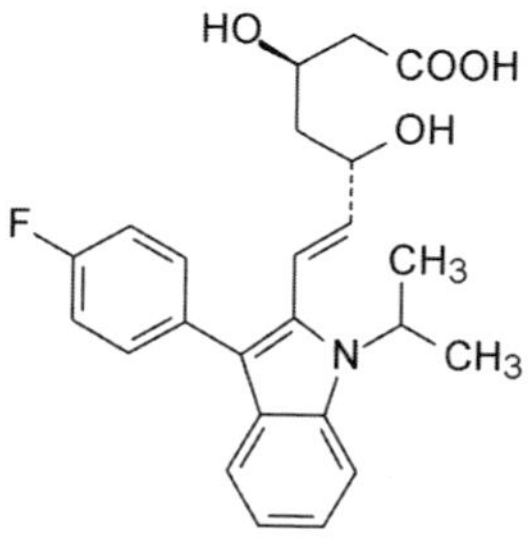

1982年启动阿托伐他汀项目时，上面4个药物仍在研发阶段，但相继的上市给阿托伐他汀的研发前景增添了变数和阻力。

1.3　已有合成化合物的信息

上节简述的4个他汀药物的上市，并没有给阿托伐他汀研制者以设计上的启示，因为项目研发时间颇多交盖，并且在专利上设置了禁区，构效关系也不明朗。

启动该项目，借鉴已有的结构信息，是默克公司Willard等合成了有强效抑制HMG-CoA还原酶活性的化合物6（Stokker GE, Alberts AW, Anderson PS, et al. 3-Hydroxy-3-methylglutaryl-coenzyme A reductase inhibitors.3.7-(3, 5-Disubstituted[l, l'-biphenyl]-2-yl) -3, 5-dihydroxy-6-heptenoic acids and their lactone derivatives. J Med Chem, 1986, 29: 170-181），并作了如下的推定：①4- (R) - 羟基吡喃 -2- 酮（即羟基六元内酯）是一个重要的药效团特征，开环形成羟基戊酸占据HMG与酶结合的位置；②结构下半部连接大体积的亲脂性片段；③苯环B相当于美伐他汀的2-丁

酸酯部分，结合于疏水腔中。2- 丁酸酯若被水解，失去亲脂的丁酸基，活性下降 100 倍，提示疏水性 B 环也是一个药效团特征；④分子模拟表明 B 环位置相当于辅酶 A 的结合腔。

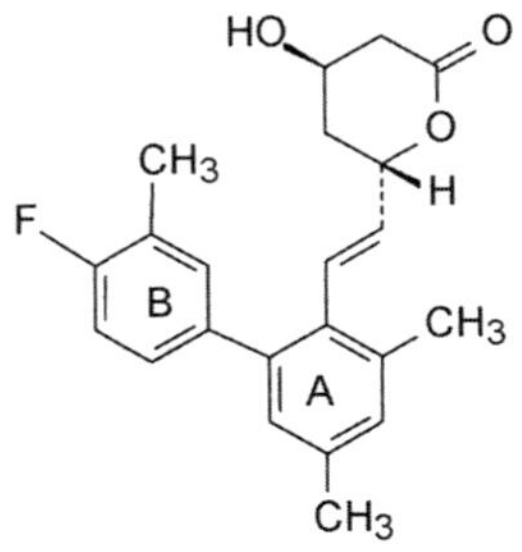

6 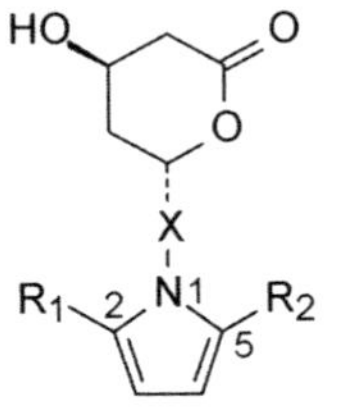　　　　　　　　　　**7**

1.4　以吡咯为核心的骨架

基于上述的设想，以及为了研制的药物结构具有新颖性，Parke-Davis 公司用吡咯环作为核心结构，N1 位通过连接基连接羟基内酯片段，C2 和 C5 连接不同的亲脂性基团，通式 7 作为初始的先导物结构，变换与优化这 3 个位置。

2.　结构优化

2.1　活性评价

洛伐他汀和辛伐他汀其实是前药，羟基内酯在体内开环成活化形式（类似于羟基甲基戊二酸）。所以测定受试物活性需将内酯水解成开环结构。用两种体外模型进行评价：一种是评价化合物对胆固醇合成的抑制作用（CSI），用大鼠肝匀浆催化 ^{14}C 标记的乙酸转化成胆固醇的反应，测定转化的速率，在一定时间内生成的胆固醇越少，表明化合物的活性越高，并以受试物抑制胆固醇生成指定量的 50% 浓度作为活性指标（$IC_{50, CSI}$）。另一方法是评价对 HMG-CoA 还原酶的抑制作用（COR），用部分纯化的微粒体酶催化 ^{14}C 标记的 HMG-CoA 转化成甲羟戊酸，评价受试物对转化反应的抑制活性，用 $IC_{50, COR}$ 表示。此外，也用与美伐他汀的 IC_{50} 比值来表示。实验表明这两种测定方法具有平行相关性。

2.2 优化吡咯环与内酯环的连接基

将吡咯的 2 位（R_1）和 5 位（R_2）分别固定为 4- 氟苯基和甲基或异丙基，变换吡咯与内酯环间的连接基，合成的化合物列于表 1。

表 1 变换连接基的化合物及其活性

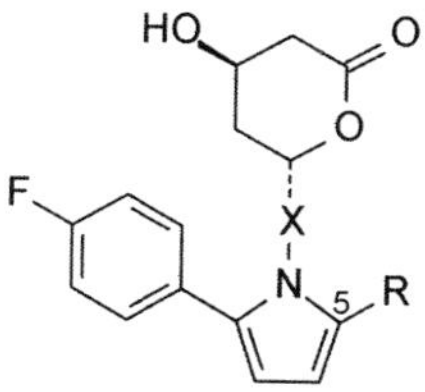

化合物	X	R	IC$_{50, CSI}$(μmol/L)	相对活性 [a]	IC$_{50, COR}$(μmol/L)
8		CH$_3$	20	0.1	–
9	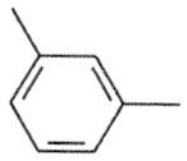	CH$_3$	24	0.01	63
10	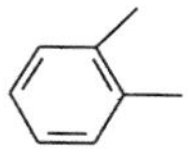	CH$_3$	>100	<0.01	>100
11	-CH$_2$CH$_2$CH$_2$-	CH$_3$	53	0.02	–
12	-CH(CH$_3$)CH$_2$-	CH(CH$_3$)$_2$	5.0	0.50	40
13	-CH$_2$CH$_2$-	CH$_3$	0.51	0.90	2.8
1	美伐他汀		0.026	100	0.025

[a] 相对活性＝美伐他汀 IC$_{50, CSI}$/ 受试物 IC$_{50, CSI}$）× 100，下同。每次评价的化合物同时测定美伐他汀的活性，由于活性的变差，化合物之间的 IC$_{50}$ 与相对活性不成比例。但比值之间有可比性

结果表明，苯环作连接基的化合物活性很低，两个亚甲基相连的活性（化合物 13）高于三碳连接的化合物 11 和 12，因而以后优化 R_1 和 R_2 时，连接基固定为亚乙基。

2.3 优化 2 位苯基上的取代基

将 N1 的连接基固定为亚乙基，5 位为甲基，变换 2 位的苯环上的取代基，合

成的化合物列于表2。

表2 2-取代苯基化合物的结构与活性

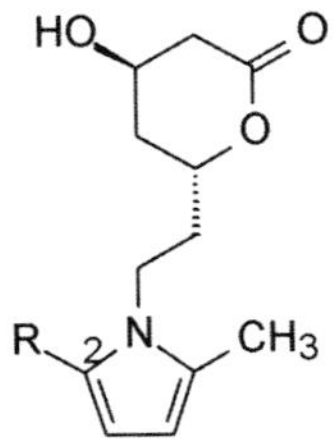

化合物	R	$IC_{50, CSI}(\mu mol/L)$	相对活性	$IC_{50, COR}(\mu mol/L)$
13	4-F-C_6H_4	0.51	0.90	2.8
14	C_6H_5	1.4	0.40	13
15	4-Ph-C_6H_4	23	0.10	23
16	4-CH_3O-C_6H_4	12	0.10	28
17	4-Cl-C_6H_4	10	0.20	3.2
18	4-OH-C_6H_4	2.6	1.0	6.3
19	3-F_3C-C_6H_4	1.5	0.30	5.4
20	3-CH_3O-C_6H_4	2.5	0.80	11
21	3-OH-C_6H_4	1.9	1.40	12
22	2-CH_3O-C_6H_4	2.1	0.90	25
23	2-OH-C_6H_4	2.5	1.10	30

表2的构效关系提示取代基的变换对活性影响不显著，其中4-氟苯基化合物13活性最强。

2.4　2位用大体积基团取代的效应

进而用芳香或脂肪双环连接于2位，考察大体积基团对活性的影响，化合物结构列于表3。结果表明化合物虽呈现活性，但不如取代苯基的活性强。

表3 双环取代2位的化合物活性

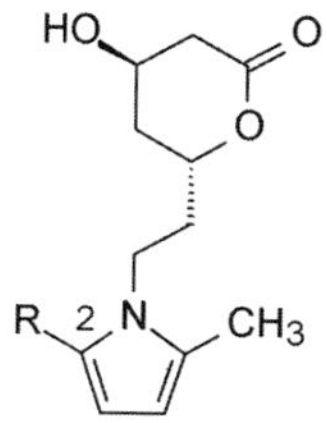

化合物	R	IC$_{50,\,CSI}$(μmol/L)	相对活性	IC$_{50,\,COR}$(μmol/L)
24	2-萘基	16	0.10	3.6
25	1-萘基	1.8	0.70	4.0
26	环己基	0.69	0.50	2.2
27	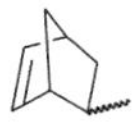	1.4	1.10	5.8
28	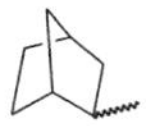	2.3	1.10	2.3
29	(C$_6$H$_5$)$_2$CH	13	0.10	8.9

2.5 5位取代基的变换

至此，吡咯与内酯环的连接基以亚乙基占优，2位优选的片段为4-氟苯基。下一步是固定上述优选的片段，考察5位取代对活性影响。表4列出的化合物构效关系提示，化合物13、30与36的抑制胆固醇合成的活性较强，而相对活性最强的是30，判断异丙基为优选的基团。

表4 变换5位取代基的化合物活性

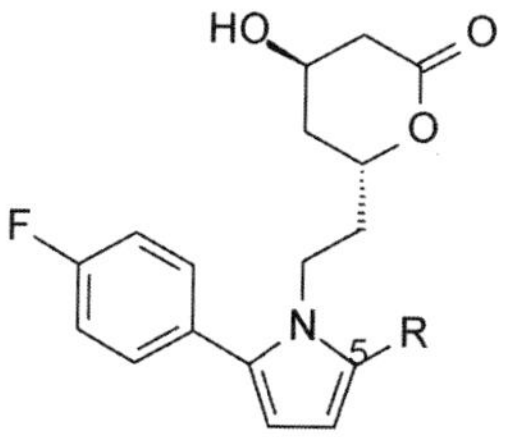

化合物	R	$IC_{50, CSI}(\mu mol/L)$	相对活性	$IC_{50, COR}(\mu mol/L)$
13	CH_3	0.51	0.90	2.8
30	$CH(CH_3)_2$	0.40	30.3	0.23
31	$C(CH_3)_3$	1.6	1.70	1.8
32	$CH(C_2H_5)_2$	20	0.10	32
33	环丙基	2.2	1.30	2.6
34	环丁基	17	0.20	—
35	环己基	>100	<0.01	>100
36	CF_3	0.25	8.0	0.63

2.6　2位取代基的再检讨

先导化合物的多位点优化往往不是一次完成的，由于分子内基团间的影响和靶标的构象变化，需要反复验证各位点的优势片段。表5列出的化合物是固定连接基为亚乙基、5位为异丙基，再次变换2位的基团。结果提示仍以4-氟苯基为优化的片段（化合物30）。氟原子在苯环上变换位置（37、38）或二氟（39），或用甲氧基、甲基、氯原子等取代，都使活性下降。

表5　变换2位取代基的化合物活性

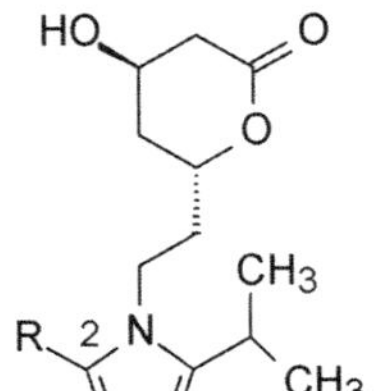

化合物	R	$IC_{50, CSI}(\mu mol/L)$	相对活性	$IC_{50, COR}(\mu mol/L)$
30	$4\text{-}F\text{-}C_6H_4$	0.40	30.3	0.23
37	$3\text{-}F\text{-}C_6H_4$	1.3	1.8	2.6

化合物	R	$IC_{50, CSI}(\mu mol/L)$	相对活性	$IC_{50, COR}(\mu mol/L)$
38	2-F-C$_6$H$_4$	3.2	0.9	1.8
39	2, 4-F$_2$-C$_6$H$_3$	1.6	1.5	2.6
41	2-CH$_3$O-C$_6$H$_4$	2.2	1.0	5.6
41	2, 6-(CH$_3$O)$_2$C$_6$H$_3$	19	0.2	87
42	2, 5-(CH$_3$)$_2$C$_6$H$_3$	12	0.2	16
43	2-iPrO-C$_6$H$_4$	3.2	0.9	–
44	2-Cl-C$_6$H$_4$	3.2	0.5	9.1
45		9.6	0.2	25
46	CH(C$_2$H$_5$)$_2$	>100	<0.01	–

综合上述优化吡咯的 1、2 和 5 位取代基结果，分别是 1 位连接基为亚乙基，2 位是 4- 氟苯基，5 位为异丙基，代表性化合物 30 是高活性化合物。然而 30 的活性只是美伐他汀活性的 30%，所以仍需优化（Roth BD, Ortwine DF, Hoefle ML, et al. Inhibitors of cholesterol biosynthesis. 1. *trans*-6-(2-Pyrrol-l-ylethyl) -4-hydroxypyran-2-ones, a novel series of HMG-CoA reductase inhibitors. 1. Effects of structural modifications at the 2-and 5-positions of the pyrrole nucleus. J Med Chem, 1990, 33: 21-31）。

化合物 36 为 5- 三氟甲基，活性强于 13 和 30，推测由于拉电子效应降低了吡咯环的密度而有利于与酶结合。吡咯的 3 位和 4 位尚属空位，未做优化探索。下一步是对这两个位置进行变换。

3.　吡咯环的 3 和 4 位取代基的优化

3.1　影响电性的基团取代——3, 4- 二溴化合物的夭折

表 6 列出了吡咯环 3、4 位引入不同取代基的化合物。47 是用两个甲基取代，与 30 相比，活性略有提高。甲基是弱推电子基团（以及超共轭效应）与前

述拉电子基团有利于活性的效应相悖，可能是甲基的亲脂性的正贡献抵消并超过了推电性（负贡献）的缘故。化合物 48 和 49 分别是二氯和二溴取代物，活性强于 30，达到美伐他汀活性的 79%，可解释为氯和溴兼有拉电子性（$\sigma_{Cl} = 0.23$; $\sigma_{Br} = 0.23$）和亲脂性（$\pi_{Cl} = 0.71$; $\pi_{Br} = 0.86$），对活性都呈正贡献的缘故。由于 3, 4- 二溴化合物 49 显示较高活性，探索了开发前景，但发现 49 的大鼠亚急性毒性有毒性反应，从而终止了对 49 的研发（Sigler RE, Dominick MA, McGuire EJ. Subaute toxicity of a halogenated pyrrole hydroxymethylglutaryl-coenzyme A reductase inhibitor in Wistar rats. Toxicol Pathol, 1992, 20: 595-602）。化合物 50 为三氟乙酰基取代，活性下降，可能是极性过强不利于结合。两个简单酯基化合物 51 和 52 的活性与 30 相近，也提示较强的脂溶性可能是提高活性的因素。

表 6　变换 3 和 4 位取代基的化合物结构与活性

化合物	R₁	R₂	IC$_{50, COR}$(μmol/L)	相对活性[a]
30	H	H	0.23	10.9
47	CH₃	CH₃	0.14	16
48	Cl	Cl	0.028	78.6
49	Br	Br	0.028	78.6
50	COCF₃	H	0.800	8.8
51	CO₂CH₃	CO₂CH₃	0.18	14.3
52	CO₂C₂H₅	CO₂C₂H₅	0.35	2.8
1	美伐他汀		0.030	100

[a] 比值＝美伐他汀 IC$_{50, COR}$/ 受试物 IC$_{50, COR}$）× 100，下同

3.2 引入取代的苯基

将 2 位基团固定为 4- 氟苯基, 5 位为异丙基, 表 7 列出了在 3 或 4 位连接苯环或吡啶环的化合物活性。化合物 53 与 30 的活性相似, 而 2- 吡啶基（54）的活性显著增强, 苯环由 3 位移至 4 位, 化合物 57 的活性有所提高。这些提示引入单个芳香环对活性的影响不显著。

表 7 连接芳环的化合物活性

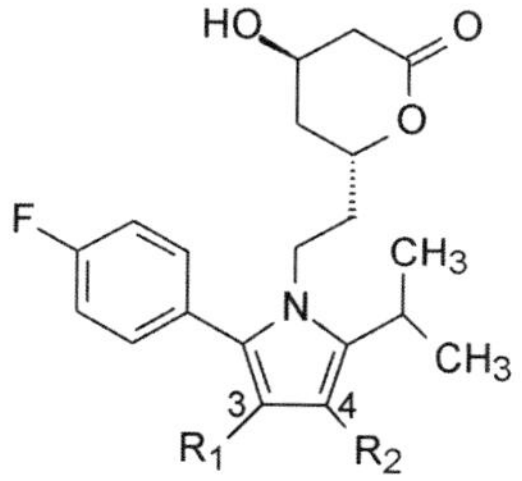

化合物	R_1	R_2	$IC_{50, COR}(\mu mol/L)$	相对活性
30	H	H	0.23	10.9
53	C_6H_5	H	0.347	12.5
54	2- 吡啶基	H	0.046	76
55	3- 吡啶基	H	0.071	9.4
56	4- 吡啶基	H	0.310	2.1
57	H	C_6H_5	0.120	36.3

3.3 同时连接苯环与拉电子基团

在 3、4 位连接亲脂性苯环和拉电子基团例如酯基或酰胺基, 合成的有代表性的化合物列于表 8。化合物 58 和 59 是局域异构体, 4 位的苯基比 3 位的活性高。从报道的数据看, 研发者更偏重于 3 位为苯基, 例如苯环上引入 4- 氰基（化合物 60）, 活性略有下降, 但 4 位是苄酯的化合物 61, 活性提高。进而变换成 4- 酰基苯胺, 消旋化合物 62 的活性可达到美伐他汀活性的 80% 以上。拆分成光活体 62（4'R）的活性显著提高, 是美伐他汀的 5 倍, 而 4'S 活性弱。

表8　3、4位亲脂性和电性变换的化合物

化合物	R_1	R_2	$IC_{50, COR}(\mu mol/L)$	相对活性
58	$CO_2C_2H_5$	C_6H_5	0.050	100
59	C_6H_5	$CO_2C_2H_5$	0.20	35.5
60	$4\text{-}CN\text{-}C_6H_4$	$CO_2C_2H_5$	0.280	16.2
61	C_6H_5	$CO_2CH_2C_6H_5$	0.040	24.0
62(4'RS)	C_6H_5	$CONHC_6H_5$	0.025	81.4
62(4'R)	C_6H_5	$CONHC_6H_5$	0.007	500
62(4'S)	C_6H_5	$CONHC_6H_5$	0.440	13.9

3.4　候选化合物的确定

化合物 62（4'R）对 HMG-CoA 还原酶呈现非常高的活性，用鼠肝 HMG-CoA 还原酶评价其活性（IC_{50} =0.6nmol/L），强于同时评价的洛伐他汀（IC_{50} =2.7nmol/L）和普伐他汀（IC_{50}=5.5nmol/L）。62（4'R）的组织分布主要在肝脏，放射性同位素标记的实验表明，62（4'R）在肝脏比在其他组织的分布高 30～250 倍（肝脏是胆固醇合成的主要器官），而洛伐他汀没有这种特异性分布。此外，62（4'R）还降低大鼠的甘油三酯水平。药代动力学实验表明，62（4'R）血浆中半衰期为 14h，而抑制 HMG-CoA 还原酶活性的半衰期为 20～30h。口服生物利用度为 14%，抑制 HMG-CoA 还原酶活性换算为 30%，这些说明 62（4'R）代谢产物仍有活性（代谢活化）。综合以上特性确定 62（4'R）为候选化合物，定名为阿托伐他汀（atorvastatin），从 1982 年项目启动到 1989 年临床前研究结束，历时 7 年（Roth BD, Blankley CJ, Chucholowski AW, et al. Inhibitors of cholesterol biosynthesis. 3. Tetrahydro-4-hydroxy-6-[2-(lH-pyrrol-l-yl)ethyl]-2H-pyran-2-one inhibitors of HMG-

CoA reductase. 2. Effects of intro¬ducing substituents at positions three and four of the pyrrole nucleus. J Med Chem, 1991, 34: 357~366)。

4. 阿托伐他汀的批准上市

在阿托伐他汀是否进入临床研究的决策上有一个插曲。考虑到有 3 个他汀药物已经上市，氟伐他汀即将批准上市，公司领导层担心上市第五个能否获得足够的市场份额，拟做出了停止研发的决定（因为根据统计一般认为第四个同类药物的市场份额最多为 10%）。项目的研发负责人"据理"陈述阿托伐他汀的优点，甚至不惜单膝下跪，恳请临床一试，最后终于得以进入临床研究。三期临床试验用洛伐他汀、辛伐他汀、普伐他汀和氟伐他汀作对照，表明在同等剂量下阿托伐他汀降低总胆固醇和甘油三酯等指标都占优胜，遂于 1996 年批准上市。

四期临床试验更进一步证实阿托伐他汀是后来居上的降胆固醇药物，加之成功的商业运作，使阿托伐他汀连续数年成为全球年销售额第一的重磅药物。阿托伐他汀虽然是第五个跟进药物，一跃而为同类最佳（best in class）。

5. 阿托伐他汀与靶标的结合

Istvan 和 Deisenhofer 研究了包括阿托伐他汀的一系列他汀药物与 HMG-CoA 还原酶复合物的结构生物学（Istvan ES and Deisenhofer J. Structural mechanism for statin inhibition of HMG-CoA reductase. Science, 2001, 292: 1160~1164 ）。阿托伐他汀的羟甲基戊酸片段的取向与结合方式与其他他汀相同，都结合于底物羟基甲基戊二酸所处的位置，羧基与 Arg692 的胍基形成盐键，4'- 羟基与 Asp690 形成氢键，1'- 羟基与 Lys691、Glu559 和 Asp767 形成氢键网络。图 1 是阿托伐他汀与 HMG-CoA 还原酶复合物晶体衍射图，点线表示氢键和盐键相互作用，数字为距离。为了使还原产物甲基二羟基戊酸容易从活性部位释放出去，并非底物的所有极性基团都参与了结合（K_m 微摩尔级），而抑制剂纳摩尔级的 K_i 值更多是由分子下部的疏水片段的

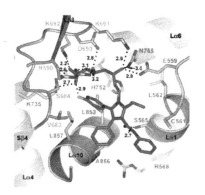

图 1 阿托伐他汀与 HMG-CoA 还原酶复合物晶体衍射图

结合所致。2 位的 4- 氟苯基（氟原子与 4'- 羟基形成氢键以稳定构象，这也是 3-F 或 2-F 活性弱的原因）和 3 位苯环与酶的 Leu853、Ala856 和 Leu857 发生疏水结合和范德华作用，5 位异丙基与 Leu562 有疏水作用。阿托伐他汀的一个重要特征是 C4 引出的酰胺片段，酰胺的羰基与 Ser565 羟基形成氢键（距离为 2.7Å），对 K_i 值有较大贡献，使得结合自由能（ΔG）的焓（ΔH）与熵（$-T\Delta S$）贡献各占大约 50%，而前四个上市的他汀没有这种结合，结合能 ΔG 主要是由熵所贡献（Sarver RW, Bills E, Bolton G, et al. Thermodynamic and structure guided design of statin based inhibitors of 3-hydroxy-3-methylglutaryl coenzyme A reductase. J Med Chem, 2008, 51: 3804-3813）。

合成路线

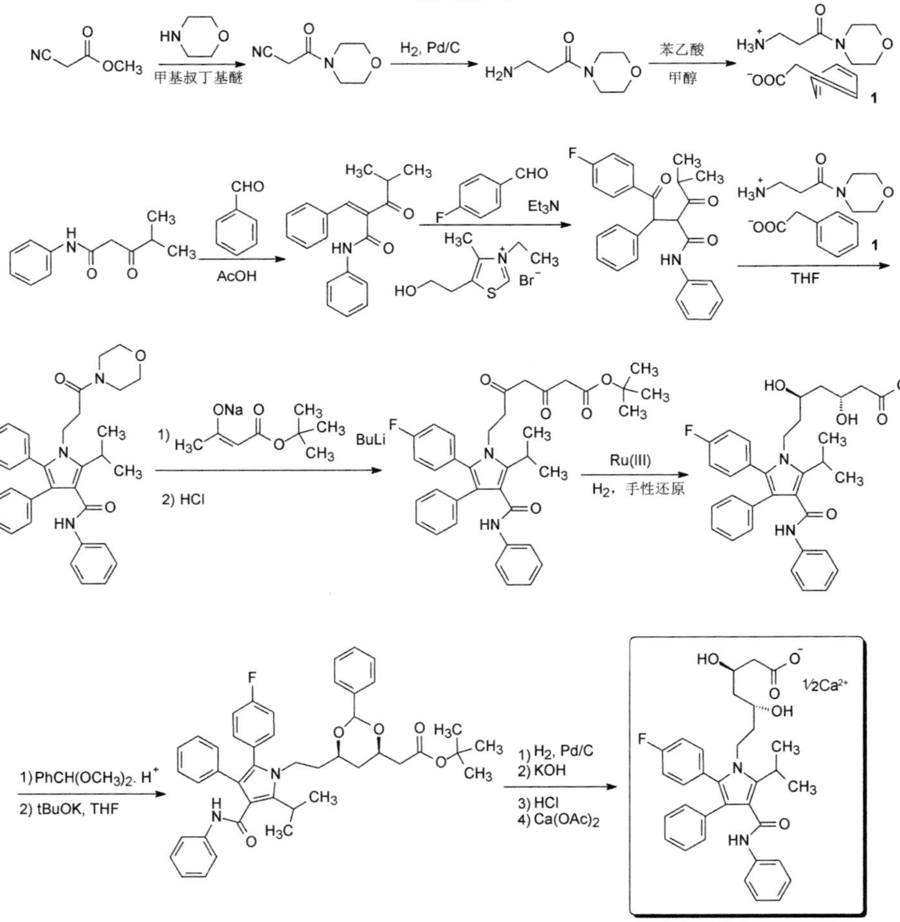

阿托伐他汀钙

〈39.〉 构效关系指导的首创药物托伐普坦

【导读要点】

在对受体结构缺乏了解、配体为柔性多肽结构的情况下，首创性小分子药物的研发难度完全在托伐普坦得以体现。从普筛两万多个化合物获得的苗头化合物，到批准上市的托伐普坦，经过了骨架结构的多次变换、取代基的反复验证、体外活性评价目标的转轨以及体内外活性的协调，乃至药代和物化性质的优化等，可谓历尽坎坷始成功。文中列举的一百多个结构，只是代表性的化合物，实际状况要复杂得多。常言说新药的创制是在一个混沌空间里的探索过程，本品是一个实例。

1. 作用靶标和研发目标

精氨酸加压素（1, arginine vasopressin, AVP）是含有精氨酸的九肽，AVP 作为内源性肽作用于血管 V_{1a} 受体引起血管收缩；也可作用于肾脏 V_2 受体产生抗利尿作用。在生理情况下，AVP 的功能是维持血浆的渗透浓度、血液体积和调节血压。AVP 的 V_2 受体拮抗剂可促进体液的排泄而利尿，因而是治疗慢性充血性心力衰竭（CHF）和低钠血症的利尿药。大冢制药研发 V_2 拮抗剂的目标，是能够口服吸收的小分子药物，通过排水利尿作为治疗 CHF 和低钠血症的非肽类 AVP 受体拮抗剂。

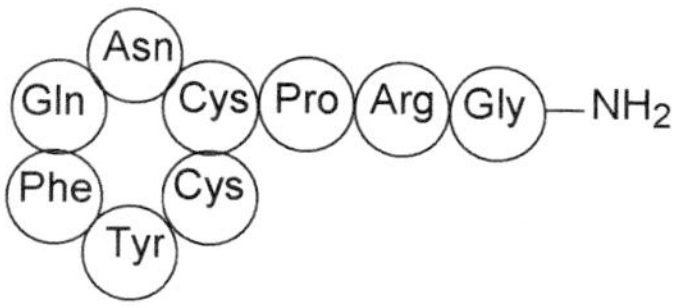

1

2. 活性评价方法

体外评价化合物对 V_{1a} 和 V_2 活性，是通过 $[^3H]$-AVP 分别与大鼠肝细胞膜的 V_{1a} 受体和大鼠肾细胞膜的 V_2 受体发生特异性结合，被置换出 50% 的受试化合物浓度（IC_{50}）为活性指标，IC_{50} 值越小，化合物的拮抗作用越强。评价体内活性的方法是用清醒大鼠首先静脉注射一定量 AVP 使血管收缩血压升高，然后灌胃不同剂量的受试化合物，在不同的时间点测定血压的变化，计算比对照组加压素引起的血压降低 50% 的化合物剂量（ID_{50}）作为化合物活性的量度。

3. 苗头化合物的发现和向先导物的演化

3.1 随机筛选发现苗头化合物

由于 V_{1a} 和 V_2 受体的三维结构尚属未知，而且也未发现较小的肽化合物有抑制活性，因而采用随机筛选方法评价公司内的 2 万个化合物样品，发现数个含有四氢喹啉酮的化合物具有初步活性，尤其是化合物 2 对 V_{1a} 的 IC_{50} 为 2.5μmol/L，对 V_2 的 IC_{50}>1 000μmol/L。

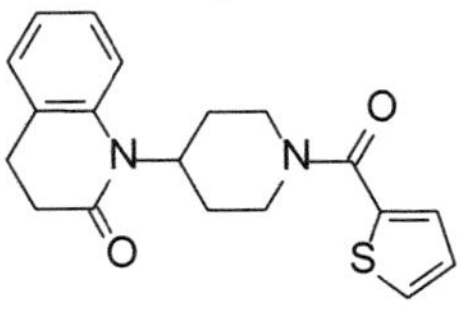

2

3.2 噻吩甲酰基的变换

初做结构变换，最容易想到和做到的是变换噻吩甲酰基，因为酰化仲胺容易进行合成。用其他杂环替换噻吩环的结果表明，化合物 3~5 的活性反而降低，推测是这些杂环的极性比噻吩强的缘故。而极性弱的苯甲酰化合物 6 与 2 的活性相近。但苯甲酰基变换成苯乙酰基（7）或苄基（9）活性都显著降低。表 1 列出了化合物 2~9 的结构和活性，不过这些化合物对 V_2 受体均未显示活性。

表 1   变换噻吩甲酰片段的化合物结构及其活性

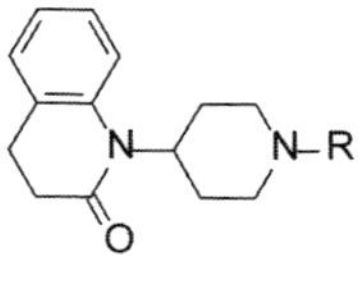

化合物	R	IC$_{50}$(μmol/L)		化合物	R	IC$_{50}$(μmol/L)	
		V_1	V_2			V_1	V_2
2	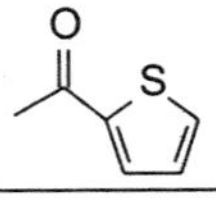	2.5	>100	6	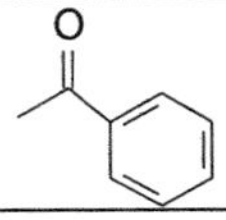	1.9	>50

化合物	R	IC$_{50}$(μmol/L)		化合物	R	IC$_{50}$(μmol/L)	
		V$_1$	V$_2$			V$_1$	V$_2$
3	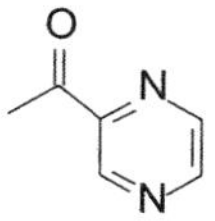	26	>100	7	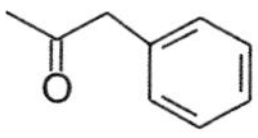	12	>100
4	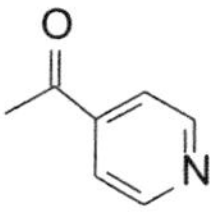	37	>100	8	CH$_3$	>100	>50
5	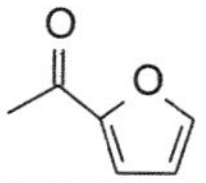	11	>100	9	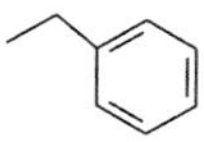	>100	>100

3.3 苯甲酰环上取代基的变换

苯甲酰化合物 6 的活性可与苗头物比肩，继之用取代苯甲酸做优化变换，合成有代表性的化合物列于表 2 中，由于原料易得，合成了相当"整齐"的化合物，这在难以合成或步骤较多的结构优化中较少遇到。

表 2 取代的苯甲酰化合物的结构与活性

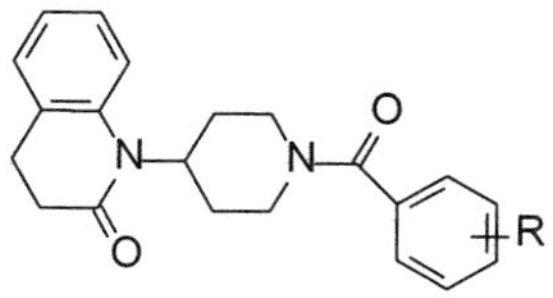

化合物	R	IC$_{50}$(μmol/L)		化合物	R	IC$_{50}$(μmol/L)	
		V$_1$	V$_2$			V$_1$	V$_2$
6	H	1.9	>50	19	2-OCH$_3$	0.65	36
10	2-Cl	9.9	>100	20	3-OCH$_3$	2.6	>100
11	3-Cl	4.4	>100	21	4-OCH$_3$	0.49	>100
12	4-Cl	1.2	78	22	4-OC$_2$H$_5$	0.21	>100

续表

化合物	R	IC$_{50}$(µmol/L)		化合物	R	IC$_{50}$(µmol/L)	
		V$_1$	V$_2$			V$_1$	V$_2$
13	2-CH$_3$	8.4	>100	23	4-OC$_3$H$_{7\text{-}n}$	0.32	>100
14	3-CH$_3$	1.3	>100	24	4-OC$_4$H$_{9\text{-}n}$	0.42	>100
15	4-CH$_3$	0.5	>100	25	4-OC$_6$H$_{13\text{-}n}$	1.5	54
16	2-NO$_2$	8.4	>100	26	4-C$_2$H$_5$	0.5	80
17	3-NO$_2$	3.1	>100	27	4-C$_3$H$_{7\text{-}n}$	0.33	>100
18	4-NO$_2$	2.0	>100	28	4-C$_4$H$_{9\text{-}n}$	0.35	83

表 2 的化合物构效关系如下：①苯环对位取代的活性强于间位，间位强于邻位，无论是氯代、硝基、甲基或甲氧基取代，都遵循这个规律，提示以后的结构变换位置都在苯环的对位；②因 4-甲氧基和 4-甲基的活性强，进而合成 C$_2$ ~ C$_4$ 取代的化合物，对 V$_1$ 受体都处于高活性范围，其中 4-乙氧基（22）和 4-正丙氧基（23）活性最强；③合成了对位氨基、羟基、酰氧基、羧基、羧酯基、酰胺基、氰基等取代物，但活性都低于 4-烷氧基化合物。

对 V$_{1a}$ 受体抑制活性高的化合物 15、22、23 和 27 进一步做体内实验，大鼠注射 AVP 后灌胃受试物，测定血管舒张压的变化，结果表明这些化合物活性弱，提示体内对 AVP 的拮抗作用低，例如 22 灌胃 30mg/kg，抑制加压素的作用只有75%。分析原因，可能是化合物的亲脂性过强，影响了溶解和吸收，须增加分子的亲水性，调整化合物的分配性以利于吸收。

3.4　提高溶解性——引入助溶性基团

根据上述的构效关系，引入助溶基团，比较适宜的位置是在苯环的侧链上，因为链的长短对活性的影响不大。将氨基或酰胺基等极性基团连接到链端，合成了代表性的化合物 29 ~ 45，变换链长以获得最佳活性。表 3 列出了化合物的结构和活性。

表3　为提高溶解性合成的化合物结构和活性

化合物	n	X	IC$_{50}$(μmol/L)		体内抑制率 %	灌胃给药剂量 [μmol/(L·kg)]	体内活性 ID$_{50}$ [(μmol/L·kg)]
			V$_1$	V$_2$			
29	2	NH$_2$	2.0	>100	–	–	–
30	3	NH$_2$	0.75	>100	–	–	–
31	4	NH$_2$	0.33	>100	31	23	–
32	5	NH$_2$	0.28	>100	0	22	–
33	6	NH$_2$	0.10	>100	–	–	–
34	8	NH$_2$	0.068	44	0	20	–
35	3	NHCHO	0.24	>100	50	23	–
36	4	NHCHO	0.25	>100	80	23	7.7
37	2	NHCOCH$_3$	0.42	>100	93	22	4.4
38	3	NHCOCH$_3$	0.44	>100	78	22	5.3
39	4	NHCOCH$_3$	0.21	>100	81	21	4.7
40	5	NHCOCH$_3$	0.16	>100	72	20	10
41	6	NHCOCH$_3$	0.12	>100	0	19	–
42	8	NHCOCH$_3$	0.30	>100	–	–	–
43	3	NHCOC$_2$H$_5$	0.78	>100	73	21	8.6
44	3	NHCO$_2$CH$_3$	0.36	>100	–	–	–
45	3	N(CH$_3$)COCH$_3$	0.54	>100	–	–	–

　　分析表3化合物的构效关系，归纳如下：①侧链端基为游离氨基的化合物29～34活性随链的碳数增加而提高，C$_8$化合物34对V$_{1a}$受体的活性最强，IC$_{50}$＝0.068μmol/L；②端基为甲酰胺基或乙酰胺基化合物35～45的活性与碳链的变化不明显，41是该系列的活性最强的化合物；③相同烷链的氨基化合物（29～34）与

酰胺基化合物（37~42）的活性相近，提示碱性或中性侧链对活性影响的差异较小；④酰胺化合物 45 的氮原子被甲基化，氮上无氢，活性无显著变化，提示此处没有同 V_{1a} 受体发生氢键结合作用。

以上合成的化合物，体外活性多数显示对 V_{1a} 受体的抑制作用，只有少数化合物对 V_2 有中等强度的作用。含游离氨基的化合物 30~32 体外抑制 V_{1a} 受体活性很强，但大鼠实验并未显示抑制加压素的增高血压作用，但被酰化的化合物 37~39 体内活性有所提高，不过距离既定目标相差甚远（Ogawa H, Yamamura Y, Miyamoto H, et al. Orally active, nonpeptide vasopressin Ⅵ antagonists. A novel series of 1-(1-substituted 4-piperidyl) -3, 4-dihdyro-2(1H) -quinolinone. J Med Chem, 1993, 36: 2011-2017）。

4. 针对 V_2 受体的新结构

4.1 骨架变换的探索

研发至此，继续坚持上述的路径难以实现对 V_2 受体的拮抗作用，须另辟蹊径。为此回到初始合成的化合物 12，由于 12 对 V_2 受体有弱抑制活性（$IC_{50} = 78\mu mol/L$）。研发者考虑到两个因素促使他们对 12 的结构改造转轨到新的方向。一是认为哌啶环作为饱和环状结构有多变的构象体，可能不利于同 V_2 受体结合，因而试图用刚性的苯环替换哌啶以期化合物有稳固的结构骨架；另一是结构中的两个酰胺的连接方向"不顺"，呈 ......CONH......NHCO...... 样的配置与天然肽链的连接方向不同，因而拟将骨架的连接方式变成 ......NHCO......NHCO......，这样，就将化合物 12 的结构变换成 46。

12　　　　　　　　　　　**46**

4.2 新结构类型——先导化合物的发现

由四氢喹啉酮－哌啶类化合物（如 12）变换为苯甲酰四氢喹啉骨架的相应化

合物 46，对 V_1 和 V_2 受体的抑制活性发生了质的变化，首次获得了对 V_2 活性超越了 V_1 受体的分子，而且活性很高，$IC_{50} = 1.9\mu mol/L$，从而将 46 作为先导化合物进行优化。在化学结构的层面上，这类化合物是由 3 个模块经两个酰胺连接在一起，对于基团变换和位置的变迁的化学合成也是容易实现的。

4.3　末端苯环取代基的结构优化和构效关系

在进行末端苯环取代基变换之时，要考察中间苯环的 1, 4- 位连接是否是最佳位置配置，因而合成了 1, 3 和 1, 2 连接的相应化合物，发现对 V_2 受体的活性几乎降低了 2 个数量级，提示对位连接是优势骨架，因而末端苯环的取代基变换都是按 1, 4 连接配置的。表 4 列出了这些化合物的结构及其活性。

表 4　化合物 46 ~ 64 的结构与活性

化合物	R	$IC_{50}(\mu mol/L)$		化合物	R	$IC_{50}(\mu mol/L)$	
		V_1	V_2			V_1	V_2
46	4-Cl	5.1	1.9	56	2-NO$_2$	2.7	0.53
47	4-OCH$_3$	2.2	1.8	57	3-Cl	6.4	0.20
48	4-OC$_2$H$_5$	14	>100	58	3-OCH$_3$	2.8	0.40
49	4-OC$_4$H$_9$	>100	>100	59	3-CH$_3$	3.1	0.80
50	4-CH$_3$	10	1.4	60	3-NO$_2$	16	0.76
51	4-NO$_2$	>100	6.5	61	3, 4-(CH$_3$)$_2$	>100	1.20
52	H	1.6	0.98	62	2, 4-(CH$_3$)$_2$	3.3	0.21
53	2-Cl	1.6	0.42	63	2, 4-Cl$_2$	>100	0.25
54	2-OCH$_3$	1.8	2.1	64	3, 5-Cl$_2$	9.4	0.082
55	2-CH$_3$	1.4	0.20				

分析表 4 中化合物的构效关系，概括如下：① 4-Cl 被 4-OCH₃ 取代，活性（指对 V_2 受体的活性，下同）基本未变，但延长烷氧基的碳链，活性显著下降（例如化合物 48 和 49）。这与前述烷氧链长对 V_1 受体无显著影响是不同的。② R 在 2- 位或 3- 位取代比 4- 位取代的活性高（化合物 54 的 2-OCH₃ 例外），可能是处于 4- 位的 R 基团有位阻效应而不利于结合；③ 2- 甲基化合物 55 是优选的化合物之一，2,4- 二氯和 2,4- 二甲基化合物（分别为 62 和 63）的活性也很高，可能是 2- 位基团的邻位阻迫效应，使构象处于稳定的有利状态，并避开了 4-R 的不利因素；④活性最强的是 3,5- 二氯化合物（64），$IC_{50} = 0.082\mu mol/L$。

4.4 末端苯环的变换

在新型骨架下因为分子形状的改变，会影响在受体部位的分子取向和结合模式，需要探求末端苯环是否仍是最佳结构，为此合成了化合物 65 ~ 72，考察将苯环变换成烷基、芳烷基或杂芳基对活性的影响。表 5 列出了化合物的结构和活性。

表 5　化合物 65 ~ 72 的结构及其活性

化合物	R	$IC_{50}(\mu mol/L)$		化合物	R	$IC_{50}(\mu mol/L)$	
		V_1	V_2			V_1	V_2
65	CH₃	74	>100	69	CH₂CH₂Ph	2.3	6.1
66	n-C₃H₇	4.3	7.1	70	3- 吡啶基	11	7.6
67	i-C₃H₇	2.4	8.1	71	2- 呋喃基	4.0	6.4
68	CH₂Ph	3.2	1.0	72	3- 噻吩基	1.7	1.7

前已述及的 R= 苯基的化合物 52 有中等强度活性，$IC_{50} = 0.98\mu mol/L$，变换成烷基（65 ~ 67）导致活性降低。苯环被苄基代替，化合物 68 的活性未变，而苯乙基、吡啶环、呋喃环和噻吩环的置换都使活性显著下降，所以，末端苯环不宜改变。

4.5 四氢喹啉环的变换

优化至此，构成分子骨架的结构片段只剩下另一末端即四氢喹啉环的变换了。在四氢喹啉环的杂环中再加入一个杂原子或扩环成七元或八元环，末端苯环作 2-位取代，合成的化合物结构与活性列于表 6 中。

表 6 化合物 73~82 的结构及其活性

化合物	-X-Y	Z	IC$_{50}$(μmol/L)		化合物	-X-Y	Z	IC$_{50}$(μmol/L)	
			V$_1$	V$_2$				V$_1$	V$_2$
73	-O-	CH$_3$	7.7	4.1	78	-OCH$_2$-	CH$_3$	1.2	0.11
74	-N(CH$_3$)-	CH$_3$	5.1	0.40	79	-CH$_2$O-	CH$_3$	0.63	0.30
75	-CH$_2$CH$_2$-	CH$_3$	0.056	0.018	80	-N(CH$_3$)CH$_2$-	CH$_3$	0.38	0.014
76	-CH$_2$CH$_2$-	Cl	0.045	0.029	81	-CH$_2$N(CH$_3$)-	CH$_3$	1.8	0.17
77	-CH$_2$CH$_2$-	H	0.095	0.070	82	-CH$_2$CH$_2$CH$_2$-	CH$_3$	0.41	0.028

由于前述的末端苯环上 2-甲基取代可提高抑制 V$_2$ 受体的活性（如化合物55），故本系列合成的化合物大都含有 2-甲基的取代，更换成氯（76）或无取代的化合物（77）也是为了佐证 2-甲基的必要性。

表 6 化合物的构效关系总结如下：①杂环上再引入一个杂原子如化合物 73 和74，导致活性降低，可能是增加了环的极性缘故；②扩环成七元环如化合物 75 和76，不仅显著提高了对 V$_2$ 的抑制活性，而且也对 V$_{1a}$ 呈现强抑制活性；③苯并二氮䓬 80 和苯并氮杂环辛烷 82 对 V$_2$ 有选择性抑制活性。

值得提及的是化合物 81 虽然抑制 V$_2$ 受体的活性不是很高（IC$_{50}$ = 0.17μmol/L），但大鼠灌胃 100mg/kg 显示有利尿作用，给药后 4h 内的排尿量比对照组增加了 5~6 倍，利尿作用显著。分析原因可能是 81 含有碱性氮原子，提高了受试物的生物利用度。这个发现促使研究者在母核上引入碱性基团。

5. 里程碑式化合物——莫扎伐普坦上市

5.1 苯并氮䓬片段的优化

基于合成化学的考虑，以化合物 75 为新的起点，在苯并氮䓬的 5 位引入不同的烷胺基，同时变换末端苯环的 2- 位取代基，以双位点变换优化结构，合成了化合物 83~106，化学结构和体外活性列于表 7。

表 7 化合物 83~106 的结构和活性

化合物	X	Y	IC$_{50}$(μmol/L)		化合物	X	Y	IC$_{50}$(μmol/L)	
			V$_1$	V$_2$				V$_1$	V$_2$
83	N(CH$_3$)$_2$	H	3.0	0.027	95	=N-O-C(O)CH$_3$	2-CH$_3$	2.3	0.058
84	N(CH$_3$)$_2$	2-CH$_3$	1.4	0.012	96	NH$_2$	2-CH$_3$	0.39	0.032
85	N(CH$_3$)$_2$	3-CH$_3$	2.4	0.014	97	N-(piperidinyl)	2-Cl	2.8	0.14
86	N(CH$_3$)$_2$	4-CH$_3$	26	0.044	98	OH	2-CH$_3$	0.14	0.029
87	N(CH$_3$)$_2$	2-Cl	3.0	0.027	99	HN-C(O)CH$_3$	2-CH$_3$	3.2	0.15
88	NHCH$_3$	2-CH$_3$	0.72	0.024	100	HN-C(O)NHCH$_3$	2-CH$_3$	2.8	0.096
89	NHC$_2$H$_5$	2-CH$_3$	1.6	0.029	101	N(CH$_3$)$_2$	3,5-Cl$_2$	2.6	0.020
90	HN~CH$_3$	2-CH$_3$	0.89	0.050	102	N(CH$_3$)$_2$	2,4-Cl$_2$	1.3	0.013
91	H$_3$C-N~CH$_3$	2-CH$_3$	1.2	0.022	103	N(CH$_3$)$_2$	2-OCH$_3$	1.0	0.077
92	H$_3$C-N~CO$_2$Et	2-CH$_3$	0.98	0.029	104	N(CH$_3$)$_2$	2-NO$_2$	2.6	0.071
93	H$_3$C-N~CN	2-CH$_3$	3.2	0.025	105	N(CH$_3$)$_2$	2-NH$_2$	1.9	0.19
94	H$_3$C-N~CONH$_2$	2-CH$_3$	0.29	0.013	106	N(CH$_3$)$_2$	2-NHAc	16	0.64

分析表 7 中化合物的构效关系可概括如下：①在苯并氮䓬的 5 位引入二甲胺基，化合物 83 ~ 87 保持对 V_2 受体强抑制活性，也降低了对 V_1 的抑制，因而提高了化合物的选择性；②末端苯环固定为 2- 甲基取代，母核苯并氮䓬 5 位变换为伯胺、仲胺或各种取代的叔胺，提示对 V_2 受体的活性影响较小，大都仍保持较高的活性。然而哌啶环取代（97）的活性较低，可能是环状结构位阻较大的缘故；③ 5 位为乙酰氨基化合物 99 活性较低，但脲基（化合物 100）的活性很高，推测碱性不是活性的决定因素；④ 5 位为羟基的化合物 98 活性很高，也佐证了碱性不是呈现高活性所必需。

用这个系列的高活性化合物灌胃大鼠，体内评价抑制加压素增加利尿的作用，发现 5 位胺基简单取代的化合物的利尿活性与离体的抑制 V2 受体相平行。然而化合物 92 ~ 94 的体外抑制 V2 受体的活性很高，体内活性却较差。

5.2 选择性 V_2 受体拮抗剂——莫扎伐普坦

化合物 84 的体内实验呈现最强的口服利尿作用，灌胃 3.8mg/kg，2h 内排尿量比对照组增加了 3 倍（$ED_3 = 3.8mg/kg$），多种实验动物模型证明 84 是 V_2 受体选择性拮抗剂，从而大冢制药命名化合物 84 为莫扎伐普坦（mozavaptan）作为候选化合物进入开发阶段，经临床研究证明莫扎伐普坦适于治疗抗利尿激素分泌失调综合征（SIADH）所引起的低钠血症，于 2006 年在日本上市（Ogawa H, Yamashita H, Kondo K, et al. Orally active, nonpeptide vasopressin V2 receptor antagonists: a novel series of 1-[4-(benzoylamino)benzoyl]-2, 3, 4, 5-tetrahydro-1*H*-benzazepines and related compounds. J Med Chem, 1996, 39: 3547–3555）。

84 莫扎伐普坦

6. 以莫扎伐普坦为先导物的继续优化

6.1 苯并氮䓬苯环上的取代

由于苯并氮䓬在 5 位作二甲胺基取代，对提高口服生物利用度和体内活性方面有突破性进展，并以莫扎伐普坦（84）的上市成为里程碑式的标志。但优化的空间仍然存在。继续优化结构的位点是并合氮䓬的苯环和中央的苯环，这两个位置还没有作系统的研究。

以莫扎伐普坦为先导结构进行优化，首先是在苯环的 6、7、8、9 位分别做氯原子取代（避免极性原子和基团），得到化合物 107、108、109 和 110，其化学结构及其体内外活性列于表 8 中。

表 8　化合物 84、107～110 的结构和体内外活性.

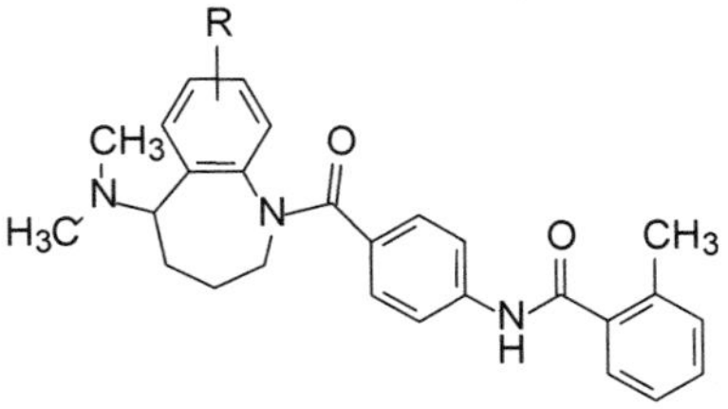

化合物	R	IC$_{50}$(μmol/L)		排尿量[*](ml)	ED$_3$[**](mg/kg)(po)
		V$_1$	V$_2$		
莫扎伐普坦	H	1.4	0.012	12.3	3.8
107	6-Cl	1.7	0.19	1.6	未测（尿量少）
108	7-Cl	0.19	0.025	14.6	1.5
109	8-Cl	1.2	0.063	3.4	未测（尿量少）
110	9-Cl	0.54	0.14	2.4	未测（尿量少）

[*] 大鼠灌胃受试物 10mg/kg，2h 内的排尿量，空白对照组平均尿量 1.1ml；[**]ED$_3$ 定义为大鼠灌胃受试物 2h 内的排尿量比对照组增加 3 倍时的剂量（mg/kg）

表 8 的数据表明，莫扎伐普坦的苯并氮䓬的 6、8 或 9 位引入氯原子，对 V$_2$ 受体的抑制作用降低 5～16 倍，体内抑制加压素的抗排尿作用也弱于莫扎伐普坦，但 7- 氯代莫扎伐普坦（108）却完全不同，它的体外活性与莫扎伐普坦相当，体内活性却非凡的强。

6.2　苯并氮䓬的 5 位再优化

前面的研究表明，5 位的胺基体积的大小对与 V$_2$ 受体的结合有重要影响，为了考察 7- 位连接了氯原子之后母核 5 位基团对活性的影响，合成了化合物 111 ~ 116，其结构与体内外活性列于表 9。

表 9　优化 5 位取代基的化合物结构和体内外活性

| 化合物 | R | IC$_{50}$(μmol/L) | | 排尿量（ml） | ED$_3$(mg/kg)(po) |
		V$_1$	V$_2$		
108	N(CH$_3$)$_2$	0.19	0.025	14.6	1.5
111	NHCH$_3$	0.064	0.007	15.5	1.4
113	N(CH$_3$)CH$_2$CH=CH$_2$	0.35	0.097	太少	未测
114	OH	0.017	0.003	7.2	未测
115	OCH$_3$	0.034	0.005	6.3	未测
116	OCH$_2$CH=CH$_2$	0.053	0.009	7.6	未测

表 9 中所列的体外抑制 V$_2$ 活性，表明 5- 甲胺基（化合物 111）的活性强于二甲胺（108）3.6 倍，变换为烯丙基（112）尤其是 N- 甲基烯丙基化合物（113）则活性下降。然而 5- 羟基或 5- 烃氧基的体外活性很高，化合物 114 的 IC$_{50}$ ＝ 0.003μmol/L。不过，口服体内活性达不到莫扎伐普坦水平。

6.3　终极的优化——托伐普坦的诞生和上市

为了消除 7- 氯 -5- 羟基化合物 114 的体内外活性的差距，提高口服的活性，进行优化的位点只有未经变换的中央苯环上的取代了。为了提高体内吸收和生物利用度，在极性基团较多的化合物 114 结构中加入疏水性基团，以平衡化合物的亲脂 - 亲水性，合成了表 10 列出的化合物。

表 10　化合物 117~121 的结构和体内外活性

化合物	R	IC$_{50}$(μmol/L)		排尿量（ml）	ED$_3$(mg/kg)(po)
		V$_1$	V$_2$		
114	H	0.017	0.003	7.2	未测
117	2-Cl	0.29	0.008	16.8	1.6
118	3-Cl	0.031	0.028	3.0	未测
119	2-CH$_3$	0.58	0.003	17.3	0.54
120	2-OCH$_3$	0.039	0.013	15.2	1.4
121	3-OCH$_3$	0.007	0.005	3.5	未测

　　表 10 的数据显示，化合物 117（2-Cl）和 119（2-CH$_3$）体外抑制 V$_2$ 受体的活性与 114 相当，但对 V$_1$ 受体的抑制作用很弱，因而这两个化合物的选择性比 114 强。化合物 120 对 V1 和 V2 受体的作用都很强，选择性低的原因推测甲氧基是氢键的接受体，V1 受体的结合需要形成氢键的结合。

　　化合物 119 不仅对 V$_2$ 的选择性高，而且大鼠灌胃的体内拮抗加压素的抗利尿作用也很强，提示有良好的药代动力学性质，ED$_3$ 的剂量为 0.54mg/kg，是体内活性最强的化合物。进而分别用转染人 V$_2$ 和 V$_1$ 受体 HeLa 细胞实验，表明 119 有很强的选择性抑制人 V$_2$ 受体的活性。119 分子中含有一个手性碳原子，经拆分成 R 和 S 异构体，分别评价了对人 V$_2$ 和 V$_1$ 受体的活性，结果表明消旋体与光学异构体没有差异，因而使用消旋体。通过安全性实验和药代动力学研究，确定了化合物 119 进入临床研究，定名为托伐普坦（tolvaptan）。经临床研究证明托伐普坦可用于治疗由充血性心衰、肝硬化以及抗利尿激素分泌不足综合征导致的低钠血症，遂于 2009 年经美国 FDA 批准上市，成为第一个选择性抑制加压素 V$_2$ 受体的

药 物（Kondo K, Ogawa H, Yamashita H, et al. 7-Chloro-5-hydroxy-1-[2-methyl-4-(2-methylbenzoylamino)benzoyl]-2, 3, 4, 5-tetrahydro-1*H*-1-benzazepine(OPC-41061): a potent, orally active nonpeptide arginine vasopressin V2 receptor antagonist. Bioorg Med Chem, 1999, 7: 1743−1754）。

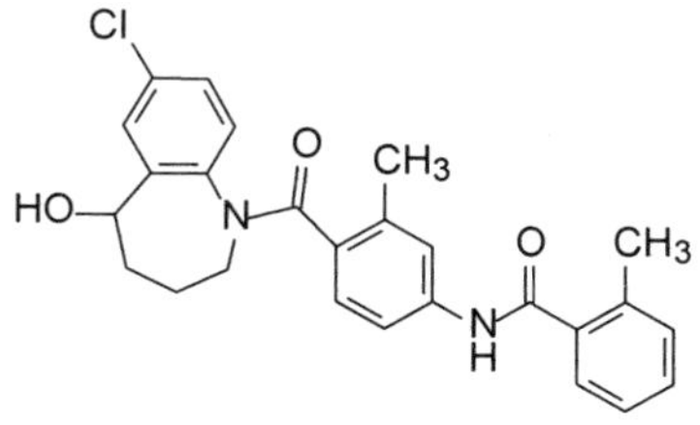

119 托伐普坦

合成路线

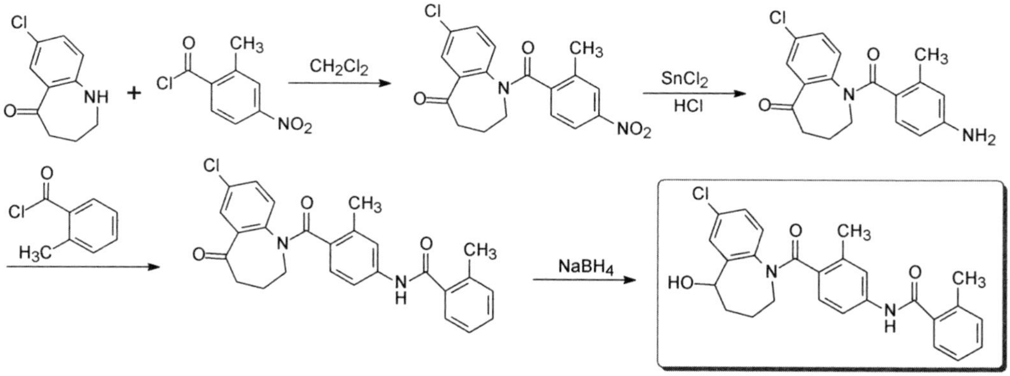

托伐普坦

〈40.〉经典药物化学方法首创的氯沙坦

【导读要点】

首创性药物经历的艰辛过程，在于对靶标的可药性和对先导物结构的全然未知，在反复探究的互动中相互验证而相得益彰。杜邦公司的研发者"捡起"武田的苗头化合物，通过分子模拟比对苗头与配体结构的异同，对分子结构的各个位置作"地毯式"的变换与考察。通过逐步地分析构效关系，做阶段性的理性推断，成为下一轮设计的起点。对比氯沙坦（56）与苗头物（2）的结构，分子骨架发生了巨大的变化，外周的药效团虽依稀存在，但体内外活性已有显著提升。氯沙坦的研制彰显出先导物优化中丰富的药物化学内涵。

1. 降压药的组合靶标——肾素-血管紧张素系统

1.1 肾素、血管紧张素转化酶和血管紧张素受体

肾素-血管紧张素系统（renin-angiotensin system，RAS）在 20 世纪 60 年代就已证实在维持心血管的正常发育、电解质和体液平衡以及调节血压等方面起主要作用。肝脏中产生的血管紧张素原是一种糖蛋白，在蛋白水解酶肾素（renin）的催化作用下，裂解成十肽血管紧张素 I（Ang I），后者经血管紧张素转化酶（ACE）的作用，裂解成八肽血管紧张素 II（Ang II），Ang II 具有收缩外周血管升高血压作用。

在 RAS 系统中至少有这三个作用环节可作为降低高血压治疗心血管疾病的靶标，即肾素抑制剂、ACE 抑制剂和血管紧张素 II 受体阻断剂。图 1 列出了由血管紧张素原生成 Ang II 的生化过程和药物干预的环节（靶标）。

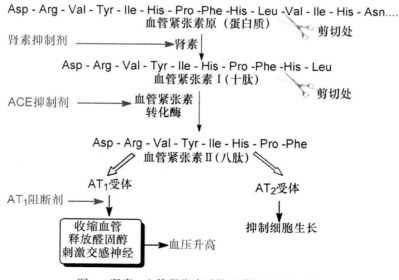

图 1 肾素-血管紧张素系统和药物干预的环节

1.2　研发背景

RAS 系统早在 19 世纪就已经知晓，但并没有循此路径研发降压新药。在 20 世纪 70 年代以前，降压药主要为 β-阻断剂、α-阻断剂、利尿剂和钙通道拮抗剂等。由于这些药物都有不同程度的不良反应，人们致力于研究以 RAS 为作用环节的药物。

20 世纪 60 年代，科学家阐明了 ACE 的功能，成为率先研究的作用靶标，目标是可口服的 ACE 抑制剂，于 1981 年上市了降压药卡托普利（captopril），是在 ACE 的功能和活性化合物的互动中，成功上市的首创药物，这也确证了 ACE 的可药性（druggability）。后续跟进了更多的"普利"类降压药。

普利类虽然没有已往降压药的不良反应，却有引起干咳和血管性水肿等副作用，这是因为 ACE 类似于激肽酶Ⅱ，可水解血浆中的激肽和 P 物质，ACE 抑制剂导致激肽和 P 物质在血浆中水平增高，引起上述不良反应。因而促使人们研究肾素-血管紧张素系统的另一个靶标——血管紧张素Ⅱ受体拮抗剂，旨在阻断 Ang Ⅱ 的功能，不干扰 ACE 酶的功能。

血管紧张素Ⅱ受体有两种亚型：AT1 和 AT2，Ang Ⅱ 受体拮抗剂的降压作用主要是抑制 AT1 受体。

1.3　血管紧张素Ⅱ的结构特征

血管紧张素Ⅱ为八肽（1），通过对各个氨基酸的变换考察对 AT1 受体的激动/拮抗作用，提示结构中的 3 个芳香氨基酸：Tyr4、His6 和 Phe8 是必需的残基，His6 对于受体-配体的分子识别至关重要，Tyr4 和 Phe8 是必要的激动性基团，其余 5 个氨基酸起辅助或肽链构象的支撑作用。Tyr4-Ile5 形成弯曲构象，Pro7 的特殊结构构成了 Pro7-Phe8 键转折，这样使得 Tyr4、His6 和 Phe8 侧链的芳环簇集在一起，这已由二维核磁共振研究所揭示（Matsoukas JM, Bigam G, Zhou N, et al. ^{1}H-NMR studies of [Sar[1]] angiotensin Ⅱ conformation by nuclear overhause effect spectroscopy in the rotating frame(ROESY): clustering of the aromatic rings in dimethyl-sulfoxide. Peptides, 1990, 11: 359-366 ）。

Tyr4、His6 和 Phe8 残基之间还存在内在的协同性作用：由于残基之间的靠近效应，Phe8 的羧基负离子经过 His6 咪唑环的质子传递，促进了 Tyr4 酚羟基失去质子，形成稳定的酚负氧离子，在与 AT1 结合和引发效应中起重要作用。该三元体的电子传递与活化同丝氨酸蛋白酶的三元体 Asp-His-Ser 的电子传递有相似之处，如图 2 所示。此外，Ile5 占据的疏水空间也是拮抗剂结合的位点。

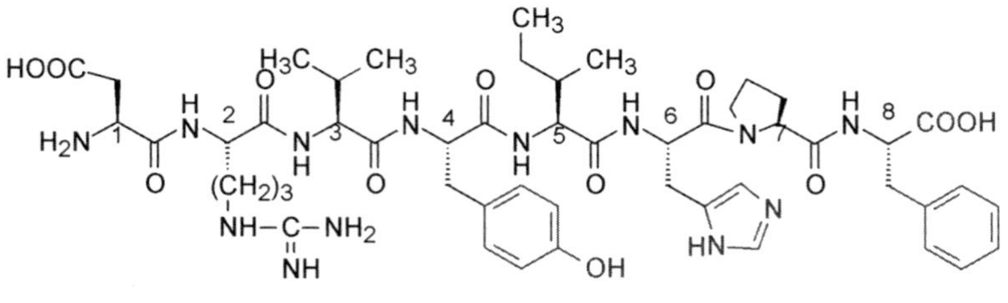

1

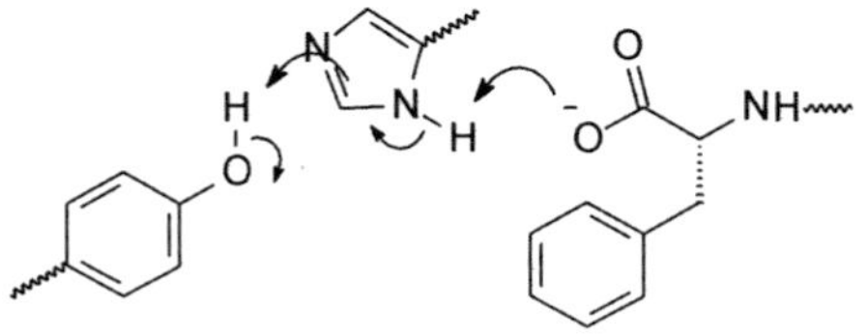

图 2　AT1 中 Phe-His-Tyr 三元体电子转移示意图

2．苗头化合物

2.1　武田药厂最早发现了非肽类 AT1 受体拮抗剂

武田药厂在研究利尿降压药中发现化合物 2（CV-2198）既有利尿作用也有降压活性，并且发现在呈现降压作用的剂量下，并不产生利尿作用，证明了是由于选择性地抑制 Ang Ⅱ受体所致（$IC_{50} = 40\mu mol/L$）。武田经优化得到的化合物 3 进行了临床研究，虽然有降压和利尿作用，但降血压作用微弱，从而放弃了该项目的研究，未料到这个放弃却成就了杜邦（后并入默克）公司。

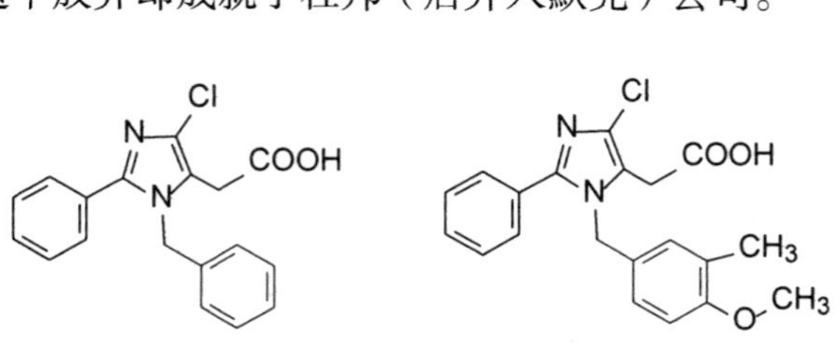

2　　　　　　　　　　　　　　**3**

2.2　对苗头化合物的结构分析

杜邦公司对于开发口服的 AT1 受体拮抗剂有浓厚兴趣，苗头化合物载于武田专利（Furukawa Y, Kishimoto S, Nishikawa K. US Patent, 4355040, 1982），其中化合物 4～6 对 AT1 有选择性弱抑制作用。遂以化合物 6 为模版，用分子模拟方法比较了 6 与 Ang Ⅱ 的结构特征，发现二者某些基团或片段在结构或性质上具有对应的相似性，在此基础上进行了如下的分析和推理：① AT1 受体结合的配体分子为八肽，6 显示较弱的拮抗作用可能是分子过于短小，"遮盖"不住受体活性部位，加大 6 的分子尺寸应有利于提高活性；② Ang Ⅱ 的 C- 端羧基与 AT1 的互补性正电基团发生静电引力，例如 6 的羧基是必要的功能基，因为羧基被酯化或酰胺化活性显著降低，推测乙酸基相当于 C 端的 Phe8 的羧基，以负离子形式与受体的正电荷结合；③分子模拟将化合物 6 的羧基与 Ang Ⅱ 的 C- 羧基尽可能叠合，此时咪唑环的氮原子相当于 Ang Ⅱ 的组氨酸的咪唑片段；④苄基相当于 Ang Ⅱ 的 N- 端疏水性残基位置，正丁基则对应于 Val3 的疏水性异丙基侧链。

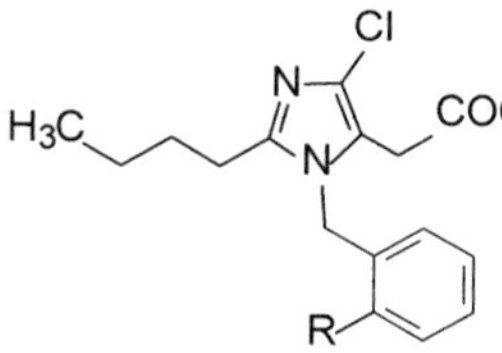

化合物	R	$IC_{50}(\mu mol/L)$
4	NO_2	15
5	Cl	40
6	H	150

3.　结构变换——苗头向先导物的演化

为了将苗头化合物演化到先导物（hit-to-lead），以化合物 6 为起始物，对咪唑环上各个位置作取代基变换，进行广泛的构效关系研究，分别或（尤其是）同时变换苯环的取代、羧甲基、氯原子和正丁基等，探索各部位对活性的影响。在对构效关系未知的情况下同时变换两个或三个位置的基团，而不是逐个单一位点的变换，可以节省化合物的合成数量，避免发生化合物"大面积"无效的情况，获得事半功倍的效果。深入地考察特定位置的构效关系，则是在先导物的优化阶段完成（Duncia JV, Chiu AT, Carini DJ, et al. The discovery of potent nonpeptide angiotensin Ⅱ receptor antagonists: a new class of potent antihypertensives. J Med Chem, 1990, 33: 1312-1329）。

3.1 以苯基取代为主的变换

首先考察苯环的 4 位基团变化对活性的影响，代表性的化合物及其活性列于表 1 中。

表 1 代表性的化合物 7 ~ 19 的结构和抑制 AT1 受体的活性

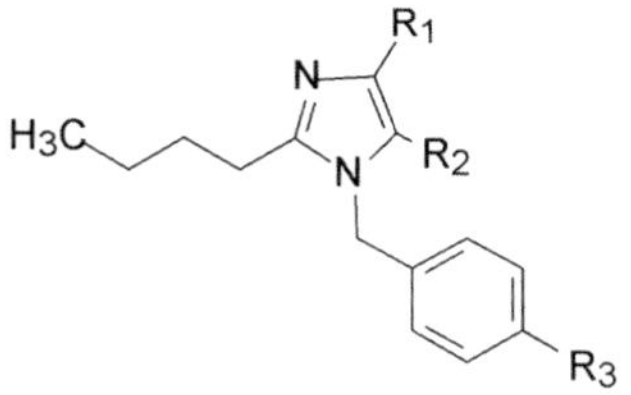

化合物	R_1	R_2	R_3	$IC_{50}(\mu mol/L)$
7	Cl	CH_2CO_2H	CO_2H	1.6
8	Cl	CH_2OH	CO_2H	1.7
9	CH_2OH	Cl	CO_2H	100
10	Cl	CH_2OH	CH_2CO_2H	13
11	Cl	$CH_2CO_2CH_3$	NH_2	100
12	Cl	$CH_2CO_2CH_3$	NO_2	100
13	Cl	CH_2OH	OCH_3	100

续表

化合物	R_1	R_2	R_3	$IC_{50}(\mu mol/L)$
14	Cl	$CH_2CO_2CH_3$	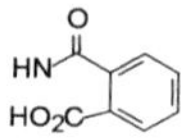	0.14
15	Cl	CH_2OCH_3	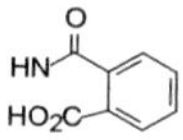	0.28
16	Cl	$CH_2CO_2CH_3$	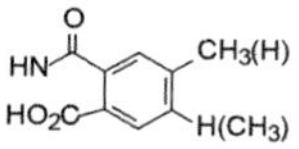	0.38
17	Cl	$CH_2CO_2CH_3$	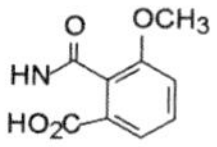	0.08
18	Cl	$CH_2CO_2CH_3$	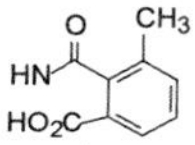	0.032
19	Cl	$CH_2CO_2CH_3$	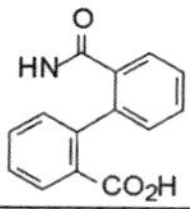	0.19

　　分析表 1 化合物的构效关系，可概括如下：①苯环的 4 位连接羧基（化合物 7）活性比无取代基的提高一个数量级。提高活性的原因，推测是模拟了底物 Tyr4 的羟基或 Asp1 的羧基，提供了负电荷与受体的正电荷结合，增强了对受体的亲和力，若 4 位用氨基、硝基或甲氧基取代（化合物 11~13）失去了活性，佐证了羧基的重要性；②咪唑环上的羧甲基被酯化或换成羟甲基或甲氧甲基不影响活性，例如化合物 8 的活性与 7 相同；③苯环的 4-氨基被邻苯二甲酰单酰化，化合物 14 的 $IC_{50}=0.14\mu mol/L$，推测增加分子的长度和与受体结合的机会，并且仍存在对结合有利的羧基，苯基酰胺的邻位若再被取代，例如甲氧基、甲基等（化合物 17 和 18）活性更高，提示 2，6 位的取代基限制酰胺键的转动，使分子构象更有利于同受体结合；④以联苯的结构引出羧基的化合物 19 也有较高的活性，可理解为增加了分子长度、疏水性和存在位置适宜

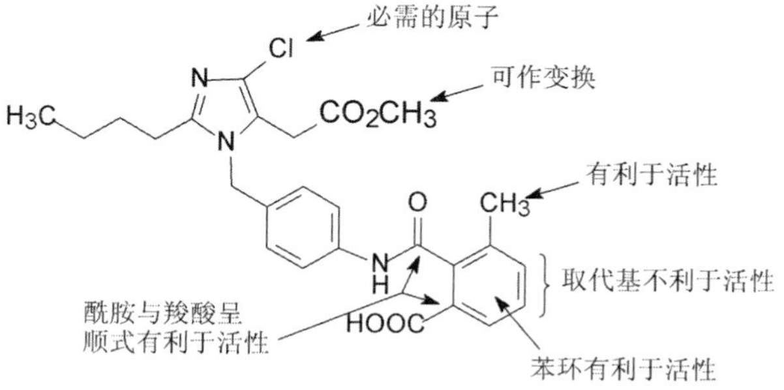

图 3　邻苯二甲酰胺类化合物的构效关系

的羧基，这些都有利于同受体结合。图 3 是小结上述邻苯二甲酰胺类化合物构效关系的示意图。

3.2 羧基的位置和电子等排置换

羧基是必需的药效团特征。为了调整化合物亲脂－亲水性的平衡，以及提高分子的代谢稳定性，用三氟甲磺酰胺基或四唑基替换羧基，亲脂性较强的三氟甲磺酰胺基因三氟甲磺酰基的拉电子作用使氮上的氢原子呈酸性（氮负离子被稳定）；代谢稳定的四唑基的环上唯一氢原子的离解常数 $pK_a = 4$（负离子离域于 4 个氮原子上而稳定）。合成的代表性化合物列于表 2 中。

表中化合物的结构与活性的关系提示如下：①三氟甲磺酰基的强拉电子效应使氨基上的氢呈易离解的酸性氢，化合物 20 的活性与相应的羧酸化合物 7 相当，25 的三氟甲磺酰胺基也是化合物 15 的羧基电子等排体，活性基本相同；②三氟乙酰胺基（化合物 21）或甲磺酰胺基化合物 24 的氢的酸性弱，活性比相应的化合物 15 活性显著低；③化合物的三氟甲磺酰胺基若移至间位或对位例如 26 和 27，活性降低，提示邻位取代的必要性；④羧基被四唑基置换如化合物 22 的活性与 7 相同，但四唑环改变位置如化合物 23 的活性则减弱。

表 2　酸性基团及其位置变换对活性的影响

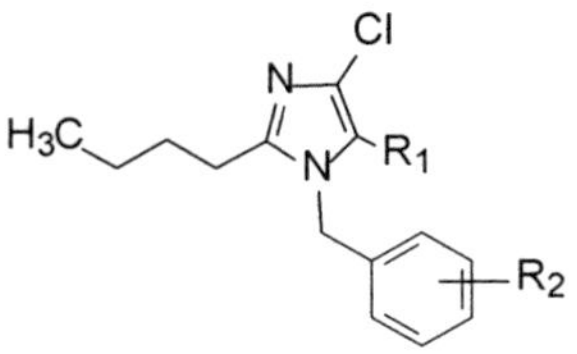

化合物	R_1	R_2	$IC_{50}(\mu mol/L)$
20	$CH_2CO_2CH_3$	$4\text{-}NHSO_2CF_3$	2.1
21	$CH_2CO_2CH_3$	$4\text{-}NHCOCF_3$	27
22	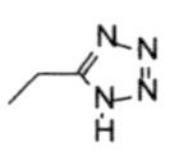 （四唑基）	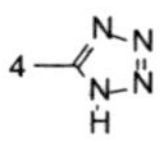 4（四唑基）	1.2
23	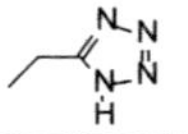 （四唑基）	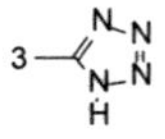 3（四唑基）	3.8

化合物	R_1	R_2	$IC_{50}(\mu mol/L)$
24	$CH_2CO_2CH_3$	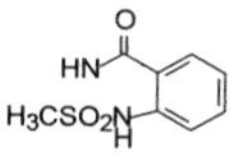	2.3
25	$CH_2CO_2CH_3$	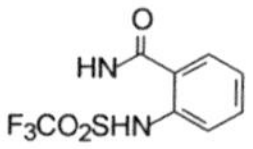	0.5
26	$CH_2CO_2CH_3$	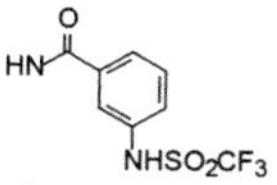	84
27	$CH_2CO_2CH_3$	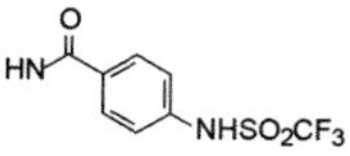	100
28	CH_2OCH_3	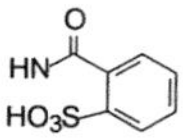	0.012

3.3 连接基胺酰片段改换成酰胺基 –NHCO– → –CONH–

与咪唑环相连的苄基经胺酰键引出的 2- 羧基苯基（或 2- 四唑基苯基）显示有较强的抑制 AT1 受体的活性，考察该胺酰片段（-NHCO-）的连接方向对活性的影响，合成了用酰胺片段（-CONH-）连接的化合物 29 ~ 31，列于表 3 中。

表 3 胺酰连接基（逆向酰胺）的结构与活性

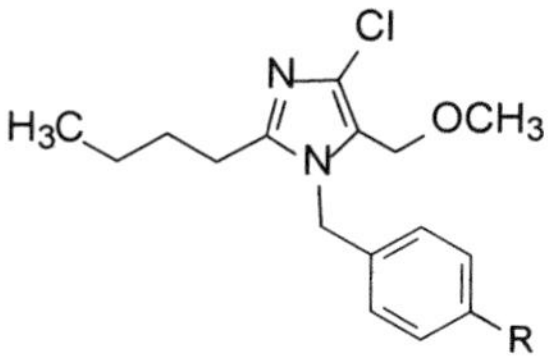

化合物	R	$IC_{50}(\mu mol/L)$
15	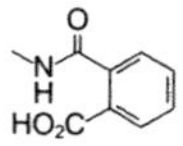	0.28
29	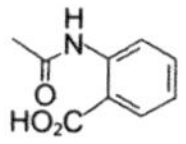	8.0
18	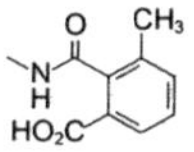	0.032

续表

化合物	R	IC$_{50}$(μmol/L)
30	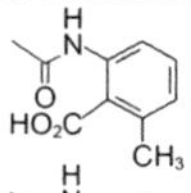	0.50
31	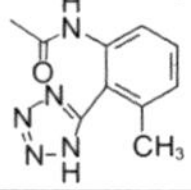	0.57

分析结构与活性表明，酰胺连接基构成的化合物低于相应的胺酰基化合物，例如化合物 29 的活性比 15 低 20 多倍；30 的活性比相应的 18 活性低 15 倍。因而，两个苯环之间应以胺酰基的方向连接。在末端苯环的羧基邻位引入基团如化合物 30 的活性显著提高，与前述的三氟磺酰胺系列引入邻位基团的增效效果相同。将化合物 29 的羧基改换成四唑基，活性也有较大的提升，是因为增加了亲脂性有利于结合（Duncia JV, Chiu AT, Carini DJ, et al. The discovery of potent nonpeptide angiotensin Ⅱ receptor antagonists: a new class of potent antihypertensives. J Med Chem, 1990, 33: 1312–1329）。

3.4　两个苯环之间连接基的进一步变换

优化至此，已确定了咪唑环上优化的基团为 2- 丁基、4- 氯和 5- 羧甲基（或羟甲基、甲氧甲基），末端苯环存在邻位的酸性基团。然而尚未对两个苯环之间的连接基作系统的考察，即连接基的长度和走向对活性的影响。为此设计的新化合物是变换苯环之间连接基的长度和原子组成，表 4 列出了化合物的结构和活性。

表 4　变换苯基之间的连接基的化合物结构和活性

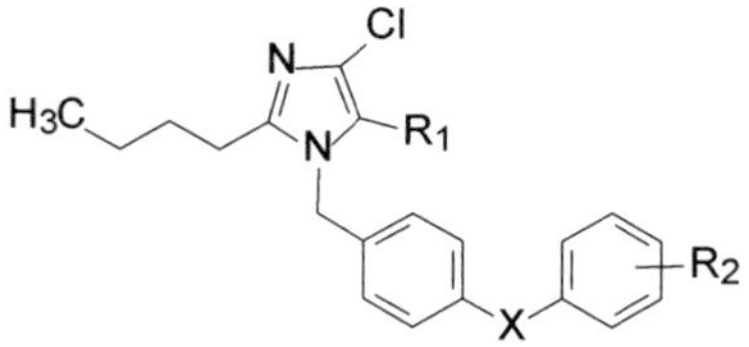

化合物	X	R_1	R_2	$IC_{50}(\mu mol/L)$
14	HNCO	$CH_2CO_2CH_3$	2-COOH	0.14
32	CO	CH_2OH	2-COOH	0.16
33	CO	CH_2OCH_3	2-COOH	0.15
34	OCH_2	CH_2OH	2-COOH	0.92
35	OCH_2	CH_2OCH_3	2-COOH	1.2
36	OCH_2	CH_2OCOCH_3	2-COOH	1.8
37	trans-CH=CH	CH_2OH	2-COOH	5.4
38	HNCONH	CH_2OCH_3	$2\text{-}HNSO_2CF_3$	2.4
39	O	CH_2OH	2-COOH	0.4
40	S	CH_2OH	2-COOH	0.4
41	单键	CH_2OH	3-COOH	0.47
42	单键	CH_2OCOCH_3	3-COOH	2.5
43	单键	CH_2OCH_3	3-COOH	2.9
44	单键	CH_2OH	4-COOH	11.0
45	单键	CH_2OH	2-COOH	0.23

连接基的变换引起活性的变化可归纳如下：①以化合物 14 为基准，胺酰基片段呈共轭平面结构，连接的两个苯环为反式构象，变换为单原子连接的羰基，化合物 32 和 33 活性保持不变，二苯醚（39）、二苯硫醚（40）和联苯化合物 41 的活性与 14 相近，提示单原子或单键相连的化合物的活性与胺酰基的双原子的连接基本不变；②以氧亚甲基 -OCH₂- 连接的化合物例如 34～36，活性低于单原子（或单键）连接的化合物，可能是 3 个连续的柔性键使得活性构象难以固定；③反式乙烯基连接形成的芪化合物活性显著降低，推测分子的形状和基团的空间走向发生了改变。脲基连接的化合物 38 活性也较低。

研究至此，对合成的高活性化合物进行了动物实验，用肾型高血压大鼠静脉注射 10～45mg/kg，一些化合物可降低血压超过 30mmHg。然而经口给药除化合物除 45 外都没有降压作用。45 灌胃肾型高血压大鼠 11mg/kg，可降低血压 30mmHg（Carini DJ, Duncia JV, Johnson AL et al. Nonpeptide angiotensin Ⅱ receptor antagonists: *N*-[(benzyloxy)benzyl] imidazoles and related compounds as potent antihypertensives. J Med Chem, 1990, 33: 1330−1336; Carini DJ, Duncia JV, Aldrich PE, et al. Nonpeptide angiotensin II receptor antagonists: the discovery of a series of *N*-(biphenylylmethyl)imidazoles as potent, orally active antihypertensives. J Med Chem, 1991, 34: 2525−2547)。

4. 里程碑式的先导物——联苯化合物

4.1 口服有效的 2'- 羧酸联苯化合物

上述用单原子连接两个苯环的化合物体外显示活性高，体内注射肾动脉结扎大鼠有明显降血压作用，但经口给药无效，说明这些化合物胃肠道未能吸收。然而由单键连接的联苯化合物如 41、44 和 45，体外和大鼠注射给药都显示活性，但灌胃给模型大鼠只有 45 有效，如表 5 所示。

化合物 41 和 45 体外抑制 AT1 的活性相当，但灌胃给药只有 45 显示体内有效。曾解释为邻位羧基处于强疏水性的联苯"角落"中，羧基的极性被掩蔽，因而有助于过膜吸收，而 3- 羧基未被掩蔽。然而，测定 41 和 45 的分配系数，$\log P$ 值分别是 1.17 和 1.38，相差无几，说明不是溶解和过膜性的问题。

表 5 联苯化合物的羧基位置对体内外活性的影响。

化合物	Y	$IC_{50}(\mu mol/L)$	$ED_{30}(mg/kg)(po)$[*]
41	3-COOH	0.49	无作用
44	4-COOH	11.0	无作用
45	2-COOH	0.23	11

*ED_{30} 表示降低大鼠血压 30mmHg 的灌胃剂量

4.2　2'- 羧基的置换

端基苯环的邻位具有酸性基团如羧基对于抑制 AT1 受体是必要的。用羧基的电子等排体酰胺基团替换羧基，如表 6 所示的构效关系，若 R_2 是没有酸性的 $CONH_2$（47）基本没有活性，酰羟胺（48～50）略显酸性，则稍有活性；化合物 51 和 52 的氨基同时与酰化和磺酰化连接，双方拉电子提高了酸性强度，抑制活性与 2'- 羧基相当；而将酰胺的连接方向变换为胺酰基如三氟甲磺酰胺 54 的活性最强，而 55 的 R_1 为甲氧甲基，活性稍弱。然而这些化合物的体内活性都不如羧基化合物。

表 6　羧基的酰胺类电子等排体置换对活性的影响。

化合物	R_1	R_2	pK_a	$IC_{50}(\mu mol/L)^*$	体内活性 (mg/kg)iv(po)**
45	CH_2OH	COOH	5	0.23	3（$ED_{30} = 11$）
46	CH_2OCH_3	COOH	5	0.099	10（100）
47	CH_2OH	$CONH_2$	23	35	未测
48	CH_2OH	CONHOH	10.5	4.1	3（>30）
49	CH_2OH	$CONHOCH_3$	10.9	2.9	10（无活性）
50	CH_2OH	$CONHOCH_2Ph$	18.85	4.9	10（无活性）
51	CH_2OH	$CONHSO_2Ph$	8.44	0.14	>3（>30）
52	CH_2OCH_3	$CONHNHSO_2Ph$	未测	0.20	>3（>30）
53	CH_2OH	$NHCOCF_3$	9.5	6.3	10（无活性）
54	CH_2OH	$NHSO_2CF_3$	4.5	0.083	10（100）
55	CH_2OCH_3	$NHSO_2CF_3$	4.5	0.19	10（100）

* 此处的 IC_{50} 定义是，化合物抑制 50%[³H] 血管紧张素 II（2nmol/L）与大鼠肾上腺皮质微粒体结合的浓度。

** 除 ED_{30} 表示降低大鼠血压 30mmHg 外，其余数值均为降低血压 15mmHg。

化合物 45 的羧基 pK_a 为 5.0，用其他酸性基团替换，如 -CONHOH、-CONHSO$_2$Ph、NHCOCF$_3$ 或 NHSO$_2$CF$_3$，它们的 pK_a 为 4.5 ~ 10.5，虽然体外对 AT1 有抑制活性，但灌胃大鼠均无降压作用。

4.3 2'-酸性基团被四（三）唑环取代

将 R$_2$ 酸性基团换作四唑基，化合物 56 的体内外活性显著提高，不仅强于相应的羧基化合物 45，而且口服灌胃的活性强于注射途径，说明四唑基有利于提高化合物的生物利用度，可能是由于离解后的负电荷均匀地分散在环上，弥散的负电荷比电荷集中的羧基更有利于过膜和结合的缘故。然而换成三唑的化合物 58 ~ 61，即使引入拉电子基团例如氰基、羧酯基或三氟甲基，对离体受体或体内活性都显著降低，可能是环上的取代基的位阻效应，不利于同受体结合。表 7 列出了四唑和三唑环取代的结构与活性。

表 7 四唑和三唑环取代的化合物结构与活性

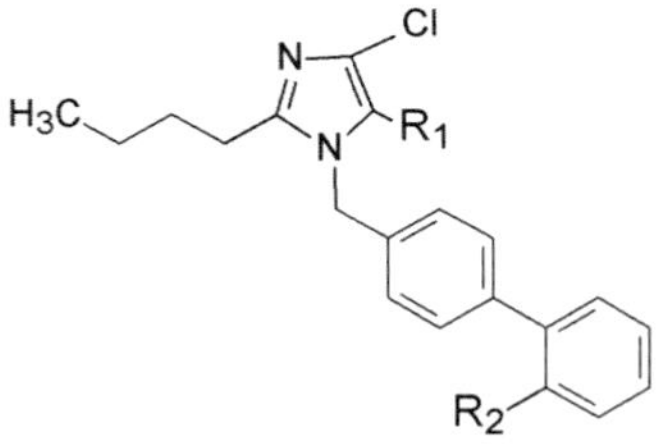

化合物	R$_1$	R$_2$	pK_a	IC$_{50}$(μmol/L)*	体内活性（mg/kg）iv(po)**
56	CH$_2$OH	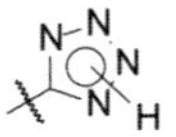 (四唑)	5-6	0.019	ED$_{30}$ = 0.80(ED$_{30}$ = 0.59)
57	CH$_2$OCH$_3$	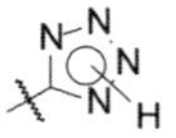 (四唑)	5-6	0.032	1（3）
58	CH$_2$OH	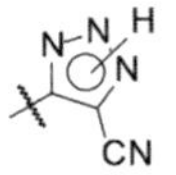 (三唑,CN)	未测	0.28	>1（>10）
59	CH$_2$OH	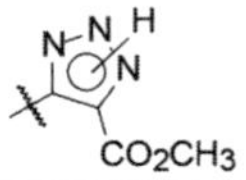 (三唑,CO$_2$CH$_3$)	7.0	0.26	>1（>10）

化合物	R_1	R_2	pK_a	$IC_{50}(\mu mol/L)^*$	体内活性（mg/kg）iv(po)**
60	CH_2OH	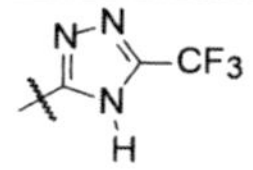 (结构式)	未测	0.37	1（10）
61	CHO	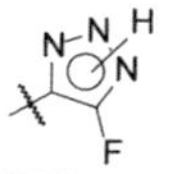 (结构式)	未测	13	>10（无活性）

* 此处的 IC_{50} 定义是，化合物抑制50%[³H] 血管紧张素Ⅱ（2nmol/L）与大鼠肾上腺皮质微粒体结合的浓度；** 除 ED_{30} 表示降低大鼠血压30mmHg外，其余数值均为降低血压15mmHg。

4.4 四唑环与苯环连接的构效关系

为了探讨四唑基与苯环的相对位置对活性的影响，在两环之间加入单原子或两原子间隔基，分别为62和63（表8），活性下降1个数量级，提示该酸性基团不能拉长；将四唑环移至苯环的3或4位（化合物65和66）活性也下降，表明酸性基团在2位对呈现活性的不可动摇性。化合物67~69是在末端2'- 四唑苯环上引入第二个取代基，活性也显著降低，提示苯环与受体结合的腔穴空间有限，似乎不能容忍多余的基团存在。

表8 四唑基于末端苯环的连接状态与活性的相关性

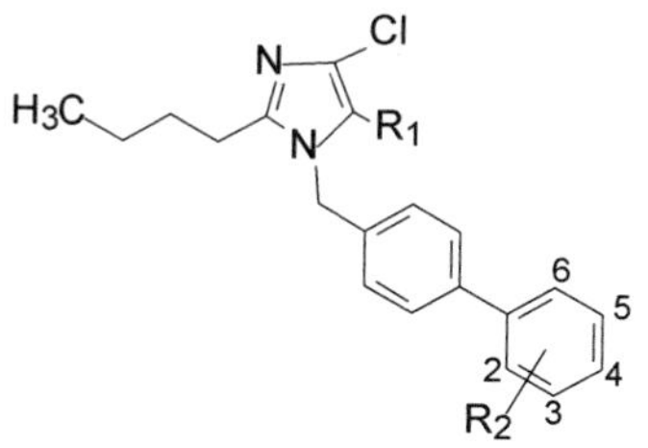

化合物	R_1	R_2	$IC_{50}(\mu mol/L)^*$	体内活性（mg/kg）iv(po)**
56	CH_2OH	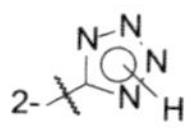 (结构式)	0.019	$ED_{30} = 0.80(ED_{30} = 0.59)$

417

续表

化合物	R_1	R_2	$IC_{50}(\mu mol/L)^*$	体内活性（mg/kg）iv(po)**
62	CH_2OCH_3	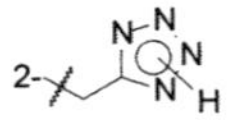 2-	0.30	10（100）
63	CH_2OCH_3	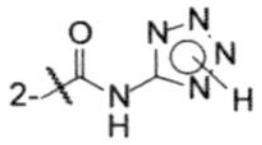 2-	0.70	10
64	CHO	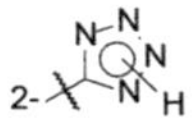 2-	0.02	0.3（3）
65	CHO	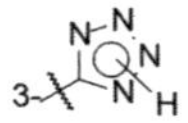 3-	>1	>10（30）
66	CHO	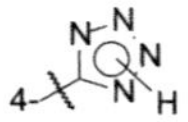 4-	>10	>3（30）
67	CH_2OH	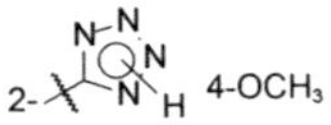 2- 4-OCH_3	0.58	$ED_{30}=1.75$（>10）
68	CH_2OH	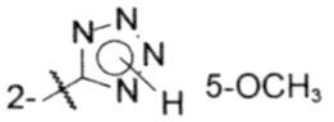 2- 5-OCH_3	0.12	$ED_{30}=6.03$（>10）
69	CH_2OH	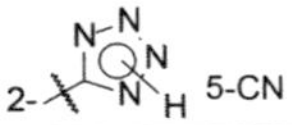 2- 5-CN	0.51	3（30）

* 此处的 IC_{50} 定义是，化合物抑制 50%[^{3}H] 血管紧张素 II（2nmol/L）与大鼠肾上腺皮质微粒体结合的浓度；** 除 ED_{30} 表示降低大鼠血压 30mmHg 外，其余数值均为降低血压 15mmHg。

4.5 咪唑环上 4- 位卤素的变换

考察咪唑环上 4- 位取代基对活性的影响，Cl、Br、I、H 或 CF_3 等取代基的体外活性大致相近，但灌胃给药降低大鼠血压的活性仍以化合物 56 最佳（表 9）。

表 9 咪唑环的 4 位取代基对活性的影响

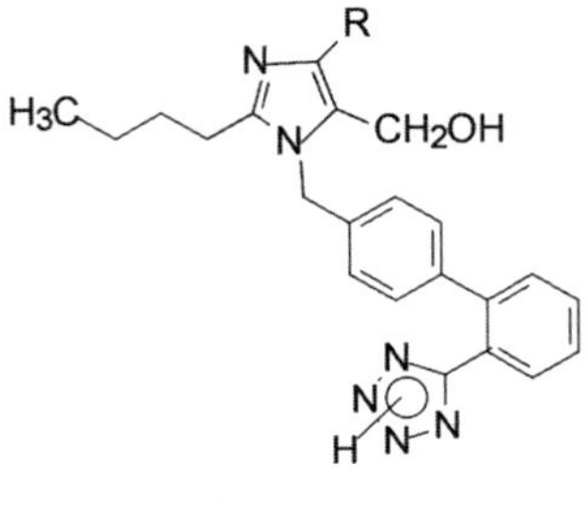

化合物	R	IC$_{50}$(μmol/L)*	体内活性（mg/kg）iv(po)**
56	Cl	0.019	ED$_{30}$ = 0.80(ED$_{30}$ = 0.59)
70	Br	0.019	0.3（3）
71	I	0.020	1（10）
72	H	0.029	未测
73	CF$_3$	0.012	ED$_{30}$ = 0.59（>3）

* 此处的 IC$_{50}$ 定义是，化合物抑制 50%[^{3}H] 血管紧张素 Ⅱ（2nmol/L）与大鼠肾上腺皮质微粒体结合的浓度；** 除 ED$_{30}$ 表示降低大鼠血压 30mmHg 外，其余数值均为降低血压 15mmHg

4.6　咪唑环 2 位烷基和 5 位极性侧链的变换

　　以联苯基的 2' 位固定为羧基，咪唑环 4 位固定为氯、5 位为羟甲基作为模板化合物，合成了咪唑 2 位为乙基、正丙基、正丁基、正戊基、正己基和反式 1- 丁烯基等不同的化合物，体外具有相近的活性，体内以正丁基和反式 1- 丁烯基活性最强，提示 4 个碳原子的长度最佳。

　　固定 2- 正丁基 -4- 氯取代，联苯基的 2' 位为羧基或四唑基，变换咪唑 5 位的极性基团，例如羟甲基、氨甲基、各种酰胺甲基、羧基、甲氧羰基、甲酰基或氨酰基等片段，体内外实验表明活性最强的取代基是羟甲基和羧基（Carini DJ, Duncia JV, Aldrich PE, et al. Nonpeptide angiotensin Ⅱ receptor antagonists: the discovery of a series of *N*-(biphenylylmethy1)imidazoles as potent, orally active antihypertensives. J Med Chem, 1991, 34: 2525–2547）

5.　候选化合物的确定和氯沙坦的上市

　　以上叙述的有代表性化合物中，56 显示了体外和体内的强效抑制受体和降压活性，特别是经胃肠道吸收，对肾型高血压大鼠呈现显著降压作用，加之由于适宜的药代动力学性质，杜邦公司（后并入默克）将其确定为候选化合物，定名为氯沙坦（losartan），进入临床研究，于 1995 年由默克公司开发上市，成为第一个口服降压的血管紧张素 Ⅱ 受体拮抗剂。

6. 氯沙坦的代谢活化

氯沙坦在体内被 CYP2C9 和 3A4 氧化代谢，羟甲基转变成羧基化合物（74，EXP-3174），口服剂量大约 14% 转变成 74，其抑制 AT1 的活性高于氯沙坦 40 倍，而且半衰期也长于氯沙坦。这个代谢活化过程提示氯沙坦是个前药，也启示了后续的沙坦类药物的分子设计。

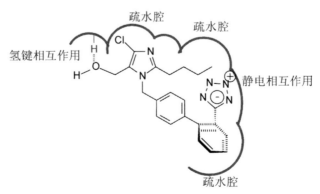

7. 氯沙坦与 AT1 的结合模式

根据氯沙坦的药效团与 Ang Ⅱ 重要功能基分布的相似性，以及研发历程中揭示的构效关系，推测出氯沙坦与 AT1 受体的结合方式，映射出氯沙坦呈现药理作用的结构特征，也为后续研究的沙坦药物提供了设计依据。图 4 是氯沙坦与 AT1 受体结合模式的示意图。

图 4　氯沙坦与 AT1 受体结合模式的示意图

8. 后续有代表性的沙坦

8.1 缬沙坦和厄贝沙坦

氯沙坦作为首创药物，前无借鉴，研发历程长。后续的缬沙坦（75, valsartan）作为跟随性创新药物，采用了药效团和骨架迁越的策略。保持了联苯四唑的骨架和亲脂性的正丁基，但剖裂了咪唑环成简化的酰胺，酰基的平面性模拟了吡唑环的亚胺片段，并巧妙的使用缬氨酸，既构建了羧基，又使异丙基代替亲脂性的氯原子。缬沙坦由 BMS 研发于 1995 年上市（Carini DJ, Duncia JV, Aldrich PE et al. Nonpeptide angiotensin Ⅱ receptor antagonists: the discovery of a series of *N*-(biphenylmethyl) -imidazoles as potent, orally active antihypertensives. J Med Chem, 1991, 34: 2525-2547）。

厄贝沙坦（76, irbesartan）保持氯沙坦的大部分结构片段，但用二氢咪唑酮替换羟甲基咪唑，氯沙坦的氯原子用亲脂性的 4 位的螺戊基代替。厄贝沙坦由赛诺菲-安万特研发，于 1998 年上市（Bernhart CA, Perreaut PM, Ferrari BP, et al. A new series of imidazolones: highly specific and potent nonpeptide at1 angiotensin ii receptor antagonists. J Med Chem, 1993, 36: 22, 3371-3380）。

75

76

8.2 坎地沙坦酯和奥美沙坦酯

这是两个前药型的 AT1 受体拮抗剂。坎地沙坦酯（77, candesartan cilrxetil）的骨架结构是苯并咪唑甲酸连接四氮唑联苯甲基，预构的羧基不利于过膜吸收，故制备成活泼酯以掩蔽羧基的负电荷。在胃肠道吸收后，被酯酶迅速水解，释放出坎地沙坦。坎地沙坦与 AT1 受体结合，复合物的离解速率常数很小，因而给药后有长时间作用。坎地沙坦酯由武田药厂研发，1997 年批准上市（Nishikawa K, Naka T, Chatani F, et al. Candesartan cilexetil: a review of its preclinical pharmacology. J Hum Hypertens, 1997, Suppl 2: S9−17）。

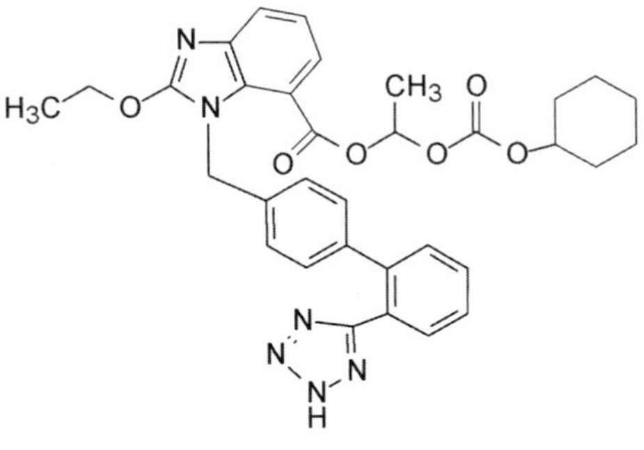

77 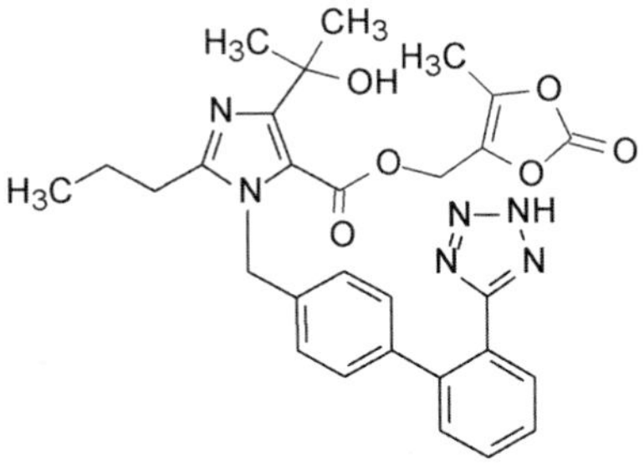　　　　　　　　　　　**78**

奥美沙坦酯（78, omlesartan medoxomil）与氯沙坦的骨架结构相同，正丁基变为正丙基，氯原子被羟异丙基代替，羟甲基用羧基替换，后者酯化成前药提高了口服生物利用度（Brunner HR. The new oral angiotensin Ⅱ antagonist olmesartan medoxomil: a concise overview. J Hum Hypertens, 2002, Suppl 2: S13−16）。

合成路线

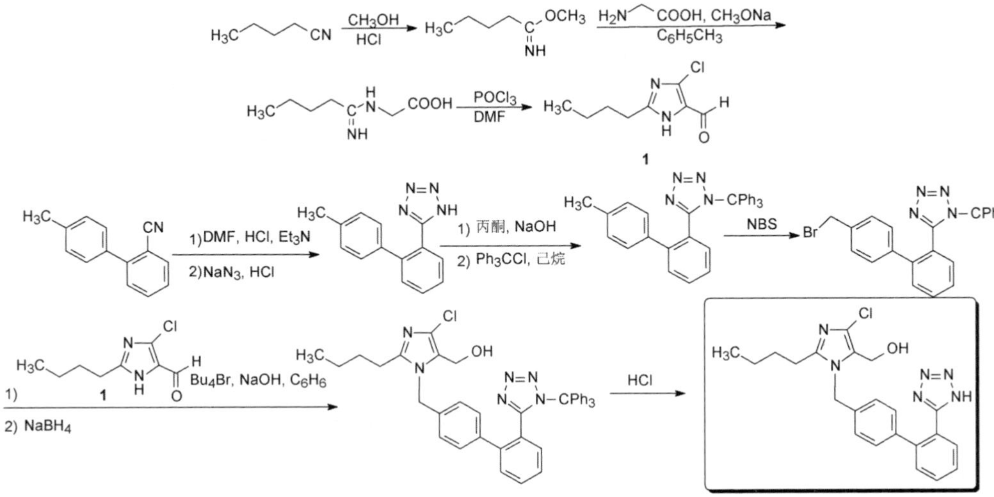

氯沙坦